葛洲坝电站

170MW

水轮发电机组

更新改造技术

冉毅川　主编

中国三峡出版社

内容提要

本书从项目概况、可行性研究、总体方案确定、结构设计、方案实施、试验及效果评价等方面，对葛洲坝电站170MW水轮发电机组更新改造工作进行了全面总结。

全书共分五篇。第一篇概述了项目确立的背景、改造范围、可行性研究和机组技术特性；第二篇回顾了机组改造方案的研究及选择；第三篇介绍了机组改造结构设计；第四篇阐述了更新改造施工过程及难点；第五篇介绍了更新改造后机组试验及评价。

本书可为国内外水电站机组更新改造提供借鉴与参考，也可作为水轮发电机组设计制造、检修技改、安装施工等人员的参考用书。

图书在版编目（CIP）数据

葛洲坝电站170MW水轮发电机组更新改造技术/冉毅川主编.
—北京：中国三峡出版社，2024.12
ISBN 978-7-5206-0314-0

Ⅰ.①葛… Ⅱ.①冉… Ⅲ.①葛洲坝－水轮发电机－发电机组－扩容改造 Ⅳ.①TM312.1

中国国家版本馆CIP数据核字(2024)第032836号

责任编辑：彭新岸

中国三峡出版社出版发行
（北京市通州区粮市街2号院　101199）
电话：（010）59401531　59401529
http://media.ctg.com.cn

北京世纪恒宇印刷有限公司印刷　新华书店经销
2024年12月第1版　2024年12月第1次印刷
开本：787毫米×1092毫米　1/16　印张：24
字数：584千字
ISBN 978-7-5206-0314-0　定价：198.00元

编　委　会

前言

FOREWORD

葛洲坝电站（葛洲坝水电站）共安装有22台轴流转桨式机组，其中有2台为170MW水轮发电机组。该机组是迄今为止世界上尺寸最大的低水头轴流转桨式水轮发电机组，完全由我国自主设计、制造和安装，被誉为“世界卡普兰式水轮机的里程碑”，其施工难度大、技术要求高，创造了20世纪80年代我国水利水电史上的奇迹。截至改造前，170MW水轮发电机组已投运近40年，年运行小时数平均在6000h以上，年均发电量可达10亿kW·h。

限于当时的设计和加工制造水平，两台机组已濒临设计运行寿命。近年来，机组各项性能逐渐劣化，已出现叶片断裂、转轮室钢板脱落、转轮漏油等严重威胁电站安全运行的重大隐患，对其进行改造迫在眉睫。为进一步提升水能利用效率，提高机组运行可靠性，确保设备长周期安全稳定高效运行，中国长江电力股份有限公司科学评估了170MW水轮发电机组的状况，决定对其进行更新改造。

葛洲坝电站170MW水轮发电机组更新改造的研究工作自2015年开始，2019年3月确定改造目标，2019年12月完成可行性研究及方案设计，2020年6月完成转轮模型验收，2020年8月完成设备制造，2021—2023年完成两台机组安装调试。截至2024年11月，更新改造后的两台机组各项性能指标达到三峡集团优质机组标准，成功并网发电。

本书由中国长江电力股份有限公司副总经理冉毅川拟定编写大纲并审核定稿，中国长江电力股份有限公司检修厂肖荣、罗仁彩、邓键、刘代军、耿在明负责审稿。本书第一篇由秦岩平、黄雄等执笔；第二篇由杨杰、陈涛、何强锋、徐宁、李焱峰等执笔；第三篇由冯自然、朱君、李万峰、成传诗等执笔；第四篇由吴江、宋欧阳、蓝鹏、叶德震等执笔；第五篇由吉彦兵、徐宁、杨超、曹世权等执笔。

由于水电站安装检修技术创新日新月异，加之编者水平有限，书中难免有不妥之处，恳请广大读者提出宝贵意见。

编　者

2024年11月

目 录

CONTENTS

第三篇 水轮发电机组更新改造结构设计

第四篇 水轮发电机组更新改造施工

第五篇　水轮发电机组更新改造试验及评价

第一篇

概　　述

第一章　水轮发电机组更新改造简介

第一节　项目概况

葛洲坝水利枢纽是长江干流上修建的第一座大型水利水电工程，工程位于长江三峡出口南津关下游约2.3km处，距三峡坝址38km，距宜昌市中心约6km。枢纽为Ⅰ等大（1）型工程，正常蓄水位66.0m，校核洪水位67.0m，最低库水位63.0m，设计洪水流量86 000m^3/s，校核洪水流量110 000m^3/s。工程沿坝轴线全长2606.5m，由船闸（3座）、泄水闸（1座）、电站（2座）、冲沙闸（2座）及混凝土挡水坝和土石坝等建筑物组成。

葛洲坝电站（葛洲坝水电站）为厂坝结合的河床式低水头径流式水电站，是华中电网的骨干电站之一，分为二江电站和大江电站。葛洲坝电站机组从1970年开始联合设计，经过10年的研究、试验、设计、制造、安装，共装设轴流转桨式水轮发电机组22台。二江电站发变组采用单元接线，升压至220kV与系统连接。大江电站发变组采用扩大单元接线，再联合后共4回架空进线接入500kV开关站。

葛洲坝电站170MW水轮发电机组是迄今为止世界上尺寸最大的低水头轴流转桨式水轮发电机组，水轮机转轮直径11.3m，发电机定子外径17.6m，完全由我国自主设计、制造和安装，被誉为“世界卡普兰式水轮机的里程碑”，其施工难度大、技术要求高，创造了20世纪80年代我国水利水电史上的奇迹。

此次170MW机组改造包括转轮室、基础环、底环及二期混凝土、受油器及操作油管、支持盖、控制环、水导轴承（水轮机导轴承）、主轴密封、水轮机轴等水轮机部件的改造，定子铁心、定子线棒、转子磁极等发电机部件的改造，以及油压装置、调速器机械柜、导水机构改造等。整个改造在2021—2023年度岁修期间实施，通过精准分析设备结构，构建工序工艺模型，设计出最优转轮室改造施工方案；科学采用分阶段分解工期，动态调整人力资源，固化施工工序，做好无缝转序衔接；统筹制定机组拆卸、定子改造、转轮室安装和机组安装4个阶段的定置图，错峰安排退役设备、返厂设备、新设备到货和大型新工装的定置时间节点，化解厂房空间受限等难题。合理规划，高效利用桥机（桥式起重机）、场地、专用工装等公共资源；克服工期紧、改造范围大、新老接口多等一系列工程中存在的难题，在计划工期内圆满完成改造工作。

截至 2024 年 11 月，经过改造的两台机组各项性能指标达到三峡集团优质机组标准，成功并网发电，为中国水电机组更新改造留下了宝贵的经验。未来，这两台机组还将在水电舞台上重新绽放青春，源源不断地为国家输送清洁能源，为早日实现“碳中和碳达峰”目标贡献力量！

第二节 机组改造增容可行性研究与决策

一、机组更新改造的必要性及目标

（一）机组安全稳定运行的需要

葛洲坝电站 170MW 机组运行近 40 年，已到使用寿命期，加之受到当年设计水平、设备材料和加工工艺的限制，设备缺陷较多，安全隐患较大，危及电站和机组的安全。

1. 高水头运行风险

170MW 机组水轮机采用 4 叶片，由于 4 叶片水轮机缺少在水头大于 23m 的运行经验，经当时的葛洲坝工程技术委员会研究，并报国家建委批准，1 号机组和 2 号机组设计原则为确保在 23m 水头下安全运行。而近年来，葛洲坝电站 170MW 机组在 23m 水头以上年运行平均时间达 1684.75h，占全年运行小时数的 24.7%，高水头下运行机组支持盖垂直振动平均值维持在 100μm，振幅随水头升高而逐渐增加。机组在 24m 以上水头运行时，支持盖垂直振动超过国家标准不大于 0.11mm 的要求，其中 1 号机组更为明显。1 号机组 2013 年 B 修完成后，在 26.1m 水头下进行了变负荷试验，其支持盖垂直振动值见表 1.1-1。

表 1.1-1 26.1m 水头下 1 号机组不同负荷支持盖垂直振动值

负荷/MW		空载	70	83	104	125	152	170
支持盖垂直振动/μm	最大值	371.07	929.25	641.47	192.26	241.53	243.83	212.7
	最小值	267.63	618.28	467.83	148.62	176.08	156.24	167.84
	平均值	293.24	783.56	548.76	161.22	198.02	187.31	193.57

由表 1.1-1 可知，1 号机组在 26.1m 水头下运行时，不同负荷情况下支持盖垂直振动均大大超过 110μm，且当出力在 83MW 及以下低负荷运行区时，支持盖垂直振动超标更严重，最大值达 929.25μm，远超国家标准不大于 110μm 的要求。

2. 设备存在诸多缺陷，严重影响安全运行

葛洲坝电站 170MW 机组投运以来，由于泥沙磨损和严重空蚀的综合作用，使转轮室中环、下环球面部分立面焊缝与水平焊缝存在严重的磨蚀现象（见图 1.1-1～图 1.1-2），其表面出现明显的磨蚀带，水轮机叶片外缘与转轮室之间的间隙逐渐增大，造成水轮机水力损失剧增，水能利用率大大降低，水力效率下降，从而造成机组效率下降。

转轮室中环也有多处裂纹（见图 1.1-3~图 1.1-4），其中裂纹最长超过 900mm，裂纹方向均为纵向。转轮室各组合缝也出现了不同程度的裂纹，且堆焊层凸凹不平，叶片悬挂孔的堵板焊缝存在开裂（见图 1.1-5）。图 1.1-6 为中环被冲掉堵板的灌浆孔。此外，严重空蚀已经开始造成转轮室钢板脱落、混凝土基础破坏等严重问题。

机组叶片磨蚀问题凸显，主要集中在叶片外缘、叶片头部进水边、叶片裙边及背面吊装孔堵板处；转轮叶片多次出现贯穿性裂纹，最长达到 420mm，严重影响机组安全稳定运行。

而且自 2006 年以来，转轮漏油缺陷逐渐增多。2010 年 12 月，2 号机组叶片密封漏油；2019 年 1 月，1 号机组转轮连接体法兰面、3 个叶片密封漏油。在目前“长江大保护”的大环境下，环保风险日益增加。

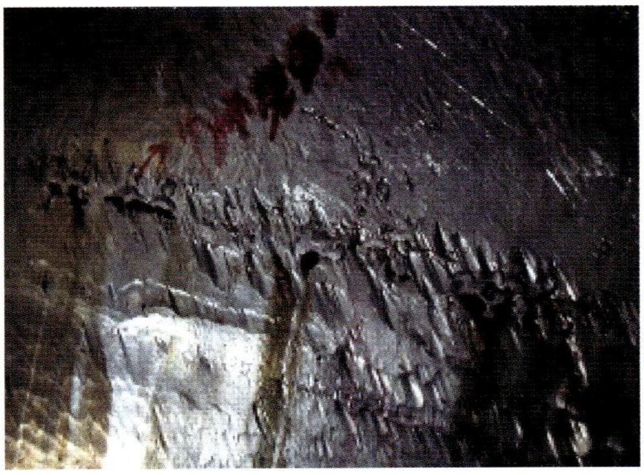

图 1.1-1　中环水平焊缝磨蚀严重

图 1.1-2　中环局部磨蚀严重

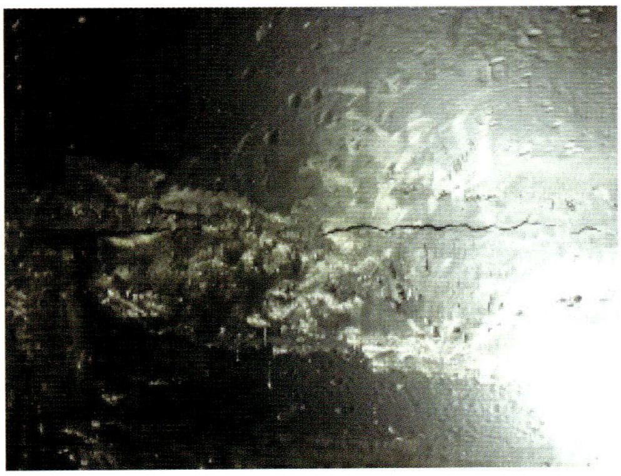

图 1.1-3　中环组合缝出现裂纹

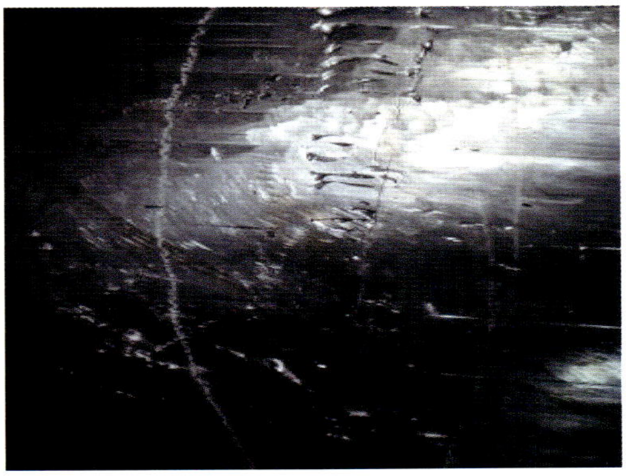

图 1.1-4　中环下部出现裂纹

（二）机组运行维护费用逐年提高

葛洲坝电站 170MW 机组投入运行以来，年均运行小时数在 6000h 以上，与一般同类电站约 4000~4500h 年均运行小时数相比，设备老化已经影响到机组的安全稳定运行。即使机组不进行全面更新改造，也必须对机组进行局部改造和更换。特别是近年来因机组部件老化而导致的故障率逐渐增加，检修间隔时间逐渐缩短，导致运行维护费用逐年提高。

图 1.1-5 上环悬挂堵板焊缝开裂

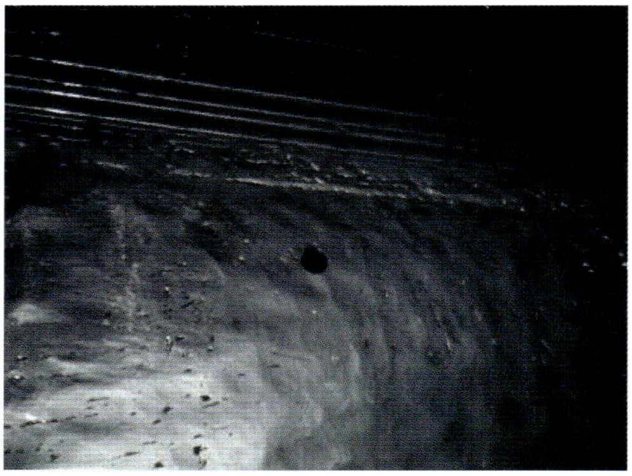

图 1.1-6 中环被冲掉堵板的灌浆孔

（三）相关规范的规定

根据 IEC 62256—2017《水轮机、蓄能泵和水泵水轮机改造和性能改善》和 GB/T 28545—2012《水轮机、蓄能泵和水泵水轮机更新改造和性能改善导则》，规定轴流转桨式水轮机预期寿命为 25~50 年，发电机预期寿命为 25~40 年，见表 1.1-2。

表 1.1-2 水电站机械和电气设备预期寿命

<table>
<tr><th colspan="3">名　称</th><th>需考虑的因素</th></tr>
<tr><td rowspan="5">机械设备</td><td rowspan="4">水力机械</td><td>轴流式和灯泡式水轮机</td><td rowspan="4">运行安全性，水力损失，磨蚀，（泥沙）磨损，裂纹，效率下降，性能改善</td></tr>
<tr><td>混流式、水斗式和定桨式水轮机</td></tr>
<tr><td>各种型式的水泵水轮机</td></tr>
<tr><td>各种型式的蓄能泵</td></tr>
<tr><td>重型机械设备和辅助设备</td><td>平板闸门，弧形闸门，蝴蝶阀，球阀，起重机，辅助机械设备</td><td>材料质量，运行条件，安全性，设备质量，受力状态，性能改善</td></tr>
<tr><td colspan="2" rowspan="3">电气设备</td><td>发电机，变压器</td><td>绕组和铁心情况，清洁度，运行安全性，最新的技术发展水平，总体运用条件，设备质量，维护</td></tr>
<tr><td>高压开关，辅助电气设备，控制设备</td><td></td></tr>
<tr><td>蓄电池，直流设备</td><td></td></tr>
</table>

葛洲坝电站水轮发电机组生产于 20 世纪 70 年代末和 80 年代初，当年的材料、工艺水平和性能指标与现在有一定的差异，按照 GB/T 15468—2020《水轮机基本技术条件》、IEC 62256—2017《水轮机、蓄能泵和水泵水轮机改造和性能改善》等相关规定及水轮发电机组运行状态，葛洲坝电站 170MW 机组也已经达到设备预期使用寿命。因此为保障机组长期安全稳定运行，有必要对其实施改造以重新建立整机的机械性能，改善机组运行性能，消除长期运行带来的安全隐患，增加设备使用寿命。

二、机组更新改造的可行性

近年来，我国在水电建设方面取得了可喜的成绩，尤其是通过三峡、溪洛渡、向家坝、乌东德、白鹤滩等巨型水电站的建设积累了成功经验，使我国在机组的设计、制造水平方面基本与世界先进水平接轨。对多座水电站的机组改造实践表明，改造后机组的能量特性、空化性能、稳定性等指标比原机组有了较大提高，机组的安全稳定性得到了保证，增加了电站的综合效益。

近 10 年，我国利用现代技术已成功对多个水电站进行了成功改造，积累了丰富的经验，技术上是成熟、可靠的。如葛洲坝电站 125MW 机组改造以及丹江口、三门峡、西津、富春江这些水电站的机组改造均采用了成熟的工艺和新技术，有效改善了机组的运行性能，提高了发电效率，重新建立了整机的机械和电气性能，消除了机组长期运转带来的安全隐患，增加了设备使用寿命，提高了水能资源的利用率。因此，利用当今技术和新材料，对葛洲坝电站 1、2 号机组进行更新改造是可行的。

同时 170MW 机组更新改造不新增建设用地、无水库淹没移民搬迁等问题，仅在原电厂内部进行，影响范围十分有限。机组更新改造主要利用枯水期完成，基本上不减少水电站发电量。机组更新改造后，可以提高机组效率，充分利用汛期水量多发电，延长机组检修间隔，减少机组检修时间，提高水能利用率，符合国家能源产业政策。

综上所述，葛洲坝电站 170MW 机组部分部件老化严重，存在运行安全隐患的实际情况，采用当前设备制造安装的新技术、新工艺，对机组进行更新改造，消除设备安全隐患和潜在的安全风险，不仅是十分必要的，也是可行的。

第二章　水轮发电机组主要技术特性

第一节　机组主要技术参数

葛洲坝电站170MW水轮发电机组更新改造前后主要技术参数对比见表1.2-1、表1.2-2，改造后机组主要部件的材料、尺寸及重量见表1.2-3~表1.2-4。

表1.2-1　水轮机更新改造前后主要技术参数对比

名　称		1、2号机组原水轮机	1、2号机组改造后水轮机
水轮机型号		ZZ560-LH-1130	ZZ589-LH-1130
额定转速/（r/min）		54.6	54.6
额定功率/MW		176	173.5
额定流量/（m^3/s）		1130	1073
额定单位流量/（m^3/s）		2.052	1.95
额定点效率/%		85.6	≥89.0
模型最高效率/%		88.5	92.5
真机最高效率/%		92.5	94.3
飞逸转速/(r/min)		120	128
导水机构	导叶相对高度	0.4	0.4
	导叶数/个	32	32
	导叶分布圆直径/m	13.1（1.1593D_1）	13.1（1.1593D_1）
蜗壳		混凝土、梯形断面、180°	180°
转轮	叶片数/个	4	5
	轮毂比	0.4	0.41
额定点比转速/(m·kW)		593	589
额定比速系数		2558	2539
水轮机桨叶中心高程/m		36.6	36.6
吸出高度/m		-7.35	-7.35
电站空化系数 σ_p		0.93	0.93
额定点的临界空化系数		0.8	0.775
额定点空化安全系数		1.16	≥1.2
尾水管高度（至底环平面）/m		2.4D_1	2.4D_1

葛洲坝电站170MW机组发电机为立式伞形结构，主要由定子、转子、上机架、推力支架（推力轴承支架）、推力轴承、上导轴承、主轴、上端轴以及其他发电机附件组成。改造后推力轴承为小弹簧束结构，发电机通风冷却采用密闭自循环无风扇空气冷却系统；定子、转子绝缘等级由B级改为F级，机组额定容量不变；现场进行定子叠片、下线和转子磁极挂装、推力轴承装配等工作。发电机更新改造前后主要技术参数对比见表1.2-2。

表 1.2-2　发电机更新改造前后主要技术参数对比

项　目	1、2 号机组原发电机	1、2 号机组改造后发电机
型式	半伞式	半伞式
型号	SF170-110/17600	SF170-110/17600
额定功率/MW	170	170
额定容量/(MV·A)	194.3	194.3
额定电压/kV	13.8	13.87
额定功率因数	0.875	0.875
额定频率/Hz	50	50
额定转速/(r/min)	54.6	54.6
飞逸转速/(r/min)	120	128
旋转方向	俯视顺时针	俯视顺时针
推力负荷/t	3800	3950
绝缘等级	B	F
接线方式	Y	Y
并联支路数	5	5
空气间隙/mm	21	18
定子铁心外径/mm	17 600	17 600
定子铁心内径/mm	16 990	16 944
定子铁心长度/mm	2000	2000
定子机座外径/mm	ϕ20 000	20 000
转子外径/mm	ϕ16 948	16 908
定子绕组型式	波绕组	波绕组
定子绕组槽数	990	990
气隙磁通密度/Gs（$1Gs=10^{-4}T$）	7387	7515
1/3 齿磁通密度/Gs	15 823	14 350
定子轭磁通密度/Gs	13 748	10 137
线负荷/(A/mm)	603	604.7
每极每相槽数	3	3
短路比（计算值）	1.49	≥1.15
定子绕组温升/K	64	59
转子绕组温升/K	68	59
直轴电抗 X_d/p.u.	0.759	0.870（饱和值）、0.794（不饱和值）
直轴瞬变电抗 X'_d/p.u.	0.309	0.307（饱和值）、0.270（不饱和值）
直轴超瞬变电抗 X''_d/p.u.	0.199	0.212（饱和值）、0.201（不饱和值）
额定励磁电流/A	2077	1990
额定励磁电压/V	494	465
发电机效率（计算值）/%	97.5	≥98.2
电压波形畸变率/%	1.26	≤5
电话谐波因数/%	1.3	≤1.5

葛洲坝电站 170MW 机组水轮机主要由埋入部分、导水机构装配、转轮装配、主轴装配、密封装配、轴承装配、受油器、地等部分构成，本次改造经过结构校核后，对转轮装

配、埋入部分、主轴、受油器等部件进行了更新改造和结构优化。改造后主要特征高程见表 1.2–5。

表 1.2–3 170MW 机组水轮机主要部件改造后的材料、尺寸及重量

序号	名称	数量	材料	单件重/t	尺寸/(mm×mm×mm)	备注
1	叶片	4	ZG0Cr13Ni6Mo	40	7970×3890×ϕ1850	整铸
2	转轮体	1	ZG20SiMn	115	ϕ4520mm (球)×2750mm	整铸
3	主轴	1	18MnMoNb	103	法兰滑转子长度 ϕ2550×ϕ2150×7500	锻焊
4	顶盖	4/4	A3 钢板	138	ϕ14 620×ϕ11 420×1615	焊接
5	支持盖	4/4	A3 钢板	166. 5	ϕ11 780×ϕ5000×2670	焊接
6	座环上环	8/8	A3 钢板	98	ϕ17 100×ϕ14 260×800	焊接
7	基础环	4/4	ZG20SiMn	74. 8	ϕ14 200×ϕ11 300×987	铸造
8	转轮室中环	4/4	1 号机组：ZG0Cr13+A3 2 号机组：1Cr18Ni9Ti+A3	45. 4	ϕ12 040×ϕ11 129×1798	铸焊 焊接
9	转轮室下环	4/4	1 号机组：ZG0Cr13+A3 2 号机组：1Cr18Ni9Ti+A3	52	ϕ12 150×ϕ11 002×2500	铸焊 焊接
10	底环	4/4	ZG20SiMn	66. 5	ϕ13 800×ϕ11 388×600	铸造
11	导叶	32	ZG20SiMn	7. 5	7120×1464×ϕ430	整铸
12	固定导叶	17	ZG20SiMn	7. 43～10. 39	5420×1500×1140	铸焊
13	控制环	4/4	A3 钢板	46. 5	ϕ9360×ϕ7750×1100	焊接
单台水轮机总重约 2200t						

表 1.2–4 170MW 机组发电机主要部件改造后的尺寸及重量

序号	名称	单件重/t	尺寸/(mm×mm)	备注
1	定子	435	ϕ20 000×3600	
2	转子	792	ϕ16 948×2250	
3	推力轴承	70. 6	ϕ4200mm	
4	上机架	98. 5	中心体直径 ϕ4200mm，支臂高度 1600mm	
5	主轴	72	ϕ1650×6000	
单台发电机总重约 1635t				

表 1.2–5 水轮发电机组改造后主要特征高程

序号	名　称	高程/m	序号	名　称	高程/m
1	发电机层高程	55. 91	3	转轮叶片中心高程	36. 6
2	水车室高程	46. 13	4	尾水管底板高程	14. 2

第二节 机组结构

葛洲坝电站为厂坝结合的河床式低水头径流式水电站，水轮机为轴流转桨式结构，发电机组为立轴半伞式布置，水轮机轴和发电机轴直接连接。推力支架布置在支持盖上。采用水轮机水导轴承和发电机上导轴承径向支撑方式。该布置的优点是结构紧凑，可以降低厂房高度并保障机组稳定运行，机组整体结构如图 1.2－1 所示。本节对葛洲坝电站 170MW 水轮发电机组改造结构进行概述。

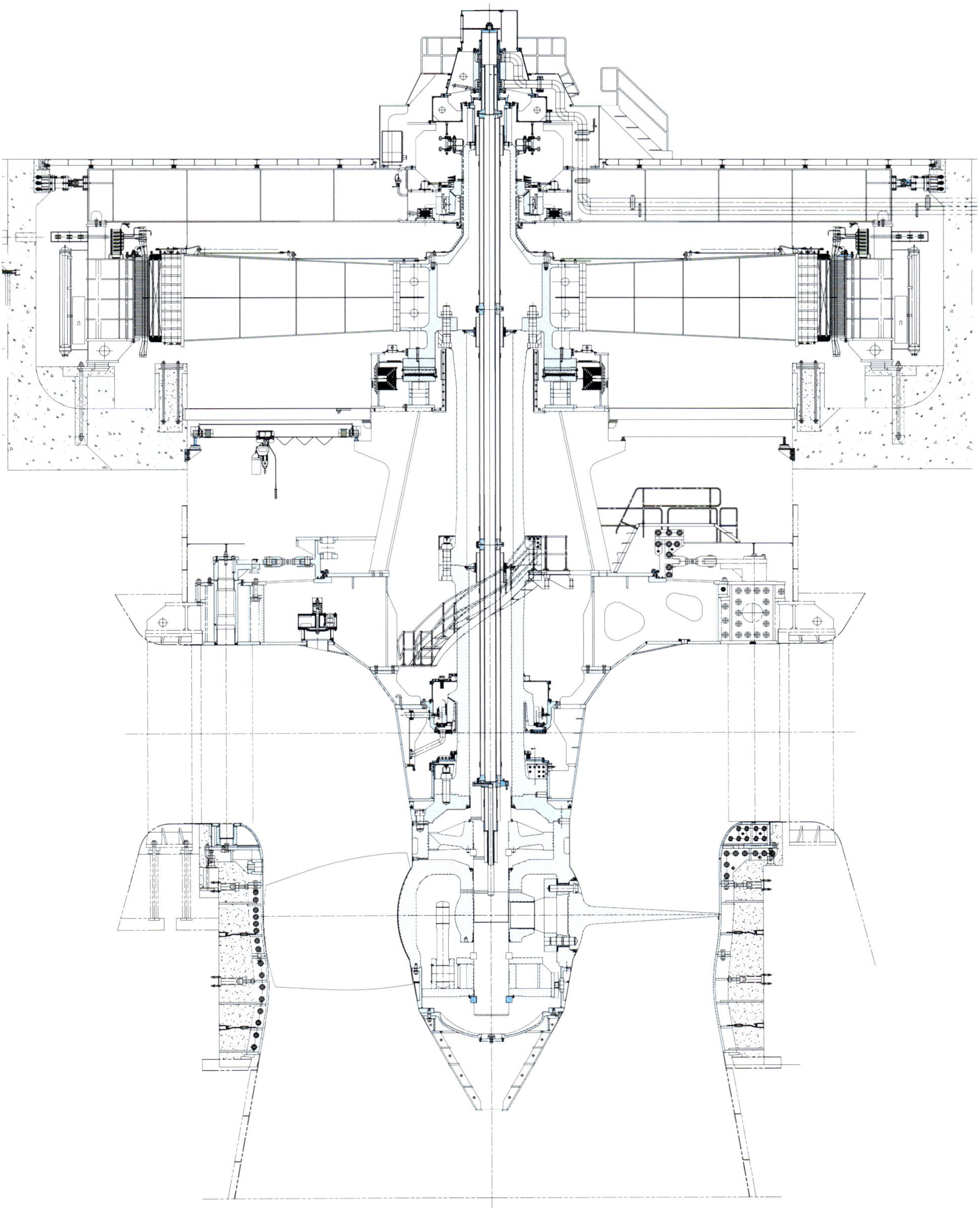

图 1.2-1　葛洲坝水轮发电机组整体结构

一、水轮机结构简述

葛洲坝电站水轮机转轮内部装有一套操作转轮叶片的机构。转轮外围安装活动导叶和固定导叶，导叶上端为顶盖，下端为底环。转轮室由上环、中环、下环及机坑里衬组成。本次水轮机改造主要包括埋件部分、导水机构装配、转轮装配、主轴装配、密封装配、轴承装配、受油器、地板扶梯及管路部分，改造前后结构型式对比见表 1.2-6。

表 1.2-6 水轮机改造前后结构型式对比

名　称		改造前	改造后
转轮	叶片数	4	5
	轮毂比	0.4	0.41
	转轮体材质	ZG20SiMn	ZG20SiMn 钢铸造，过流表面粗加工后堆焊不锈钢
	桨叶操作机构	缸动式结构	带操作架结构
	叶片密封		双向多层 V 型耐油耐水聚氨酯密封
	叶片材质	ZG0Cr13Ni6Mo	ZG06Cr13Ni5Mo
转轮室中下环材质		1 号机组：ZG0Cr13+A3； 2 号机组：1Cr18Ni9Ti+A3	06Cr19Ni10，过流面采用 不锈钢板模压成型
基础环		ZG20SiMn	钢板焊接结构，过流面材质为 不锈钢板 06Cr19Ni10
主轴		材质 18MnMoNb	主轴长度缩短，材料拟采用锻钢 25MnSX
控制环		A3 钢板	Q235B 整体钢板焊接结构
主轴密封		双层橡胶平板结构	可调水压式端面密封结构
水导轴承		抗重螺栓支撑结构	斜楔支撑结构
导流锥		分两段螺栓把合结构	不分段结构，采用强度较高的 Q235B 钢板焊接
支持盖		A3 钢板	改造后的支持盖采用钢板焊接结构，钢板厚度较改造前有增加，强度加强，在支持盖受力的部分，采用强度较高的钢板焊接
真空破坏阀		吸力式真空破坏阀	缓冲式真空破坏阀

（一）基础及埋件部分

葛洲坝电站水轮机基础及埋件部分主要由尾水管、蜗壳、座环、转轮室等组成。

转轮室分为上下两段，即转轮室中环和下环。中环、下环均为钢板焊接结构，分为 4 瓣，为提高其耐气蚀、耐磨损性能，本次改造后的转轮室中环和下环过流面采用不锈钢板模压成型，材质为 06Cr19Ni10。基础环为钢板焊接结构，分为 4 瓣。过流面采用 06Cr19Ni10 不锈钢板，其余钢板为 Q235B，基础环设置 5 组转轮悬挂工具把合孔。

（二）导水机构

导水机构是控制水轮机流量，调整机组负荷，保证机组正常启动，事故状态时紧急停机的控制机构，因此必须操作灵活、可靠。导水机构包括顶盖、底环、支持盖、导叶、控制环、传动机构等。

顶盖用于固定导水机构，承受机组轴向负载，并将负载传递到座环和基础上，起到支撑机组的作用。本次改造顶盖不做更换，只做相应修复，对顶盖进行过流面修平，为了减少导叶在关闭时导叶与顶盖间的漏水量，在顶盖过流面相应部位设置导叶端面密封。

底环是水轮机过流部件，用于固定活动导叶。改造后底环为铸焊结构，即上、下环板与铸造的导叶下轴座装焊结构。为了减少导叶在关闭时导叶与底环间的漏水量，本次改造对在底环相应部位设置导叶端面密封，在底环过流面新增不锈钢抗磨板。

支持盖是水轮机的重要支撑部件，它支撑着推力支架，同时将水轮机的部分重量传递给顶盖。由于转轮改造后外形尺寸发生改变，本次改造对原支持盖进行改造，以保证支持盖导流锥过流面与转轮表面线型满足设计要求。

170MW 机组活动导叶共 32 个，用于调节通过机组过流系统的水的流量，达到控制机组转速的目的。本次改造将对其过流面空蚀及磨损进行功能性修复：导叶上下端面装焊不锈钢板，将导叶尾部割除并装焊不锈钢板，将导叶上、中、下轴径适当加工后镶不锈钢保护套，导叶改造后为三支点对称型导叶。

（三）转轮

转轮是水轮机实现能量转换的主要部件，由轮毂体、桨叶、桨叶操作机构及泄水锥等组成。葛洲坝电站 170MW 机组改造前的水轮机选用了我国在 1967 年为富春江水电站试验的 ZZ560 型模型转轮，170MW 机组水轮机公称直径为 11.3m，转轮轮毂比 0.4，转轮体为球形结构，球体直径 4.52m，高 2.75m。改造后的转轮由转轮体、5 个叶片、桨叶操作机构、连接体及泄水锥等组成，叶片采用 ZG06Cr13Ni5Mo 不锈钢 VOD 精炼，在叶片外缘设抗空蚀裙边。叶片密封采用 KB 型耐油耐水丁腈橡胶密封结构，密封压板采用抗磨性能好的 ZG06Cr13Ni5Mo 不锈钢，桨叶在运行中不漏油，转动灵活，可在不拆卸叶片的情况下更换密封件，桨叶操作机构采用可靠性好的带操作架结构。

（四）主轴和操作油管

主轴为中空锻焊式外法兰结构，采用水轮机轴、发电机轴、上端轴三段式。主轴内设置操作油管，用于将叶片动作的压力油输入通道，并与主轴内支撑连接，把叶片转动信号传递到受油器回复轴承上。

因改造后的转轮由缸动式结构改为操作架结构，活塞缸从转轮中心线下方设置到转轮中心线上方，转轮体高度增加，转轮与主轴法兰分界面高程上移，主轴长度缩短，同时由于转轮操作结构型式发生变化，压力油的开关腔相应变化，故需将水轮机轴和操作油管进行更换。

（五）水导轴承

葛洲坝电站水导轴承为稀油润滑、非同心分块瓦自润滑轴承。本次改造将支撑方式由抗重螺栓改为斜楔与抗压块支撑方式。相比于原结构，斜楔式结构具有结构简单、精度高、易调整、检修维护方便、安全性高等优点。水导轴承冷却方式由强制冷却方式改为边壁自然冷却方式。

（六）主轴密封

原水轮机主轴工作密封为双层橡胶平板结构，改造后为可调水压式端面密封结构型式。另外，机组设有空气围带检修密封，以便在停机但不排水的情况下对主轴密封进行检修。

（七）受油器

受油器用于将来自调速器的压力油引至操作油管和转轮接力器腔内。原受油器采用3个浮动环结构，进油口在各浮动环端面。改造后受油器采用2个浮动环结构，进油口在各浮动环中部，运行中可上下左右轻微浮动，自动调心，使密封间隙均匀，磨损小，密封性好。

二、发电机结构简述

葛洲坝电站水轮发电机采用立轴半伞形结构，采用密闭自循环空气冷却方式。推力轴承位于转子下部推力支架上，并采用内循环冷却方式。本次改造范围主要包括定子铁心、定子绕组、铜环引线、转子引线及磁极装配、上端轴、集电环、上机架装配、推力轴承装配、推力油槽、中性点装置、制动器、外罩、上下挡风板、油水管路以及与改造相关的零部件，并增设碳粉收集装置、制动除尘装置、油雾处理装置、高压油顶起装置等辅助设备。

（一）定子

本次改造采用原定子机座，该机座由钢板焊接组装而成，共分6瓣。机座环板间用盒形筋支撑，本次改造对环板间支撑进行设计优化，并增加了机座刚强度。

定子铁心固定部件由定位筋、压指、拉紧螺杆等组成，下端由大齿压板和下压指支撑，上端由分块式上齿压板压紧，铁心由拉紧螺杆与碟簧进行压紧，并通过定位筋固定在定子机座上，铁心全圆由硅钢片组成。本次改造定位筋由固定式鸽尾筋改为浮动式双鸽尾筋。发电机主要部件改造前后结构对比见表1.2-7。

表1.2-7 发电机主要部件改造前后结构对比

名称		1、2号机组	
		改造前	改造后
定子铁心	定位筋	固定式鸽尾筋	浮动式双鸽尾筋
	拉紧螺杆	螺母直接焊接在齿压板上	碟簧和垫圈的紧固结构
		普通钢	低碳合金钢
	扇形片	冷轧硅钢板 W315-50	硅钢板 50W250
	槽数/个	990	990
	定子通风沟高/mm	8	6
	定子通风沟数/个	29	43

续表

名称		1、2号机组	
		改造前	改造后
定子绕组	绝缘等级	B	F
	电磁线规格/(mm^2/mm^2)	(2.5×6.7)/(2.9×7.1)	(2.5×8)/(2.7×8.2)
	并联股数	40	44
	股线换位/(°)	360	302.73
	槽楔固定	斜槽楔	弹性波纹板
	绕组焊接	锡焊	银铜焊
转子磁极	绝缘等级	B	F
	磁极线圈铜排	七边形铜排	带散热翅异形铜排
	磁极接头、阻尼接头表面	搪锡	镀银
滑环装置	形式	敞开式	半封闭式
	绝缘等级	B	H
	每极碳刷布置	半圆布置	整圆布置
	碳粉收集装置	无	增加

定子绕组发电机的导电元件，为三相并联5支路设计，绝缘水平由B级提升至F级，定子线圈采用VPI绝缘系统，电磁线材料采用双面绝缘涤纶玻璃纤维烧结铜扁线。

（二）转子

转子由转子支架、磁轭、磁极等部件组成。本次改造对磁极进行整体更换。绝缘水平由B级提升至F级。

（三）推力轴承

推力轴承是水轮发电机的“心脏”，其性能好坏直接影响到水轮发电机能否安全、可靠运行，其支撑结构为弹性油箱式。本次改造采用符合低速重载要求的弹簧束+巴氏合金瓦方案，并配套高压油减载系统，轴承润滑油冷却仍采用内循环冷却方式，该结构具有良好的调节性能。

（四）上机架

发电机上机架均由中心体和支臂组成，为非负重机架，主要承受径向负荷，采用辐射型焊接结构，共有12个可拆支臂。中心体和支臂在工地焊接成整体，并有足够的强度和刚度，并可有效改善发电机基础的受力。本次改造为了提高上机架刚强度，降低振动及噪声，对其进行整体优化改造。

（五）上导轴承

上机架内装有上导轴承，导轴承采用分块瓦可调支柱结构。导轴承的润滑油采用内循环冷却方式。上导轴承主要承受机组因机械不平衡和磁拉力不平衡产生的径向偏心力，采用 12 块扇形金属瓦，支撑方式由上导支柱螺栓结构改为斜楔式结构。

（六）其他结构

本次改造采用新型制动器，制动系统配备了刹车除尘系统，通过抽风机将制动时可能产生的少量粉尘吸出并收集在集尘筒内，避免粉尘在发电机风洞内扩散。

本次改造增加防油雾系统。改造后对上导轴承油槽和推力轴承油槽分别设置了防油雾装置，对油槽内部件进行合理布置，以减少油雾产生，有效防止油雾污染发电机。

由于宜昌地区春、夏季节湿度特别大，严重影响电气设备绝缘状态，发电机机坑内加装除湿机。

第二篇

水轮发电机组更新改造方案研究

第一章　水轮发电机组更新改造要求

第一节　改造基本要求

葛洲坝电站 170MW 机组更新改造主要是为了消除设备先天缺陷及安全隐患，使机组能够适应目前已经改变的水力条件，保证机组在全水头工况下能够长期、安全、稳定运行，以优化性能、延长使用寿命为目的。葛洲坝电站 170MW 机组更新改造的基本要求如下：

（1）在保障机组全水头段运行稳定性及抗空化性能的基础上，尽可能提高机组低水头段的预想功率、提升高水头段的效率。

（2）机组各设备部件的相关复核校验以额定功率 170MW 进行，尽可能保留原机组设备部件，减小改造范围。

（3）改造后整体寿命大于 40 年。

第二节　改造设计原则

葛洲坝电站 170MW 机组更新改造以提高机组运行性能、保证机组安全稳定运行为目标，同时考虑更新改造经济性，改造前对机组相关附属设备进行复核。原厂房桥机、技术供水系统、气系统、厂房排水系统、油系统、水力监视测量系统、主变压器等，经复核后均满足要求，可不进行改造。最终确定改造设计原则如下：

（1）通过 CFD 计算分析，优化设计新转轮，以适应现有流道。

（2）水轮机设计额定水头、转轮直径、转轮室结构型式保持不变。

（3）水轮机转轮叶片采用空化性能更优、适应水头范围更广的 5 叶片结构。

（4）调速器油压等级 4.0MPa 保持不变。

（5）结合机组 A 级检修，利用枯水期实施改造项目。

根据以上原则，确定改造后机组主要技术参数，见表 2.1-1。

表 2.1-1 机组改造前后主要技术参数

序号	名 称	改造前	改造后	备 注
1	水轮机额定功率/MW	170	170	水轮机额定功率仍为170MW，但低水头出力增加，在12.0~18.0m低水头段，机组预想功率的提高幅度约5%~10%
2	水轮机额定效率/%	85.6	≥89	受限于原机组流道水力性能，额定效率提升有限
3	额定转速/(r/min)	54.6	54.6	
4	额定点空化安全系数	1.16	≥1.2	
5	转轮叶片数/个	4	5	
6	水轮机安装高程/m	36.6	36.6	
7	发电机额定功率/MW	170	170	
8	发电机额定容量/(MV·A)	194.3	194.3	
9	发电机额定电压/kV	13.8	13.8	
10	发电机额定功率因数	0.875	0.875	
11	发电机额定效率/%	97.5	≥98.2	
12	发电机绝缘等级	B	F	发电机整体绝缘水平由B级提高至F级
13	接线方式	Y	Y	
14	并联支路数/条	5	5	
15	定子、转子空气间隙/mm	21	18	
16	短路比	1.49	≥1.15	
17	定子绕组温升/K	64	≤70	
18	转子绕组温升/K	68	≤70	

第二章 水轮机更新改造方案

第一节 水轮机 CFD 分析

一、简述

本次改造通过更换转轮及部分过流部件，改善水轮机的空化性能及稳定性，提高水轮机在低水头的出力性能，保证水轮机长期安全稳定运行。同时为了解原过流部件对水轮机整体水力性能的影响，评估改造后水轮机的整体水力性能，对原过流部件进行了详细的 CFD（计算流体动力学）计算分析。在 CFD 计算分析结果基础上，结合轴流转桨式水轮机水力开发经验，对改造后水轮机的主要水力性能进行评估。

二、水轮机转轮 CFD 计算分析

（一）水轮机转轮水力设计

葛洲坝电站 170MW 机组在本次改造中活动导叶不更换，因此只能从转轮入手，在转轮水力开发过程中对原水轮机出现的问题采取针对性措施，使新开发的水轮机转轮与原有水轮机流道达到最佳匹配状态，提升水轮机整体水力性能。转轮水力设计应满足以下边界条件：

（1）转轮叶片数采用 5 个，以提高水轮机的空化性能及稳定性。

（2）设计时对转轮叶片尤其是靠近轮毂面部分加以重视，使水轮机具有足够的刚强度，保证水轮机在各水头范围内能够长期安全稳定运行。

（3）使水轮机最优运行区域向高水头移动，改善水轮机高水头区域的综合水力性能。

（4）调节转轮进水边，使转轮适应原有的活动导叶出流情况。

（5）调整转轮出口流速分布，使之适应原有的尾水管。

（二）水轮机转轮 CFD 计算分析

为确保新开发的水轮机转轮与原活动导叶的匹配性，转轮设计时采用转轮和活动导叶单通道耦合计算的方式进行，计算控制区域为从活动导叶进口至尾水管进口段。

为分析新转轮对水轮机流道的匹配性，在设计工况点、较大桨叶角度下还进行了水轮机全流道整体计算分析，评估水轮机的整体能量性能。转轮和活动导叶单通道耦合计算控制域如图 2.2-1 所示。

通过建立活动导叶和转轮单通道耦合计算网格结点数，设立模拟边界条件如下：

（1）计算范围进口的流量及方向。

（2）转轮后出口处的平均静压为零。

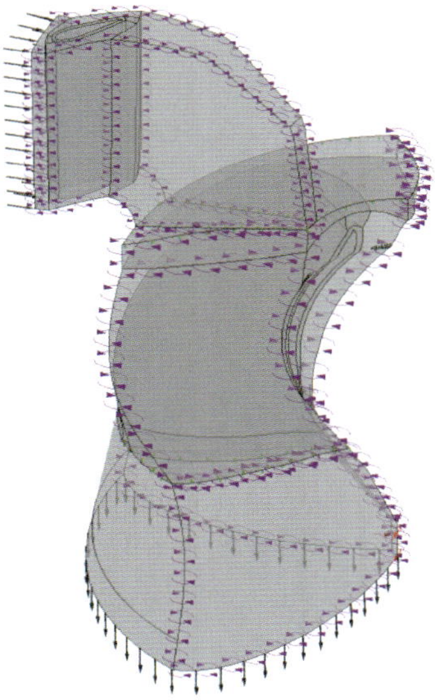
图 2.2-1 转轮和活动导叶单通道耦合计算控制域

(3) 活动导叶和转轮的周期条件。

(4) 标准的边壁函数。

从设计工况点流动计算分析结果看：

(1) 为了适应低水头及大流量区的运行工况，使水轮机具有广阔的高效区，转轮叶片进口保持有一定的正冲角，但没有脱流现象出现。

(2) 转轮叶片表面的流速梯度变化和压力梯度变化均匀，叶片表面没有明显脱流现象，这表明叶片正、背面的曲率变化均匀。

(3) 从正、背面压力分布看，正、背面压力差值幅度大，呈现出高效率转轮的特征。

(4) 叶片表面最低压力发生在靠近转轮叶片中间部位，叶片表面的最低压力值控制在合理范围内，结合设计经验和已完成项目的试验结果，转轮具有较高的空化性能，可以满足水轮机改造后无空化运行的要求。

叶片正、背面压力云图如图 2.2-2 和图 2.2-3 所示，叶片正、背面等压力线如图 2.2-4 和图 2.2-5 所示，转轮出口流速分布、轮毂断面压力分布、中间断面压力分布和轮缘断面压力分布如图 2.2-6~图 2.2-9 所示，不同截面翼型绕流如图 2.2-10 所示。

图 2.2-2 叶片正面压力云图

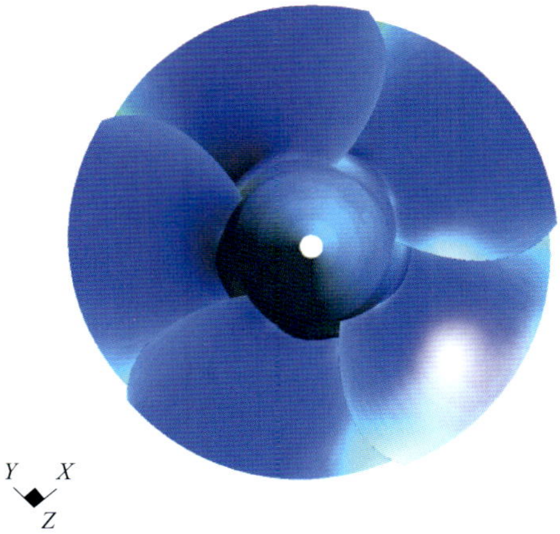

图 2.2-3 叶片背面压力云图

三、过流部件 CFD 计算分析

（一）过流部件水力设计

葛洲坝电站 170MW 机组原水轮机流道具有以下特点：

(1) 蜗壳包角为 180°，采用 T 型断面，引水部分设置两个支墩。

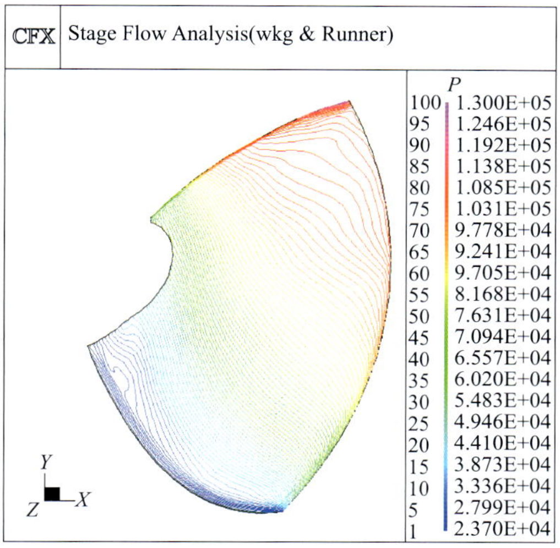

图 2.2-4　叶片正面等压力线

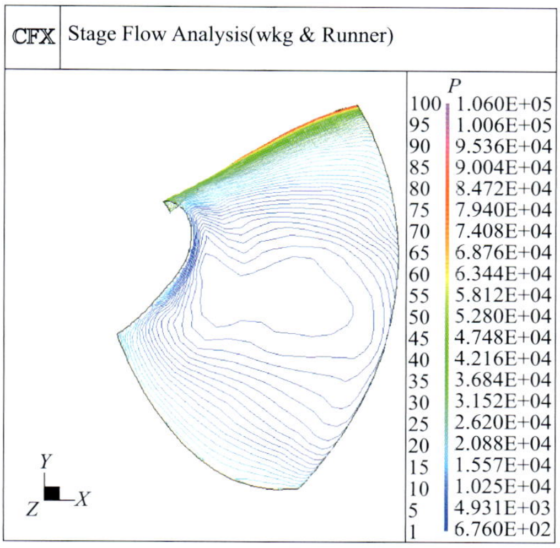

图 2.2-5　叶片背面等压力线

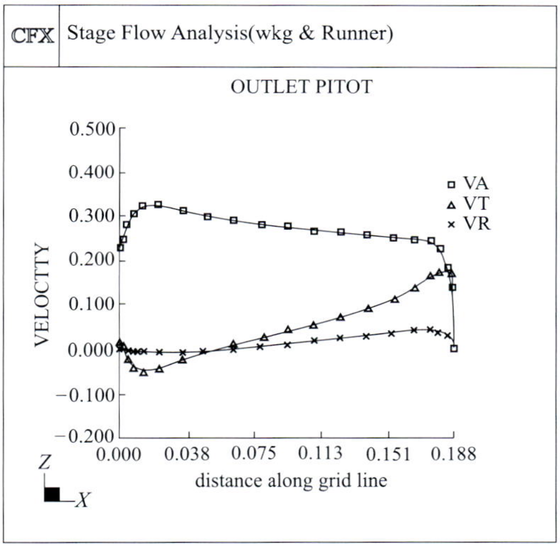

图 2.2-6　转轮出口流速分布

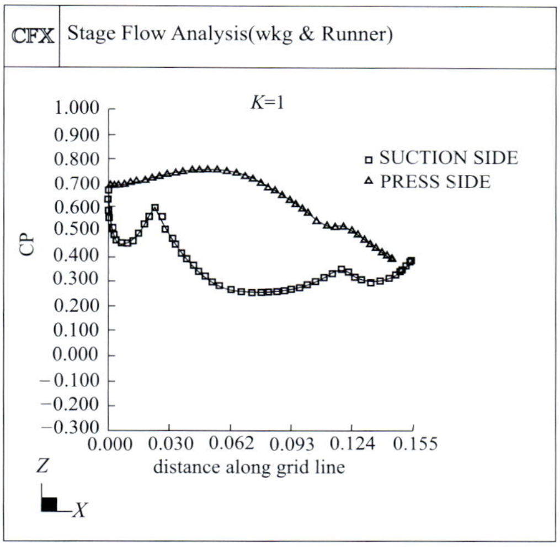

图 2.2-7　轮毂断面压力分布

（2）固定导叶数为 17 个，几何出流角较大，约 58.8°（见图 2.2-11），从现在的设计技术来看，固定导叶和活动导叶的匹配性不是最佳状态。

（3）活动导叶数为 32 个，活动导叶分布圆直径为 $D_0=1.16D_1$（D_1 为转轮公称直径）。

（4）尾水管（见图 2.2-12）锥管锥角约 10°略偏小，尾水管高度（至桨叶中心线）为 $h=2.191D$。尾水管的支墩前伸到肘管部分，对大流量区域带来一定的负面影响。

（二）过流部件 CFD 计算分析

为了客观评估葛洲坝电站 170MW 机组原有过流部件的流动特性，以及新开发的转轮对原有过流通道的适应性，进行全流道流动分析计算，计算工况包括最优工况点、转轮叶片转角 $\beta=10°$时不同单位转速工况。

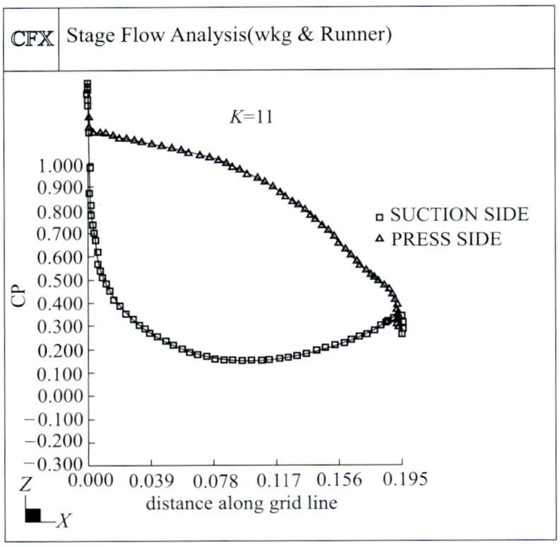

图 2.2−8 中间断面压力分布

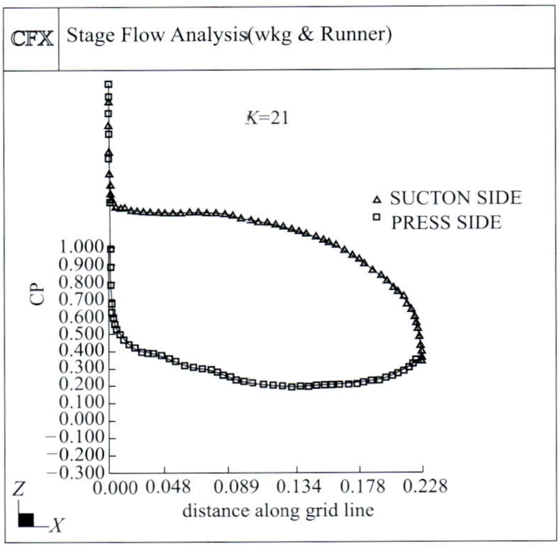

图 2.2−9 轮缘断面压力分布

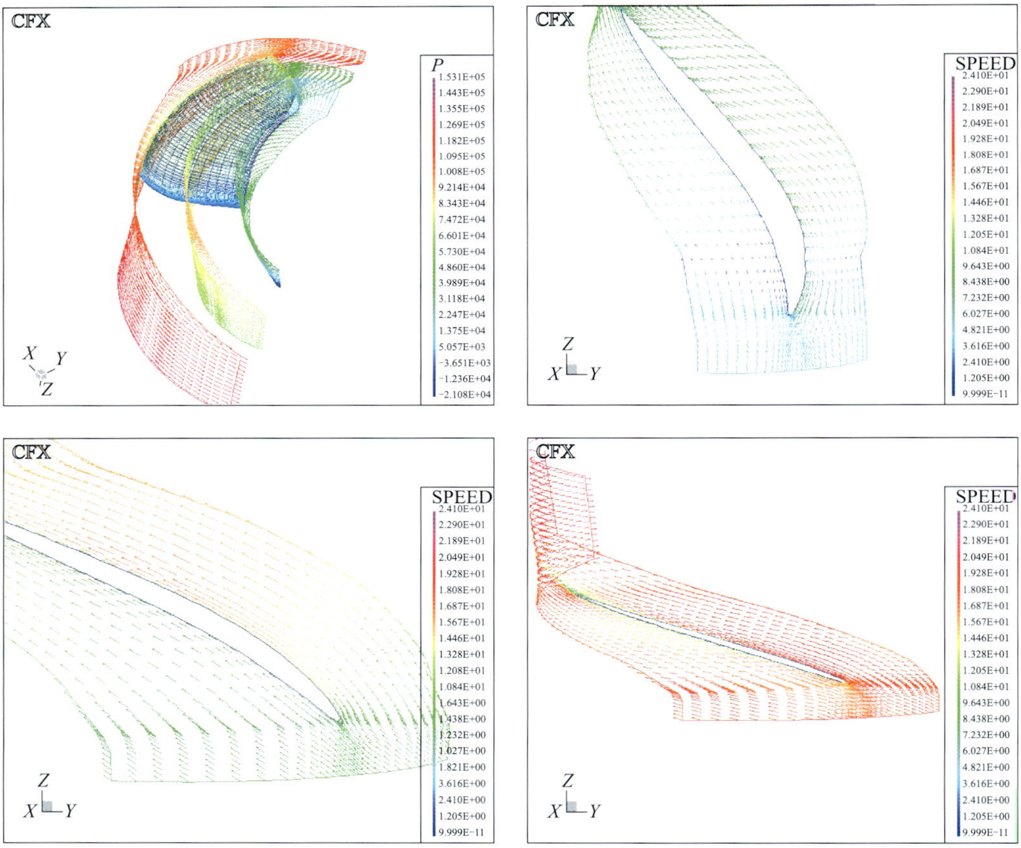

图 2.2−10 不同截面翼型绕流

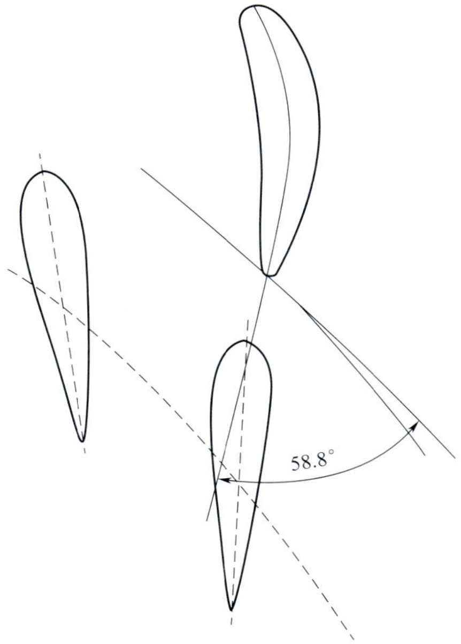

图 2.2-11　固定导叶

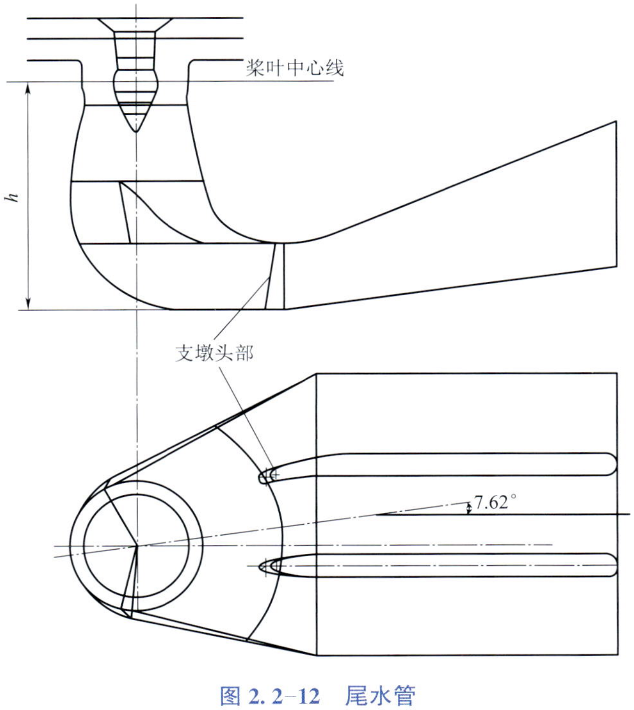

图 2.2-12　尾水管

全流道计算域为从引水进口至尾水出口，流道与葛洲坝电站原水轮机流道完全模拟。水轮机全流道实体图如图 2.2-13 所示。

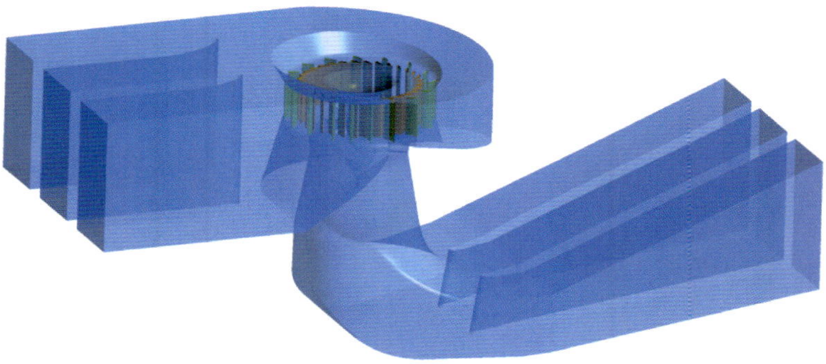

图 2.2-13　水轮机全流道实体图

全流道 CFD 计算网格如图 2.2-14~图 2.2-18 所示。

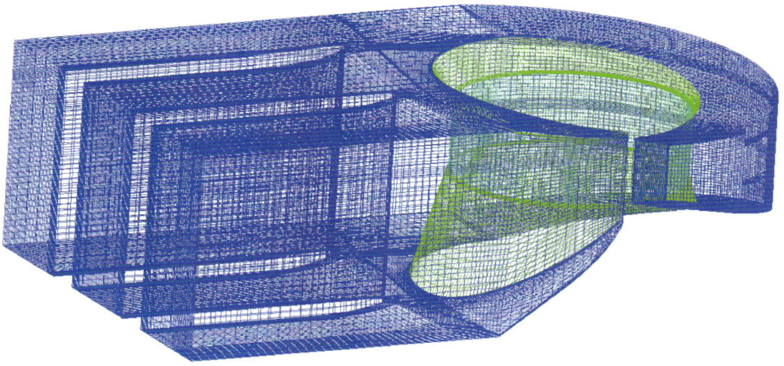

图 2.2-14　蜗壳网格

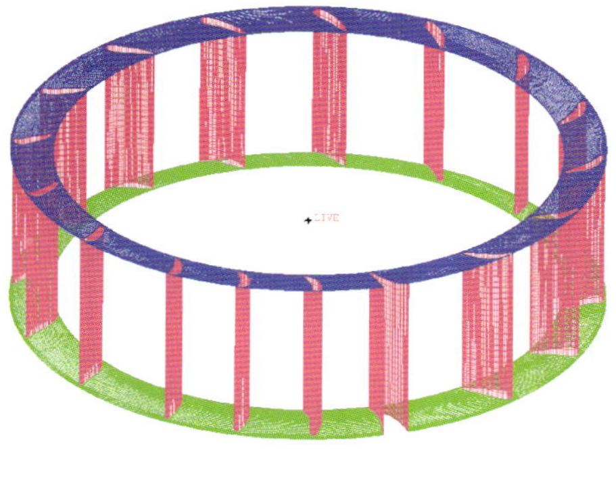

图 2.2-15　固定导叶网格

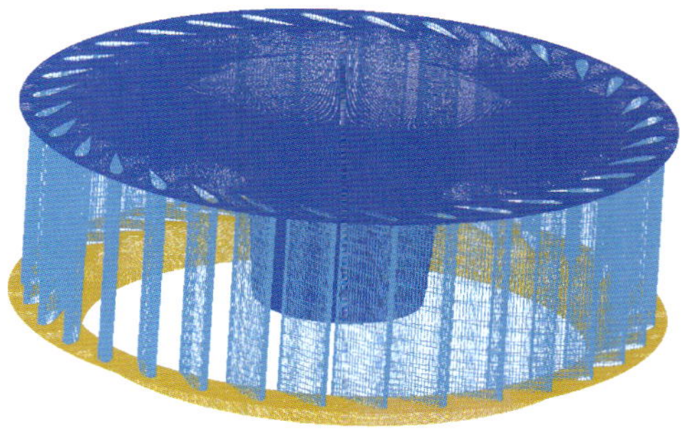

图 2.2-16　活动导叶网格

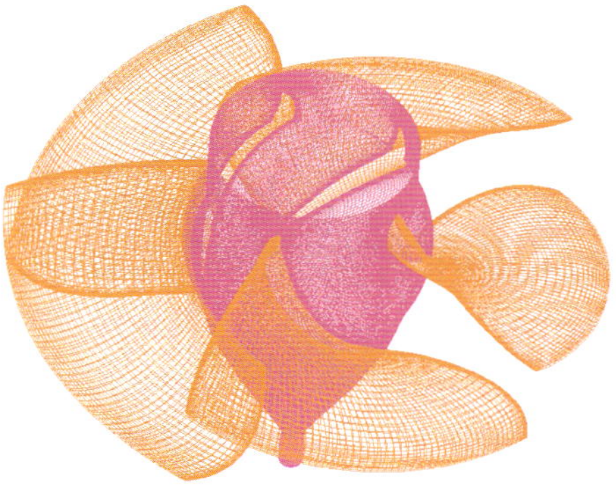

图 2.2-17　转轮网格

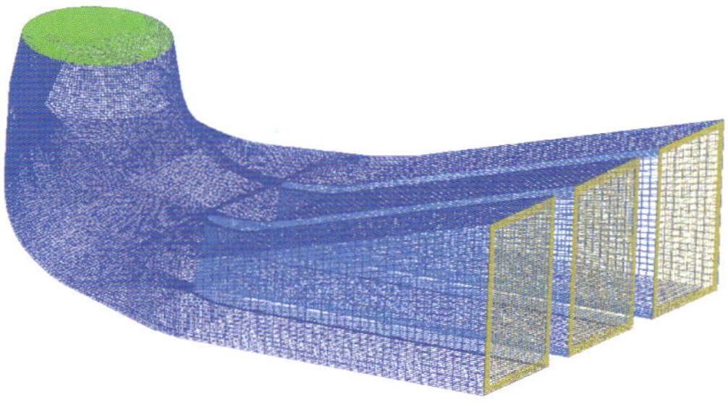

图 2.2-18　尾水管网格

全流道计算进出口边界条件定义为：

进口：总压；

出口：平均静压。

全流道进出口边界条件示意图如图 2.2-19 所示。

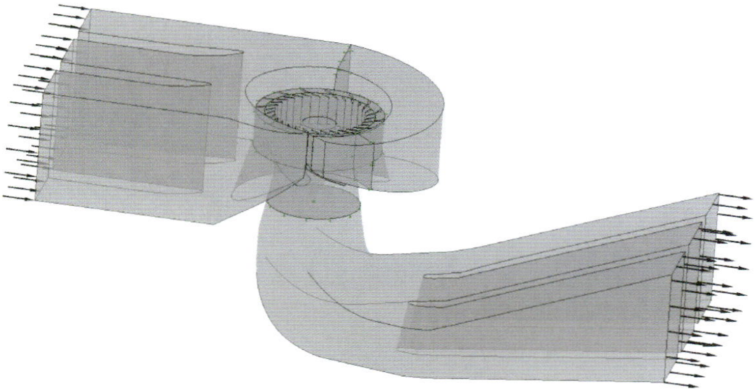

图 2.2-19　全流道进出口边界条件示意图

水轮机全流道 CFD 计算工况见表 2.2-1。

表 2.2-1　水轮机全流道 CFD 计算工况

计算工况	计算水头 H/m	单位流量 Q_{11}/(m^3/s)	单位转速 n_{11}/(r/min)
设计工况	10	1.10	130.0
$\beta=10°$	10	不同导叶开度	140

(三) 过流部件 CFD 计算结果

1. 蜗壳 CFD 计算结果

蜗壳流速分布、压力分布和流线分布如图 2.2-20~图 2.2-22 所示。

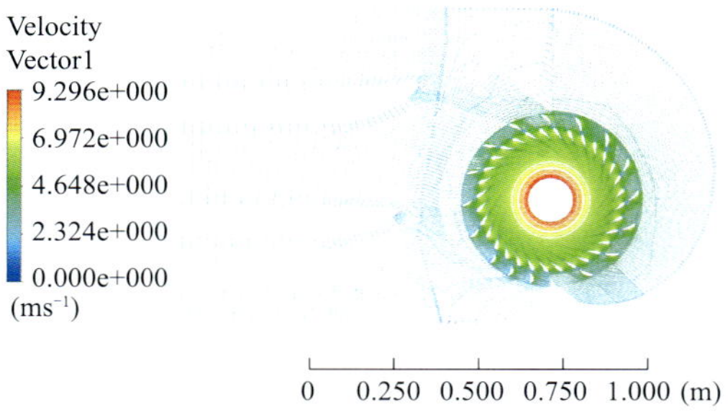

图 2.2-20 蜗壳流速分布

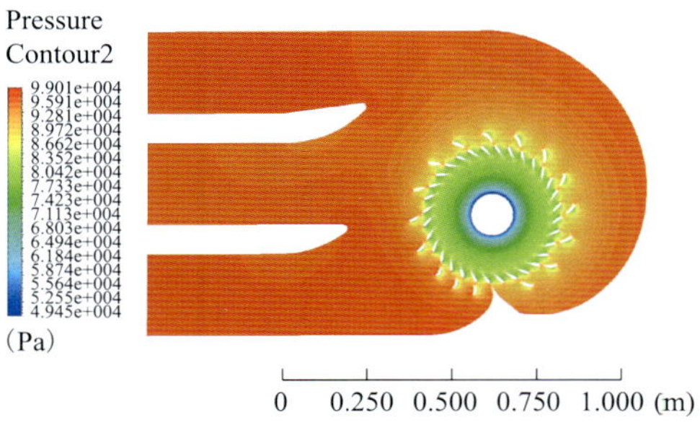

图 2.2-21 蜗壳压力分布

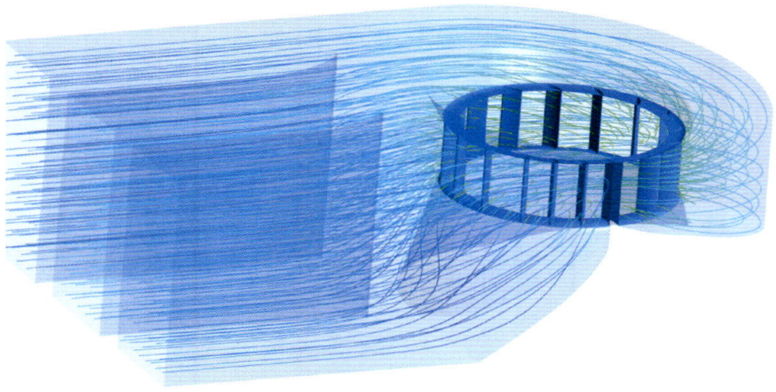

图 2.2-22 蜗壳流线分布

从蜗壳分析结果看，蜗壳内流速分布合理，流线分布均匀，说明原有蜗壳的水力设计是比较合理的。由于蜗壳内流速较低，因此水力损失较小。

2. 导水机构 CFD 计算结果

导水机构压力分布、流速分布和流线分布如图 2.2-23~图 2.2-25 所示。

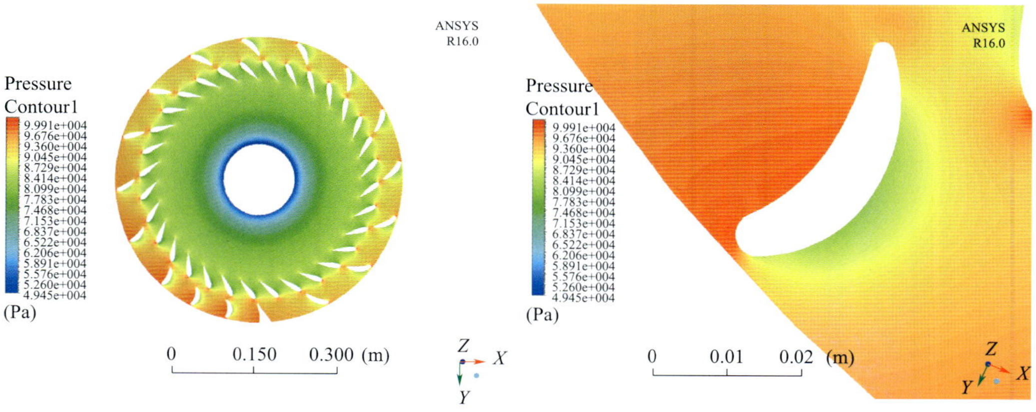

图 2.2-23（一） 导水机构压力分布

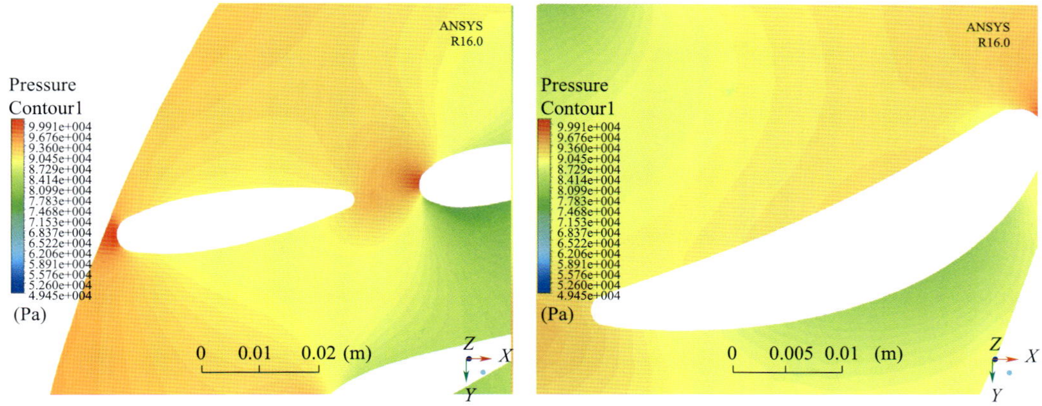

图 2.2-23（二）　导水机构压力分布

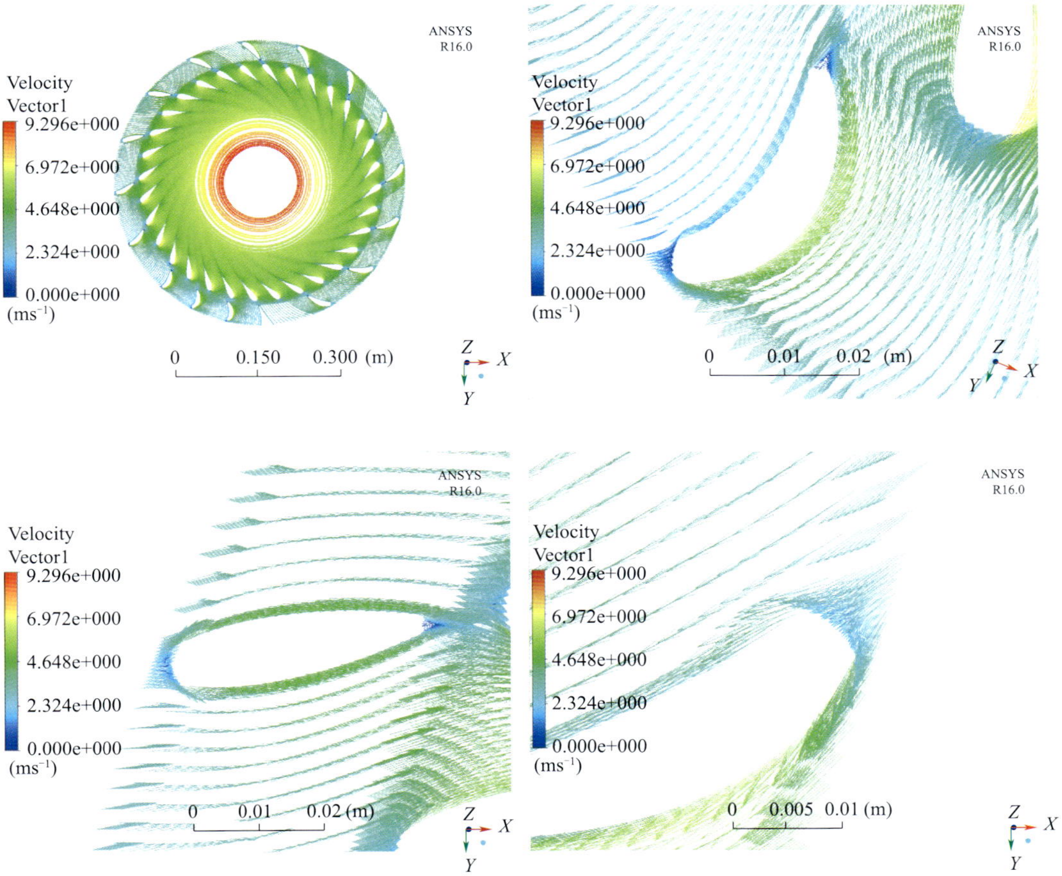

图 2.2-24　导水机构流速分布

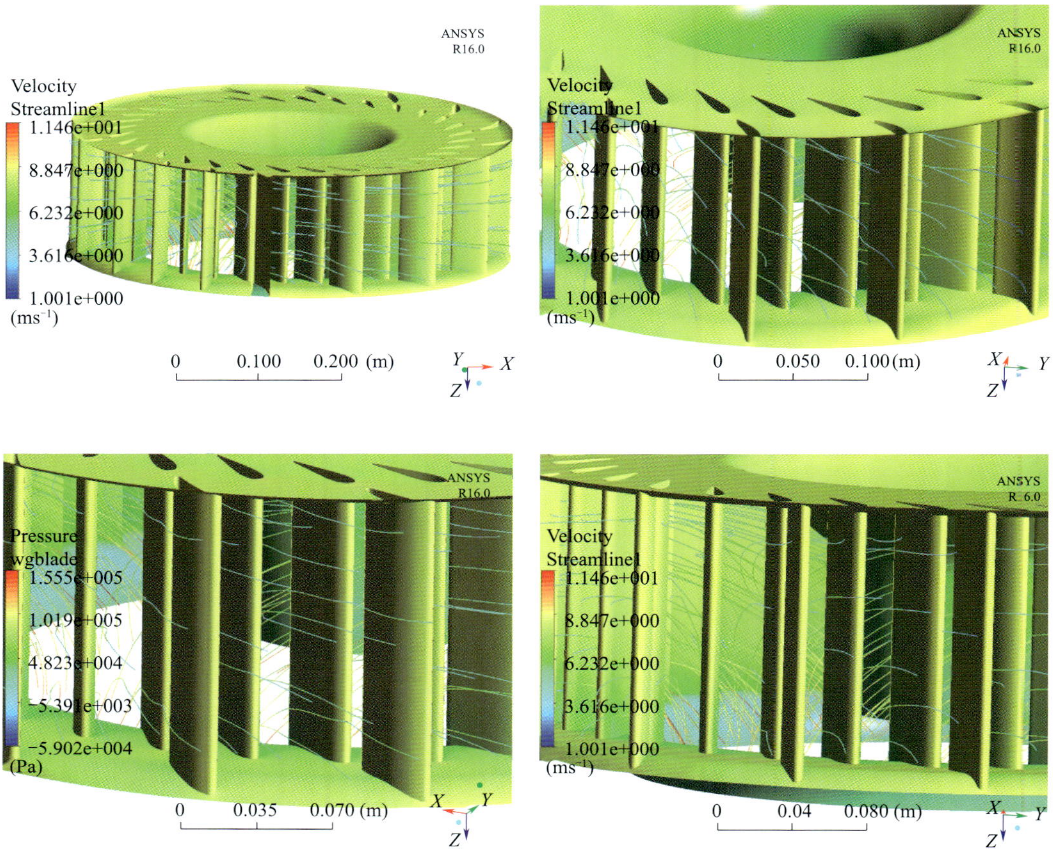

图 2.2-25 导水机构流线分布

活动导叶进口平均液流角和平均流量如图 2.2-26 和图 2.2-27 所示。

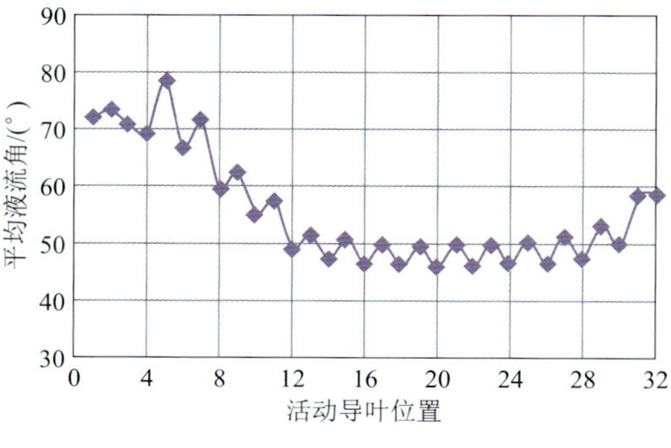

图 2.2-26 活动导叶进口平均液流角

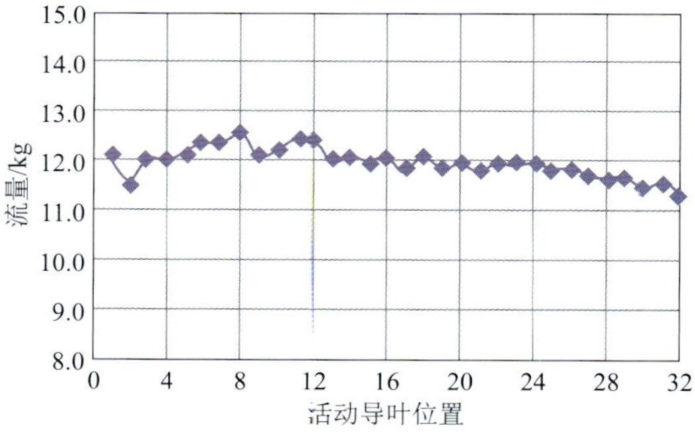

图 2.2-27 活动导叶进口平均流量

从导水机构 CFD 计算结果看，非蜗型部分固定导叶头部几乎没有冲角，说明非蜗型部分固定导叶安放角合理，蜗型部分固定导叶头部略带有负冲角；导水机构内流线分布较均匀。从损失计算结果看，固定导叶出口液流角变化较大，非蜗型部分出口液流角大，而蜗型部分则较小，分布较均匀，这种现象主要是由蜗壳型式引起的，但由于流速较低，固定导叶水力损失比重小。受固定导叶出口液流角影响，活动导叶不同部位进口头部冲角也有不同程度变化，非蜗型部分冲角大，而蜗型部分冲角较小，但流量分布比较均匀，活动导叶水力损失也在合理范围内。

3. 尾水管计算结果

尾水管分别在转轮叶片转角 $\beta=0°$ 和转轮叶片转角 $\beta=10°$ 时进行了计算，根据计算结果，选取了协联工况附近进行流态分析。最优工况点尾水管流线分布和转轮叶片转角 $\beta=10°$ 协联工况尾水管流线分布如图 2. 2-28 和图 2. 2-29 所示。

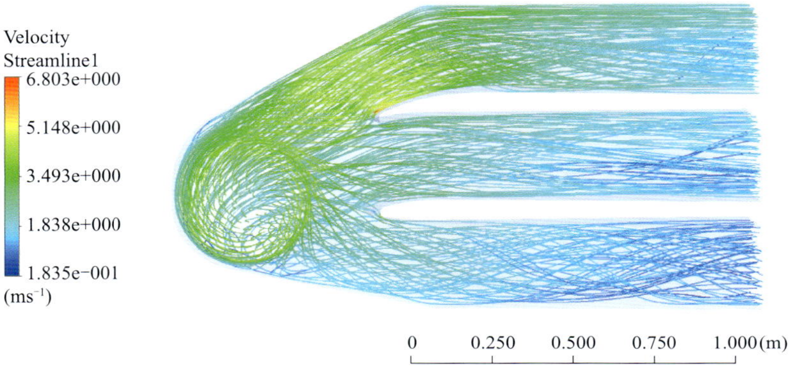

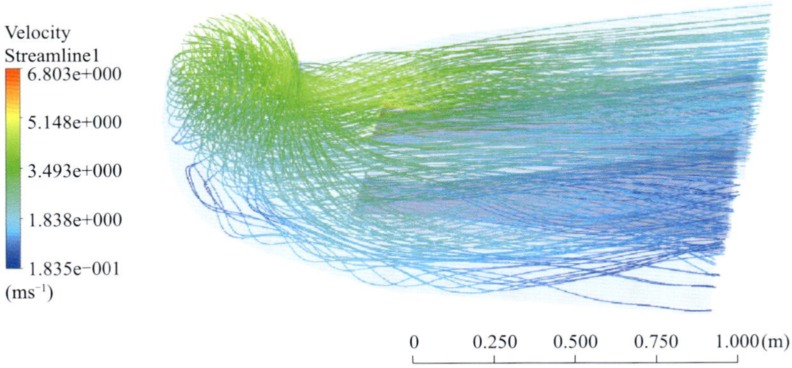

图 2. 2-28　最优工况点（接近）尾水管流线分布

从尾水管不同工况的流动状态看，尾水管内流线分布比较均匀，尾水管肘管内没有可见的空腔出现，扩散段内也没有明显的回流出现，尾水管支墩头部没有明显的冲角出现，说明针对葛洲坝电站 170MW 机组改造全新开发的水轮机转轮很好地适应了原有的尾水管，使得水轮机具有较高的能量特性。

（四）全流道计算结果

1. 计算工况

为较客观评估协联工况的能量特性及位置，分别选取 $\beta=0°$、$n_{11}=130\text{r/min}$ 和 $\beta=10°$、$n_{11}=140\text{r/min}$ 进行全流道计算，计算工况点见表 2. 2-2。

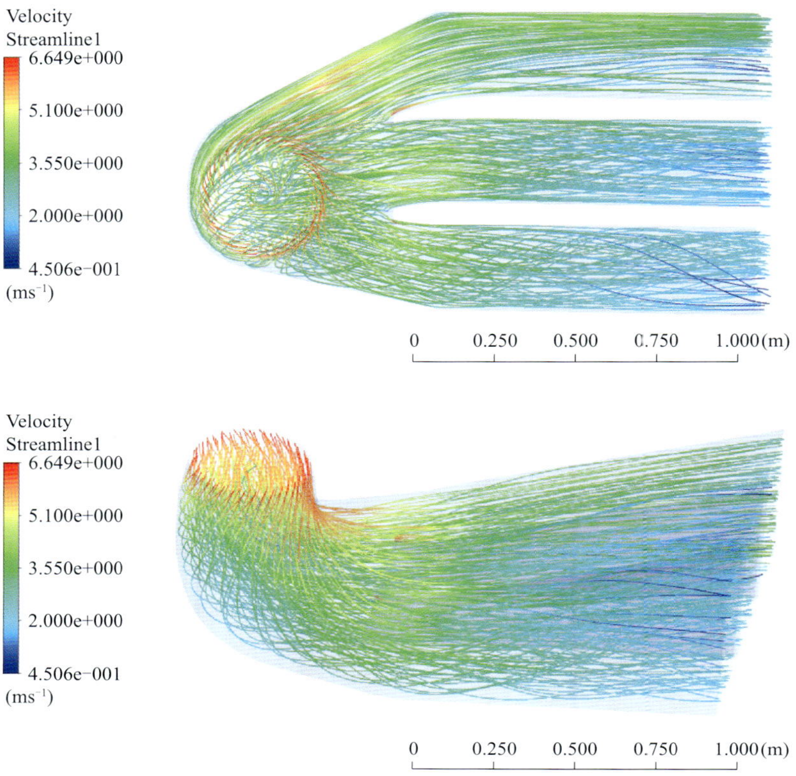

图 2.2-29 转轮叶片转角 $\beta=10°$ 协联工况尾水管流线分布

表 2.2-2 全流道计算工况点

叶片转角 β/(°)	0	10
单位转速/(r/min)	130.0	140.0
导叶开度/(°)	28、30、32、34	38、40、42、44

2. 计算结果

$\beta=0°$时效率曲线和各部件损失分布曲线如图 2.2-30 和图 2.2-31 所示。$\beta=10°$时效率曲线和各部件损失分布曲线如图 2.2-32 和图 2.2-33 所示。

从全流道计算结果看，蜗壳和固定导叶的水力损失在总的水力损失中占比较小，水轮机水力损失主要集中在转轮和尾水管上，由于尾水管的进口边界条件为转轮的出口条件，另外转轮进口还需适应活动导叶的出口流动状态，因此转轮的设计至关重要。

在转轮叶片转角 $\beta=0°$、$n_{11}=130$r/min 时协联点的效率约为 93.0%，但计算结果为理想条件下得到的，未包含间隙损失及各类摩擦损失，因此实际模型试验结果会低于计算值。根据以往水力开发和模型试验的结果，葛洲坝电站 170MW 机组最优工况效率可以达到 92.5%。

在转轮叶片转角 $\beta=10°$、$n_{11}=140$r/min 时协联点的效率约为 91.7%，与 $\beta=0°$、$n_{11}=130$r/min 时的协联工况效率相比较，效率下降量仅为 1.3%，说明新开发的转轮能够很好地适应葛洲坝电站 170MW 机组原有的水力流道，水轮机具有宽广的高效率区。

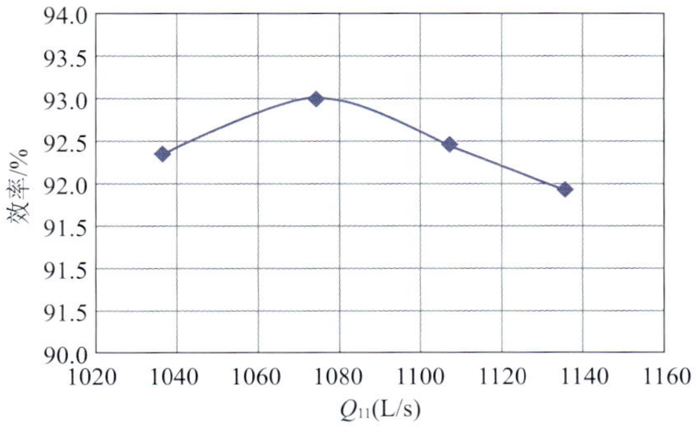

图 2.2-30　$\beta=0°$、$n_{11}=130$r/min 时效率曲线

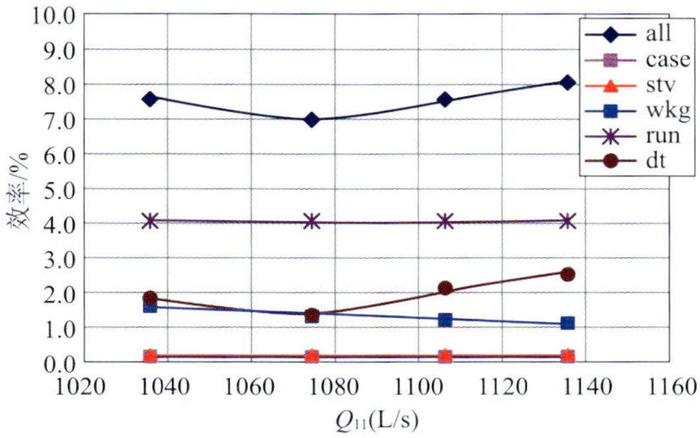

图 2.2-31　$\beta=0°$、$n_{11}=130$r/min 时各部件损失分布曲线

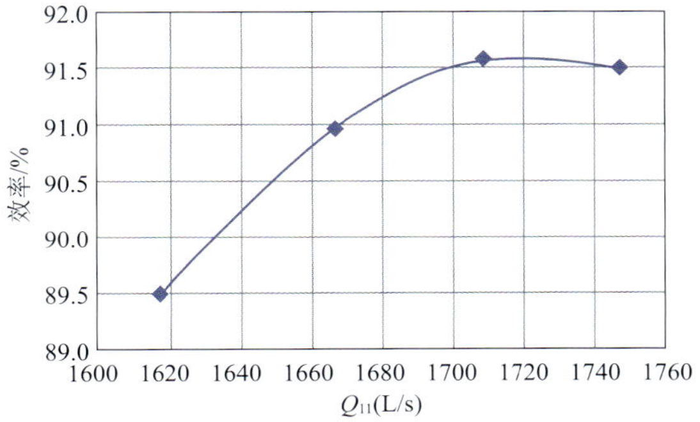

图 2.2-32　$\beta=10°$、$n_{11}=140$r/min 时效率曲线

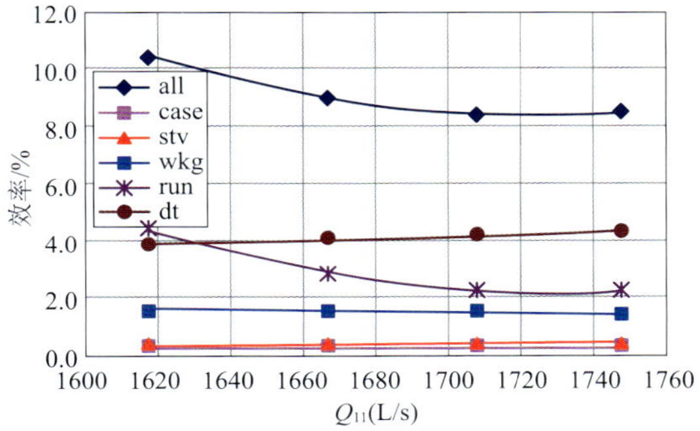

图 2.2-33　$\beta=10°$、$n_{11}=140$r/min 时各部件损失分布曲线

3. $\beta=10°$时转轮内部流态

转轮叶片转角$\beta=0°$时的流动状态在单通道计算时已经进行了分析，此处只对$\beta=10°$、$n_{11}=140$r/min 时的协联附近工况进行转轮的流动分析。$\beta=10°$轮毂断面压力与流速分布、中间断面压力与流速分布和轮缘断面压力与流速分布如图 2.2-34～图 2.2-36 所示。$\beta=10°$转轮压力分布、轮毂断面压力分布、中间断面压力分布和轮缘断面压力分布如

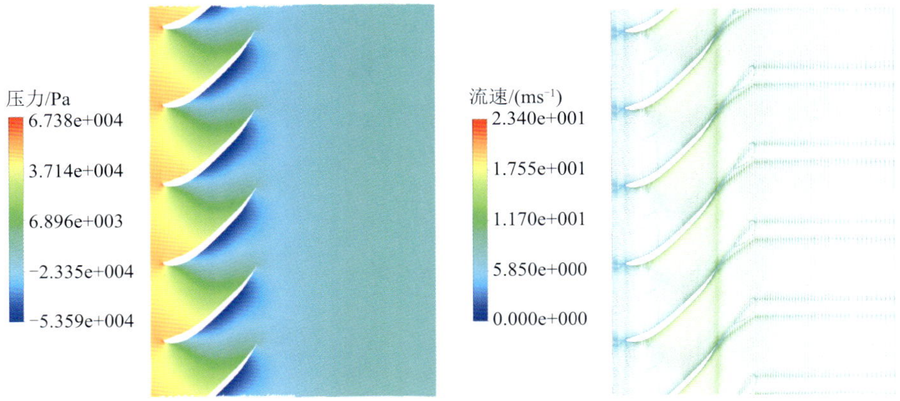

图 2.2-34　$\beta=10°$轮毂断面压力与流速分布

图 2. 2-37~图 2. 2-40 所示。

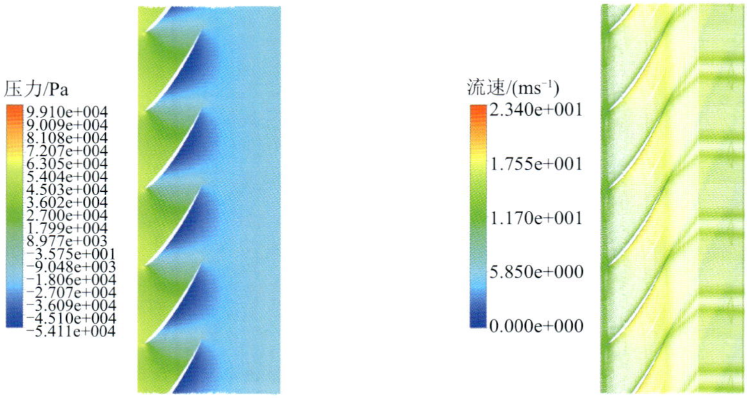

图 2. 2-35 $\beta=10°$中间断面压力与流速分布

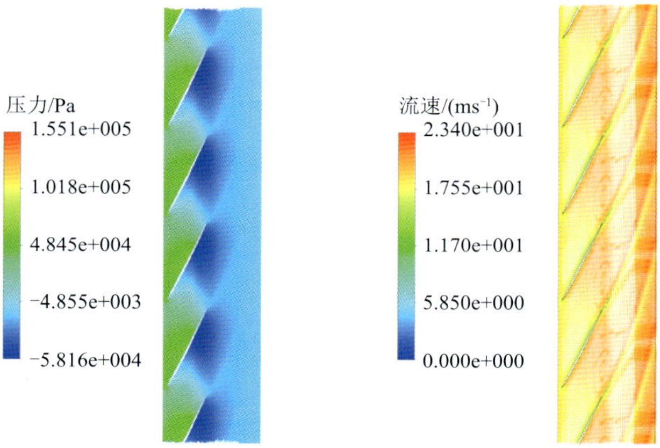

图 2. 2-36 $\beta=10°$轮缘断面压力与流速分布

图 2. 2-37 $\beta=10°$转轮压力分布

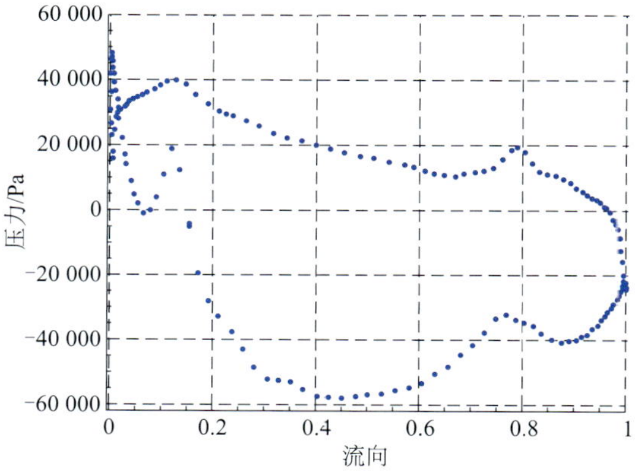

图 2. 2-38 $\beta=10°$轮毂断面压力分布

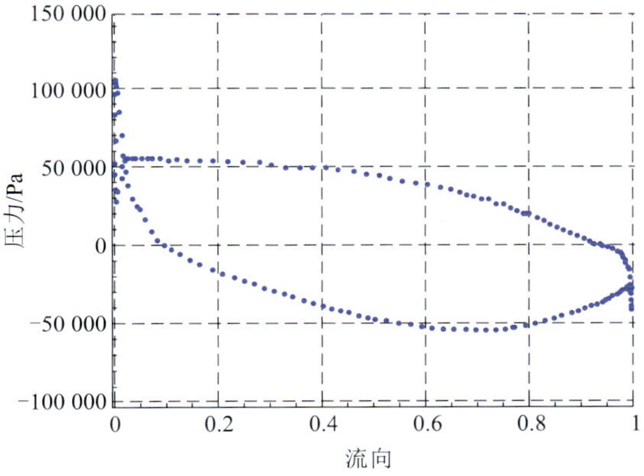

图 2.2−39　$\beta=10°$ 中间断面压力分布

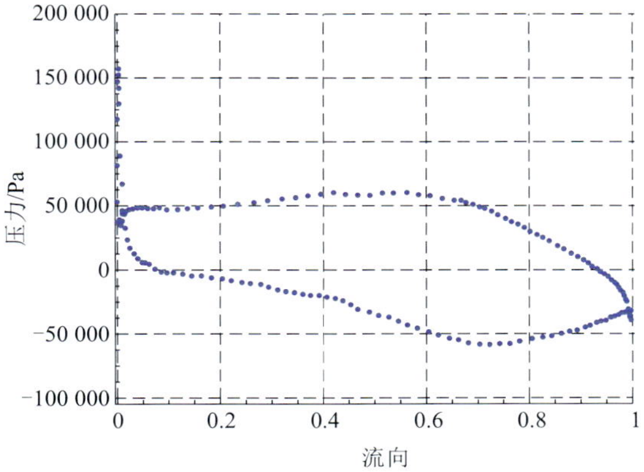

图 2.2−40　$\beta=10°$ 轮缘断面压力分布

从转轮叶片转角 $\beta=10°$ 的流动分析结果看，转轮叶片的工作面和背面的压差仍然较大，说明转轮仍具有较高的能量特性；从叶片进口轮毂面到轮缘面的压力分布看，转轮进口略带有负冲角，这是由于偏离设计工况较远，单位转速较高引起的，但没有出现脱流。

四、小结

以上对葛洲坝电站 170MW 机组的水轮机转轮及过流部件进行了详细的 CFD 分析，并将新开发的转轮置于原流道中，对水轮机蜗壳进口到尾水管出口进行了全模拟计算。从 CFD 分析计算结果来看，新开发的转轮很好地适应了原有流道，水轮机的综合水力性能可以满足要求。

第二节　水轮机模型试验

根据相似理论，在专门的试验台上，利用模型水轮机确定原型水轮机各种特性，检验原型水轮机 CFD 水力设计计算的结果，优选性能良好的水轮机，提供原型水轮机的制造依据和保证参数；利用模型试验所得出的综合特性曲线，绘制出原型水轮机运转特性曲线。模型试验的主要内容应包括能量试验、空化试验、压力脉动试验、轴向水推力试验、蜗壳压差试验、飞逸试验。

一、水轮机模型

（一）模型装置

水轮机模型装置包括蜗壳、座环、固定导叶、顶盖、活动导叶、转轮、转轮室、底环和尾水管等在内的整个流道。水轮机转轮的流态数值模拟分析和优化设计完成之后，设计和制造全新的模型水轮机，模型水轮机的标称直径为 400mm。模型流道模拟原型水轮机流道，模型装置相似尺寸符合相关标准的要求。水轮机模型装置及转轮的制造严格按照有关标准进行，水轮机关键部件均采用数控加工，以严格保证各过流部件的型线完全符合设计要求；导叶分布孔均采用五坐标数控加工，导叶相对位置准确；为便于观测，模型转轮室部分采用透明有机玻璃制成，内流表面采用数控加工，可进行目视观察，配有闪频仪、内窥镜等可视化设备进行流态、涡带等观察。

模型部件均经过尺寸检查，包括蜗壳、尾水管、活动导叶及装配、转轮及装配等。尺寸的检查由专门人员进行。所有尺寸偏差均在相关标准的范围内。模型试验装置如图 2. 2-41 所示。

图 2. 2-41 模型试验装置

（二）模型主要几何参数

模型主要几何参数见表 2. 2-3。

表 2. 2-3 模型主要几何参数

模型转轮	型号	D1045
	名义直径 D_1/mm	400
	转轮体直径 D_B	0. 41D_1
	叶片数/个	5
蜗壳	形状	下伸 T 形
	$B\times H$（进口）/mm^2	2. 76105D_1×1. 40265D_1
	包角/(°)	180
座环	型式	上、下环带碟形边
	固定导叶数/个	17
导叶	形状	对称型
	相对高度	0. 4D_1
	数目/个	32
	分布圆直径	1. 157925D_1
尾水管	肘管型式	4 号弯曲型
	高度（至导叶中心线）	2. 6D_1
	长度	4. 5D_1
	$B\times H$（出口）/mm^2	2. 6991D_1×1. 389375D_1
引水取压面	面积 S_1/m^2	0. 50048796
尾水取压面	面积 S_2/m^2	0. 4469368

二、能量试验

（一）试验方法

能量试验覆盖原型水轮机全部运行范围。试验水轮机叶片转角 β 分别为 $-16°$、$-10°$、$-4°$、$0°$、$4°$、$8°$、$12°$、$13°$，试验导叶开度范围为 $\alpha=10°\sim60°$，间隔为 $2°$。单位转速范围为 $n_{11}=115\sim220$r/min，覆盖对应电站原型水头运行范围，单位流量范围为 $Q_{11}=300\sim2500$L/s，每一开度的试验点大约为 10 个。通过改变开度、设定转速，可建立不同工况点的试验条件，数据采集系统随时对工况点进行采集，每一工况点的采集时间为 15s，并以单位转速为横坐标、效率为纵坐标在计算机上画出效率曲线，给出包含单位流量的试验结果。

完成所有叶片转角整理并绘制各定桨比较线和开度线，得到协联曲线，最终计算出具有等效率曲线和等开度曲线的综合特性曲线。通过数据处理，得到协联工况下的叶片转角和导叶开度的模型综合特性曲线。

通过测试模型水轮机在所有运行范围内的效率性能，将模型效率换算为原型效率，计算得到原型的预想出力。

（二）模型比能和雷诺数

模型比能以 E 来表征：

模型水头　$H_m=8.1089$r/min

比能　$E=H_m g_m=79.407$J/kg　（2.2-1）

模型雷诺数 Re_{uM*} 以最优工况下的雷诺数来表征：

模型最优点转速　$n_{Mopt}=887.42$r/min

模型转轮出口直径　$D_{2M}=0.40$m

模型试验水温　$T_{wM}=20$℃

试验水温下水的运动黏性系数

$$\nu_M=e^{[-16.921+396.13/(107.41+T_{wM})]}=1.00361\times10^{-6}\text{m}^2/\text{s} \tag{2.2-2}$$

因此，模型雷诺数 Re_{uM*} 为

$$Re_{uM*}=\frac{D_{2M}u_M}{\nu_M}=7.407\,655\times10^6 \tag{2.2-3}$$

雷诺数满足试验规程的规定。

（三）特征参数的换算

1. 效率换算

原型水轮机的效率应根据模型试验对应的效率换算确定。

（1）将测出的模型效率转换到雷诺数 Re_{uM*} 下的效率。

$$(\Delta\eta_h)_{Mi\to M*}=\delta_{ref}\left[\left(\frac{Re_{uref}}{Re_{uMi}}\right)^{0.16}-\left(\frac{Re_{uref}}{Re_{uM*}}\right)^{0.16}\right] \tag{2.2-4}$$

$$\delta_{ref}=(1-\eta_{hoptM})/\left[\left(\frac{Re_{uref}}{Re_{uoptM}}\right)^{0.16}+(1-v_{ref})/v_{ref}\right] \tag{2.2-5}$$

$$\eta_{hMi^*}=\eta_{hMi}+(\Delta\eta_h)_{Mi\to M^*} \tag{2.2-6}$$

（2）将模型效率换算到原型工况。参照固定的雷诺数 Re_{uM^*}，将模型效率 η_{hMi} 用下式换算到原型雷诺数 Re_{up} 下的效率。

$$(\Delta\eta_h)_{M^*\to P}=\delta_{ref}\left[\left(\frac{Re_{uref}}{Re_{uM^*}}\right)^{0.16}-\left(\frac{Re_{uref}}{Re_{up}}\right)^{0.16}\right] \tag{2.2-7}$$

$$\eta_{hp}=\eta_{hMi^*}+\Delta\eta_{hM^*\to P} \tag{2.2-8}$$

式中：$\Delta\eta_{hMi\to M^*}$——试验值到模型值效率修正值；

δ_{ref}——可换算损失率；

$\Delta\eta$——效率的增量值；

Re_u——雷诺数，$Re_u=(\pi/60)\times n\times D^2/v$；

Re_{uref}——7×10^6；

Re_{uMi}——试验点雷诺数；

Re_{uM^*}——模型雷诺数；

Re_{up}——原型雷诺数；

η_{hoptM}——模型最优效率；

ν_{ref}——0.8，相应于 $R_{euref}=7\times10^6$ 的损失分布系数；

ν——运动黏性系数；

D——转轮名义直径（按 D_1）；

下标 P——表示原型（下同）；

下标 M——表示模型（下同）；

n——轴转速，r/min。

在这种情况下，$\Delta\eta_{hM^*\to P}$ 按模型最优效率点计算并在保证效率范围内是不变值。

2. 功率和流量换算

原型水轮机的功率和流量用下式计算：

$$P_P=P_M\frac{\rho_P}{\rho_M}\left(\frac{H_Pg_P}{H_Mg_M}\right)^{\frac{3}{2}}\left(\frac{D_P}{D_M}\right)^2\left(\frac{\eta_P}{\eta_M}\right) \tag{2.2-9}$$

$$Q_P=Q_M\frac{\rho_P}{\rho_M}\left(\frac{H_Pg_P}{H_Mg_M}\right)^{\frac{1}{2}}\left(\frac{D_P}{D_M}\right)^2 \tag{2.2-10}$$

式中：P_P——原型水轮机功率；

P_M——模型水轮机功率；

H_P——原型水轮机净水头（按 IEC 规定）；

H_M——模型水轮机净水头（按 IEC 规定）；

Q_P——原型水轮机流量；

Q_M——模型水轮机流量；

g_P——电站所在地重力加速度（按 $g_P=9.793m^2/s$ 计）；

g_M——试验所在地重力加速度；

ρ_P——电站水的密度（按 $\rho_P=998.232kg/m^3$ 计）；

ρ_M——试验用水的密度；

D_{1M}——模型水轮机转轮名义直径（按 D_1）；

D_{1P}——原型水轮机转轮名义直径（按 D_1）；

η_M——模型水轮机效率 ；

η_P——原型水轮机效率。

最后整理计算得到最优效率、额定效率、加权平均效率等内容，在下面的列表中给出试验结果数据。由模型试验结果，绘制以 n_{11} 为纵坐标、Q_{11} 为横坐标的模型综合特性曲线和以水头 H 为纵坐标、出力为横坐标的原型水轮机运转特性曲线，如图 2. 2-42 所示。

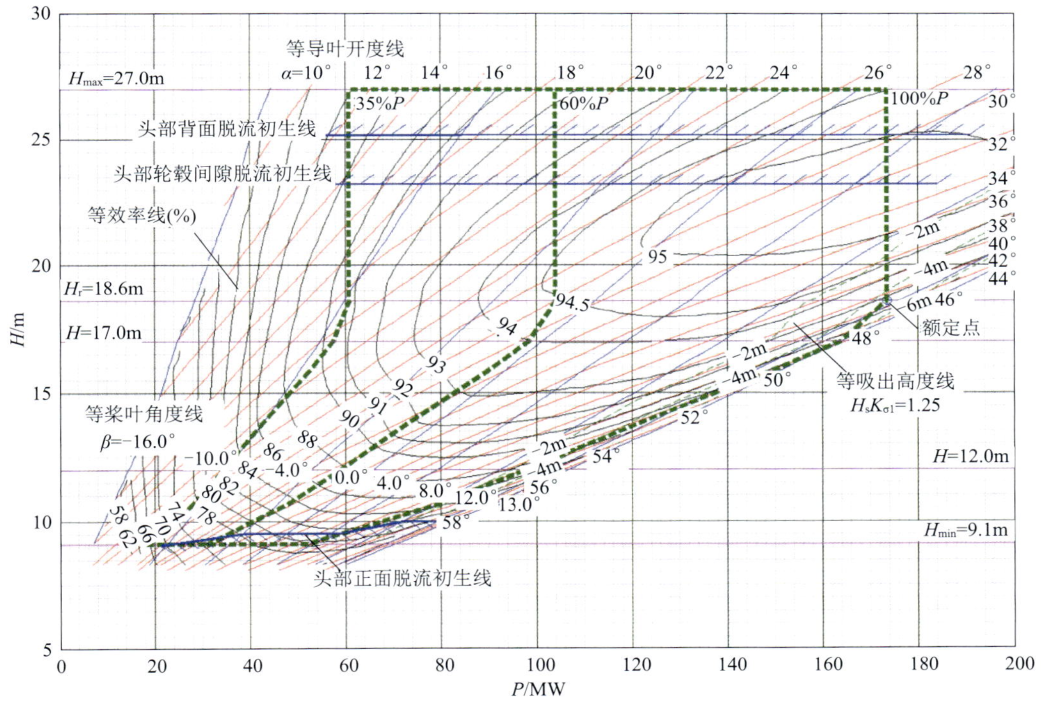

图 2. 2-42 水轮机综合性能曲线

（四）最优效率

试验水头：$H\geqslant 8m$；通过调整活动导叶开度和水轮机模型试验转速进行水轮机最优效率点的复核试验，最优效率点复核试验在能量工况下进行。最优效率点试验结果见表 2. 2-4。

表 2.2-4 最优效率点试验结果

水轮机 D1045	保证值	初步试验	验收试验
桨叶角度 β/(°)	4	4	3.2
单位转速 n_{11}/(r/min)	—	128.65	127.52
单位流量 Q_{11}/(m^3/s)	—	1259.2	1185.63
对应原型机水头 H_p/m	—	22.99	23.41
对应原型机流量 Q_p/(m^3/s)	—	771.1	732.47
对应原型机出力 P_p/MW	166.35	165.19	159.68
模型水轮机最优效率/%	92.50	92.51	92.75
原型水轮机最优效率/%	95.23	95.26	95.27

（五）加权平均效率

完成模型水轮机全面能量试验之后，根据转桨式水轮机的特点，在计算出协联曲线的基础上，按照技术协议规定的水头和功率点，插值计算各点模型和原型效率值，各加权水头为 17.5m、18.6m、19.3m、21m、23m 和 25m，再结合技术协议给出的对应加权因子，按下式计算出加权平均效率。

$$\eta_{ep} = \frac{W_1\eta_1 + W_2\eta_2 + W_3\eta_3 + \cdots}{100} \tag{2.2-11}$$

式中：W_i——水轮机相应运行工况的电能（效率）加权因子；

η_i——水轮机相应的效率值。

水轮机加权因子的效率试验结果和加权平均效率试验结果见表 2.2-5 和表 2.2-6。

表 2.2-5 水轮机加权因子的效率试验结果

水头/m	项　　目	出力（N_r 为额定出力）				
		0.6N_r	0.7N_r	0.8N_r	0.9N_r	1.0N_r
17.5	电能加权因子	0	0.11	0.26	1.09	0
	模型效率/%	91.46	91.67	91.66	91.24	89.08
	模型单位流量/(m^3/s)	1152.7	1341.8	1533.7	1733.2	1971.1
	原型效率/%	94.08	94.29	94.28	93.86	91.59
18.6	电能加权因子	0.11	0.73	0.76	5.23	3.54
	模型效率/%	91.68	92.04	92.07	91.80	90.14
	模型单位流量/(m^3/s)	1102.0	1280.7	1463.2	1650.9	1867.1
	原型效率/%	94.32	94.68	94.71	94.44	92.78
19.3	电能加权因子	0.12	0.74	0.76	1.23	9.06
	模型效率/%	91.95	92.15	92.16	92.07	91.10
	模型单位流量/(m^3/s)	1039.4	1210.1	1382.8	1557.1	1748.1
	原型效率/%	94.61	94.81	94.82	94.73	93.76

续表

水头/m	项　　目	出力（N_r 为额定出力）				
		$0.6N_r$	$0.7N_r$	$0.8N_r$	$0.9N_r$	$1.0N_r$
21	电能加权因子	0.16	0.79	0.78	1.25	9.78
	模型效率/%	91.65	92.31	92.40	92.40	92.28
	模型单位流量/(m^3/s)	918.3	1063.9	1214.7	1366.6	1520.4
	原型效率/%	94.35	95.01	95.10	95.10	94.98
23	电能加权因子	0.22	3.86	4.37	7.2	46.53
	模型效率/%	90.77	91.74	92.43	92.50	92.50
	模型单位流量/(m^3/s)	808.4	933.4	1059.0	1190.4	1322.7
	原型效率/%	93.51	94.49	95.17	95.25	95.25
25	电能加权因子	0.02	0.08	0.08	0.13	1.01
	模型效率/%	89.86	90.68	91.45	91.97	92.26
	模型单位流量/(m^3/s)	720.0	832.6	943.8	1056.0	1169.7
	原型效率/%	92.64	93.46	94.23	94.75	95.04

表 2.2-6　水轮机加权平均效率试验结果

	投标保证值	初步试验	验收试验
模型水轮机加权平均效率/%	91.63	92.15	92.15
原型水轮机加权平均效率/%	94.33	94.87	94.71

（六）额定效率

额定点试验结果（H_r=18.6m）见表 2.2-7。

表 2.2-7　额定点试验结果（H_r=18.6m）

水轮机 D1045	保证值	初步试验	验收试验
桨叶角度 β/(°)	—	11.57	11.60
单位转速 n_{11}/(r/min)	—	143.06	143.07
单位流量 Q_{11}/(m^3/s)	—	1867.06	1870.56
对应原型机流量 Q_p/(m^3/s)	—	1028.2	1030.01
对应原型机出力 P_p/MW	—	173.5	174.23
模型水轮机额定效率/%	89.09	90.14	90.40
原型水轮机额定效率/%	91.73	92.78	93.05

（七）原型水轮机功率保证

在完成全面能量试验之后，以水轮机模型试验确定的水轮机效率协联关系曲线为基础，按照技术协议的规定，计算和绘制各个原型水头下的原型效率、出力和流量的关系曲线，如图 2.2-42 所示。并计算得到各水头下原型保证出力，以及保证出力工况点的各项参数。不同水头下的保证功率试验结果见表 2.2-8。

表 2.2-8 不同水头下的保证功率试验结果

原型水头/m		9.1	10.6	12	14	16	17	18.6
合同保证功率/MW		51.45	78.5	98.3	124.4	151.6	164.0	173.5
初步试验	功率/MW	51.65	78.6	98.5	124.6	151.7	164.1	173.6
	单位流量/(L/s)	1893.2	2158.3	2179.1	2135.6	2123.8	2083.4	1868.4
	桨叶角度/(°)	3.39	8.11	10.15	11.66	12.78	12.97	11.58
验收试验	功率/MW	53.47	78.7	98.6	124.7	152.27	165.30	174.23
	单位流量/(L/s)	1995.6	2121.3	2142.4	2106.7	2133.7	2088.9	1870.6
	桨叶角度/(°)	4.0	7.77	9.81	11.4	13.0	13.0	11.6
	导叶开度/(°)	52.10	49.5	49.8	48.7	48.67	48.06	42.87

三、空化试验

(一) 水头与尾水位

电站空化系数 σ_p 定义为：

$$\sigma_p=(9.959-H_s)/H \tag{2.2-12}$$

式中：H——水轮机的相应运行水头，m；

H_s——桨叶中心线至运行工况对应最低尾水位的高程差，m。

不同水头和尾水位的空化系数见表 2.2-9。

表 2.2-9 不同水头和尾水位的空化系数

水头 H_p /m	保证出力 /MW	尾水位 T_{WL}/m	吸出高度 H_s/m	装置空化系数 σ_p	单位转速 n_{11} /(r/min)
9.1	51.45	55.05	-18.45	3.122	204.53
10.6	78.5	53.4	-16.8	2.524	189.50
12	98.3	52.05	-15.45	2.117	178.11
14	124.4	50.05	-13.45	1.672	164.89
16	151.6	48.05	-11.45	1.338	154.25
17	164	47.05	-10.45	1.201	149.64
17.5	165.2	45.92	-9.32	1.102	147.49
18.6 (额定水头)	173.5	43.95	-7.35	0.931	143.06
19.3	173.5	43.25	-6.65	0.861	140.44
21	173.5	41.55	-4.95	0.710	134.64
23	173.5	39.55	-2.95	0.561	128.65
25	173.5	39.05	-2.45	0.496	123.40
27	173.5	39.05	-2.45	0.460	118.74

（二）液态观测试验

试验水头：$H \geqslant 8m$，个别工况 $H_m = 5 \sim 8m$；试验空化系数：$\sigma = \sigma_p$；电站装置空化系数参考面为桨叶中心线。

模型水轮机的桨叶角度固定，保证导叶和桨叶协联运行，再调整不同的运行水头，在装置空化系数下进行空化观察，使用闪频仪或内窥镜观测模型转轮叶片的初生气泡和空化现象，通过目测观察转轮叶片进口正、背面空化初生线，并根据观测结果在综合特性曲线图中绘制叶片进口正、背面空化初生线。

（三）液态观测结果

流态观测通过调整闪频仪的频率，使其与水轮机的转速保持一致，在电站装置空化系数下对转轮叶片进口正背面发生脱流的部位及长度进行观测、拍照。叶片进口背面和正面脱流观测试验结果见表2.2-10和表2.2-11。

表2.2-10 叶片进口背面脱流观测试验结果

D1045	初步试验			验收试验		
桨叶角度 /(°)	单位转速 /(r/min)	水头 /m	功率 /MW	单位转速 /(r/min)	水头 /m	功率 /MW
-4.0	123.3	25.0	123.40	123.25	25.06	174.15
3.2	123.3	25.0	176.94	123.15	25.10	177.99
11.6	128.6	23.0	208.99	129.11	22.84	206.82

表2.2-11 叶片进口正面脱流观测试验结果

D1045	初步试验			验收试验		
桨叶角度 /(°)	单位转速 /(r/min)	水头 /m	功率 /MW	单位转速 /(r/min)	水头 /m	功率 /MW
-4.0	200.0	9.5	39.2	200.1	9.51	38.5
4.0	200.0	9.5	57.6	198.0	9.71	58.5

模型验收试验结果表明，叶片头部正面脱流初生发生在低于9.5m水头区域；在高水头区域，叶片头部背面脱流初生发生在25m水头以上，头部轮毂间隙脱流初生发生在23m水头以上。

（四）临界、初生空化试验

试验水头：$H \geqslant 8m$，个别工况 $H_m = 5 \sim 8m$；水中空气含量满足IEC要求；电站装置空化系数参考面高程为桨叶中心线高程。空化性能试验在能量试验的基础上选取协联工况进行，试验转轮转角分别为4°、8°、12°和13°，单位转速范围为 $n_{11} = 115 \sim 210r/min$，覆盖对应电站原型水头运行范围。

试验在定单位转速情况下进行，模型试验过程中水头和转速保持不变，首先从能量试验的协联工况尾水箱通大气的条件下开始，然后封闭尾水箱，通过真空系统逐渐改变尾水箱的压力来改变空化系数，即改变尾水箱真空度，使转轮逐步发生空化，到模型效率降低1%为止，采集在不同空化系数下的效率、单位流量和单位出力等参数，得出空化系数对模型转轮能量特性的影响，即 $\eta=f(\sigma)$、$Q_{11}=f(\sigma)$ 和 $P_{11}=f(\sigma)$ 的关系曲线，画在同一张曲线图上。

临界空化系数按照技术协议和IE标准中定义的 σ_1 取值（即参数性能与高托马数相比保持不变的最低托马数 σ_0 相比效率下降1%时所对应的托马数）。

在电站装置空化系数、初生空化系数以及临界空化系数下进行转轮桨叶空化观测、照相。叶片背面初生空化系数定义为：在一个桨叶表面开始出现可见气泡时所对应的空化系数；当叶片进口边靠轮毂头部脱流气泡发展至叶片及轮毂体时的空化系数大于一个桨叶表面可见气泡时的空化系数时，则确定该点为初生空化系数值。

初生空化观测还进行了转轮叶片头部轮毂间隙脱流初生空化观测和转轮叶片翼型初生空化观测。

电站装置空化系数按下式计算：

$$\sigma_p=(9.959-H_s)/H_n \tag{2.2-13}$$

式中：H_n——净水头，范围9.1~27m；

H_s——吸出高度，额定水头时下游尾水位为43.95m。

吸出高度 H_s 基准面规定以水轮机桨叶中心线为基准。

水轮机高程为36.6m，额定水头下 $H_s=-7.35$m，额定水头为18.6m，得到真机额定点装置空化系数 $\sigma_p=0.931$。

（五）试验结果

空化试验结果见表2.2-12。

从空化试验结果分析，D1045转轮在所有运行水头下，临界空化系数满足空化裕量不小于1.25倍的要求，初生空化系数满足空化裕量不小于1.0倍的要求。

四、压力脉动试验

（一）试验方法

压力脉动试验水头：$H\geq 8$m，个别工况 $H_m=5\sim 8$m，试验在水轮机全部运行水头和功率范围内以及电站空化系数条件下进行，空化系数参考面高程规定为桨叶中心线高程，测点布置为尾水管锥管距转轮桨叶中心线0.56D处的上下游侧位置。

试验用压力传感器在试验前后进行率定，实验数据采用FFT分析软件进行幅频特性分析，试验结果应给出各测点的时域图、频域图和瀑布图以及相关试验表格，时域图中幅值示值采用压力脉动混频比值 A 表示，其定义如下：

$$A=\frac{\Delta H}{H}\times 100\% \qquad (2.2\text{-}14)$$

式中：H——试验水头，m；

ΔH——压力脉动混频双振幅幅值（按97%的置信概率确定），m。

压力脉动试验对原型运行水头8.3m、9.1m、12m、14m、17m、18.6m、19.3m、21m、23m、25m和27m进行测量。在装置空化系数下对各桨叶角度各运行水头的协联点进行压力脉动测试。压力脉动测点的安装位置为：

2个测量尾水管锥管压力脉动的测点设置在距桨叶中心0.56D_1处尾水管锥管上、下游侧；2个测量蜗壳进口压力脉动的测点：设置在无叶区（导叶后转轮前）的上、下游侧。

表2.2-12　空化试验结果

净水头/m		18.6	19.3	21	23	25
功率/MW		173.5	173.5	173.5	173.5	173.5
装置空化系数 σ_p		0.973	0.861	0.710	0.561	0.496
初生空化系数 σ_i	初步试验	0.912	0.900	0.840	0.650	0.570
	验收试验	0.905	0.820	0.690	0.546	0.470
临界空化系数 σ_1	初步试验	0.650	0.560	0.460	0.360	0.300
	验收试验	0.659	0.5724	0.488	0.334	<0.28
轮毂间隙脱流初生	初步试验	0.912	0.900	0.840	0.650	0.570
	验收试验	0.910	0.903	0.836	0.653	0.575
翼型初生空化	初步试验	—	—	—	—	—
	验收试验	0.630	0.620	0.490	0.390	0.350
安全裕量	初生空化合同保证值 K_i	≥1.0				
	临界空化合同保证值 K_1	≥1.25				
	初步试验初生空化 K_i	1.020	0.956	0.85	0.863	0.871
	验收试验初生空化 K_i	1.030	1.049	1.030	1.028	1.056
	初步试验临界空化 K_1	1.432	1.537	1.543	1.559	1.655
	验收试验临界空化 K_1	1.410	1.503	1.450	1.681	>1.77
	初步试验轮毂间隙脱流初生 K	1.020	0.956	0.850	0.863	0.871
	验收试验轮毂间隙脱流初生 K	1.068	0.953	0.849	0.859	0.863
	初步试验翼型初生空化 K	—	—	—	—	—
	验收试验翼型初生空化 K	1.470	1.390	1.450	1.440	1.420

（二）试验结果

协联条件下锥管压力脉动试验结果见表2.2-13。

从尾水锥管压力脉动结果看：从最高水头27m到最低水头9.1m，运行水头范围内压力脉动混频比值均满足合同要求。因此，D1045的压力脉动性能可以保证电站安全稳定运行。

表 2.2-13 协联条件下锥管压力脉动试验结果

水头/m	水轮机出力范围	保证值 ΔH/H/%	初步试验 ΔH/H/%	验收试验 ΔH/H/%
9.1≤H<12	0%~35%N	≤10	9.8	—
	35%（含）~60%N	≤8.0	6.4	—
	60%（含）~100%N	≤10	9.3	9.47
12≤H<18.6	0%~35%N	≤6.0	6.0	—
	35%（含）~60%N	≤7.0	3.6	3.07
	60%（含）~100%N	≤8.0	5.6	5.92
18.6≤H≤25	0%~35%N	≤8.0	4.9	—
	35%（含）~60%N	≤7.0	3.2	2.62
	60%（含）~100%N	≤6.0	3.5	4.43
25<H≤27	0%~35%N	≤7.0	4.2	—
	35%（含）~60%N	≤6.0	3.2	—
	60%（含）~100%N	≤5.0	4.0	4.09

五、轴向水推力试验

轴向水推力的测量原理是利用静压转动部件内的上下游的两个压力位置的油压差，安装一个差压传感器；在试验之前，使用标准力传感器，对差压传感器进行标定，在试验中，即可测量轴向水推力。

水推力测定应在各种运行工况（包括正常工况、飞逸工况）范围内的最不利工况条件下进行，以确定原型水轮机的最大水推力保证值。水推力试验主要对模型主轴轴向水推力进行测定。试验转轮桨叶转角分别为-10°、4°和12°，在定桨状态下选择了4个特征水头（H_p=27m、23m、18.6m和9.1m），改变导叶开度进行试验。

完成模型轴向水推力试验后，将模型轴向水推力数据转换为单位轴向水推力，并绘制曲线。

$$TH_{11}=TH_M/(H_M D_M^2 \rho_M g_M) \tag{2.2-15}$$

式中：TH_{11}——单位轴向水推力；

TH_M——模型水轮机轴向水推力，N；

ρ_M——模型试验水密度，kg/m³；

g_M——模型试验台重力加速度，m/s²；

D_M——模型直径，m；

H_M——模型试验水头，m。

模型轴向水推力最大值出现在桨叶转角-12°、最高水头27m、n_{11}=118.7r/min、电站装置空化下、导叶开度50°的非协联工况，为9557N，换算到单位轴向水推力TH_{11}=0.774。

原型水轮机的轴向水推力通过与尺寸无关的单位轴向水推力进行换算：

$$TH_P = TH_{11}(H_P D_P^2 \rho_P g_P) \tag{2.2-16}$$

式中：TH_{11}——单位轴向水推力；

TH_P——原型轴向水推力，N；

H_P——原型水头，m；

D_p——转轮进口直径，m；

ρ_P——水密度，kg/m^3；

g_P——重力加速度，m/s^2。

按最高水头 27m 计算，原型最大轴向水推力为 26 069.59kN。

原型轴向水推力还要通过水轮机转轮的浮力和由于吸出高度而引起的不平衡力进行修正。

$$F_p = TH_p - F_b - F_s \tag{2.2-17}$$

式中：F_p——修正后的轴向水推力，N；

F_b——转轮浮力，N；

F_s——吸出高度引起的不平衡力，N。

真机转轮浮力计算如下：

根据合同内设备特性参数，真机转轮重量估算为 G_{runner} = 585t，真机转轮密度 ρ_{runner} = $7830kg/m^3$，水密度 ρ_{water} = $998.232kg/m^3$，电站所在地重力加速度 g_p 为 $9.793m/s^2$，则转轮在水中的浮力 F_b 计算如下：

$$F_b = \rho_{water} g_p (G_{runner} \times 1000/\rho_{runner})$$

$$F_b = 730\,367.3N \tag{2.2-18}$$

吸出高度引起的不平衡力计算如下：

$$F_s = \rho g H_s (\pi/4 \times D_s^2)$$

$$F_s = -197\,325.5N \tag{2.2-19}$$

式中：H_s——吸出高度，$H_s = -7.35m$；

D_s——主轴密封处直径，$D_s = 1.65m$。

因此，原型水轮机最大轴向水推力计算如下：

$$F_p = (TH_P - F_b + F_s)/1000$$

$$F_p = 25\,141.9kN \tag{2.2-20}$$

六、蜗壳压差试验

采用差压式水头传感器，传感器高压端通过压力管连接蜗壳外侧测点，低压端通过压力管连接蜗壳内侧测点。试验过程中，选择水电站特征水头所对应的单位转速和覆盖电站运行范围的转轮桨叶角度，调整活动导叶开度，采集蜗壳压差与试验流量，并拟合得出关系曲线。

对于原型水轮机，可采用如下方法进行换算：

$$Q_M = K_M(\Delta P_M)^n$$

$$Q_P = K_P(\Delta P_P)^n \tag{2.2-21}$$

整理模型试验数据得：

$$K_M = 1.670148$$

$$n = 0.495611$$

由此，对应原型水轮机数据为：

$$K_P = K_M \cdot \frac{D_P^2}{D_M^2}$$

$$K_P = 1332.8826$$

$$Q_P = 1332.8826(\Delta P_P)^{0.495611} \tag{2.2-22}$$

式中：Q_M——模型水轮机流量，m^3/s；

ΔP_M——模型蜗壳压差，m；

Q_P——原型水轮机流量，m^3/s；

ΔP_P——原型蜗壳压差，m。

七、飞逸试验

飞逸特性试验水头约为4m，通过调节测功机使输出力矩绝对值小于1.0N·m时进行采集，试验转轮桨叶转角分别为-16°、-10°、-4°、0°、4°、8°、12°，试验导叶开度 α = 5°~65°，间隔5°更换一个导叶开度采集一个试验点，完成一个叶片转角的试验后更换转角，完成所有的试验后，即可作出该转轮飞逸特性曲线（包括协联工况和非协联工况两种模型的飞逸特性曲线）。

通过模型单位飞逸转速，换算到原型最大水头下，得到原型最大飞逸转速：

$$n_R = n_{11R}\sqrt{H_{max}}/D_{1P} \tag{2.2-23}$$

式中：H_{max} = 27.0m；D_{1P} = 11.3m。

最大非协联飞逸转速：经过模型试验得到在 $\beta = 0°$、$\alpha = 60°$ 时，最大单位飞逸转速 n_{11R} = 301.42r/min，换算到真机最大非协联飞逸转速 n_R = 138.6r/min。

最大协联飞逸转速：根据协联飞逸特性曲线得到在 $\beta = -4°$、$\alpha = 22.4°$ 时，最大单位飞逸转速 n_{11R} = 223.3r/min，换算到真机最大协联飞逸转速 n_R = 102.7r/min，满足合同保证值128r/min。

八、结论

为适应葛洲坝电站170MW机组改造的要求，对新型水轮机开发做了大量工作。为提高水轮机效率，增加机组运行稳定性并改善水轮机的空化性能，设计优化出多套新型叶片，其中优化选择出D1045水轮机，并通过模型验收试验，得出各项性能参数指标如下：

（1）模型水轮机最优工况效率为92.75%，相应的原型水轮机最优工况效率为95.27%；模型水轮机额定工况效率为90.40%，相应的原型水轮机效率为93.05%；模型水轮机加权平均效率为92.15%，相应的原型水轮机加权平均效率为94.71%。

（2）水轮机额定水头下的功率为174.23MW。

（3）水轮机在各水头保证功率工况下的临界空化裕量 K_1 满足不小于1.25倍的要求。

（4）在电站所有运行水头范围内，尾水管压力脉动值均满足要求。

（5）水轮机最大协联飞逸转速为102.22r/min，满足保证值不大于128.0r/min的要求。

模型验收试验结果满足要求，按照本次验收试验的模型水轮机 D1045 进行原型水轮机设计和制造。

第三节　水轮机部件及辅助设备校核

葛洲坝电站 170MW 机组对水轮机发电机结构进行优化改造以达到更新改造的目的，改造部件及未改造部件均需要校核是否满足机组改造后运行要求。葛洲坝电站 170MW 机组更新改造对水轮机主要部件、技术供水系统、厂内排水系统、油系统、低压气系统、中压气系统、水力监视测量系统、厂内起重设备等设备系统以及调节保证计算等均需要进行校核。

一、水轮机主要部件刚强度校核

（一）顶盖校核

为保证顶盖具有足够的刚强度，采用有限元法对顶盖结构进行了计算分析。顶盖材料参数和计算工况见表 2.2-14 和表 2.2-15，结构的实体模型和有限元模型如图 2.2-43 和图 2.2-44 所示。

表 2.2-14　材料参数

部件	材料	弹性模量/MPa	质量密度/(kg/mm^3)	泊松比	屈服强度/MPa	抗拉强度/MPa
顶盖	Q235	2.1×10^5	7.85×10^{-6}	0.3	205	375

表 2.2-15　计算工况

工况	活动导叶前顶盖压力/N	活动导叶后顶盖压力/N	中轴颈支反力/N	上轴颈支反力/N
正常运行	27	27	—	—
紧急关机升压	36	-10	2 360 920	1 414 798

1. 计算方法

根据美国机械工程师协会（American Society of Mechanical Engineers，ASME）标准给出了一些用有限元法计算应力的限制，并将应力分类如下：

P_m：一次薄膜应力；

P_l：一次局部应力；

P_b：一次弯曲应力；

Q：一次薄膜应力+不连续的弯曲应力。

设计的参考许用应力为：

$$S_m=\min\left(\frac{\sigma_b}{3},\frac{2}{3}\sigma_s\right) \tag{2.2-24}$$

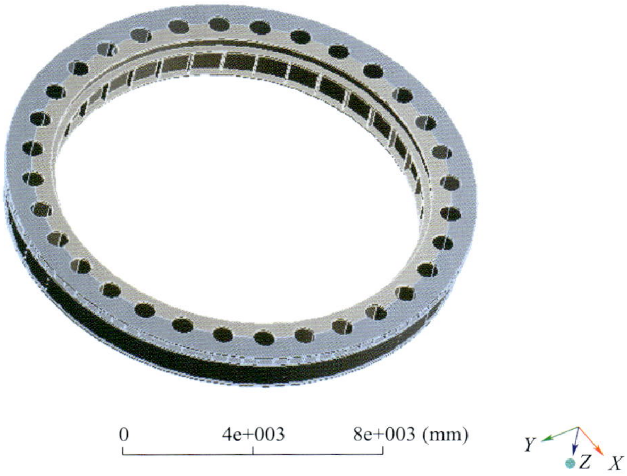

图 2.2-43 结构的实体模型

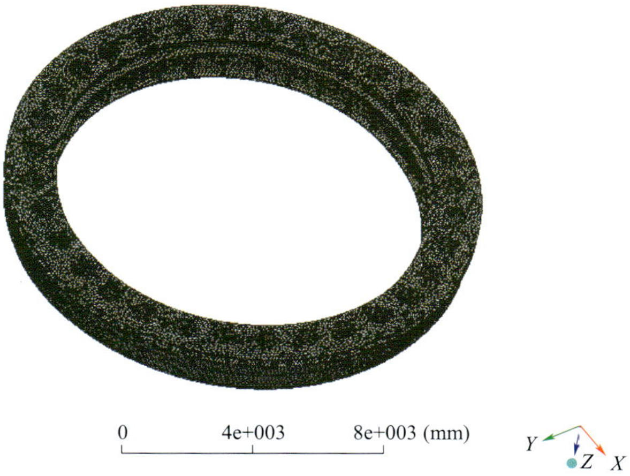

图 2.2-44 结构的有限元模型

不同类型应力的许用应力：$P_m \leqslant S_m$，$[P_m]=S_m$；$P_l+P_b \leqslant 1.5S_m$，$[P_l+P_b]=1.5S_m$；$P_l+P_b+Q \leqslant 3.0S_m$，$[P_l+P_b+Q]=3.0S_m$。

按 ASME 标准确定的许用应力见表 2.2-16；正常运行工况综合位移分布和等效应力分布如图 2.2-45 和图 2.2-46 所示；紧急关机升压工况综合位移分布和等效应力分布如图 2.2-47 和图 2.2-48 所示。

表 2.2-16 按 ASME 标准确定的许用应力 （单位：MPa）

部位	材料名称	材料强度		按 ASME 标准确定的许用应力		
		屈服强度 σ_s	抗拉强度 σ_b	$[P_m]$ (S_m)	$[P_l+P_b]$ $(1.5S_m)$	$[P_l+P_b+Q]$ $(3.0S_m)$
顶盖	Q235	205	375	125	187.5	375

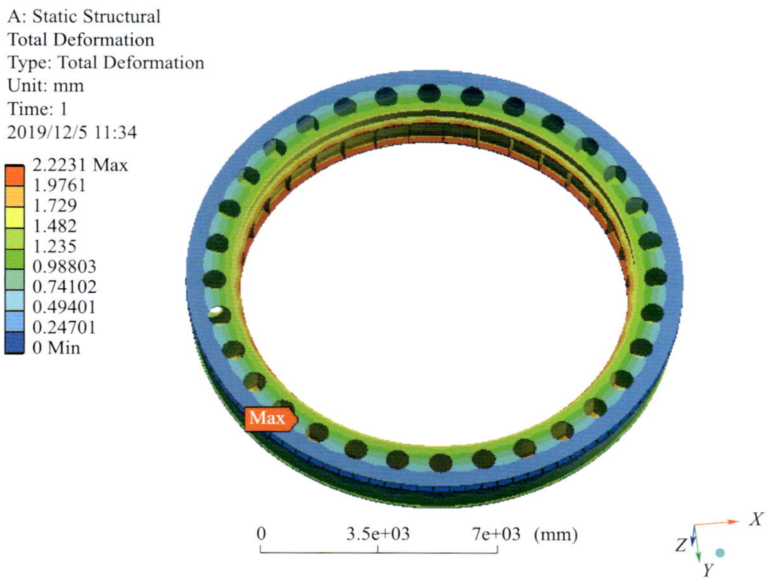

图 2.2-45　正常运行工况综合位移分布

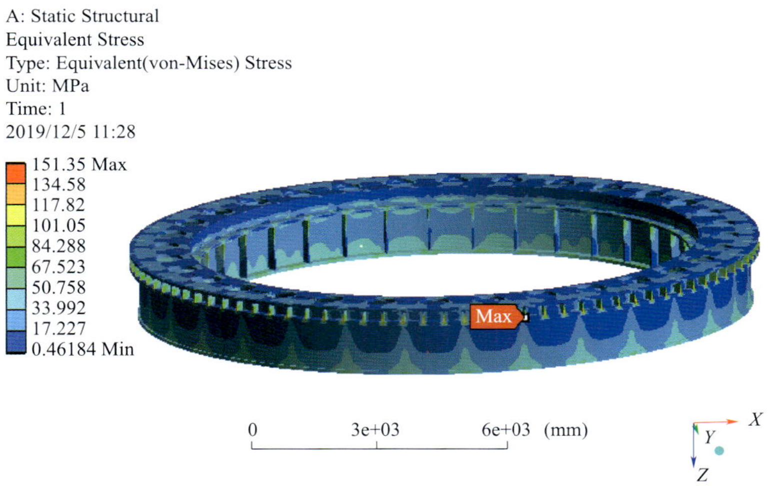

图 2.2-46　正常运行工况等效应力分布

2. 结果分析

应力和位移计算结果见表 2.2-17 和表 2.2-18。

表 2.2-17　应力计算结果

工　况	计算结果 (P_1+P_b+Q)/MPa	按 ASME 标准确定的许用应力/MPa	是否满足 ASME 标准
正常运行	151.4	375	满足
紧急关机升压	175.2	375	满足

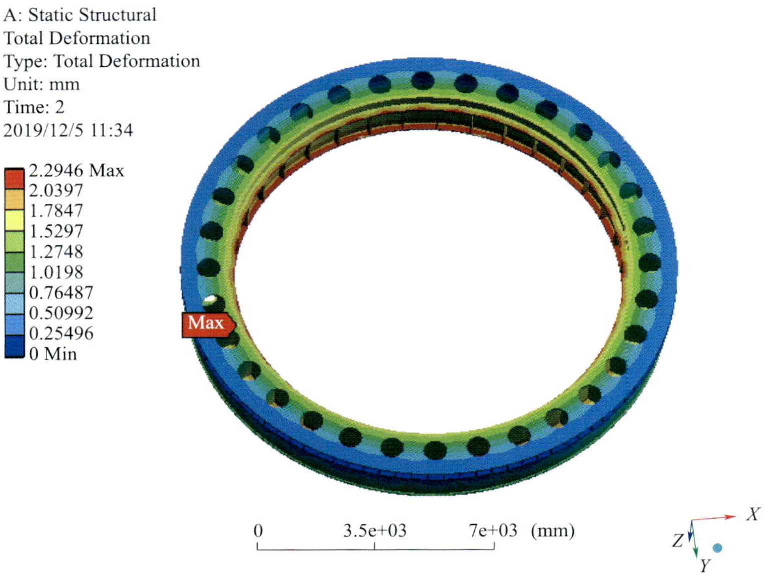

图 2.2-47 紧急关机升压工况综合位移分布

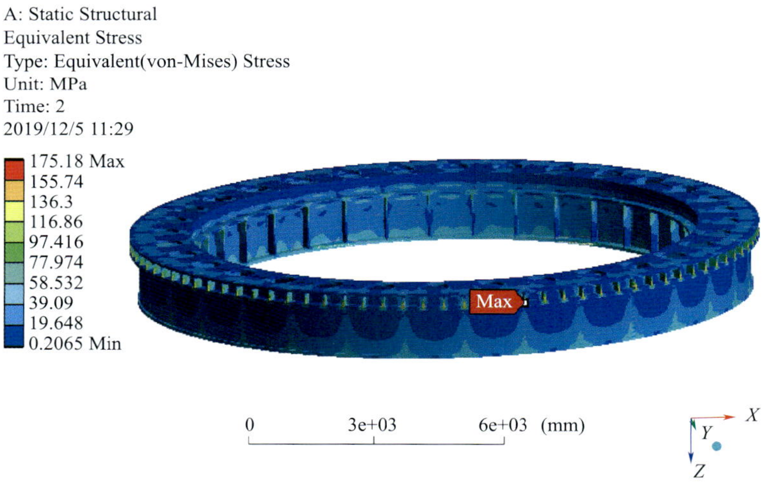

图 2.2-48 紧急关机升压工况等效应力分布

由表 2.2-17 可见，顶盖在正常运行工况和紧急关机升压工况下的应力均小于相应许用应力，结构满足强度要求。

表 2.2-18 位移计算结果

工 况	最大位移 U_{SUM}/mm
正常运行	2.223
紧急关机升压	2.295

3. 疲劳计算与分析

以 ASME 标准为依据，采用 Miner 累积损伤准则，进行疲劳寿命分析。Miner 累积损伤系数计算公式如下：

$$D = \sum_i \frac{n_i}{N_i} \tag{2.2-25}$$

式中：n_i——一个应力变化幅度（或事件）范围内的需用循环次数；

N_i——一个应力变化幅度（或事件）范围内的可用循环次数，通过计算应力及 $S-N$ 曲线获得；

D——累积损伤系数。

如果在所计算的载荷循环次数内，累积损伤系数 $D \leqslant 1$，那么在这些所计算的载荷循环内，疲劳寿命是安全的。

在设计寿命内按每年 10 次升压工况计算，同时考虑水压脉动，则顶盖设计循环次数见表 2.2-19。

表 2.2-19　顶盖设计循环次数

工　况	设计循环次数/次
正常运行到升压	400
正常运行（考虑水压脉动）	328 500 000

根据以上刚强度计算情况，得到顶盖交变应力幅，见表 2.2-20。

表 2.2-20　顶盖交变应力幅

工　况	交变应力幅/MPa
正常运行到升压	23.8
正常运行（考虑水压脉动）	15.1

根据 ASME 标准，在对应的数值模拟 $S-N$ 曲线上可以查到以上应力水平下的可用循环次数。

根据以上计算，可以得到疲劳累积损伤系数 D。顶盖疲劳累积损伤系数见表 2.2-21。

表 2.2-21　顶盖疲劳累积损伤系数

工　况	n_1/N_1	D
正常运行到升压	400/35 000	0.0114
正常运行（考虑水压脉动）	328 500 000/10^{20}	0.03285×10^{-10}
总疲劳累积损伤系数校核	D=0.0114<1	

（二）座环校核

座环是水轮机的重要部件。座环受力复杂，其变形大小、应力状态等将关系到整个机组能否正常工作。应用 ANSYS 程序，对水轮机座环进行了详细的刚强度分析。座环相关材料参数、计算工况见表 2.2-22 和表 2.2-23。

表 2.2-22 材料参数

部件	材料	弹性模量/MPa	密度/(kg/mm³)	泊松比	屈服强度/MPa	抗拉强度/MPa
上环板	Q235A	2.1×10^5	7.85×10^{-6}	0.3	205	375
固定导叶	ZG20SiMn	2.1×10^5	7.85×10^{-6}	0.3	248	483

表 2.2-23 计算工况

载荷	工况	
	正常运行	紧急关机升压
轴向水推力/t	2356	—
水轮机转动部分重量/t	710	710
发电机转动部分重量/t	910	910
发电机推力轴承重量/t	90	90
发电机定子重量/t	465	465
水轮机导水机构、水导轴承、主轴密封和接力器装配总重量/t	1015	1015
混凝土重量/t	5811.42	5811.42
水在顶盖等部件过流面上的作用力/N	28 934 446	55 813 439

1. 计算方法

座环校核中应力分类、设计的参考许用应力和不同应力类型的许用应力同顶盖校核。

按 ASME 标准确定的许用应力见表 2.2-24；正常运行工况综合位移分布和等效应力分布如图 2.2-49 和图 2.2-50 所示；紧急关机升压工况综合位移分布和等效应力分布如图 2.2-51 和图 2.2-52 所示。

表 2.2-24 按 ASME 标准确定的许用应力 （单位：MPa）

部件	材料名称	材料强度		按 ASME 标准确定的许用应力		
		屈服强度 σ_s	抗拉强度 σ_b	$[P_m]$ (S_m)	$[P_1+P_b]$ $(1.5S_m)$	$[P_1+P_b+Q]$ $(3.0S_m)$
上环板	Q235A	205	375	125	187.5	375
固定导叶	ZG20SiMn	248	483	161	241.5	483

2. 结果分析

应力和位移计算结果见表 2.2-25 和表 2.2-26。

由表 2.2-25 可见，座环和固定导叶在正常运行工况和紧急关机升压工况下的应力均小于相应许用应力，结构满足强度要求。

3. 疲劳计算与分析

以 ASME 标准为依据，采用 Miner 累积损伤准则，进行疲劳寿命分析。Miner 累积损伤系数计算公式见式（2.2-25）。

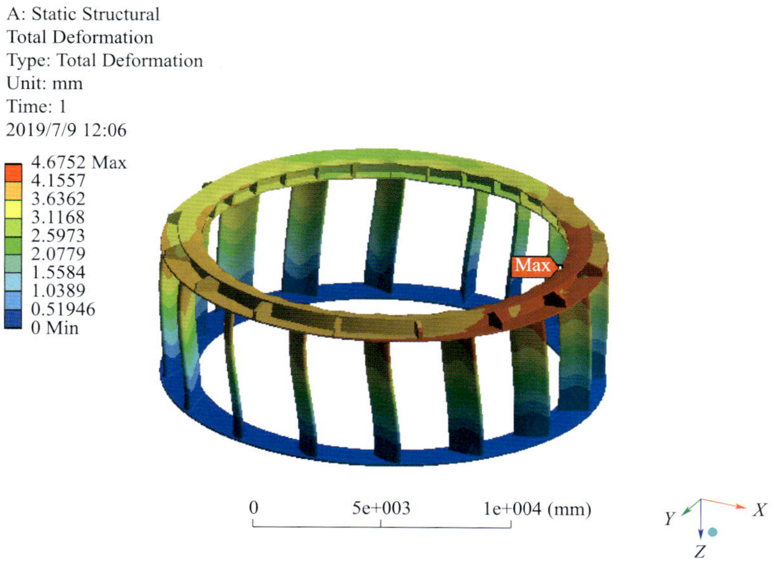

图 2.2-49　正常运行工况综合位移分布

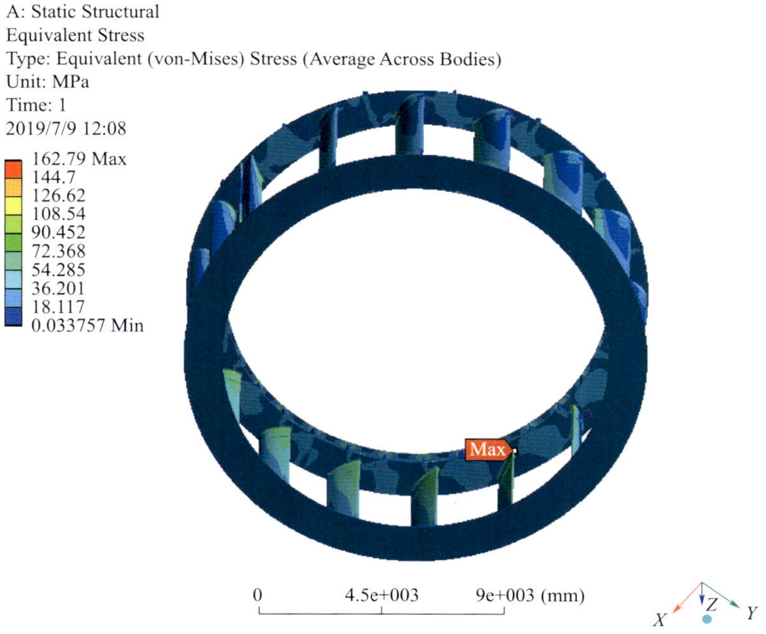

图 2.2-50　正常运行工况等效应力分布

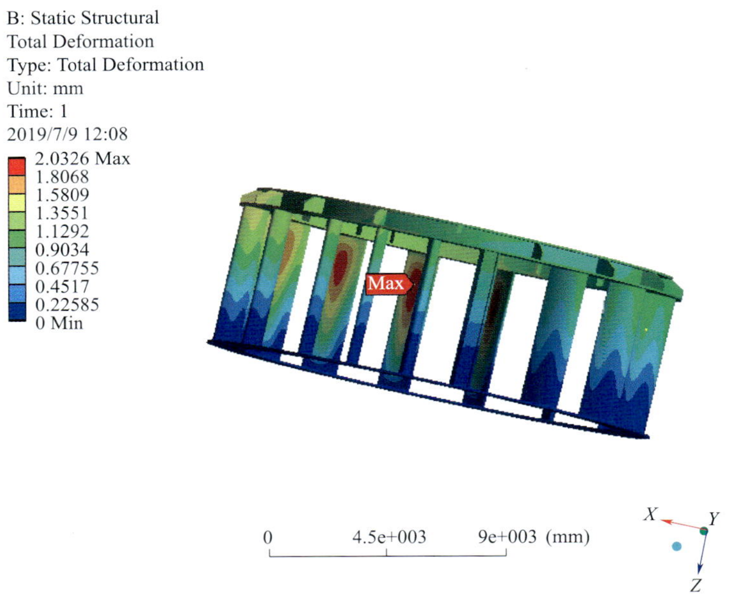

图 2. 2-51 紧急关机升压工况综合位移分布

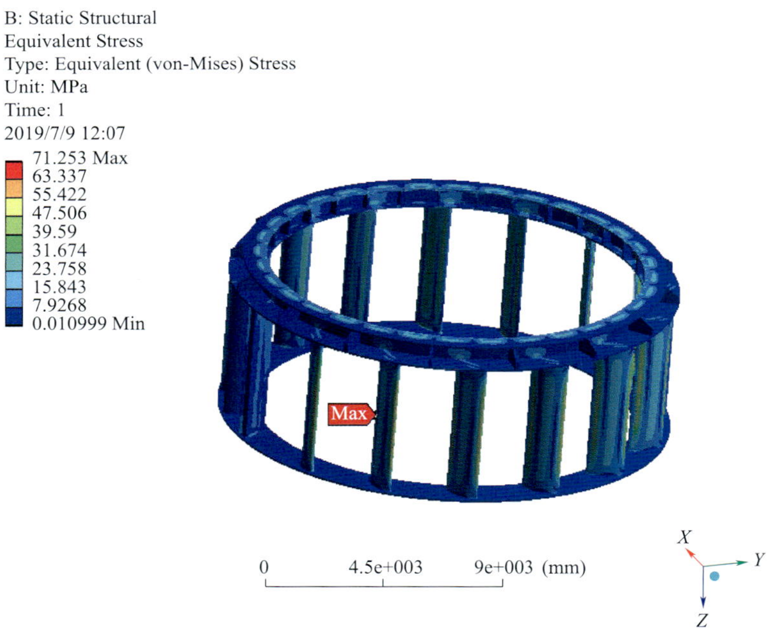

图 2. 2-52 紧急关机升压工况等效应力分布

表 2.2–25　应力计算结果　（单位：MPa）

工况	P_m 的计算结果	P_m 的 ASME 许用应力（S_m）	P_l+P_b 的计算结果	P_l+P_b 的 ASME 许用应力（$1.5S_m$）	P_l+P_b+Q 的计算结果	P_l+P_b+Q 的 ASME 许用应力（$3.0S_m$）	是否满足合同及 ASME 标准
正常运行	55.6	125	162.8	187.5	162.8	375	满足
紧急关机升压	37.9	125	71.3	187.5	71.3	375	满足

表 2.2–26　位移计算结果

工　况	最大位移 U_{SUM}/mm
正常运行	4.675
紧急关机升压	2.033

$$D=\sum_i \frac{n_i}{N_i} \tag{2.2–26}$$

式中：n_i——一个应力变化幅度（或事件）范围内的需用循环次数；

N_i——一个应力变化幅度（或事件）范围内的可用循环次数，通过计算应力及 $S-N$ 曲线获得；

D——累积损伤系数。

如果在所计算的载荷循环次数内，累积损伤系数 $D\leqslant 1$，那么在这些所计算的载荷循环内，疲劳寿命是安全的。

在设计寿命内按每年 10 次升压工况计算，同时考虑水压脉动，则座环和固定导叶设计循环次数见表 2.2–27。

表 2.2–27　座环和固定导叶设计循环次数

工　况	设计循环次数/次
正常运行到升压	400
正常运行（考虑水压脉动）	328 500 000

根据以上刚强度计算情况，得到座环和固定导叶交变应力幅，见表 2.2–28。

表 2.2–28　座环和固定导叶交变应力幅

工　况	交变应力幅/MPa
正常运行到升压	91.5
正常运行（考虑水压脉动）	16.2

根据 ASME 标准，在对应的数值模拟 $S-N$ 曲线上可以查到以上应力水平下的可用循环次数。

根据以上计算，可以得到疲劳累积损伤系数 D，见表 2.2–29。

表 2.2-29 座环和固定导叶疲劳累积损伤系数

工况	n_1/N_1	D
正常运行到升压	400/3000	0.133
正常运行（考虑水压脉动）	$328\ 500\ 000/10^{20}$	0.03285×10^{-10}
总疲劳累积损伤系数校核	$D=0.133<1$	

（三）活动导叶校核

活动导叶是水轮机的重要部件。活动导叶受力复杂，其变形大小、应力状态等将影响整个机组能否正常工作。应用 ANSYS 程序，对葛洲坝电站 170MW 机组活动导叶进行了详细的静强度以及疲劳计算分析。活动导叶结构材料、工况及载荷参数见表 2.2-30 和表 2.2-31，导水机构受力示意图如图 2.2-53 所示。

表 2.2-30 结构材料

部件	材料名称	弹性模量 /MPa	质量密度 /(kg/mm³)	泊松比	屈服强度 /MPa	抗拉强度 /MPa
活动导叶	ZG20MnSi	2.10×10^{5}	7.85×10^{-6}	0.28	285	495

表 2.2-31 工况及载荷参数

工况	操作扭矩/(N·m)	P_1/MPa	自重
紧急关机	29 423	0.33	ANSYS 程序自动计算
正常关机	29 423	0.25	

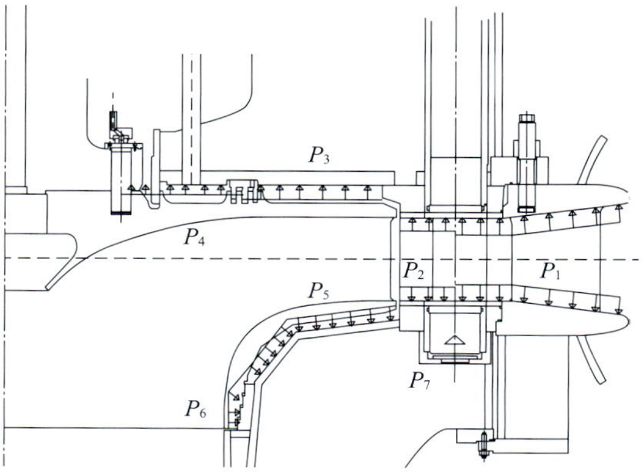

图 2.2-53 导水机构受力示意图

P_1—上游压力（蜗壳座环进口压力）；P_2—导水机构压力（转轮前、导叶后的压力）；
P_3—上止漏环前（转轮上冠进口到上止漏环进口）压力；P_4—上止漏环后压力；
P_5—下止漏环前（转轮下环进口到下止漏环进口）压力；P_6—下止漏环后压力；P_7—活动导叶处压力

1. 计算方法

活动导叶校核中应力分类、设计的参考许用应力和不同类型应力的许用应力同顶盖校核。

按 ASME 标准确定的许用应力见表 2.2-32。

表 2.2-32 按 ASME 标准确定的许用应力 （单位：MPa）

部位	材料名称	材料强度		按 ASME 标准确定的许用应力		
		屈服强度 σ_s	抗拉强度 σ_b	$[P_m]$ (S_m)	$[P_l+P_b]$ $(1.5S_m)$	$[P_l+P_b+Q]$ $(3.0S_m)$
活动导叶	ZG20MnSi	285	495	165	247.5	495

按规定的经典公式计算的断面应力，是指通过解析计算得到的名义应力，位置选取如图 2.2-54 所示，该应力位置远离结构的应力集中区域，其数值大小等同于 ASME 标准中定义的总体薄膜应力 P_m。

ASME 标准规定局部薄膜应力 P_l 与弯曲应力 P_b 选取靠近结构应力集中区域，如图 2.2-54 所示的结构应力。

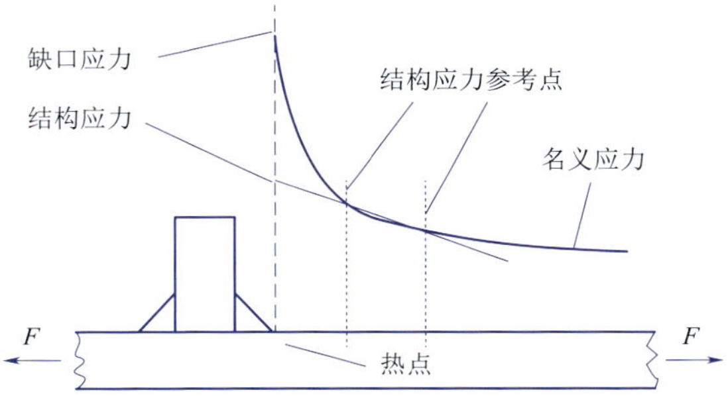

图 2.2-54 结构不连续位置的名义应力、结构应力和缺口应力示意图

应力和位移计算结果见表 2.2-33，按 ASME 标准确定的许用应力见表 2.2-34。

表 2.2-33 应力和位移计算结果

工　况	最大等效应力/MPa	最大综合位移/mm
紧急关闭	251.45	0.99
正常关闭	190.48	0.75

注：最大等效应力均为结构应力集中处的应力。

表 2.2-34 按 ASME 标准确定的许用应力

工　况	各类型计算应力/MPa		
	P_m	P_l+P_b	P_l+P_b+Q
紧急关闭	52.31	132.14	251.45
正常关闭	46.92	110.22	190.48
按 ASME 标准确定的许用应力/MPa	165	247.5	495
是否满足设计要求	满足	满足	满足

从表 2.2-33 中计算结果与表 2.2-34 许用应力对比结果可见，活动导叶各计算工况计算得到的断面应力均小于规定的许用应力，有限元计算最大等效应力也均小于合同规定的

许用应力，满足合同要求。导叶最大剪应力小于合同要求许用剪应力，满足合同要求。P_m、P_1+P_b、P_1+P_b+Q 均小于按 ASME 标准确定的许用应力，满足 ASME 标准。相关计算模型和计算结果如图 2. 2−55～图 2. 2−58 所示。

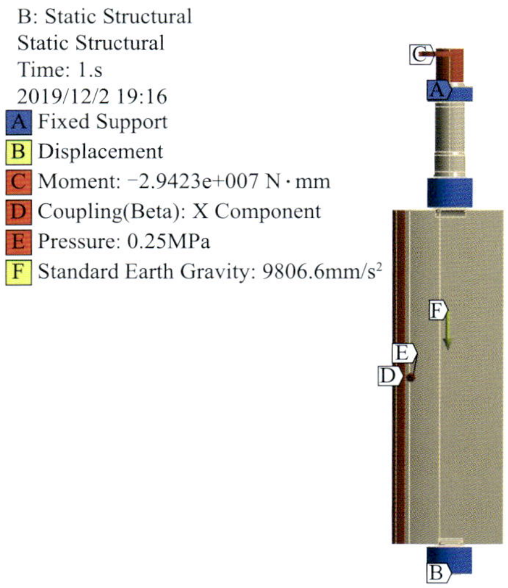

图 2. 2−55 活动导叶三维模型及边界条件

图 2. 2−56 活动导叶网格模型

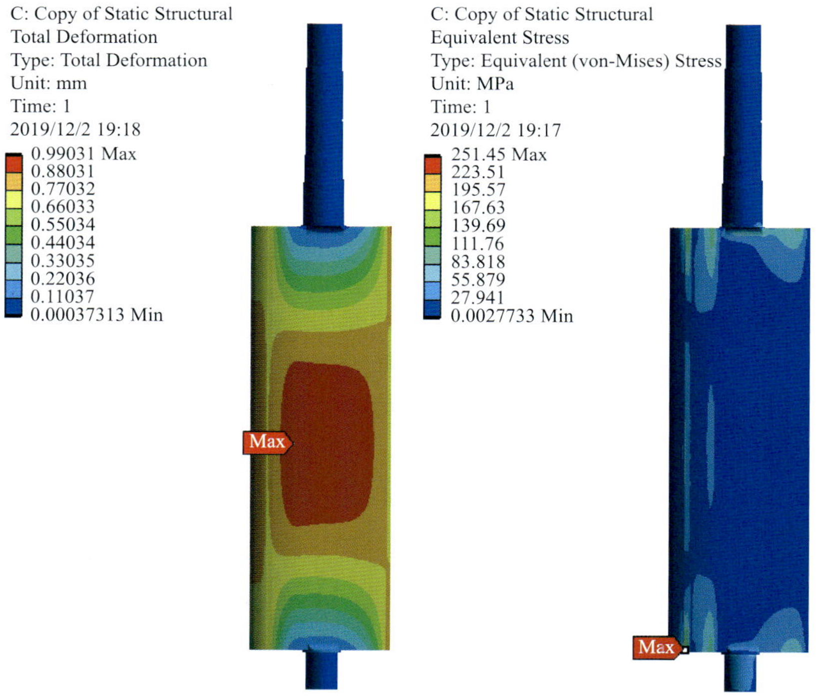

图 2. 2−57 紧急关闭工况活动导叶的综合位移（单位：mm）、等效应力（单位：MPa）

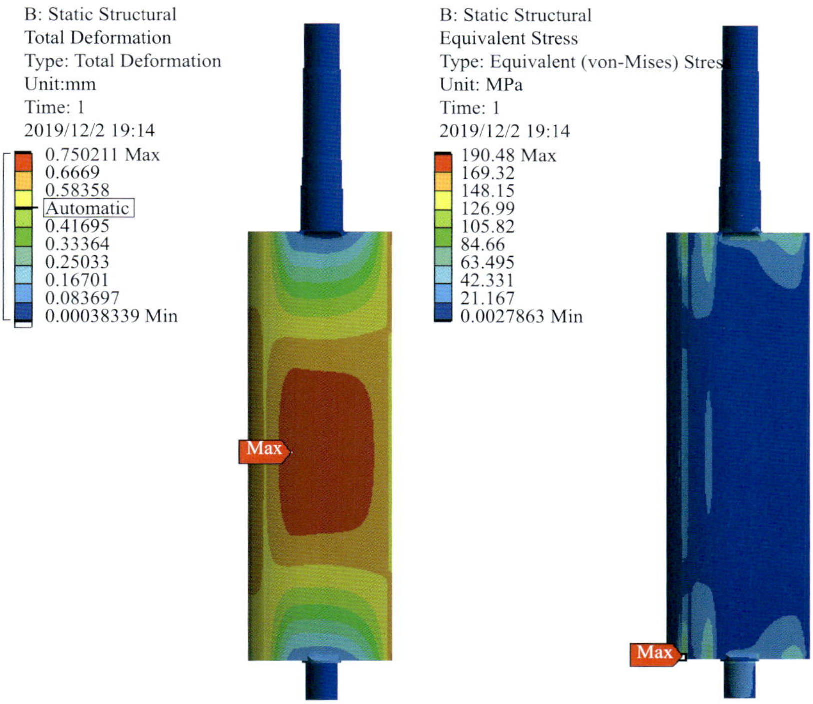

图 2.2-58　正常关闭工况活动导叶的综合位移（单位：mm）、等效应力（单位：MPa）

2. 疲劳计算与分析

以 ASME 标准为依据，采用 Miner 累积损伤准则，进行疲劳寿命分析。Miner 累积损伤系数计算公式见式（2.2-25）。

如果在所计算的载荷循环次数内，累积损伤系数 $D \leqslant 1$，那么在这些所计算的载荷循环内，疲劳寿命是安全的。

Goodman 修正曲线为线性关系，如图 2.2-59 所示。Goodman 平均应力修正公式如下：

$$\frac{S_a}{S_{a0}}+\frac{S_m}{f_t}=1.0 \qquad (2.2-27)$$

式中：S_a——应力幅值；

S_m——平均应力；

S_{a0}——平均应力为 0 时的材料的持久应力幅值；

f_t——材料的极限强度。

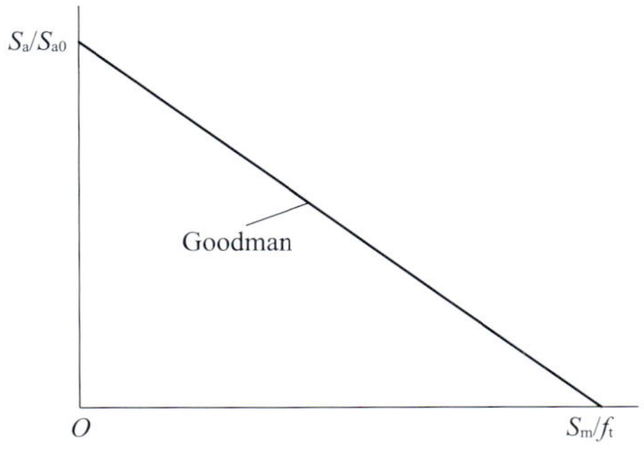

图 2.2-59　Goodman 平均应力修正曲线

活动导叶的 $S-N$ 曲线根据 ASME 标准得到。

在 ASME 标准中，基于光轴试件的疲劳曲线设计是基于多项式函数的方式给定，涉及低合金碳素钢、镍铬合金钢、铜镍合金、镍铬钼合金钢以及高强度螺栓等材料。

$$N=10^X \qquad (2.2-28)$$

$$X = \frac{C_1 + C_3Y + C_5Y^2 + C_7Y^3 + C_9Y^4 + C_{11}Y^5}{1 + C_2Y + C_4Y^2 + C_6Y^3 + C_8Y^4 + C_{10}Y^5} \quad (2.2\text{-}29)$$

$$Y = \frac{S_a}{C_{us}} \cdot \frac{E_{FC}}{E_T} \quad (2.2\text{-}30)$$

式中：S_a——应力幅值；

N——设计的循环次数；

C_i 的数值均可从标准中查得。

从表 2.2-35 疲劳计算结果可以看出，活动导叶的累积损伤系数 $D<1$，满足疲劳设计要求。

表 2.2-35 疲劳计算结果

部件	累积损伤系数 D	累积损伤系数判断标准	是否安全	是否满足要求
活动导叶	0.0098	$D<1$	安全	满足

二、机组辅助设备复核与选择

（一）原设计方案及配置

葛洲坝电站 170MW 机组辅助设备系统中与本次更新改造有关的几个系统的原设计方案及配置见表 2.2-36。

表 2.2-36 辅助设备系统原设计方案及配置

系统及设备名称			参　数
机组技术供水系统	供水方案		单机自流-水泵混合供水
	自流供水最低水头/m		16.5（实际为 14.0）
	机组冷却水量/(m^3/h)		约 1542
	滤水器		DN500 旋转式
	离心水泵（每台机 2 台，1 用 1 备）		14SH-28，Q=972~1440 m^3/h，H=20~13.4m
机组检修排水系统	排水方案		间接排水
	深井水泵		20J1000X2 共 5 台，Q=1000m^3/h，H=50m
	集水井清污		灰渣泵
厂房渗漏排水系统	深井水泵		12JD230X5 共 2 台，Q=230m^3/h，H=45m
	集水井清污		污水泵，Q=43m^3/h，H=48.5m
低压气系统	供气方案		制动、工业用气单独设置公用系统
	机组制动用气	空压机	V-3/8-1 型水冷空压机 2 台，Q=3m^3/min，P=0.8MPa，V=7m^3 储气罐 2 个
	工业用气	空压机	3L-10/8 空压机 2 台，Q=10m^3/min，P=0.8MPa，V=3m^3 储气罐 1 个
厂内中压气系统	供气方案		二级压力供气
	空压机		V-1/60 型空压机 6 台，Q=1m^3/min，P=6MPa，V=3m^3 储气罐 2 个

续表

系统及设备名称		参 数
厂内桥机	双小车桥机	2×250t/50t/10t1 台， 2×300t/50t/10t1 台
调节保证计算	机组转速上升率/%	50
	蜗壳最大水压值/m	38

(二) 已进行的技术改造

由于机电设备的技术及性能已更新换代，葛洲坝电站已对原设备进行了部分改造，其技术改造情况见表 2. 2-37。

表 2. 2-37 辅助设备技术改造实施一览表

名称		型号	参数	生产厂家
机组技术供水系统	滤水器	ZLSG-500	$Q=2120m^3/h$	1～21 号机组
	离心水泵	350S-16	$Q=1260m^3/h$，$H=16.0m$	湖南海利
机组检修排水系统	1 号排水泵	500RJC1250-29X2	$Q=1250m^3/h$，$H=46m$	南京古尔兹
	2～5 号排水泵	500RJC1000-29X2	$Q=1000m^3/h$，$H=46m$	南京古尔兹
厂房渗漏排水系统	1、2 号排水泵	350RJC370-16X3	$Q=370m^3/h$，$H=48m$	南京古尔兹
	3 号二江排水泵	200QW-46-75	$Q=300m^3/h$，$H=46m$	江苏亚太
中、低压气系统	1～6 号中压空压机	15T2-20/70	$Q=1.02m^3/min$，$P=7MPa$	南京英格索兰
	中压气系统空气净化装置（冷干机）	IARD-200/1000	$Q=5m^3/min$，$P=7MPa$	南京英格索兰
	1 号低压空压机	SRC-75A	$Q=9.1m^3/min$，$P=0.85MPa$	上海施耐德
	2、3 号低压空压机	FHOG-75A	$Q=10m^3/min$，$P=0.7MPa$	上海飞和
	低压气系统空气净化装置（冷干机）	IR200R	$Q=20m^3/min$，$P=1.0MPa$	南京英格索兰

(三) 辅助设备核算与改造

1. 机组技术供水系统

葛洲坝电站 170MW 机组技术供水系统采用单机自流-水泵混合供水方式。每台机各从上游坝前和蜗壳 2 处设取水口，互为备用。水轮发电机组的用水部位主要是：空气冷却器、推力油冷却器、上导油冷却器和水导油冷却器，主要的用水对象是空气冷却器，约占机组总用水量的 70% 以上。机组更新改造后各部位用水量见表 2. 2-38。

表 2. 2-38 机组更新改造后各部位用水量

部 位	用水量/(m^3/h)
上导油冷却器	50
推力油冷却器	260

续表

部　　位	用水量/(m^3/h)
空气冷却器	860
水导油冷却器	30
油压装置回油箱油冷却器	不需要投入冷却水
主变压器油冷却器	已改造为风冷变压器
合计	1200

电站对原供水系统的滤水器和冷却水泵已进行了更新改造，滤水器更换为 ϕ500mm 的全自动过滤器，其过水能力达 2120 m^3/h，大于 1200m^3/h，满足机组改造后冷却水量的要求；已更新改造的水泵供水能力为 1260m^3/h，大于 1200m^3/h，其供水能力满足机组改造后的要求。

2. 厂内排水系统

厂内排水系统分为机组检修排水系统和厂房渗漏排水系统，两系统单独设置，互不联通。检修排水系统设置了 5 台深井水泵，渗漏排水系统设置了 3 台深井水泵，由于机组更新改造对水工建筑及水轮机流道均没有改变，因此电站的检修排水方式、排水量和厂房渗漏排水量（葛洲坝电站水轮机顶盖排水直接排至下游）均没有受到影响。

葛洲坝电站已先后对原设计的检修排水深井泵和渗漏排水深井泵进行了换代（见表 2.2–36、表 2.2–37），排水能力较原设计高。经计算复核，葛洲坝电站厂房目前的排水系统设备能够满足 170MW 机组更新改造后的运行要求。

3. 油系统

油系统包括透平油系统和绝缘油系统。透平油系统主要供给机组及调速器用油。葛洲坝电站设有 V=60m^3 油罐 6 只。由于机组各轴承油槽和导叶接力器基本不变，因此机组轴承和导叶接力器用油量基本不变；机组更新改造后，转轮轮毂比由 0.4 改为 0.41，因此桨叶接力器有所变化，改造后与改造前接力器参数对比见表 2.2–39。

表 2.2–39　改造后与改造前接力器参数对比

参数名称	改造后参数值	改造前参数值
操作油压/MPa	4.0	4.0
导叶接力器数量/个	4	4
导叶接力器缸径/mm	650	650
导叶接力器行程/mm	1350	1350
导叶接力器杆径/mm	180	180
桨叶接力器缸径/mm	3100	2865
桨叶接力器行程/mm	467	556
桨叶接力器杆径/mm	870	1050

更新改造后的桨叶接力器缸径变大为 ϕ3100mm，其行程为 467mm，桨叶接力器容积分别比原来增加 0.19m^3（3.25m^3–3.06m^3），增加的相对值约 6.2%，用油量变化很小。因此透平油系统满足改造后设备的运行需求。机组改造后，经电气复核原主变压器可不进

行改造更换，主变压器用油量不会增加，因此绝缘油系统维持原设计。

4. 低压气系统

低压气系统的主要供气对象为机组制动用气设备和工业用气设备。

葛洲坝二江水电站已对原设计的低压气系统及其设备进行了更新改造，改造前、后设备见表 2.2-40。

表 2.2-40　低压气系统改造前、后设备

名　称	型号	参　数	数量
改造前			
机组制动用气空压机	V-3/8-1 型	$Q=3m^3/min$，$P=0.8MPa$	2 台
工业用气空压机	3L-10/8	$Q=10m^3/min$，$P=0.8MPa$	2 台
制动用气储气罐		$P=0.8MPa$，$V=7m^3$	2 个
工业用气储气罐		$P=0.8MPa$，$V=3m^3$	1 个
改造后			
低压空压机	SRC-75A	$Q=9.1m^3/min$，$P=0.85MPa$	1 台
低压空压机	FHOG-75A	$Q=10m^3/min$，$P=0.7MPa$	2 台
制动用气储气罐		$P=0.8MPa$，$V=7m^3$	2 个
工业用气储气罐		$P=0.8MPa$，$V=3m^3$	1 个

从表 2.2-40 可以看出，低压空压机已全部进行了更新，低压气系统将机组制动用气和工业用气由分开设置改为集中设置，共用空压机。

机组制动用气是按机组制动时连续供气的原则设计的，实际上在机组制动过程中只需要补给适当的漏气，并不需要连续供气，因此余量较大。工业用气是按同时打磨 5 个叶片和使用 2 台风钻考虑的。机组更新改造后低压用气对象的用气量没有太大的变化，因此目前低压气系统设备能够满足 170MW 机组更新改造后的运行要求。

5. 中压气系统

中压气系统的主要供气对象是调速器油压装置和厂内空气断路器。厂内空气断路器已更换成了新型的 SF_6 断路器，因此中压气系统的供气对象主要是调速器油压装置。

葛洲坝二江水电站已对原设计的中压气系统及其设备进行了更新改造，改造前、后设备分别见表 2.2-41。

表 2.2-41　中压气系统改造前、后设备

名　称	型号	参　数	数量
改造前			
中压空压机	V-1/60 型	$Q=1m^3/min$，$P=6MPa$	6 台
中压储气罐		$P=6MPa$，$V=3m^3$	2 个
改造后			
中压空压机	15T2-20/70	$Q=1.02m^3/min$，$P=7MPa$	6 台
中压气系统冷干机	IARD-200/1000	$Q=5m^3/min$，$P=7MPa$	1 台
中压储气罐		$P=6MPa$，$V=3m^3$	2 个

从表 2.2-41 可以看出，中压空压机已全部进行了更新，中压气系统增设了冷干机。

葛洲坝电站对中压空压机进行了再改造，改造后的中压空压机的参数为：$Q=1.5\text{m}^3/\text{min}$，$P=6\text{MPa}$。

由于油压装置容积由 40m^3 增加至 60m^3，总的用气量比原设计有所增加，需要对中压空压机的生产率和中压储气罐容积进行复核。

（1）空压机生产率计算。

空压机生产率

$$Q_k=V_kP_y/(60T) \tag{2.2-31}$$

式中：Q_k——空压机生产率，m^3/min；

V_y——压力油罐总容积，为 60m^3；

V_k——压力油罐中的空气容积，由油压装置复核计算得出额定压力下压力油罐中的油容积为 15.85m^3，因此 $V_k=60\text{m}^3-15.85\text{m}^3=44.15\text{m}^3$；

P_y——压力油罐的额定压力，为 40kg/cm^2；

T——充气时间，根据 NB/T 10878—2021《水力发电厂机电设计规范》取 4h。

$Q_k=44.15\text{m}^3\times(40\text{kg/cm}^2)/(60\text{min/h}\times4\text{h})=7.36\text{m}^3/\text{min}$

再改造的 6 台中压空压机总的排气量为 $6\times1.5\text{m}^3/\text{min}=9.0\text{m}^3/\text{min}>7.36\text{m}^3/\text{min}$，满足油压装置充气时间要求，实际充气时间为 3.27h。

（2）储气罐容积复核。

根据 NB/T 35035—2014《水力发电厂水力机械辅助设备系统设计技术规定》标准，按单个容积 15m^3、直径 2.1m 压力油罐内油面上升 250mm 时所需的运行补气量确定储气罐容积。

压力油罐内补气容积 $V_y=\pi D_i^2\Delta h/4=3.14\times(2.1\text{m})^2\times0.25\text{m}/4=0.865\text{m}^3$，折算成自由空气量为 $40\times0.865\text{m}^3=34.6\text{m}^3$；储气罐压力降取 0.6MPa 时，所需的储气罐容积为 $V_g=34.6\text{m}^3\times0.1/0.6=5.77\text{m}^3$。电站目前选用 $P=6\text{MPa}$、$V=3\text{m}^3$ 储气罐 2 个，可以满足改造后油压装置补气要求。

6. 水力监视测量系统

葛洲坝电站 170MW 机组更新改造对原电站设计水力监视测量系统没有影响，因此该系统不需要进行改造。

7. 厂内起重设备

（1）原设计方案。

葛洲坝电站厂内设有 2 台双小车桥机，其中 1 台型号为 250t/50t+250t/50t，另 1 台型号为 300t/50t+300t/50t。

300t/50t+300t/50t 桥机单钩起重量是按照原 170MW 机组水轮机转轮翻身重量不大于 300t 设计的，而后期设计和制造的 170MW 机组的转轮翻身重量超过了已到货桥机单钩起重量 300t。因此，考虑采用 2 个主钩抬 1 根平衡梁进行转轮翻身。

250t/50t+250t/50t 和 300t/50t+300t/50t 两台桥机的大梁的承载能力是按起吊 170MW 机组发电机转子的起吊重量约 1000t 设计的，每台桥机需要的承载能力为 500t，因此 300t/50t+300t/50t 桥机大梁的承载能力是按照 500t 载荷设计的，该桥机的额定起重量为 500t，而不是铭牌标示的 2 个单钩起重量之和 600t。

（2）发电机转子吊装。

发电机改造后的转子起吊重量约为 830t，加上 3 根平衡梁起吊工具的重量后，需要的桥机起吊重量为 930t。按照 2 台桥机、4 个吊钩吊装转子，需要的桥机单钩起重量为 233t，桥机大梁的承载能力应不小于 466t。现有 300t/50t +300t/50t 和 250t/50t +250t/50t 两台桥机的大梁的承载能力均为 500t，因此能够满足发电机转子的吊装要求。

（3）水轮机转轮。

由于水轮机转轮叶片由 4 片改为 5 片，转轮轮毂比由 0.4 增大到约 0.41，转轮体直径将由 4.52m 增加到约 4.633m，同时桨叶操作机构采用带操作架结构，使转轮翻身重量达到约 330t（不含平衡梁重量），因此，转轮翻身还是可以采用 2 根主钩抬起 1 根平衡梁作为转轮倒钩翻身方案，因此桥机起重量可以满足要求。由于转轮整个吊装重量已达到 550t（不含平衡梁重量），而厂房原 2 台桥机额定起重量均为 500t，因此转轮吊装必须采用 2 台桥机联合吊装的方式。

（4）发电机定子。

发电机定子在现场机坑叠片、下线，单件重量和起吊高度均在桥机起吊范围内。

8. 调节保证计算复核

（1）原机组调节保证参数。

机组额定功率为 170MW，水轮机额定流量为 1130m^3/s，发电机 GD^2 为 172 000t・m^2；当导叶一段直线关闭时间为 11.0s 时，水轮机蜗壳最大压力值为 38.0m，机组最大转速上升率为 50.0%。

（2）改造方案。

改造方案推荐的机组额定功率仍为 170MW，水轮机额定流量为 1073m^3/s，发电机 GD^2 仍按 172 000t・m^2 考虑。

按蜗壳最大压力值不超过原设计 37.8m 控制，选择导叶一段直线关闭时间为 20.0s，此时的蜗壳最大压力值为 37.79m，机组最大转速上升率为 46.3%，尾水管进口最大真空度为 1.17m。机组改造后，其调节保证参数满足设计和规范要求。

第四节　水轮机主要改造范围

根据水轮机模型试验及 CFD 计算结果，结合水轮机改造限制性条件以及各部件的刚强度和参数校核结果，同时兼顾其他相关部件的配套改造，确定水轮机更新改造的范围为转轮、转轮室、支持盖及导流锥、底环、水轮机轴、控制环、导水机构、水导轴承、主轴密封、受油器及操作油管等主要部件以及配套附件，具体见表 2.2-42。

表 2.2-42　水轮机改造范围

序号	设备名称	改造建议	情况说明
1	转轮	更换	转轮由 4 叶片改为 5 叶片，需重新开发、设计、制造
2	转轮室	更换	原转轮室裂纹、磨蚀严重；转轮改为 5 叶片后，转轮室上的悬挂支撑孔需重新设计

续表

序号	设备名称	改造建议	情况说明
3	活动导叶	不更换	可通过优化水力设计，降低不换导叶带来的影响，保证水轮机的长期安全稳定运行
4	支持盖、导流锥	更换	导流锥需与新转轮型线匹配。支持盖与导流锥一并改造，可减少新旧部件接口设计风险，且更能保证两者的同心度
5	顶盖	不更换	因活动导叶未更换，不需要适应性改造，进行修复即可满足要求
6	底环	更换	底环无法无损拆除，影响转轮室改造实施
7	水轮机轴	更换	水轮机轴因转轮结构设计需缩短长度
8	控制环	更换	原控制环分瓣面布置位置受到限制且存在变形，需对控制环及其连接件进行改造
9	水导轴承	更换	由抗重螺栓支撑方式改造为楔子板支撑方式，便于检修；优化水导轴承冷却方式，由内循环式改为外循环式
10	主轴密封	更换	原工作密封结构易发生磨损烧结，检修维护量大；且原检修密封止水效果差，存在漏气等缺陷
11	受油器	更换	因转轮由缸动结构改为操作架结构，受油器及操作油管需进行适应性改造
12	座环及固定导叶	不更换	座环刚强度满足要求；因活动导叶不更换，固定导叶无须对应修型
13	水车室内环形吊车、过道、楼梯和栏杆	更换	随主设备改造进行更换

第三章　发电机更新改造方案

第一节　发电机电磁参数选择

通过分析计算可知，在现有水工建筑物条件下，增加改造后额定容量将扩大改造范围，对应投资将进一步增大，综合考虑增加额定容量后取得的经济效益和扩大改造范围所增加的经济投入后，决定发电机改造前后，额定有功功率保持 170MW 不变。

一、功率因数选择

发电机功率因数是发电机的额定有功功率 P_N 与额定容量 S_N 的比值。发电机功率因数的选择与电站接入电网的方式、采用的电压等级、输送电距离及电网的无功配置和安全稳定运行要求有关。国内水轮发电机常用的功率因数取 0.8、0.85、0.875、0.9。在输出有功功率一定的条件下，提高功率因数可以减少发电机的总重量，并可提高发电机的效率；但将使发电机的视在输出功率和稳定性降低。大容量水轮发电机的功率因数多取 0.85～0.9。葛洲坝二江电站接入 220kV 系统，为与现有电网系统匹配，改造后二江电站发电机功率因数取 0.875。

二、额定电压选择

额定电压是一个综合性参数，它与机组容量、转速、冷却方式、合理的槽电流以及发电机电压配电装置和主变压器的选择等都有密切的关系。根据国家标准规定，不同容量等级的水轮发电机额定电压选择不同，通常水轮发电机额定电压有 6.3kV、10.5kV、13.8kV、15.75kV、18kV 及以上不同等级。

水轮发电机额定电压的选择需要进行综合的技术经济比较。提高发电机额定电压，可以降低发电机电压回路的额定电流和短路电流，降低发电机定子温升，但需更换发电机电压回路的母线、隔离开关、电压互感器、主变压器等设备，转子参数水平也需相应提高。由于发电机绝缘方面的原因，往往希望选择低一级的额定电压。一般情况下，额定电压低的方案，其发电机的经济指标要好一些。但降低发电机额定电压会使发电机的铜环引线、出口母线的用铜量增加。为了保障发电机出口电压与现有主变压器设备及二江电站开关站设备相匹配，改造后发电机额定电压仍采用 13.8kV。

三、槽电流选择

槽电流太大或太小均会对发电机的经济性产生不利影响。槽电流太小，表明发电机有效材料的利用较差；槽电流太大，将导致铜损及附加损耗增加，槽内发热量增多，从而使槽绝缘温差增大，同时在工艺上由于线圈表面增大，使制造较复杂，并且槽漏磁链多，槽电抗增大。空气冷却水轮发电机的槽电流值推荐见表 2.3-1。

表 2.3-1 槽电流与额定容量的关系

S_N/(MV·A)	I_S/A	S_N/(MV·A)	I_S/A
10~120	2500~4200	300~600	5500~6500
130~300	4000~6000	600~1000	6200~7500

根据容量范围，并从控制热负荷、留有一定裕量考虑，葛洲坝电站 170MW 机组发电机合理的槽电流取值范围推荐为 3000~5000A。

四、电负荷 *A* 选择

定子电负荷 A 也称定子线负荷，是发电机的重要参数之一，也是发电机定子内径周向单位长度上的电流值。它对电机的主要尺寸、电抗和绕组温度等有直接影响。其表达式为：

$$C=KAB_\delta \tag{2.3-1}$$

式中：A——定子电负荷，A/cm；

B_δ——气隙磁通密度，Gs；

K——常数，$K=1.35\times10^{-6}$。

A 值的大小决定了定子内圆单位表面积所产生的绕组铜损的大小，因而直接影响温升和效率的高低。A 的取值与每极容量、绝缘等级以及冷却方式有关。随着冷却技术的进步和绝缘材料性能的提高，A 值较以往有较大提高。通常情况下绕组水内冷发电机电负荷 A 值为全空冷发电机电负荷 A 值的 1.5~2.0 倍。

综上所述，合理选择电负荷 A 值至关重要，根据多年设计经验，对于全空冷水轮发电机电负荷值 A 的推荐值如下：

小容量水轮发电机：$A=300\sim500$A/cm；

中容量水轮发电机：$A=600\sim700$A/cm；

大容量水轮发电机：$A=800\sim850$A/cm。

五、气隙平均磁通密度 B_δ 选择

在发电机容量、电负荷、定子铁心内径和高度确定后，B_δ 也就确定了，B_δ 对发电机的利用系数、性能参数有直接影响。B_δ 的提高可以缩小发电机尺寸，使磁路的饱和程度增加，但较高的 B_δ 会增加转子表面的损耗。这样，发电机会因励磁磁动势的增大，引起转子绕组的用铜量与励磁损耗增加，使发电机的效率降低。在发电机冷却条件不变的情况下转子绕组温升增大。

查询文献资料，不同国家的水轮发电机空载气隙磁通密度 B_δ 的选择各不相同，国内不同制造厂一般在选取时也有些差异。如西门子公司控制在 1.1~1.3T 范围内；GE 公司在 1T 左右；原 ALSTOM 公司控制在 1.1T 左右。目前国内电机制造厂控制在 0.6~0.95T。根据设计和制造经验，在不更换铁心材料的条件下，发电机改造后 B_δ 选择为 0.8T 左右较为合理。

六、定子电流密度 J 选择

定子电流密度的选择直接决定定子绕组线规，同时定子电流密度关系到发电机的损耗及温升，定子绕组温升主要取决于 AJ。因此定子绕组电流密度的合理选择直接影响定子铜线和定子铁心冲片的重量，即直接影响发电机的经济性，同时决定了绕组温升和效率。发电机冷却方式不同，定子电流密度 J 的选择范围也不同。对于大型空冷水轮发电机，定子电流密度为 2.5~3.5A/mm^2 较为合理。

七、定子绕组热负荷选择

热负荷是有效控制定子绕组温升及确定发电机冷却方式的重要参数。其数值为定子绕组电流密度与电负荷的乘积。全空冷水轮发电机热负荷不宜选取过高，不应突破 3000A^2/(cm·mm^2)，较高的热负荷将导致槽绝缘内温差增大，线圈温升增高。

根据上述电流密度与电负荷的取值范围，发电机改造后定子绕组热负荷值不大于 2500A^2/(cm·mm^2)。

八、短路比选择

空载励磁电流 I_{fo} 与三相稳态短路电流为额定值时的励磁电流 I_{fk} 之比即为水轮发电机短路比 K_c。根据电站输电距离、负荷变化情况等因素提出短路比。短路比 K_c 的数值对发电机影响很大，短路比 K_c 与同步直轴电抗 X_d 成反比；短路比的数值大，负载变化时发电机电压变化小，可提高发电机在系统运行中的静态稳定性，减小电压变化率；同时短路比大，发电机的充电容量也相应增大（即可接入输电线路长度增大），但需增大气隙，增大励磁磁动势的安匝数，使发电机转子用铜量增加，成本提高。根据统计资料，水轮发电机的短路比一般为 1~1.3。结合葛洲坝二江电站接入的 220kV 电网系统容量计算，发电机改造后短路比可按不小于 1.15 考虑。

九、直轴超瞬变电抗 X''_d 选择

直轴超瞬变电抗 X''_d 是制约发电机短路电流的关键参数。由于发电机动态超瞬变周期较短，因此，X''_d 对动态稳定性影响也很小。但在各种短路工况下，发电机短路电流的超瞬变分量的有效值和非周期分量的最大值都与直轴超瞬变电抗 X''_d 成反比关系。因此，水轮发电机设计中应选择较大的 X''_d，使短路电流减小。然而 X''_d 主要取决于发电机阻尼绕组漏抗，发电机阻尼绕组漏抗值较小，故 X''_d 不可能在很大范围内变动。

根据统计资料，X''_d 的选择范围一般在 0.16~0.28 之间。对于大型水轮发电机一般要求 $X''_d \geq 0.2$，因此改造后 X''_d 的选择值不小于 0.2。

十、直轴瞬变电抗 X'_d 选择

直轴瞬变电抗 X'_d 是根据电力系统稳定计算确定的，是影响发电机动态稳定性的关键参数。根据水轮发电机静态功率曲线和动态功率曲线关系可知，X'_d 越小动态稳定极限越大，瞬态电压变化率越小，但同时制约电负荷 A 值的提高。由于减小 X'_d 要增加定子铁心的重

量，从而使发电机的外形尺寸增大，成本提高。现代水轮发电机的直轴瞬变电抗 X_d' 一般控制在 0.25~0.35 范围。大型机组取上限，定子内冷水轮发电机可适当突破上限。

在保证葛洲坝电站水轮发电机动态稳定前提下尽量提高发电机的利用系数，发电机改造后，X_d' 的选择值不大于 0.35。

十一、允许温升限值选择

葛洲坝电站原 170MW 机组发电机为 B 级绝缘。改造后，在结构尺寸改变条件下，包括定子铁心、线棒、转子磁极等主要部件均需改造更换，改造后发电机定转子（定子和转子）的耐热绝缘水平由原来的 B 级提高为目前的 F 级，滑环装置的耐热绝缘水平由 B 级提高为 H 级。

从保证发电机长期安全运行和延长整体绝缘寿命考虑，170MW 机组改造后发电机各主要部件的温升限值仍应按原 B 级绝缘温升限值考虑。定子绕组、转子绕组和定子铁心等部件允许温升限值见表 2.3-2。

表 2.3-2　定子绕组、转子绕组和定子铁心等部件允许温升限值　（单位：K）

水轮发电机部件	不同等级绝缘材料的最高允许温升限值		
	B 级		
	温度计法	电阻法	检温计法
空气冷却定子绕组	—	80	85
定子铁心	80	—	85
转子绕组	—	80	—
滑环装置	80	—	—

第二节　发电机部件校核

一、发电机主要部件刚强度校核

（一）转子支架及磁轭校核

发电机正常运行时转子支架主要承受扭矩、磁极和磁轭的重量、自身的离心力以及热打键径向配合力的作用。因此，转子支架也是受力复杂的部件，根据有限元法对该转子支架及磁轭结构进行了刚强度计算，为该机组改造设计提供支撑。

1. 计算参数

材料参数：葛洲坝电站 170MW 机组转子支架材料特性见表 2.3-3。

表 2.3-3　材料特性

部件	材料名称	弹性模量 /MPa	质量密度 /(kg/mm³)	泊松系数	屈服强度 σ_s /MPa	抗拉强度 σ_b /MPa
中心体	20SiMn	2.1×10^{-6}	7.85×10^{-6}	0.3	255	470

续表

部件	材料名称	弹性模量/MPa	质量密度/(kg/mm^3)	泊松系数	屈服强度 σ_s/MPa	抗拉强度 σ_b/MPa
转子支架	16Mn	2.1×10^{-6}	7.85×10^{-6}	0.3	345	490
磁轭	16Mn	2.1×10^{-6}	7.85×10^{-6}	0.3	360	520

机组参数：葛洲坝电站 170MW 机组发电机主要参数见表 2.3-4。

表 2.3-4　发电机主要参数

参数名称	参数值	参数名称	参数值
额定转速/(r/min)	54.6	磁极重量/t	240
飞逸转速（协联)/(r/min)	128	额定扭矩/(kN·m)	34 020
飞逸转速（非协联)/(r/min)	138.6		

载荷参数：葛洲坝电站 170MW 机组转子支架所受载荷值见表 2.3-5。

表 2.3-5　载荷值

载荷类型	载荷值	载荷类型	载荷值
磁轭热打键紧量/mm	1.8	非协联飞逸转速/(rad/s)	14.51（138.6r/min）
额定转速/(rad/s)	5.71（54.6r/min）	额定扭矩/(kN·m)	34020
协联飞逸转速/(rad/s)	13.40（128r/min）	重力加速度/(m/s^2)	9.81

2. 计算方法及计算程序

计算方法：有限元法。

计算程序：ANSYS-Workbench 有限元结构分析程序。

3. 计算模型及工况

计算模型：转子支架是由中心体、加强板、立筋及通过硬键连接的磁轭、磁极等部分组成。转子支架实体模型、有限元计算模型分别如图 2.3-1 和图 2.3-2 所示，计算结果见表 2.3-6 和表 2.3-7。

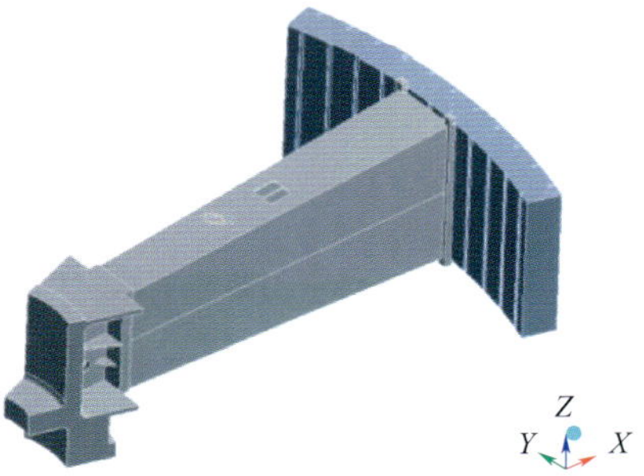

图 2.3-1　转子支架实体模型

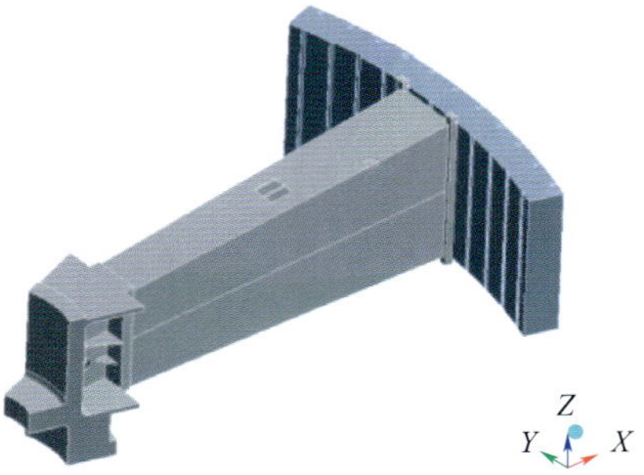

图 2.3-2　转子支架有限元计算模型

计算工况及载荷条件主要包括打键工况、额定运行工况、协联飞逸工况、非协联飞逸工况。

表 2.3-6 转子支架不同转速下的磁极离心力

工 况	角速度/(rad/s)	磁极离心力/N
额定运行	5.71	1 731 550
协联飞逸	13.40	9 551 288
非协联飞逸	14.56	11 263 671

表 2.3-7 转子支架各计算工况及其载荷

工 况	打键紧量/mm	扭矩/(kN·m)	角速度/(rad/s)
打键	1.8	—	—
额定运行	1.8	34 020	5.71
协联飞逸	—	—	13.40
非协联飞逸	—	—	14.56

4. 应力和位移计算结果

通过对转子支架施加如表 2.3-7 中所列的载荷，可以得到转子支架及磁轭在各工况下的最大等级应力和最大径向位移计算结果，见表 2.3-8。应力和位移云图如图 2.3-3～图 2.3-18 所示。

表 2.3-8 转子支架及磁轭应力和位移计算结果

工 况	最大等效应力/MPa		最大径向位移/mm	
	转子支架	磁轭	转子支架	磁轭
打键	184.34	115.99	-1.419～0	1.015
额定运行	102.37	99.50	-0.783～0.119	1.647
协联飞逸	192.21	191.23	0～1.109	5.119
非协联飞逸	226.66	225.44	0～1.307	6.034

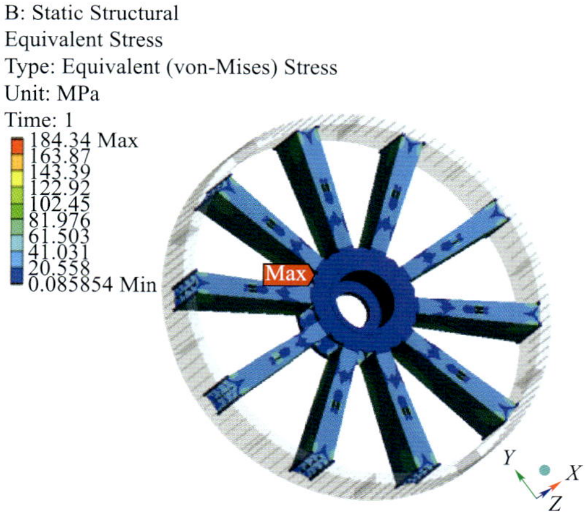

图 2.3-3 打键工况转子支架等效应力分布图（单位：MPa）

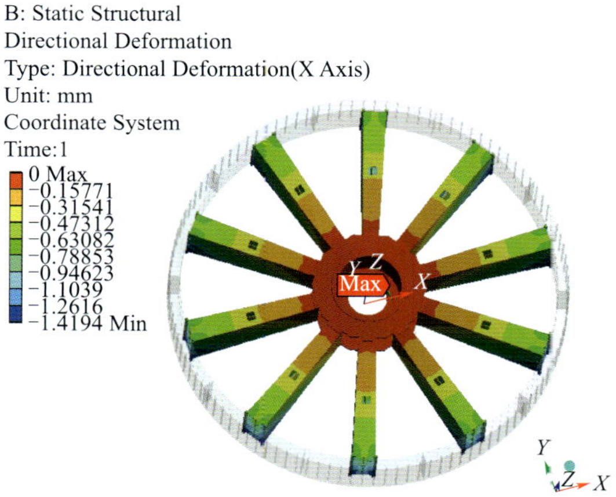

图 2.3-4 打键工况转子支架径向位移分布图（单位：mm）

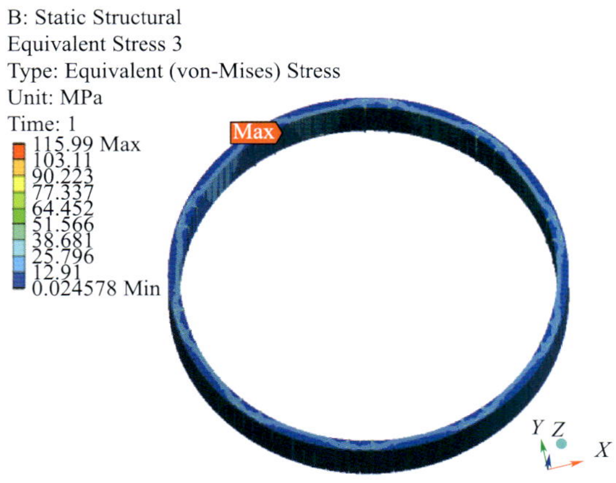

图 2. 3-5　打键工况磁轭等效应力分布图（单位：MPa）

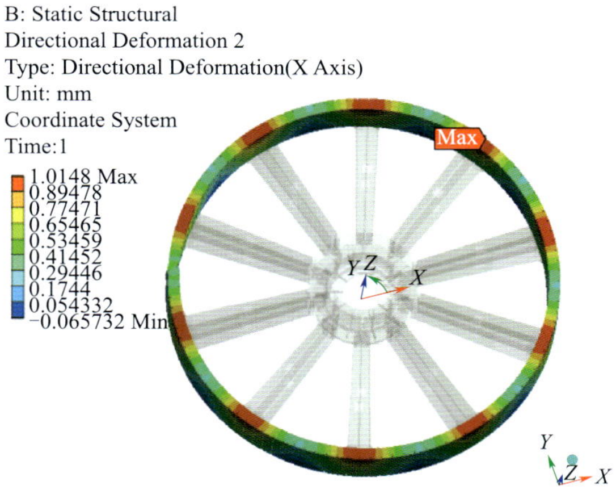

图 2. 3-6　打键工况磁轭径向位移分布图（单位：mm）

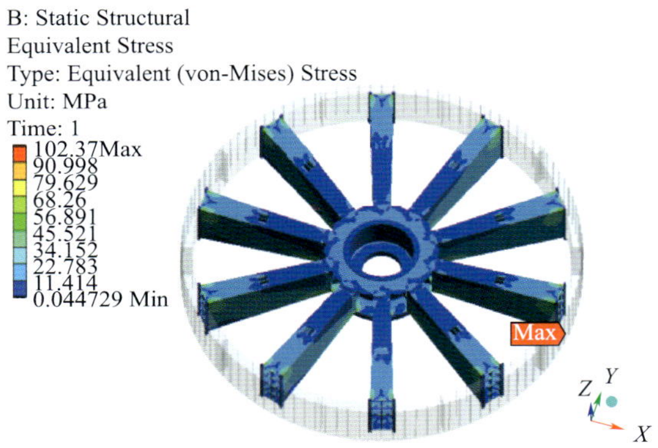

图 2. 3-7　额定运行转子支架等效应力分布图（单位：MPa）

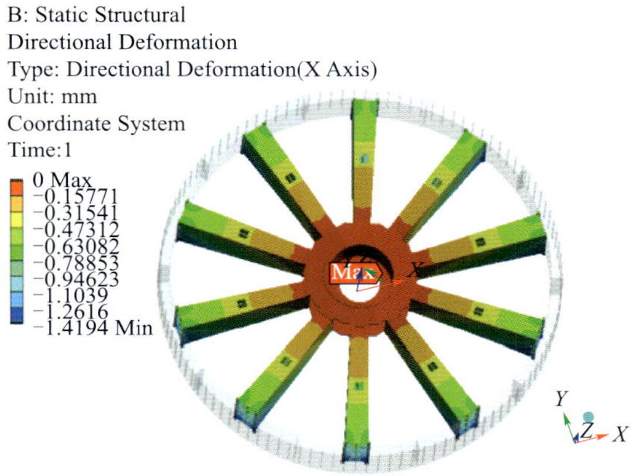

图 2. 3-8　额定运行转子支架径向位移分布图（单位：mm）

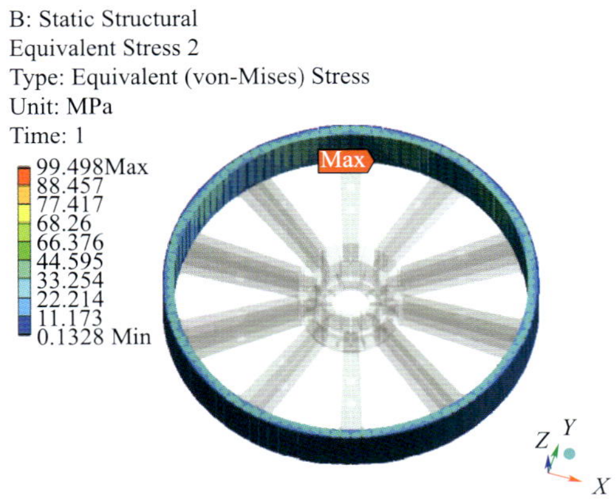

图 2. 3-9　额定运行工况磁轭等效应力分布图（单位：MPa）

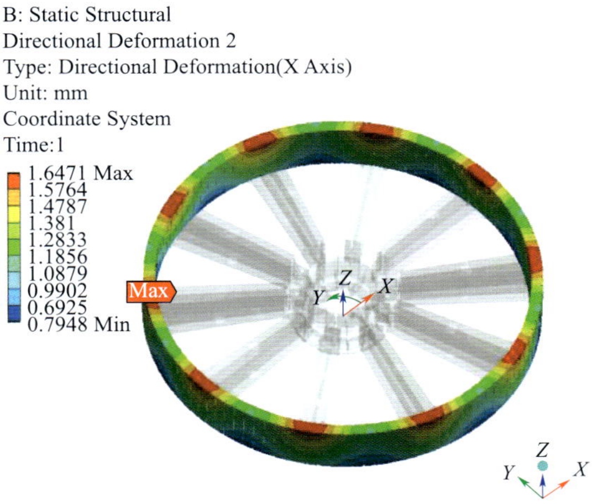

图 2. 3-10　额定运行工况磁轭径向位移分布图（单位：mm）

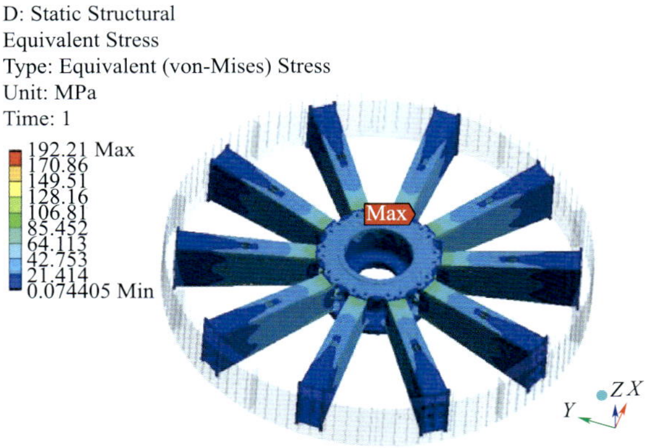

图 2.3-11 协联飞逸工况转子支架等效应力分布图（单位：MPa）

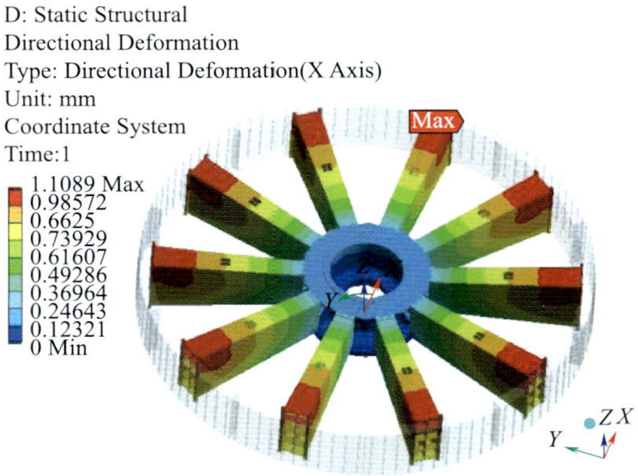

图 2.3-12 协联飞逸工况转子支架径向位移分布图（单位：mm）

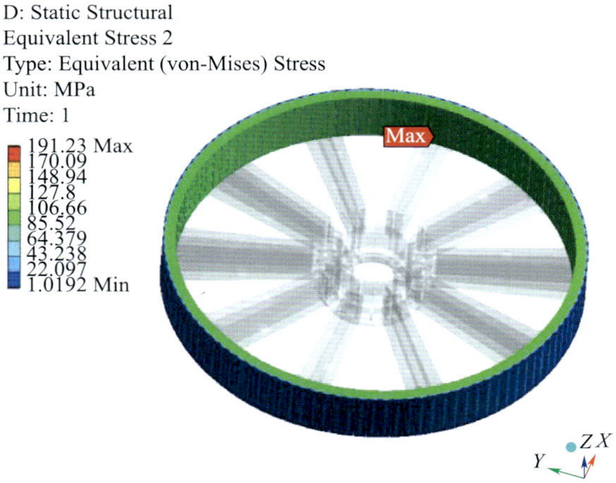

图 2.3-13 协联飞逸工况磁轭等效应力分布图（单位：MPa）

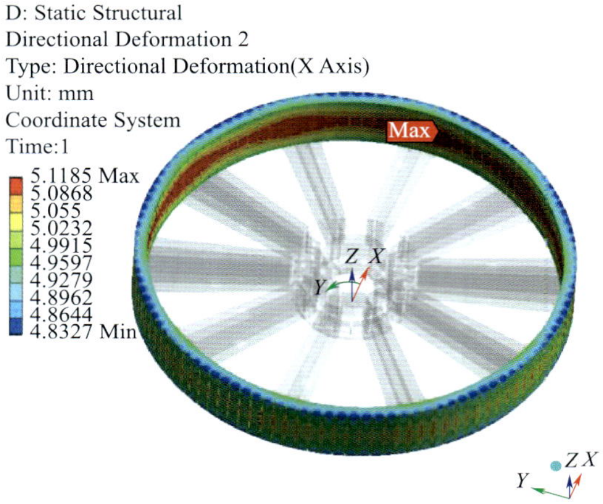

图 2.3-14 协联飞逸工况磁轭径向位移分布图（单位：mm）

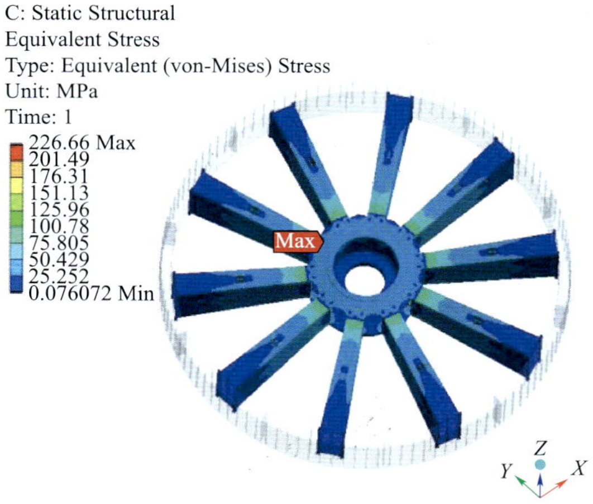

图 2.3-15 非协联飞逸工况转子支架等效应力分布图（单位：MPa）

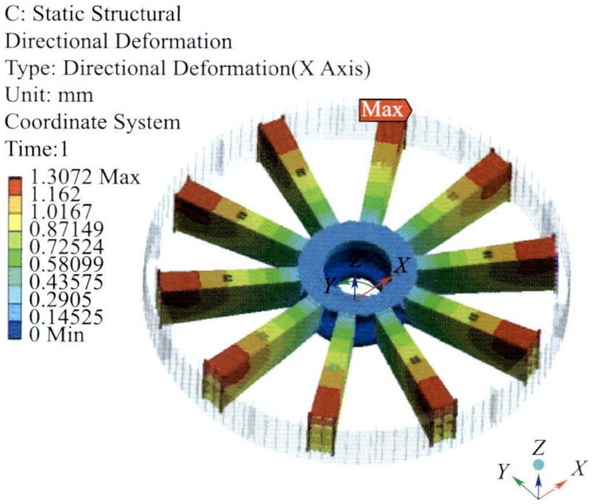

图 2.3-16 非协联飞逸工况转子支架径向位移分布图（单位：mm）

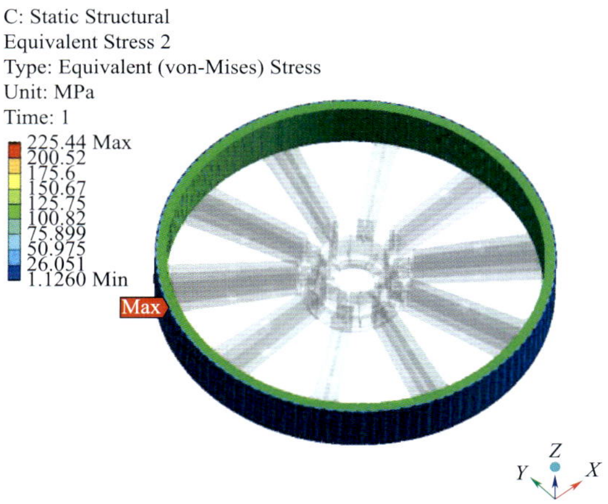

图 2.3-17 非协联飞逸工况磁轭等效应力分布图（单位：MPa）

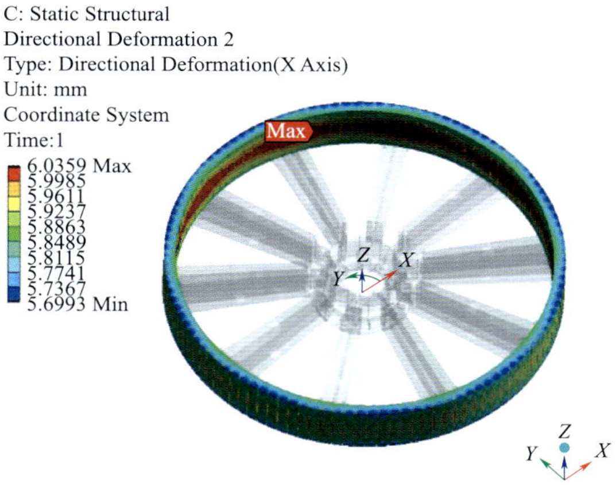

图 2.3-18 非协联飞逸工况磁轭径向位移分布图（单位：mm）

5. 应力考核标准

根据 ASME 标准给出了一些用有限元法计算应力的限制，并将应力分类如下：

P_m：一次薄膜应力；

P_l：一次局部应力；

P_b：一次弯曲应力；

Q：一次薄膜应力+不连续的弯曲应力。

设计的参考许用应力为：

$$S_m = \mathrm{Min}\left(\frac{\sigma_b}{3}, \frac{2}{3}\sigma_s\right) \tag{2.3-2}$$

不同应力类型的许用应力：$P_m<S_m$；$P_l+P_b<1.5\ S_m$；$P_l+P_b+Q<3.0\ S_m$。

计算应力与许用应力，结果见表 2.3-9 和表 2.3-10。

表 2.3-9 按 ASME 标准确定许用应力 （单位：MPa）

部件	材料名称	材料性能		按 ASME 标准确定的许用应力	
		抗拉强度 σ_b	屈服强度 σ_s	参考许用应力 S_m	$3.0S_m$ ($P_l+P_b+Q<3.0S_m$)
中心体	20SiMn	470	255	156.7	470
转子支架	16Mn	490	345	163.3	490
磁轭	16Mn	520	360	173.3	520

6. 疲劳计算与分析

（1）疲劳计算方法。

以 ASME 标准为依据，采用 Miner 累积损伤准则进行疲劳寿命分析。Miner 累积损伤系数计算公式如下：

$$D = \sum_i \frac{n_i}{N_i} \tag{2.3-3}$$

式中：n_i——在一个应力变化幅度（或事件）范围内的需用循环次数；

N_i——一个应力变化幅度（或事件）范围内的可用循环次数，是通过计算应力及 $S-N$ 曲线获得的；

D——累积损伤系数。

表 2.3-10 计算应力与许用应力对比 （单位：MPa）

工况	转子支架		磁轭		是否满足要求
	计算最大等效应力（P_1+P_b+Q）	按 ASME 标准确定的许用应力（$3.0S_m$）	计算最大等效应力（P_1+P_b+Q）	按 ASME 标准确定的许用应力（$3.0S_m$）	
打键	184.34	470	115.99	520	满足要求
正常运行	102.37	470	99.50	520	
协联飞逸	192.21	470	191.23	520	
非协联飞逸	226.66	470	225.44	520	

如果在所计算的载荷循环次数内，累积损伤系数 $D\leqslant1$，那么在这些所计算的载荷循环内，疲劳寿命是安全的。

（2）疲劳工况及疲劳设计循环次数。

按照 40 年设计寿命，机组每年启停机次数为 400 次，则取

$$n_1=400\text{ 次/年}\times40\text{ 年}=16\ 000\text{ 次}$$

转子支架及磁轭设计循环次数见表 2.3-11。

表 2.3-11 转子支架及磁轭设计循环次数

工 况	设计循环次数
停机—正常运行—停机	$n_1=16\ 000$ 次
正常运行—飞逸	$n_2=10$ 次

（3）疲劳应力及可用循环次数。

根据以上刚强度计算情况进行修正，得到转子支架应力数据，见表 2.3-12，并可得到最危险点交变应力幅。

表 2.3-12 修正后的交变应力幅

工 况	修正后的交变应力幅/MPa	
	转子支架	磁轭
停机—正常运行—停机	194.35	160.44
正常运行—飞逸	146.32	149.58

根据 ASME 标准，在对应的数值模拟 $S-N$ 曲线（见图 2.3-19）上，可以查到以上应力水平下的可用循环次数。

疲劳计算结果见表 2.3-13。

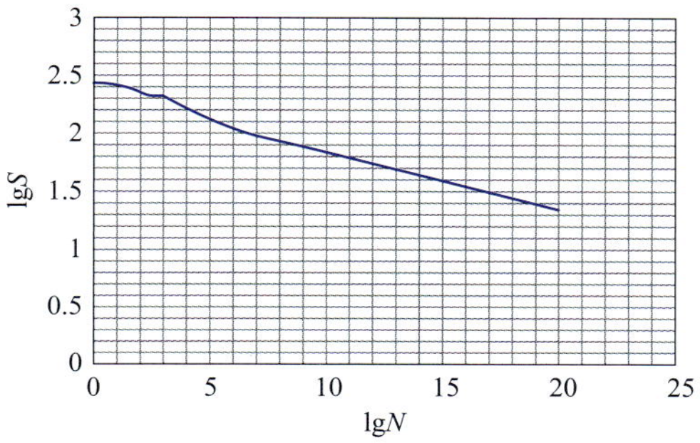

图 2.3-19　数值模拟 $S-N$ 曲线

表 2.3-13　疲劳计算结果

工　况	转子支架		磁轭	
	n_i/N_i	疲劳损伤系数	n_i/N_i	疲劳损伤系数
停机—正常运行—停机	16 000/42 300	0.378	16 000/50 000	0.32
正常运行—飞逸	10/600 000	0.00002	10/600 000	0.00002
总疲劳累积损伤系数	0.378<1		0.32<1	

根据以上计算，按照 40 年的设计寿命，机组每年启停机次数为 400 次，得到转子支架应力集中处的理论使用寿命为 106 年，磁轭应力集中处的理论使用寿命为 125 年。

7. 分析结论

根据各工况磁轭应力和位移计算结果可以得出，葛洲坝电站 170MW 机组转子支架和磁轭在各工况下的计算应力均小于相应的许用应力，转子支架结构设计满足强度要求。根据疲劳计算可知，转子支架 Miner 累积损伤系数为 0.378，磁轭 Miner 累积损伤系数为 0.32，均小于 1，转子支架及磁轭在疲劳寿命内使用是安全的。

（二）定子机座校核

葛洲坝电站 170MW 机组定子机座采用有限元的计算方法，使用 ANSYS 大型结构分析软件对该定子机座结构进行了刚强度计算，为该机组设计、生产提供有力的技术支持。

1. 计算参数

材料参数：葛洲坝电站 170MW 机组定子机座材料参数见表 2.3-14。

表 2.3-14　葛洲坝电站 170MW 机组定子机座材料参数

部件	材料名称	弹性模量 /MPa	质量密度 /(kg/mm^3)	泊松比	屈服强度 /MPa
机座	Q235	2.10×10^5	7.85×10^{-6}	0.3	235

载荷参数：葛洲坝电站 170MW 机组定子机座载荷参数见表 2.3-15～表 2.3-17。

2. 计算工况

本次定子机座计算工况主要包含正常运行工况、半数磁极短路工况、两相短路工况。

表 2.3-15 葛洲坝电站 170MW 机组正常运行工况对应的载荷参数

载 荷	载荷值
自重	程序自动计算
偏向磁拉力（铁心）/kN	933
额定扭矩/kN·m	34 000

表 2.3-16 半数磁极短路工况所对应的载荷参数

载 荷	载荷值
自重	程序自动计算
半数磁极短路力（铁心）/kN	5370

表 2.3-17 两相短路工况所对应的载荷参数

载 荷	载荷值
自重	程序自动计算
两相短路力矩/kN·m	209 620

3. 计算结果

定子机座等效应力计算结果见表 2.3-18。

表 2.3-18 葛洲坝电站 170MW 机组定子机座应力

工 况	定子机座最大等效应力/MPa
正常运行	140.225
半数磁极短路	154.983
两相短路	141.661

位移计算结果见表 2.3-19。

表 2.3-19 葛洲坝电站 170MW 机组定子机座位移计算结果

位移	正常运行工况	半数磁极短路工况	两相短路工况
最大综合位移/mm	0.270234	0.529822	0.723325
最大径向位移/mm	0.114972	0.513721	0.083476
最大切向位移/mm	0.079558	0.179339	0.648589
最大轴向位移/mm	-0.246321	-0.202145	-0.356499

应力和变形图如图 2.3-20～图 2.3-34 所示。

4. 结果分析及结论

根据 ASME 标准给出了一些用有限元法计算应力的限制，并将应力分类如下：

P_m：一次薄膜应力；

P_l：一次局部应力；

P_b：一次弯曲应力；

Q：一次薄膜应力+不连续的弯曲应力。

设计的参考许用应力为：

$$S_m = \min\left(\frac{\sigma_b}{3}, \frac{2}{3}\sigma_s\right) \tag{2.3-4}$$

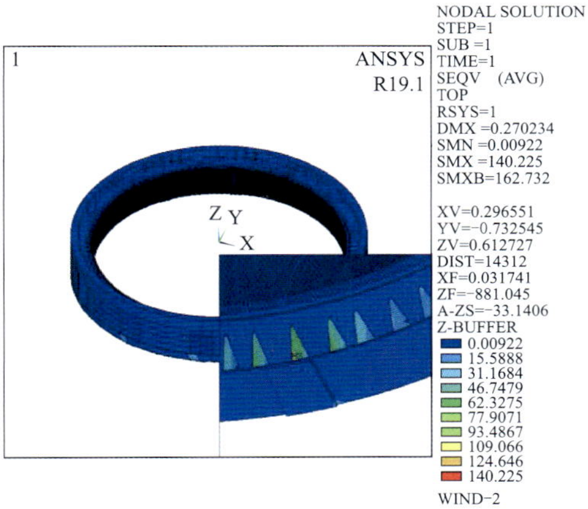

图 2.3-20 机座正常运行工况等效应力分布（单位：MPa）

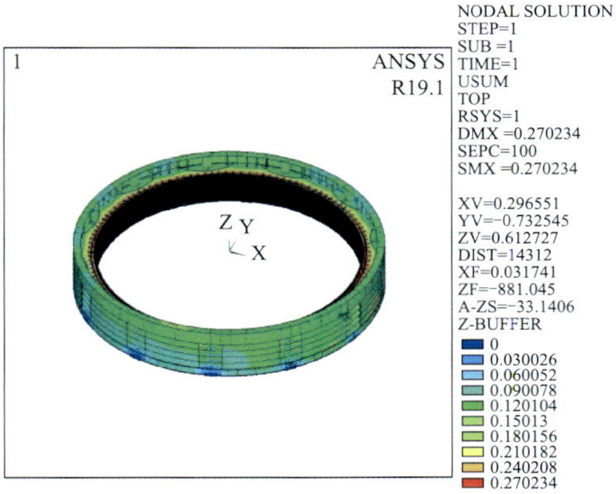

图 2.3-21 机座正常运行工况综合位移分布（单位：mm）

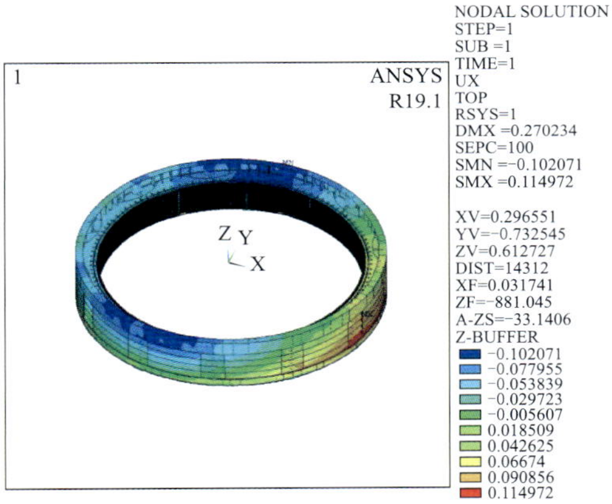

图 2.3-22 机座正常运行工况径向位移分布（单位：mm）

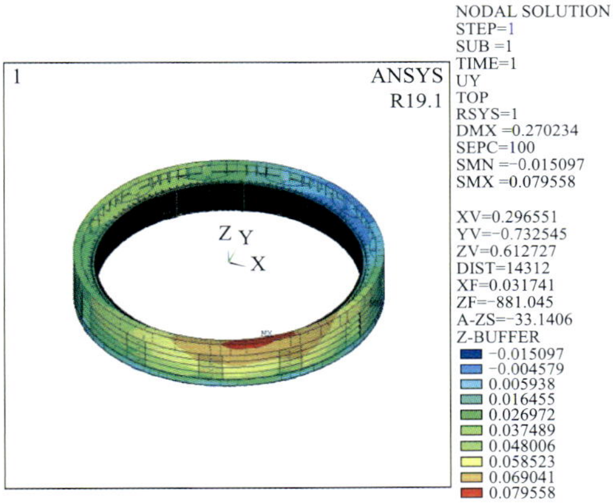

图 2.3-23 机座正常运行工况切向位移分布（单位：mm）

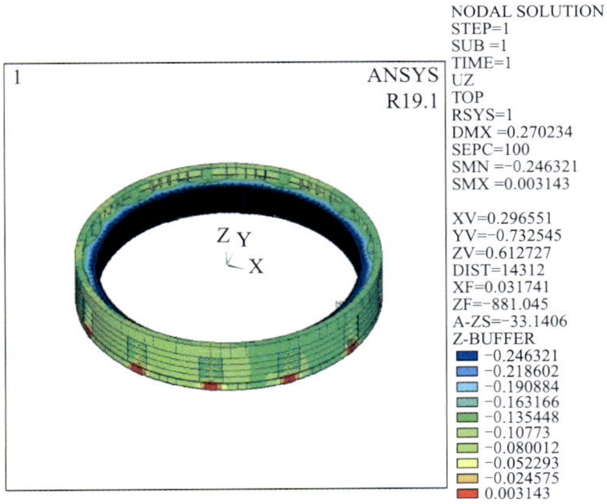

图 2.3-24 机座正常运行工况轴向位移分布（单位：mm）

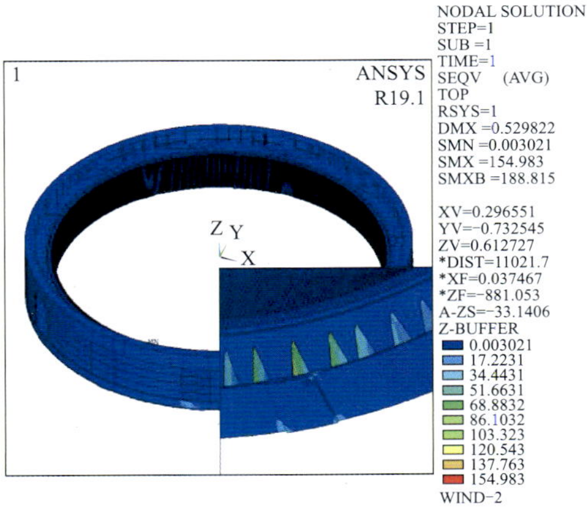

图 2.3-25 机座半数磁极短路工况等效应力分布（单位：MPa）

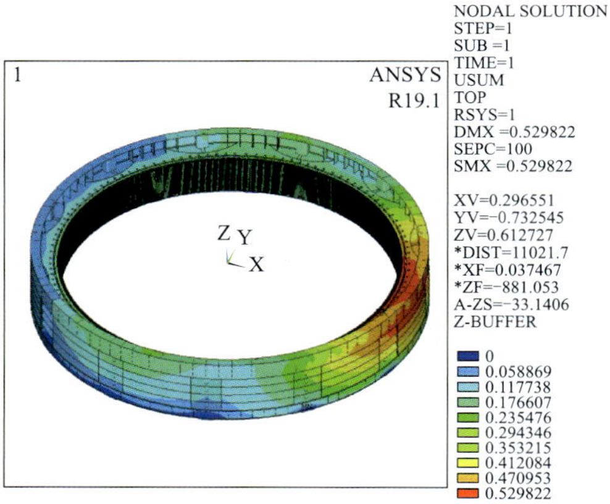

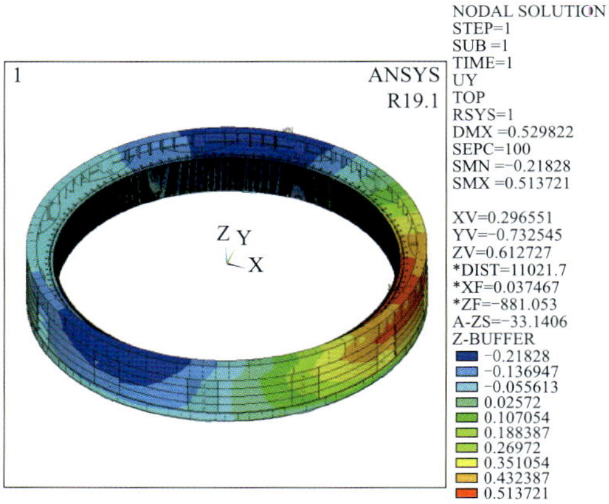

图 2.3-26 机座半数磁极短路工况综合位移分布（单位：mm）

图 2.3-27 机座半数磁极短路工况径向位移分布（单位：mm）

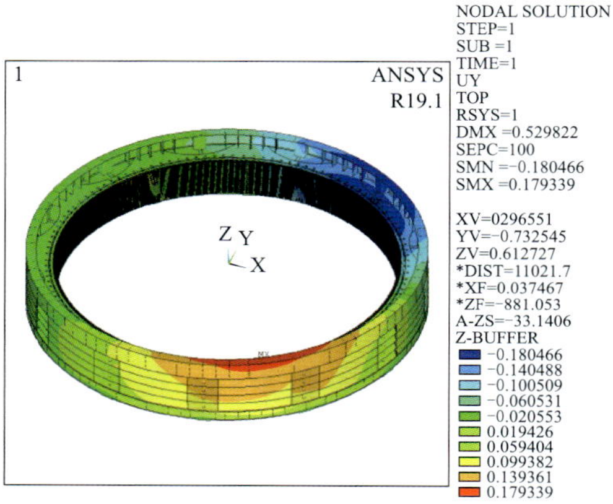

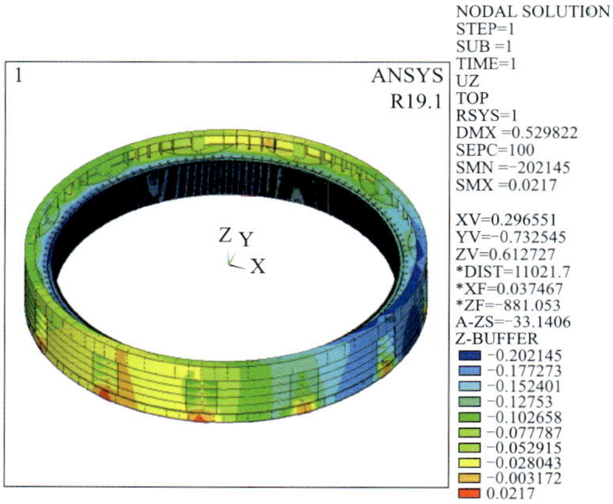

图 2.3-28 机座半数磁极短路工况切向位移分布（单位：mm）

图 2.3-29 机座半数磁极短路工况轴向位移分布（单位：mm）

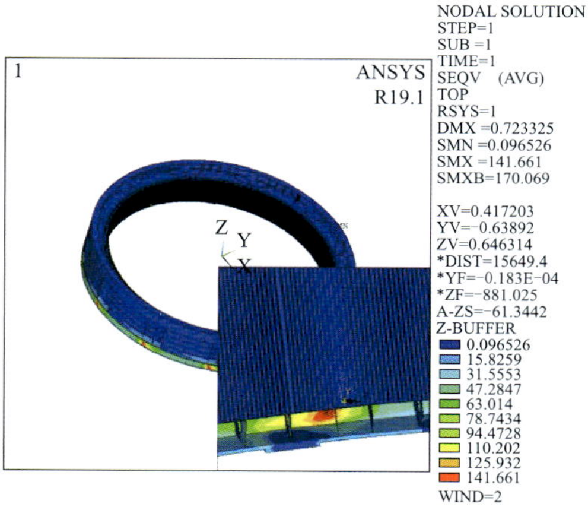

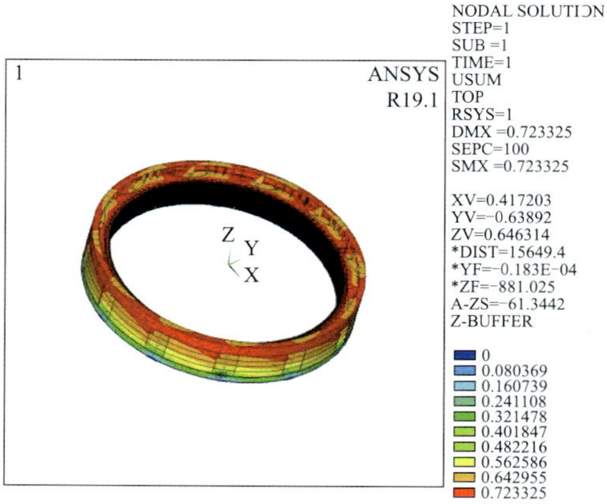

图 2.3-30 机座两相短路工况等效应力分布（单位：MPa）

图 2.3-31 机座两相短路工况综合位移分布（单位：mm）

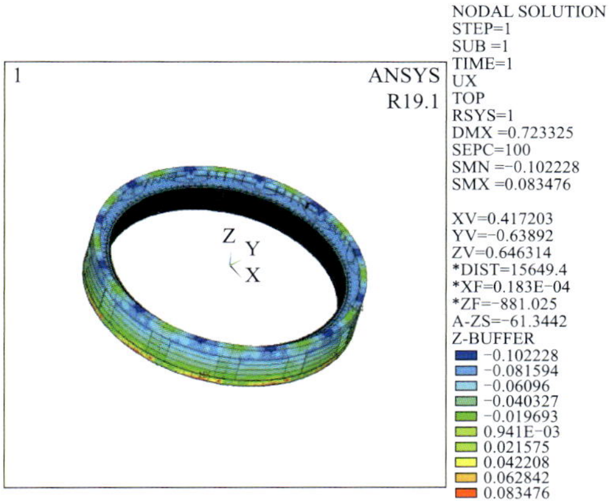

图 2.3-32　机座两相短路工况径向位移分布（单位：mm）

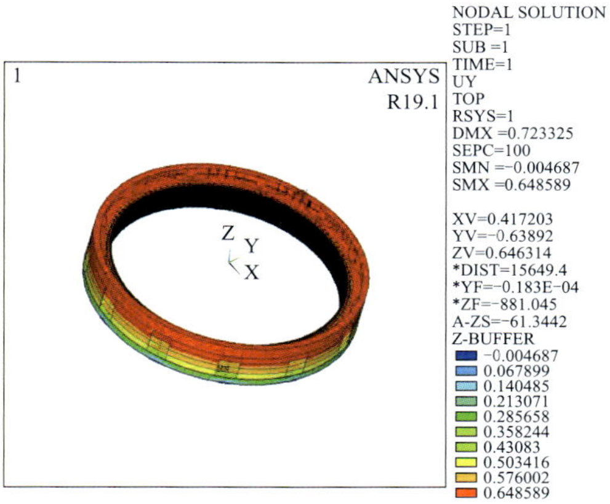

图 2.3-33　机座两相短路工况切向位移分布（单位：mm）

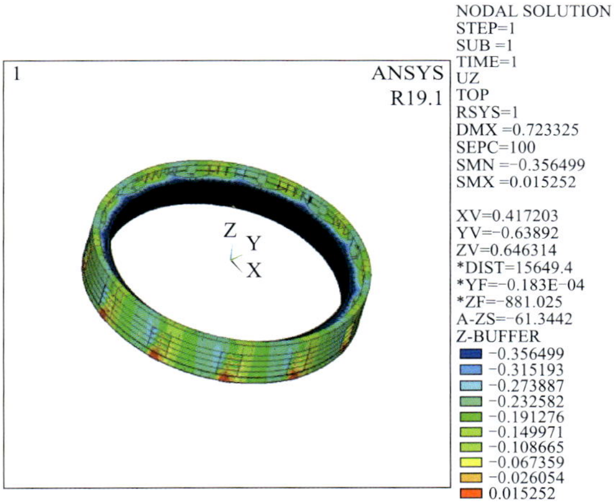

图 2.3-34　机座两相短路工况轴向位移分布（单位：mm）

不同应力类型的许用应力：$P_m<S_m$；$P_l+P_b<1.5S_m$；$P_l+P_b+Q<3.0S_m$。

按 ASME 标准确定的许用应力见表 2.3-20。

表 2.3-20　按 ASME 标准确定的许用应力　　（单位：MPa）

部件	材料名称	材料性能		按 ASME 标准确定的许用应力
		抗拉强度 σ_b	屈服强度 σ_s	$3.0S_m$（$P_l+P_b+Q<3.0S_m$）
机座	Q235	370	235	370

计算应力与许用应力对比见表 2.3-21。

表 2.3-21　机座计算最大等效应力与按 ASME 标准确定的许用应力对比

工　况	计算最大等效应力/MPa	按 ASME 标准确定的许用应力/MPa	是否安全
正常运行	140.225	370	安全
半数磁极短路	154.983	370	安全
两相短路	141.661	370	安全

5. 疲劳计算与分析

(1) 疲劳计算方法

以 ASME 标准为依据，采用 Miner 累积损伤准则，进行疲劳寿命分析。Miner 累积损伤系数计算公式如下：

$$D = \sum_i \frac{n_i}{N_i} \tag{2.3-5}$$

式中：n_i——一个应力变化幅度（或事件）范围内的需用循环次数；

N_i——一个应力变化幅度（或事件）范围内的可用循环次数，是通过计算应力及 $S-N$ 曲线获得的；

D——累积损伤系数。

如果在所计算的载荷循环次数内，累积损伤系数 D 不大于 1，那么在这些所计算的载荷循环内，疲劳寿命是安全的。

(2) 疲劳工况及疲劳设计循环次数

正常运行工况下，根据技术协议规定，按照 40 年设计寿命，机组每年启停机次数为 400 次，则取

$$n_1 = 400 \text{ 次/年} \times 40 \text{ 年} = 16\ 000 \text{ 次}$$

同时在设计寿命内按 10 次半数磁极短路和两相短路计算，则机座设计循环次数见表 2.3-22。

表 2.3-22　机座设计循环次数

工　况	设计循环次数/次
停机—正常运行—停机	400
正常运行—半数磁极短路	10
正常运行—两相短路	10

(3) 疲劳应力及可用循环次数

根据以上刚强度计算情况，得到机座交变应力幅，见表 2.3-23。

表 2.3-23　机座交变应力幅

工　况	交变应力幅/MPa
停机—正常运行—停机	70.112
正常运行—半数磁极短路	14.75
正常运行—两相短路	1.4

根据 ASME 标准，在对应的数值模拟 S–N 曲线（见图 2.3–35）上可以查到以上应力水平下的可用循环次数。

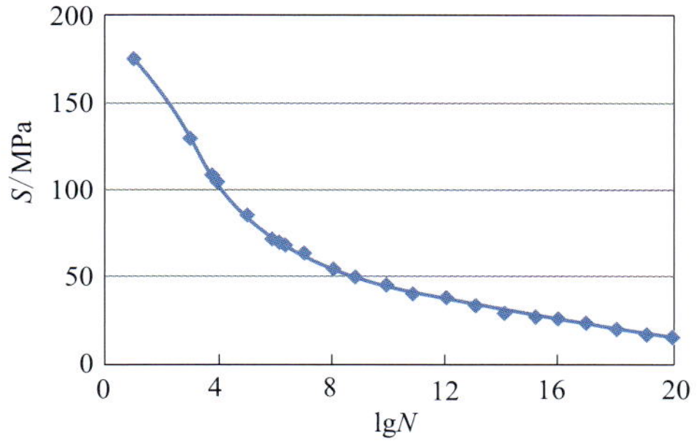

图 2.3–35　S–N 曲线

（4）疲劳计算结果

根据以上计算，可以得到疲劳累积损伤系数 D，见表 2.3–24。

表 2.3–24　疲劳累积损伤系数

工　况	n_1/N_1	D
停机—正常运行—停机	16 000/100 000	0.16
正常运行—半数磁极短路	10/10 000 000 000	0.000 000 001
正常运行—两相短路	10/10 000 000 000	0.000 000 001
总疲劳累积损伤系数	0.16<1	

6. 结论

定子机座在正常运行、两相短路、半数磁极短路工况下的最大等效应力满足 ASME 标准，低于材料的屈服强度，最大为半数磁极短路工况，其最大等效应力为 154.983MPa 左右，属于局部应力集中，机座应力满足刚强度设计要求。根据疲劳计算可知，机座 Miner 累积损伤系数为 0.16，小于 1，定子机座的疲劳寿命在设计年限内是符合要求的。

（三）推力支架校核

根据设计推力支架尺寸，利用 ANSYS 软件对推力支架结构刚强度进行分析，计算参数见表 2.3–25。

表 2.3–25　推力支架计算参数

部件	额定出力/MW	轴向水推力/t	水轮机转动部分重量/t	发电机转动部分重量/t	发电机推力轴承重量/t
推力支架	173.5	2356	680	900	71

推力支架材料特性见表 2.3–26。

采用的计算方法为有限单元法，采用的计算程序为 ANSYS。根据推力支架结构特点，用体单元模拟结构实体。推力支架实体模型与有限元计算模型如图 2.3–36 和图 2.3–37 所示。

表 2.3-26 推力支架材料特性

部件	材料名称	弹性模量/MPa	质量密度/(kg/mm³)	泊松比	屈服强度/MPa	抗拉强度/MPa
环板	A3	2.10×10^5	7.85×10^{-6}	0.3	205	375
支撑筋板	16Mn	2.10×10^5	7.85×10^{-6}	0.3	295	470

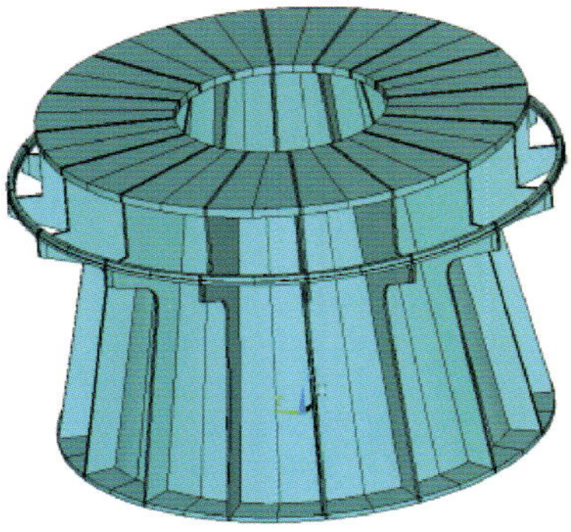

图 2.3-36 推力支架实体模型

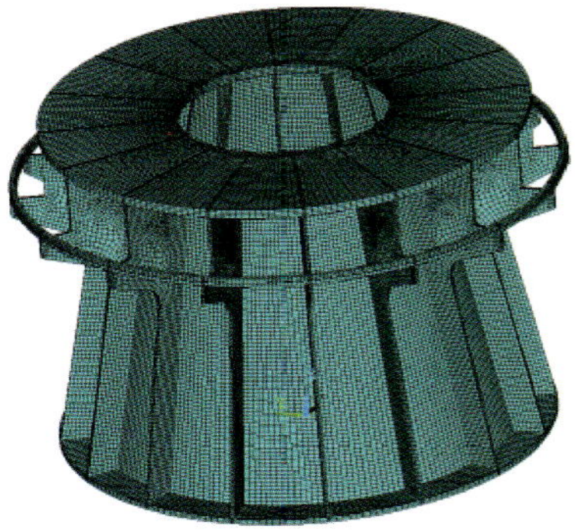

图 2.3-37 推力支架有限元计算模型

根据推力支架实际运行情况进行边界处理。计算考虑的载荷包括轴向水推力、水轮机转动部分重量、发电机转动部分重量、发电机推力轴承重量、推力支架自重等，计算得出应力集中处最大等效应力为 142.9MPa，最大综合位移为 1.4mm。

ASME 标准给出了一些用有限元法计算应力的限制，并将应力分类如下：

P_m：一次薄膜应力；

P_l：一次局部应力；

P_b：一次弯曲应力；

Q：一次薄膜应力+不连续的弯曲应力。

设计的参考许用应力为：

$$S_m=\min\left(\frac{\sigma_b}{3},\frac{2}{3}\sigma_s\right) \tag{2.3-6}$$

不同应力类型的许用应力：$P_m<S_m$；$P_l+P_b<1.5S_m$；$P_l+P_b+Q<3.0S_m$。

按 ASME 标准确定的许用应力见表 2.3-27，计算最大等效应力与许用应力对比见表 2.3-28。

表 2.3-27 按 ASME 标准确定的许用应力

部件	材料名称	材料性能		按 ASME 标准确定的许用应力 $3.0S_m$（$P_l+P_b+Q<3.0S_m$）/MPa
		屈服强度 σ_s/MPa	抗拉强度 σ_b/MPa	
环板	A3	205	375	375
支撑筋板	16Mn	295	470	470

表 2.3-28 计算最大等效应力与许用应力对比

最大等效应力/MPa	按 ASME 标准确定的许用应力/MPa	是否满足应力要求
142.9	470	满足

由表 2.3–27、表 2.3–28 可知，推力支架在运行工况下的应力均小于 ASME 标准要求的许用应力，结构满足强度要求。

疲劳计算方法以 ASME 标准为依据，采用 Miner 累积损伤准则，进行疲劳寿命分析。Miner 累积损伤系数计算公式如下：

$$D = \sum_i \frac{n_i}{N_i} \tag{2.3-7}$$

式中：n_i——一个应力变化幅度（或事件）范围内的需用循环次数；

N_i——一个应力变化幅度（或事件）范围内的可用循环次数，是通过计算应力及 S–N 曲线获得的；

D——累积损伤系数。

如果在所计算的载荷循环次数内，累积损伤系数 D 不大于 1，那么在这些所计算的载荷循环内，疲劳寿命是安全的。

在设计寿命内按每年 10 次紧急关机计算，同时考虑水压脉动，则推力支架、顶盖、支持盖设计循环次数见表 2.3–29。

表 2.3–29　推力支架、顶盖、支持盖设计循环次数

工　况	设计循环次数/次
正常运行（考虑水压脉动）	328 500 000

根据以上刚强度计算情况，得到推力支架、顶盖、支持盖交变应力幅，见表 2.3–30。

表 2.3–30　推力支架、顶盖、支持盖交变应力幅

工　况	交变应力幅/MPa
正常运行（考虑水压脉动）	21.31

根据 ASME 标准，在对应的数值模拟 S–N 曲线上可以查到以上应力水平下的可用循环次数。

根据以上计算，可以得到疲劳累积损伤系数 D，见表 2.3–31。

表 2.3–31　疲劳累积损伤系数

工　况	n_1/N_1	D
正常运行（考虑水压脉动）	$328\ 500\ 000/(1.02\times10^9)$	0.3211
总疲劳累积损伤系数	0.3211<1	

通过考虑包括轴向水推力、水轮机转动部分重量、发电机转动部分重量、发电机推力轴承重量、推力支架自重等在内的载荷，得出推力支架在运行工况下的应力均小于 ASME 标准要求的许用应力，结构满足强度要求。按照 40 年设计寿命，考虑水压脉动，这样得到的轴承支架应力集中处的使用寿命为 124.5 年，计算结果如图 2.3–38 和图 2.3–39 所示。

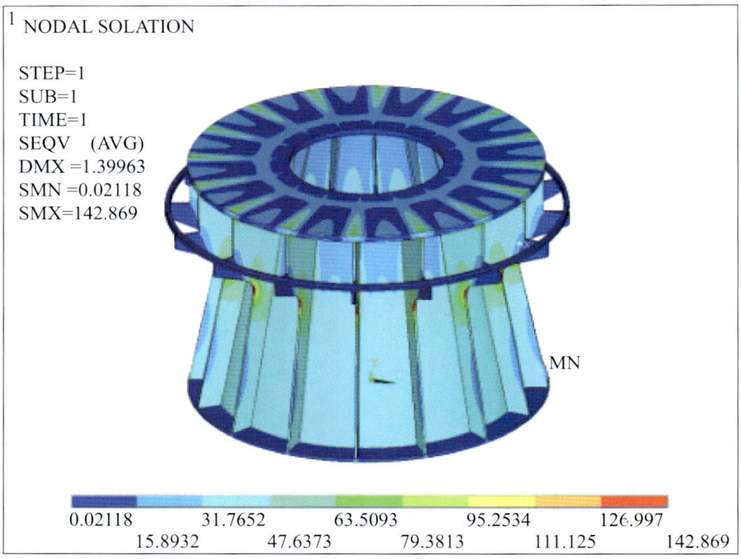

图 2.3-38 运行工况推力支架等效应力分布（单位：MPa）

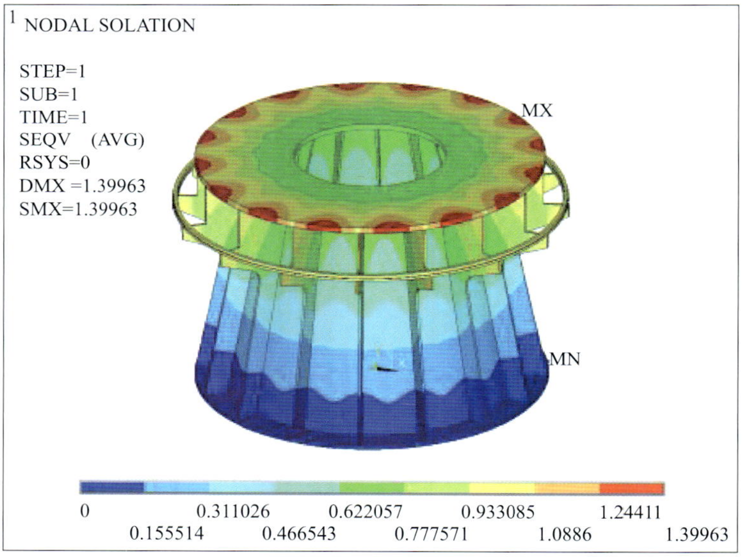

图 2.3-39 运行工况推力支架综合位移分布（单位：mm）

二、发电机主要性能指标校核

（一）发电机通风冷却系统校核

葛洲坝电站 170MW 水轮发电机组采用密闭自循环通风系统，绝大部分损耗由发电机内流动的冷却气体带走，运行过程中需将机组产生的热量带到发电机外部，以满足发电机各部件的冷却要求，并且要保证发电机各部位的风速分布合理和均匀，以防止发电机冷却不均造成的机械变形。葛洲坝电站 170MW 水轮发电机由空冷系统带走的损耗见表 2.3-32。发电机内冷却空气流动示意图如图 2.3-40 所示，其等效通风模型网络示意图如图 2.3-41 所示。

表 2.3-32　发电机各部分损耗

损耗类别	损耗值/kW	损耗类别	损耗值/kW
定子绕组铜耗	845	通风损耗	389
定子铁耗	522	其他损耗	239
励磁绕组铜耗	674	由空冷系统带走的总损耗 $\sum P$	2669

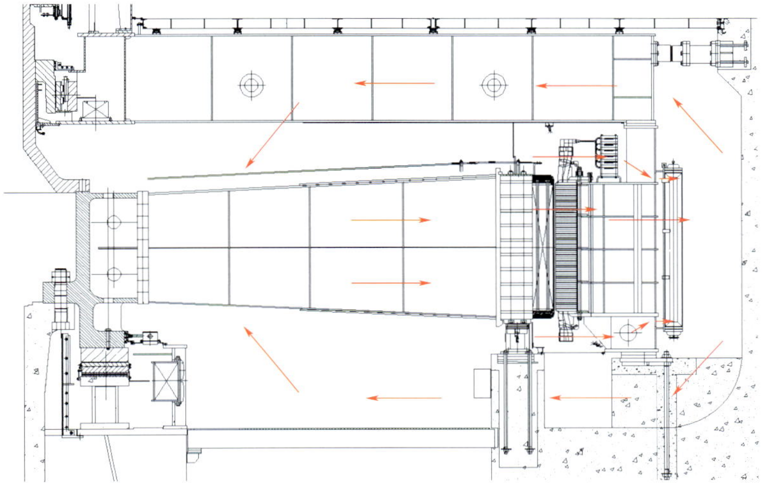

图 2.3-40　葛洲坝电站 170MW 机组发电机内空气流动示意图

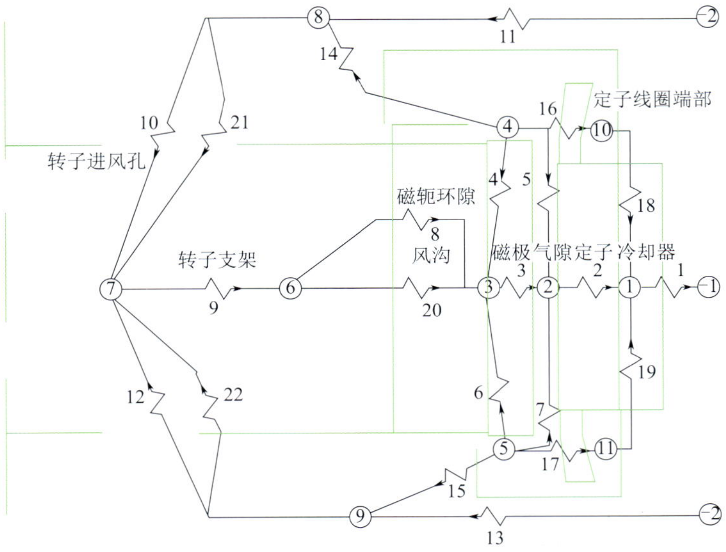

图 2.3-41　葛洲坝电站 170MW 机组发电机等效通风模型网络示意图

注：图中带数字的“○”为支路风阻，圈内数字是其编号；箭头代表假定的气体流动方向。

根据葛洲坝水轮发电机总损耗，可以确定葛洲坝水轮发电机空冷系统所需要的总风量。按发电机额定工况下产生的损耗及冷却器温降满足 25K 计算可得，要满足发电机冷却需要，葛洲坝水轮发电机需要的空气流量为 97.1m^3/s。

1. 计算结果

计算得到了各部位的风量、风速，见表 2.3-33。

表 2.3-33　葛洲坝发电机通风计算结果

支路号	支路位置	风量/(m^3/s)	风速/(m/s)	占总风量的百分比/%
	有效总风量	168.5		
1	冷却器	168.5	3.5	100.0
2	定子风沟	128.5	16.3	76.2
3	极间根部	150.9	7.3	89.6
4	上端磁极身部间轴向通风	14.4	-5.1	8.5
5	上端气隙轴向通风	11.5	-12.0	6.9
6	下端磁极身部间轴向通风	26.9	-9.6	16.0
7	下端气隙轴向通风	10.9	-11.4	6.5
8	环隙	48.8	15.2	29.0
9	转子支架	192.2	3.2	114.1
10	上转子进风孔 1	16.8	4.6	10.0
11	上端部	92.3	2.5	54.8
12	下转子进风孔 1	14.4	4.0	8.6
13	下端部	76.2	5.8	45.2
14	上挡风板漏风	11.2	15.1	6.6
15	下挡风板漏风	12.6	16.4	7.5
16	上端部线圈	14.7	0.7	8.7
17	下端部线圈	25.3	2.5	15.0
18	上端部环板开孔	14.7	5.0	8.7
19	下端部环板开孔	25.3	8.6	15.0
20	转子风沟	143.4	16.3	85.1
21	上转子进风孔 2	86.7	4.2	51.4
22	下转子进风孔 2	74.4	3.6	44.1

风量和风速在发电机内分布如图 2. 3–42 和图 2. 3–43 所示。

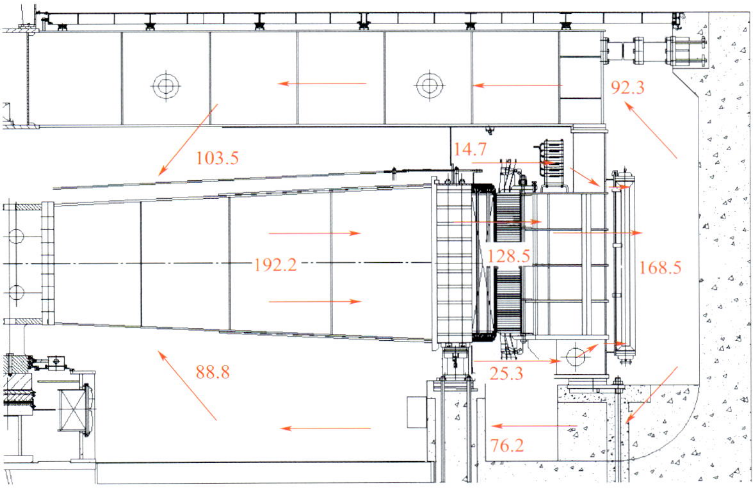

图 2. 3–42　葛洲坝水轮发电机风量分布示意图（单位：m^3/s）

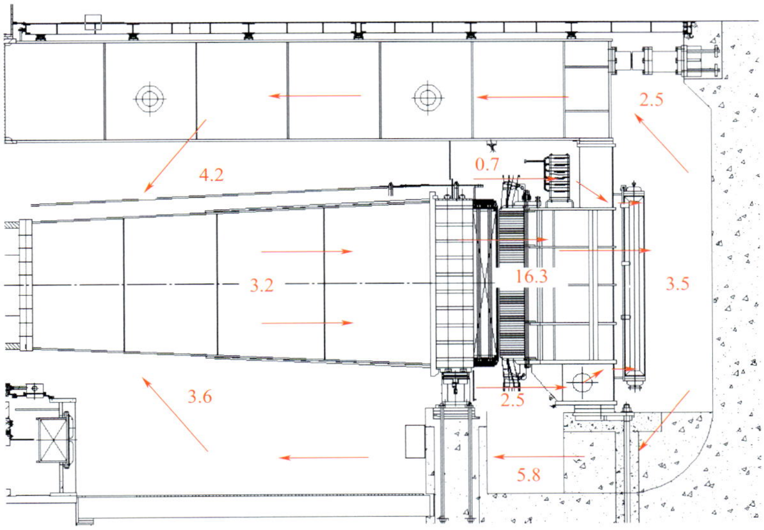

图 2. 3–43　葛洲坝水轮发电机风速示意图（单位：m/s）

2. 结论

葛洲坝电站 170MW 机组发电机总风量为 168. 5m^3/s，能够为发电机冷却提供足够的气流。

（二）发电机定转子温度场校核

采用商业软件 ANSYS 的 Fluent–CFD 模块完成转子共轭换热仿真计算。

1. 计算结果

葛洲坝电站 170MW 机组发电机改造主要部件温升如图 2. 3–44～图 2. 3–48 所示。

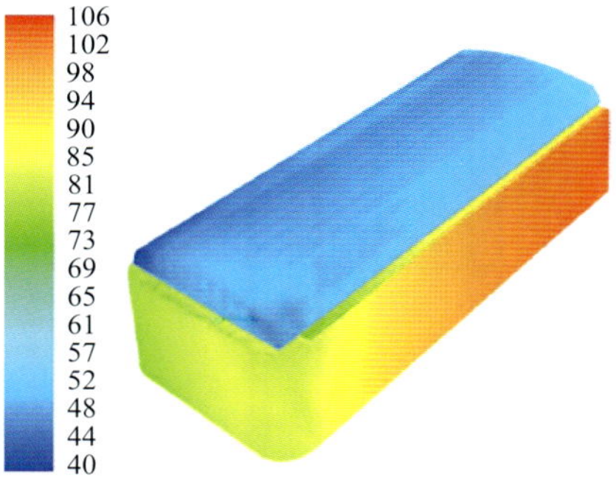

图 2.3-44 转子磁极线圈温度分布
（单位：℃）

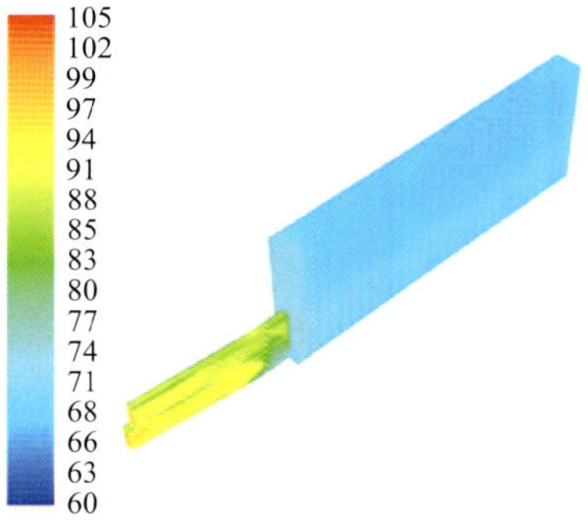

图 2.3-45 定子铁心及绕组温度分布
（单位：℃）

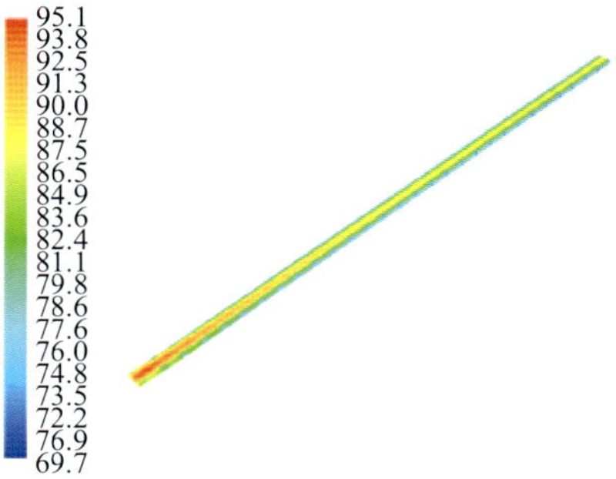

图 2.3-46 层间温度分布
（单位：℃）

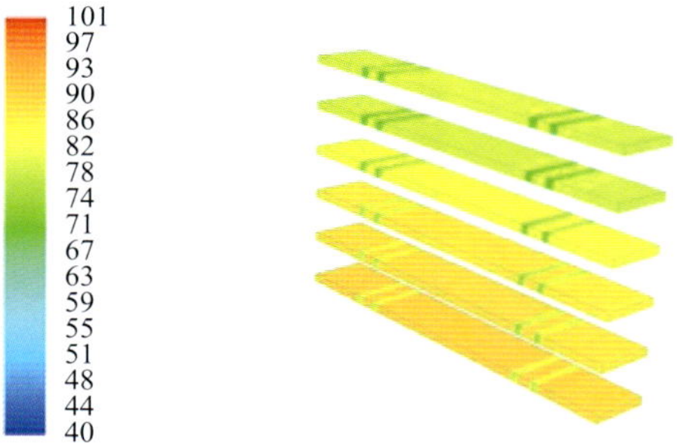

图 2.3-47 汇流铜排温度分布
（单位：℃）

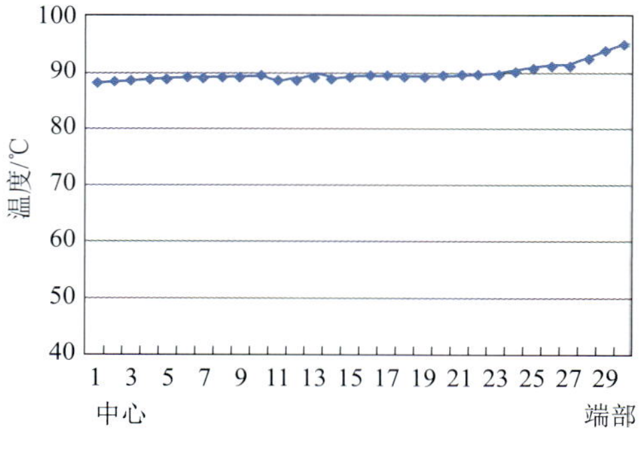

图 2.3-48 层间轴向温度

发电机额定工况下运行至热稳定时，温升结果见表 2.3-34。

表 2.3-34 发电机额定工况下温升计算结果 （单位：K）

温　升	数　值
定子线棒层间 RTD（电阻温度计）最高温升	55.1
定子层间轴向温差	7.6
转子线圈平均温升	54.1
汇流铜排最高温升	53.8

退出两台空气冷却器后的计算结果见表 2.3-35。

表 2.3-35　退出两台空气冷却器后电机温度变化（冷却水 28℃）

空气冷却器工作状况	冷风	定子绕组		励磁绕组	
	温度/℃	温度/℃	温升/K	温度/℃	平均温升/K
12 台正常运行	33	95.1	55.1	94.1	54.1
退出两台	35.4	97.5	55.1	96.5	54.1

2. 结论

温度场计算结果显示，发电机定子层间 RTD 处最高温升 55.1K，轴向温差 7.6K，转子线圈平均温升 54.1K，汇流铜排最高温升 53.8K，退出两台冷却器后发电机冷风温度升高 2.4K，温升限值满足国家标准和标书要求。

葛洲坝水轮发电机流场及温度场计算表明，发电机各主要结构部件温度合理，通风系统结构满足电机冷却需要，能确保发电机长期稳定安全运行。

（三）推力轴承润滑校核

葛洲坝电站 170MW 水轮发电机额定转速 54.6r/min，最大推力负荷 3950t，即平均线速度 10m/s，比压 4.94MPa，属于低速重载轴承。推力轴承改造方案为弹簧束+巴氏合金瓦支撑结构，冷却方式采用内循环。具体的设计方案数据见表 2.3-36。

表 2.3-36　葛洲坝推力轴承设计方案数据

项　目	单　位	参数值
额定转速	r/min	54.6
额定推力负荷	t/kN	3950/38 750
润滑油牌号		L-TSA46 汽轮机油
瓦内直径	mm	2700
瓦外直径	mm	4300
瓦夹角	°	16.04
瓦块数		20
单瓦面积	cm^2	3918
瓦长宽比		0.6122
推力瓦厚	mm	60
托瓦厚	mm	80
平均周速	m/s	10.0
比压	MPa	4.94
Pv 值	MPa · m/s	49.4
周向偏心率		0.596
径向偏心率		0.533
循环方式		内循环

1. 计算结果

机组额定工况稳态运行时的推力轴承性能计算结果见表 2.3-37。葛洲坝电站 170MW 机组推力轴承油膜厚度、油膜压力、瓦面温度分别如图 2.3-49~图 2.3-54 所示。

表 2.3-37 推力轴承性能计算结果

项 目	单 位	参数值
外循环热油温度	℃	40
最小油膜厚度	μm	33
最大油膜压力	MPa	11.2
瓦的监测温度（RTD）	℃	63
损耗	kW	242

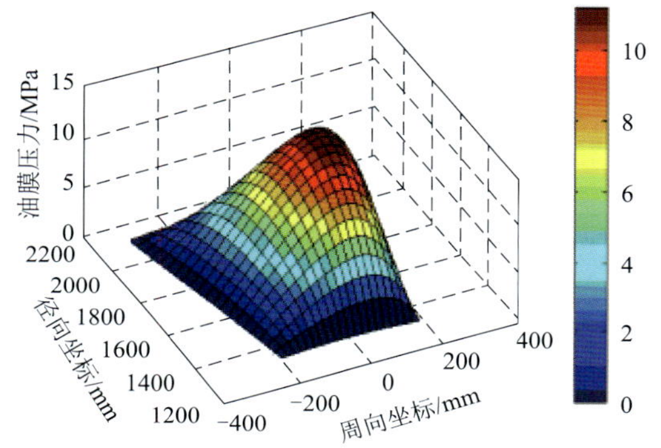

图 2.3-49 油膜压力分布

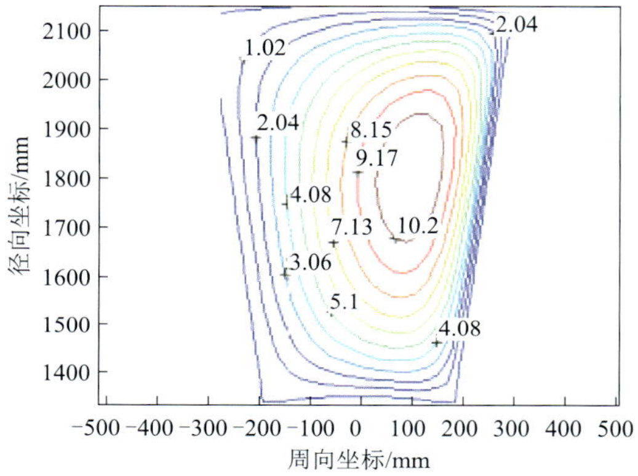

图 2.3-50 油膜压力分布（压力单位：MPa）

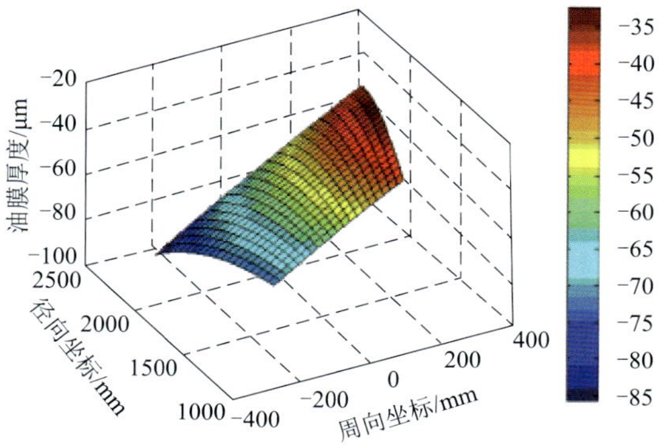

图 2.3-51 油膜厚度分布

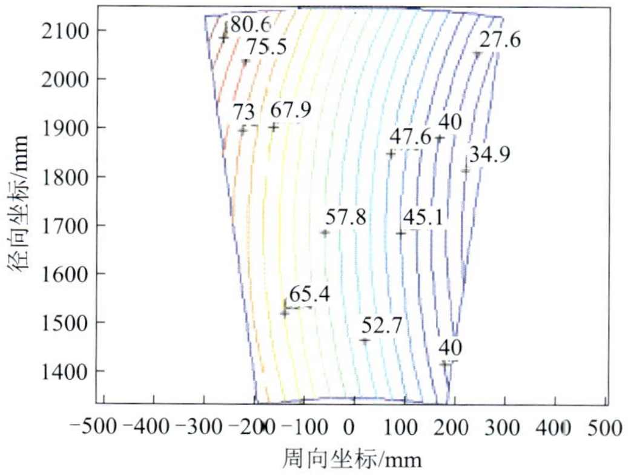

图 2.3-52 油膜厚度分布（厚度单位：μm）

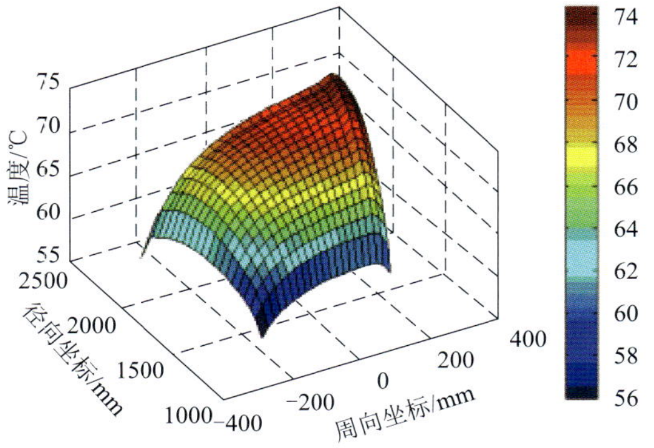

图 2.3-53　瓦面温度分布

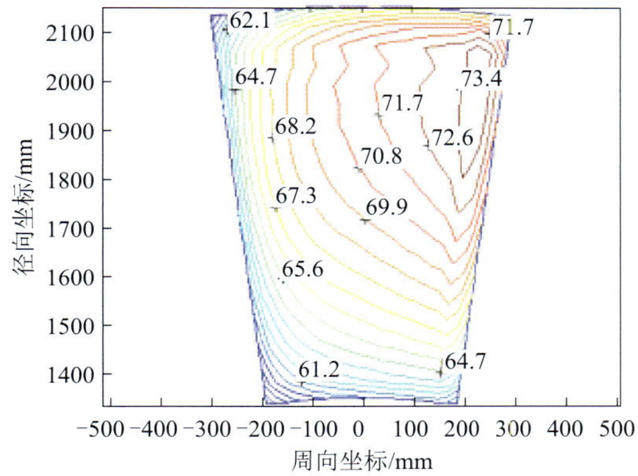

图 2.3-54　瓦面温度分布（温度单位:℃）

断水运行 20min 时的推力轴承性能计算结果见表 2.3-38。

表 2.3-38　断水运行 20min 时的推力轴承性能计算结果

项　目	单　位	参数值
负荷	t	3950
转速	r/min	54.6
最小油膜厚度	μm	31

飞逸工况下运行 10min 时的推力轴承性能计算结果见表 2.3-39。

表 2.3-39　飞逸工况下运行 10min 时的推力轴承性能计算结果

项　目	单　位	参数值
负荷	t	3950
转速	r/min	128
最小油膜厚度	μm	34

50%转速下运行时的推力轴承性能计算结果见表 2.3-40。

表 2.3-40　50 %转速下运行时的推力轴承性能计算结果

项　目	单　位	参数值
负荷	t	2845
转速	r/min	27.3
最小油膜厚度	μm	40

10%转速下运行时的推力轴承性能计算结果见表 2.3-41。

葛洲坝电站 170MW 机组推力轴承推力瓦油室设计俯视图如图 2.3-55 所示，计算结果见表 2.3-42。

表 2.3-41 10%转速下运行时的推力轴承性能计算结果

项 目	单 位	参数值
负荷	t	1600
转速	r/min	5.46
最小油膜厚度	μm	32

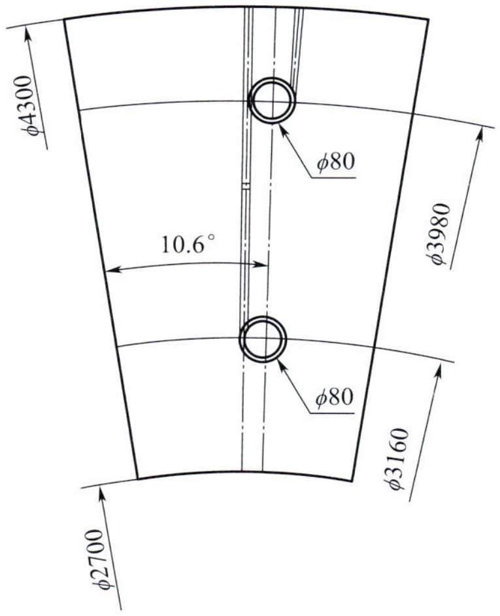

图 2.3-55 油室设计俯视图（单位：mm）

表 2.3-42 葛洲坝机组推力轴承油室计算结果

项 目	单 位	参数值
机组转动部分重量	t	1600
比压	MPa	2.0
最小顶起量	μm	35
油泵流量	L/min	92.4
油泵压力	MPa	25
油室压力	MPa	6.5

2. 计算分析及结论

兼顾推力轴承的运行温度要求和冷却系统的合理性，内循环冷却系统将额定工况的推力轴承油槽热油温度控制在40℃以下。依据同类推力轴承的设计运行经验、模型推力轴承的试验结果以及上述计算结果，额定工况下葛洲坝机组推力瓦的运行温度设计值为63℃，考虑到安装与瓦负荷的不均匀性，会有1.5℃的波动。因此，推力瓦温RTD监测值为61.5~64.5℃，低于合同75℃要求，能够确保葛洲坝电站170MW水轮发电机组推力轴承在额定转速、额定载荷下稳态运行。

第三节 推力轴承模型试验

葛洲坝电站170MW机组额定转速54.6r/min，最大推力负荷3950t，即平均线速度

10m/s，比压 4.94MPa，属于低速重载轴承。推力轴承支承结构采用小弹簧支承，冷却方式采用内循环。对其进行推力轴承模型试验，是为了验证推力轴承的运行性能，确保推力轴承满足机组运行要求。

一、试验方案

（一）试验设备

推力轴承模型试验由机械结构本体、供油系统、冷却系统、拖动调速系统、测控系统、数据采集处理系统、配电系统、摄像监视系统 8 个部分组成，其主要参数见表 2.3-43。

表 2.3-43 推力轴承试验台主要参数

设计最大加载/t	2000
拖动电机功率/kW	4500
转速范围/(r/min)	20~750
最大轴承外径/mm	ϕ2800
运转转向	正转或反转

推力轴承试验台能够测试的参数包括：转速，推力负荷，推力轴承油膜厚度，推力轴承油膜压力，推力瓦面温度，推力瓦块温度，水导瓦块温度，油槽油温，循环油进出口油温，冷却器循环油流量、压力和温差，冷却器冷却水流量、压力和温差。

（二）试验参数

葛洲坝电站 170MW 水轮发电机推力轴承采用小弹簧支撑结构，真机推力轴承采用 20 块轴瓦，试验推力轴承采用 6 块轴瓦，真机推力轴承与试验推力轴承的轴瓦尺寸比例为 1∶1。真机推力轴承与试验推力轴承的轴瓦布置俯视图如图 2.3-56 所示。

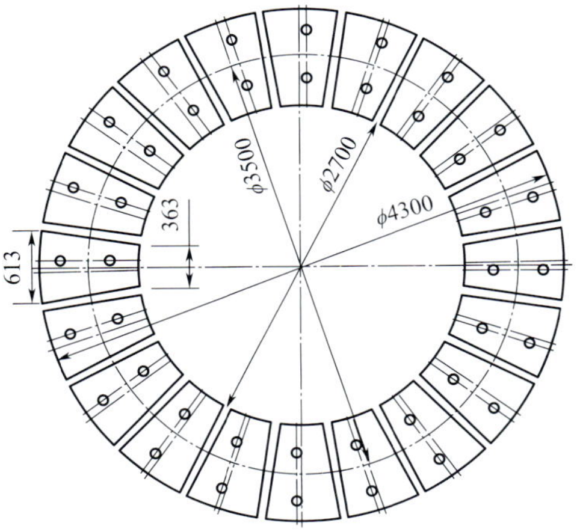

（a）真机推力轴承

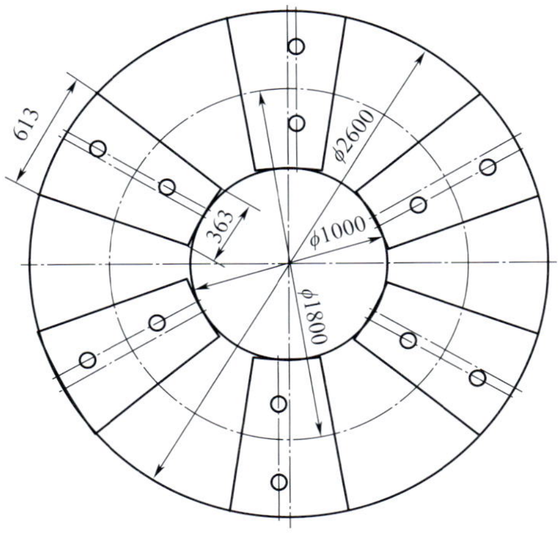

（b）试验推力轴承

图 2.3-56 真机推力轴承与试验推力轴承的轴瓦布置俯视图（单位：mm）

试验推力轴承的额定比压、平均线速度与真机推力轴承相同。在相同的油温、比压、平均线速度等条件下，试验推力轴承单块瓦的油膜厚度、压力、温度、摩擦损耗等基本等同于真机推力轴承单块瓦。真机推力轴承与试验推力轴承参数对比见表 2.3-44。

表 2.3-44 真机推力轴承与试验推力轴承参数对比

对比项目	真机推力轴承	试验推力轴承
润滑油牌号	汽轮机油 L-TSA46	
支撑结构	弹簧束	
瓦块数/块	20	6
单块瓦面面积/m^2	0.3918	
轴瓦内径/mm	ϕ2700	ϕ2700
轴瓦外径/mm	ϕ4300	ϕ4300
轴瓦安装内径/mm	ϕ2700	ϕ1000
轴瓦安装外径/mm	ϕ4300	ϕ2600
平均安装直径/mm	ϕ3500	ϕ1800
额定转速/(r/min)	54.6	108.5
额定负荷/(kN/t)	38 750（3950）	11 625（1185）
额定比压/MPa	4.94	
平均线速度/(m/s)	10	
Pv 值/(MPa·m/s)	49.4	

（三）试验方案

真机推力轴承采用内循环方式进行冷却，而试验台现有冷却方式为外循环冷却方式，决定采用外循环方式模拟内循环。图 2.3-57 为真机推力轴承油槽内油流场，图 2.3-58 为试验推力轴承油槽内油流场，为保证二者的相似性，将试验推力轴承油槽分为冷油区和热油区。推力支架内侧为冷油区，外侧为热油区。外加泵从油槽内热油区将油抽出，经过冷却器冷却后，将冷油送入推力支架内部。推力支架可视为环管，周向是连通的。在推力支架内环处均布设 12 个 ϕ50mm 孔，冷油通过此孔均匀流入冷油区，再经过瓦间、瓦底流至热油区，为试验轴承提供润滑所需的冷油，同时也冷却镜板、推力瓦、托瓦。

通过计算确定真机油循环流量 $Q=104m^3/h$，试验推力轴承所需供油流量为 $6Q/20=31m^3/h$（真机 20 块瓦，模型轴承 6 块瓦），由于试验台导轴承与试验推力轴承共用 1 个油槽（导轴承也会有损耗），因此供油流量取值大于 $31m^3/h$（$31m^3/h$+导轴承所需油流量）。试验台外循环油流量可调梯度为 $0m^3/h$、$80m^3/h$、$160m^3/h$、$240m^3/h$、$320m^3/h$，确定外循环油流量为 $80m^3/h$。此外，通过调节水流量（水流量调节范围：$0\sim280m^3/h$）调节油温至设计油温。

试验推力轴承的油流场、油流量、油槽油温与真机基本相同，因此可模拟真机运行。

（四）试验工况

试验包含 5 个工况下的 10 个试验，具体工况为：静载工况（静载高压油顶起）、额定

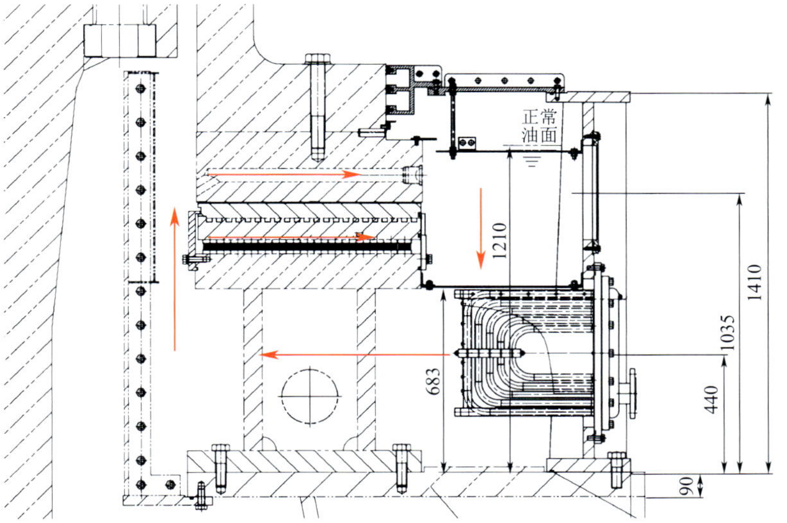

图 2.3-57　真机推力轴承油槽内油流场（红色箭头表示油流向）（单位：mm）

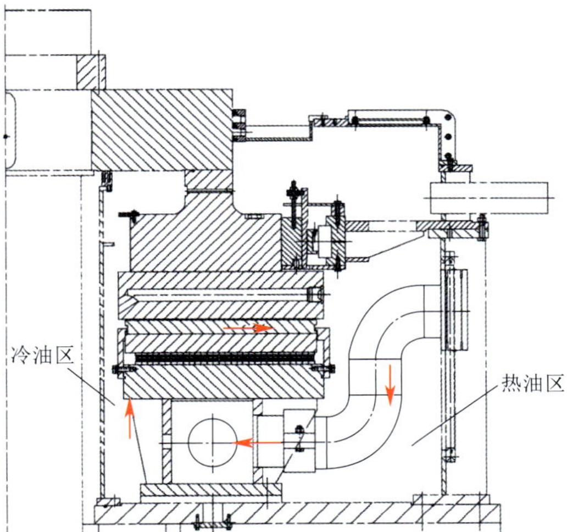

图 2.3-58　试验推力轴承油槽内油流场（红色箭头表示油流向）

工况（载荷 1185t）、校核工况（载荷 1250t）、过渡工况（10%、50%、110%额定转速）、极限工况（飞逸，断水，不投高压油 50%额定转速，惰性停机）。

二、试验数据分析

（一）静载工况

首先加载 4867kN（496t）并投入高压油，最小油膜厚度 0.095mm；然后转速从 0 快速升至 100r/min，停留 30s，转速升至 140r/min 时断掉高压油，最小油膜厚度略有下降。

在整个过程中，最小油膜厚度 0.03mm，轴承安全运行。试验结果如图 2.3-59 所示。

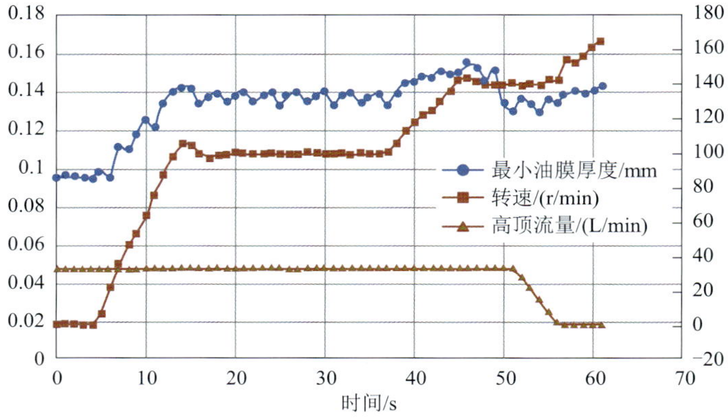

图 2.3-59　启动过程最小油膜厚度、转速、高顶油流量时域图

(二) 额定工况

额定工况下推力轴承试验结果见表 2.3-45，最小油膜厚度≥0.03mm，RTD 瓦温≤75℃，轴承安全运行。

表 2.3-45　额定工况下推力轴承试验结果

转速 /(r/min)	载荷 /(kN/t)	油槽油温 /℃	最高瓦面温度/℃	最大油膜压力/MPa	最小油膜厚度/mm	RTD 温度范围/℃	瓦温差 /℃	轴功率 /kW
108.5	11 628/1185	39.6	62.1	9.95	0.0576	55.4~56.2	0.8	175

(三) 校核工况

校核工况为根据转轮模型试验中轴向水推力测试结果，在真机额定工况基础上增加 200t 推力负载，换算至试验轴承增加 60t。试验结果见表 2.3-46。

表 2.3-46　校核工况下推力轴承试验结果

转速 /(r/min)	载荷 /(kN/t)	油槽油温 /℃	最高瓦面温度/℃	最大油膜压力/MPa	最小油膜厚度/mm	RTD 温度范围/℃	瓦温差 /℃	轴功率 /kW
108.5	12 244/1248	39.1	62.3	9.62	0.0497	55.8~56.7	0.9	194

(四) 过渡工况

过渡工况包含 3 项试验：

(1) 10%额定转速，投高压油，加载 480t/4708kN，运行 30min。

(2) 50%额定转速，投高压油，加载 853.5t/8372kN，运行 30min。

(3) 110%额定转速，加载 1050t/10 301kN，运行 10min。

其试验结果见表 2.3-47，最小油膜厚度均大于 0.03mm，轴承安全运行。

表 2. 3-47　过渡工况下推力轴承试验结果

转速 /(r/min)	载荷 /(kN/t)	油槽油温 /℃	最高瓦面温度/℃	最大油膜压力/MPa	最小油膜厚度/mm	RTD 温度范围/℃	瓦温差 /℃	轴功率 /kW
10. 9	4751/484	22	30. 6	5. 3	0. 0887	29. 1～29. 8	0. 7	4
54. 3	8408/857	24. 8	39. 6	8. 19	0. 0856	33. 4～35. 7	2. 3	56

（五）极限工况

极限工况包含 4 项试验：

（1）飞逸运行 5min（转速 254. 4r/min，载荷 1035t/10 153kN）。

（2）断水运行 20min（转速 108. 5r/min，载荷 1185t/11 624kN）。

（3）不投高压油 50% 额定转速运行 5min（转速 54. 3r/min，载荷 853. 5t/8372kN）。

（4）惰性停机。

前 3 项试验结果见表 2. 3-48，最小油膜厚度均大于 0. 03mm，轴承运行是安全可靠的；第 4 项试验结果如图 2. 3-60 所示，从图中可见，当转速降至 10r/min 时，最小油膜厚度降至 0. 03mm 以下，由于线速度低（约 1m/s），持续时间短，轴承运行仍然是安全的，在惰性停机试验后，进行了一次抽瓦检查，瓦面情况如图 2. 3-61 所示，未见磨损。

表 2. 3-48　极限工况下推力轴承试验结果

工况	转速 /(r/min)	载荷 /(kN/t)	油槽油温 /℃	最高瓦面温度/℃	最大油膜压力/MPa	最小油膜厚度/mm	RTD 温度范围/℃	瓦温差 /℃	轴功率 /kW
飞逸运行	254. 4	10 191/1039	41. 8	74. 6	9. 24	0. 069	59～61. 1	2. 1	829
断水运行	108. 5	11 628/1185	42. 9	64	10. 1	0. 0502	57. 2～57. 9	0. 6	170
不投高压油 50% 额定转速运行	54. 3	8370/853	22. 2	37. 8	5. 99	0. 0713	33. 8～34. 8	1	74

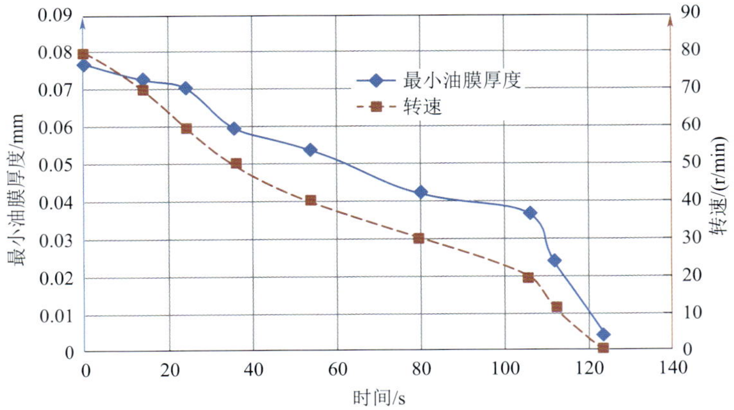

图 2. 3-60　惰性停机时域图

图 2.3-61 惰性停机后瓦面

三、试验结论

针对葛洲坝电站 170MW 水轮发电机推力轴承，按照试验大纲进行了静载工况、额定工况、校核工况、过渡工况、极限工况下的 10 个试验。从试验过程和结果可以看出，葛洲坝电站 170MW 水轮发电机推力轴承设计合理，各项性能指标满足合同要求，能保证真机安全可靠运行。

第四节 发电机相关电气设备选择及复核

发电机改造后，需要根据电网目前及远景发展情况，结合改造后的发电机主要技术参数，对发电机出口主回路的额定电流、短路电流等参数进行计算。结合计算结果对现有的发电机电压回路的主母线、电流/电压互感器、励磁变压器、发电机中性点消弧线圈等电气设备的匹配性进行复核和选择，以确定发电机电气设备的改造范围，保证发电机改造后的安全可靠运行。

一、设备额定工作容量复核

葛洲坝电站 170MW 机组改造后额定功率 170.0MW，额定功率因数 0.875，与现有机组额定容量和额定功率因数相同，对应的发电机电压回路额定工作电流不变。

二、发电机主母线复核及选择

（一）发电机原有主母线参数

葛洲坝电站 170MW 机组原设计的发电机主母线均采用敞开式双槽形铝母线，其主要参数见表 2.3-49。

（二）发电机主母线复核

葛洲坝电站 170MW 机组改造后的机组额定容量和功率因数不变，现有发电机母线工作电流无须调整，其回路额定电流为 8128A，最大工作电流为 8535A。但原母线随机组已经运行近40年，设备老化严重，特别是其支持绝缘子的绝缘状态难以评估，容易出现击穿事故，同时敞开式双槽型铝母线运行期间也不利于人员安全。因此对铝母线进行换型改造。

表 2.3-49 原设计的发电机主母线参数

序号	内　容	1、2号机组母线
1	额定电压/kV	13.8
2	回路额定电流/A	8128
3	最大工作电流/A	8535
4	母线规格/mm	2（225×105×12.5）
5	母线截面积/mm^2	9760
6	母线允许电流/A	8555
7	支持瓷绝缘子型号	ZNE-20MM（20kV）
8	瓷绝缘子允许荷载/N	17652
9	瓷绝缘子最大荷载/N	2942
10	伸缩节型号	MSS-100×10 MSS-120×10
11	伸缩节数量	各4个
12	运行温度	母线允许电流按允许工作温度70℃、环境温度38℃考虑

（三）发电机主母线选择

为保障运维期间人员安全，采用离相封闭母线、全绝缘浇注母线、绝缘铜管母线均可满足改造需求。改造后，电压互感器、励磁变压器等改为单相式，这样基本消除了发电机电压母线系统相间短路的可能性；也可以消除对周围钢构发热的影响及电磁干扰，运行更加安全可靠，技术性能优良。励磁变压器前可不装设断路器或隔离开关，也可保证运行的可靠性。

其中，现有建筑物空间位置可满足离相封闭母线布置，同时离相封闭母线产品应用广泛、成熟度高。绝缘铜管母线不利于长期在潮湿的环境下可靠运行而且需定期检修维护。全绝缘浇注母线经调研，尚无13.8kV达到9000A载流量的产品运行业绩。

综上所述，最终采用离相封闭母线。改造后的封闭母线型号为：QLFM-13.8/9000-Z/I，主母线（发电机出口至主变压器）外壳直径为800mm，导体直径为350mm，相间距1050mm，载流量为9000A；分支母线（主母线第三段至励磁变压器）外壳直径为600mm，导体直径为100mm，相间距900mm，载流量为9000A，能满足稳定运行要求，改造后的发电机主母线复核见表2.3-50。与离相封闭母线相比，敞露式母线运行更加安全可靠，运行性能大大提高。

表 2.3-50 改造后的发电机主母线复核

序号	内 容	1、2 号机组（170MW）母线（二江电站）	
1	发电机功率/MW	170	
2	额定电压/kV	13.8	
3	功率因数	0.875	
4	回路额定电流/A	8128	
5	最大工作电流/A	8535	
6	母线允许电流/A	9000	
7	母线规格型号	QLFM-13.8/9000-Z/I	
8	主母线导体直径/mm	350	
9	分支母线导体直径/mm	100	
10	母线过载量复核	1.01	0.99
11	母线动热稳定复核	母线截面大于热稳定截面，满足热稳定要求	

三、发电机主变压器复核

葛洲坝电站 170MW 机组主变压器已于 2013 年完成换型改造工作，改造后主变压器型号为 SF-240000/220。主变压器容量复核与配套容量见表 2.3-51。

表 2.3-51 主变压器容量复核与配套容量

内 容	二江电站	内 容	二江电站
发电机功率/MW	170	主变压器匹配容量/(MV·A)	≥195
功率因数	0.875	主变压器实际容量/(MV·A)	240
发电机视在容量/(MV·A)	195		

由表 2.3-51 看出，主变压器容量满足要求。

主变压器主要技术参数见表 2.3-52。

表 2.3-52 主变压器主要技术参数

电站	二江	电站	二江
主变压器额定容量/(MV·A)	240	阻抗电压	12%~14%
主变压器额定电压/kV	242±2×2.5%/13.8	接线组别	Ynd11

四、发电机电流互感器复核

葛洲坝电站 170MW 机组主引出线侧和中性点侧每相分别配置有 4 个电流互感器二次绕组（包括保护和测量），由于中性点侧分支绕组没有分组引出，因此中性点侧无法装设分支电流互感器和中性点连线互感器，无法配置能对发电机内部匝间短路做出反应的主保护（如不完全差动保护、裂相横差保护、单元件横差保护等）。

本次改造将发电机中性点分支绕组分组引出，配置分支引出线电流互感器和中性点连线互感器，5 分支按 3-2 分组引出考虑。电流互感器配置见表 2. 3-53 和表 2. 3-54。

表 2. 3-53　主引出线侧电流互感器配置

额定一次电流/A	12000
额定二次电流/A	1
准确级	0. 2/0. 2/0. 2/0. 2，5P30/5P30/5P30/5P30

表 2. 3-54　中性点电流互感器配置

分支引出线电流互感器	
额定一次电流（分组 1）/A	7200
额定一次电流（分组 2）/A	4800
额定二次电流/A	1
准确级	5P30/5P30
中性点连线电流互感器	
额定一次电流/A	2000
额定二次电流/A	1
准确级	5P30/5P30

五、发电机电压互感器复核

发电机端原设置有 3 组电压互感器，电压互感器的配置不满足保护双重化、励磁双通道等需要，本次改造更换为配置 4 组电压互感器，具体配置如下：

第一组：$(13.8\text{kV}/\sqrt{3})/(0.1/\sqrt{3})/(0.1/3)\text{kV}$，Y/Y/开口三角，3P/3P。

第二组：$(13.8\text{kV}/\sqrt{3})/(0.1/\sqrt{3})/(0.1/3)\text{kV}$，Y/Y/开口三角，3P/3P。

第三组：$(13.8\text{kV}/\sqrt{3})/(0.1/\sqrt{3})\text{kV}$，Y/Y，0. 2。

第四组：$(13.8\text{kV}/\sqrt{3})/(0.1/\sqrt{3})\text{kV}$，Y/Y，0. 2。

电压互感器采用全绝缘、高压侧不设熔断器，为避免出现误操作，电压互感器高压侧不设隔离开关，下阶段将根据各有关设备容抗和电抗值确定是否需要设置微机消谐装置。

六、发电机中性点接地装置复核

随着电力系统发电机装机容量和单机容量的不断快速发展，发电机中性点接地方式经历了中性点直接接地、中性点经低阻抗接地、中性点不接地、中性点经高阻抗接地、中性点经消弧线圈接地共 5 种接地形式。

目前，国内大型水轮发电机中性点主要采用经接地变压器的高阻抗接地和经消弧线圈接地。前者要求发生单相接地短路故障时可快速停机，以防止接地故障扩大为匝间短路故障或相间短路故障，同时可限制发电机短路过电压在 $2.6U_N$ 以下，对保证发电机的安全运行具有重要意义。后者在发生单相接地短路故障时，可带故障运行一定时间，保障连续供电。

葛洲坝电站发电机接地方式原设计中采用油浸式消弧线圈接地。原葛洲坝电站170MW机组消弧线圈为户外油浸式消弧线圈，检修维护较麻烦，型号为XDJ1－120/15，生产厂家为北京发电设备厂，出厂日期为1979年，先后于1981年12月（1号机组）和1982年1月（2号机组）投运，投入运行40余年，设备性能老化。

考虑到电站长期采用经消弧线圈接地的运行方式，运行人员熟悉，运行经验丰富，所以机组改造后，发电机中性点接地方式不改变，仍采用经消弧线圈接地。建议更换为便于维护的干式消弧线圈，在干式消弧线圈采购时将选择合适取值范围和挡位。中性点回路的引接母线和刀闸进行配套更换。

七、励磁变压器选择及复核

更新改造后机组发电机励磁方式按自并励励磁方式设计。励磁顶值电压倍数按电力系统要求及DL/T 583—2018《大中型水轮发电机静止整流励磁系统技术条件》规定取2.0倍。励磁变压器的容量及其低压侧电压按发电机参数及励磁系统的强励顶值电压倍数要求进行设计计算与选择。为了减少发电机出口三相短路的概率，励磁变压器采用户内无励磁调压环氧树脂浇筑单相干式整流变压器；该变压器绝缘等级为H级。

根据更新改造后机组的参数计算，干式励磁变压器的数据选择如下：容量1100kV·A，变比13 800/$\sqrt{3}$/933V，相数3，频率50Hz，绝缘等级H，防护等级IP21，短路阻抗7.56%。

第五节 发电机主要改造范围

根据发电机主要部件刚强度和参数校核结果，同时兼顾其他相关部件的配套改造，确定发电机更新改造的范围为：定子、转子、上机架、上导轴承、推力轴承、推力支架、制动系统等主要部件以及配套附件，具体见表2.3-55。

表2.3-55 发电机改造范围

序号	设备名称	改造建议	情况说明
1	定子绕组、铁心	更换	发电机绝缘水平由B级提升至F级，电磁优化设计后定子内径略有减小
2	定子机座	修复	对原定子机座进行修复处理，机座强度能够满足要求，可继续使用
3	转子磁极	更换	绝缘水平由B级提升至F级，电磁优化设计后转子外径略有减小，需更换
4	转子磁轭	不更换	磁轭强度满足要求
5	转子支架	不更换	转子支架刚强度满足要求
6	上导轴承	更换	由抗重螺栓支撑方式改造为楔子板支撑结构
7	上机架	更换	原上机架盖板不具备隔声、降噪能力，长期振动容易使挡风板螺栓松动，存在掉落至定转子风险
8	推力轴承	更换	改造后推力负荷增加，原推力瓦比压偏高，最小油膜厚度偏小，需更换
9	推力支架	不更换	推力支架强度满足要求，可不更换
10	发电机轴（含上端轴）	不更换	发电机轴强度满足要求，可不更换

续表

序号	设备名称	改造建议	情况说明
11	通风冷却系统	不更换	空气冷却器换热容量满足机组正常运行的要求，可不更换；对定子铁心通风结构进行优化，定转子挡风板全部更换
12	消防系统	更换	对管路材质进行优化，喷水口采用了喷雾嘴结构设计
13	集电环粉尘吸收系统	新增	增加集电环粉尘吸收系统，减少集电环碳粉堆积
14	制动系统和粉尘吸收系统	更换	制动器存在窜气缺陷及漏油隐患，需换型改造
15	中性点引出线装置	更换	原中性点侧无法装设分支电流互感器和中性点连线互感器，无法配置发电机匝间短路的主保护
16	主引出线装置	更换	原敞露式母线已运行 30 余年，设备老化严重。建议采用全绝缘浇注母线
17	防油雾系统	新增	原滑环室油雾较重，需增加油雾吸收系统
18	机坑除湿设备	新增	春、夏季节湿度特别大，影响电气设备绝缘
19	隔离开关及互感器	更换	运行至今接近 40 年，存在设备老化严重、故障率高、操作困难及不满足监控需求等问题

第四章　调速系统改造方案

第一节　调速系统参数校核

一、调速系统参数校核

葛洲坝电站170MW水轮发电机组调速系统主要部件自机组投运以来基本未进行更新改造。调速系统设备老旧，备品备件采购困难，系统结构复杂；凸轮、齿轮、钢丝绳组成的反馈复杂且精度不高；调速系统接力器不动时间不能满足现行标准要求，影响机组运行时调节的品质。此次葛洲坝电站170MW水轮发电机组更新改造对调速系统进行整体改造，提高调速器的调节性能。

改造后的调速系统调速器导叶、轮叶电液转换部分均采用两个运行通道，相比旧调速系统增加一个运行通道。一个运行通道为比例伺服阀回路，另一个为伺服电机回路，两个不同种类的电液转换设备减少了形成同类故障的概率，两个运行通道互为备用，可实现无扰动切换，系统可靠性增加。新调速系统将机械反馈改为电气反馈，增加了反馈的灵敏性、精度；高度集成的控制回路减少了控制管道的潜在渗漏点，进一步增加了调速系统的可靠性。

葛洲坝电站170MW机组调速系统改造根据水轮发电机组的实际控制需求，根据GB/T 9652.1—2019《水轮机调速系统技术条件》、DL/T 563—2016《水轮机电液调节系统及装置技术规程》、DL/T 496—2016《水轮机电液调节系统及装置调整试验导则》对调速系统参数进行校核，调速系统设备主要技术参数见表2.4-1。

表2.4-1　调速系统设备主要技术参数

项　目	参　数
一、调速器	
开机时间/s	22.4
快速关闭时间/s	10.8
慢关闭时间/s	19.1
二、主配压阀	
主配活塞直径/mm	200
三、分段关闭阀	
控制腔活塞直径/mm	25
活塞直径/mm	175

续表

项　　目	参　　数
四、事故配压阀	
型式	插装式
阀芯直径 D/mm	200
五、接力器	
接力器活塞直径/mm	650
接力器最大行程/mm	1350
最小正常工作油压/MPa	3.7
接力器数量/个	4
六、压力油气罐	
压力油气罐总体积/m^3	60
压力油气罐操作容积/m^3	11.65
4MPa 时空气体积/m^3	37.243
七、集油槽	
集油槽体积/m^3	40
八、压力油泵	
油泵数量/台	3
电动机功率/kW	132
油泵额定流量/(L/s)	20
九、主供油管道	
主油管直径/mm	300
导叶、轮叶操作油管直径/mm	200
十、透平油	
型号	46 号汽轮机油

二、油压装置参数校核

葛洲坝电站 170MW 水轮发电机组压力油气罐投运近 40 年，按照 TSG 21—2016《固定式压力容器安全技术监察规程》要求，压力容器超过 20 年视为达到设计使用年限。油压装置改造范围包括 3 台压力油泵电机组、压力油气罐、事故油气罐、回油箱、机坑漏油箱。

（一）压力油气罐容积校核

GB/T 9652.1—2019《水轮机调速系统技术条件》4.4.2 条要求：“在不启动油泵的情况下，自正常工作油压下限至最低操作压力 P_R 之前，压力油气罐可用油体积至少满足如下要求……b）双调整反击式机组调节系统为导叶接力器总容积的 3 倍再加轮叶接力器容积的 2 倍……”

根据泊松方程（绝热过程方程）$PV^K=C$（常数），机组运行过程中，压力油气罐内压缩空气既不是按等温规律变化，也不是按绝热规律变化，而是介于二者之间的某一状态。在水电厂压力油气罐计算中，K 的取值为 1.25。可得以下等式：

$$P_1V_1^K = P_2V_2^K = P_RV_R^K \tag{2.4-1}$$

式中：P_1——正常工作油压：4.0MPa；

V_1——油罐内压力为 P_1 时压缩空气的体积；

P_2——正常工作油压下限：3.7MPa；

V_2——油罐内压力为 P_2 时压缩空气的体积；

P_R——接力器压力油气罐最低操作油压：2.8MPa；

V_R——油罐内压力为 P_R 时压缩空气的体积。

压力油气罐压力从正常工作油压下限 P_2 降至最低操作油压 P_R 时，罐内压缩空气的体积 V_R 为消耗的可用油体积 V_U 和工作油压下限时的压缩空气体积 V_2 之和。式（2.4-1）转换后公式如下：

$$P_2V_2^K = P_R(V_U + V_2)^K \tag{2.4-2}$$

在正常工作油压下限和油泵不打油时，压力油气罐的可用油体积 V_U 至少应能在压力由正常工作油压下限 P_2 降至最低操作油压 P_R 之间提供 3 倍导叶接力器行程和 2 倍桨叶接力器行程的油量。

$$V_U = 3V_{SG}+2V_{SR} \tag{2.4-3}$$

正常工作油压下限时的压缩空气体积 V_2：

$$V_2 = \frac{3V_{SG} + 2V_{SR}}{\sqrt[K]{\dfrac{P_2}{P_R}} - 1} \tag{2.4-4}$$

正常工作油压上限时罐内压缩空气体积 V_1：

$$V_1 = V_2\sqrt[K]{\frac{P_2}{P_1}} \tag{2.4-5}$$

压力油气罐总容积应为正常工作油压下限时压力油气罐内压缩空气体积 V_2、压力油气罐内可用油体积 V_U 与为防止压力油气罐内压缩空气进入调速系统罐内的保证油体积 V_{Res} 之和。为防止压缩空气进入调速系统，取压力油气罐内最小油体积（死容积）V_{Res} 为 1.0 m^3。

$$V' = V_2+V_U+V_{Res} \tag{2.4-6}$$

结论：根据以上计算，各计算值及压力油气罐设计容积见表 2.4-2。

表 2.4-2　调速系统各部分容积　　（单位：m^3）

项　目	改造后参数
导叶接力器开启总容积 V_{SG}	1.723
导叶接力器关闭总容积 V_{SG}	1.723
桨叶接力器关闭总容积 V_{SG}	3.2402

续表

项 目	改造后参数
压力油气罐可用油体积 V_U	11.65
正常工作油压下限 P_2 时压力油气罐内空气体积 V_2	46.64
正常工作油压 P_1 时压力油气罐内空气体积 V_1	43.82
最低操作油压 P_R 时压力油气罐内空气体积 V_R	58.29
压力油气罐内最小油体积（死容积）V_{Res}	1
压力油气罐计算容积 V'	59.29
压力油气罐设计容积 V	60
正常工作油压 P_1 时压力油气罐内油体积	16.18
正常工作油压下限 P_2 时压力油气罐内油体积	13.36
最低操作油压 P_R 时压力油气罐内油体积	1.71

上述压力油气罐容积是严格按现行国家标准要求进行计算，改造后的压力油气罐容积设计值为 $60m^3$。

根据安装现场土建的情况，罐体转运、安装受到副厂房梁、柱影响，压力油气罐容积分为 2 个 $15m^3$ 压力油罐、3 个 $10m^3$ 压力气罐，可以满足安装要求。

（二）事故油气罐容积校核

根据泊松方程（绝热过程方程）$PV^K=C$（常数），机组运行过程中，压力油气罐内压缩空气既不是按等温规律变化，也不是按绝热规律变化，而是介于二者之间的某一状态。在水电厂压力油气罐计算中，K 的经验取值为 1.25。可得以下等式：

$$P_1V_1^K = P_2V_2^K = P_RV_R^K \tag{2.4-7}$$

式中：P_1——正常工作油压：4.0MPa；

V_1——油罐内压力为 P_1 时压缩空气的体积；

P_2——正常工作油压下限：3.7MPa；

V_2——油罐内压力为 P_2 时压缩空气的体积；

P_R——接力器压力油气罐最低操作油压：2.8MPa；

V_R——油罐内压力为 P_R 时压缩空气的体积。

事故油气罐容积计算方法与压力油气罐计算方法相同，葛洲坝电站 170MW 机组对事故油气罐的要求为保障 1 台机组的导叶接力器关闭活动导叶，故事故油气罐总容积应为导叶接力器 1 个行程后压力油气罐内压缩空气体积 V_1、压力油气罐内可用油体积 V_U 与为防止压力油气罐内压缩空气进入调速系统罐内的保证油体积 V_{Res} 之和。为防止压缩空气进入调速系统，取压力油气罐内最小油体积（死容积）V_{Res} 为 $1.0m^3$。

$$V' = V_1+V_U+V_{Res} \tag{2.4-8}$$

结论：根据参数及计算，各计算值及事故油气罐设计容积见表 2.4-3。

表 2.4-3 事故油气罐容积计算相关参数 （单位：m^3）

项　　目	参　　数
导叶接力器关闭总容积 V_{SG}	1.723
事故油气罐可用油体积 V_U	1.723
压力为 P_1 时压缩空气的体积 V_1	5.46
事故油气罐内最小油体积（死容积）V_{Res}	1.0
事故油气罐计算容积 V'	8.183
事故油气罐设计容积 V	13.5
事故油气罐按 1∶3 充油时油体积 V_{oil1}	3.375
事故油气罐按 1∶2 充油时油体积 V_{oil2}	4.5

根据葛洲坝150MW机组油压装置改造经验，满足现场安装转运的前提下，事故油气罐容积应尽量大，因此事故油气罐容积取13.5m^3。

（三）回油箱容积校核

GB/T 9652.1—2019《水轮机调速系统技术条件》4.4.15 条规定：在正常工作或维修条件下，回油箱的容积应不小于调节系统全部油量总和的1.1倍。

系统正常运行时，回油箱的容积见表2.4-4。

表 2.4-4 回油箱容积计算相关参数 （单位：m^3）

项　　目	参　　数
额定压力下压力油气罐中的油容积	16.18
事故油气罐内的油体积折算为单台机的油量	2.25（4.5/2）
管道中油容积	3.5
导叶接力器中油容积	1.723
桨叶接力器中油容积	3.24
回油箱中油容积	8
漏油箱中油容积	0.5
调节系统全部油量	35.4
1.1倍调节系统全部油量	38.9

按全部油量总和的1.1倍计算，调节系统全部油量为38.9m^3，原回油箱的额定容积为40m^3，实测原回油箱结构尺寸为长4.38m、宽3.5m、高2.68m，计算回油箱实际容积为41m^3，满足要求，回油箱不更换。

（四）压力油泵校核

GB/T 9652.1—2019《水轮机调速系统技术条件》4.4.5 条规定：油压装置应设置不

少于两台油泵，每台油泵的输油量足以补充漏油量，并有至少2倍的安全系数。

如果按导叶接力器和桨叶接力器总容积（见表2.4-5）计算，油泵的尺寸将会过大，按葛洲坝已改造油泵方案的经验进行验证，即设置3台20L/s的油泵。

表2.4-5　接力器容积　（单位：m^3）

项　目	参　数
导叶接力器中油容积	1.72
桨叶接力器中油容积	3.2402

正常运行时，单台油泵启动，将压力油气罐中的压力从正常油压下限补充到额定压力，油罐容积见表2.4-6，需要运行的时间为：$(16.18-13.36)m^3\times1000L/m^3/(20L/s)=141s$。

表2.4-6　油罐容积　（单位：m^3）

项　目	参　数
额定压力时的油容积	16.18
正常油压下限时的油容积	13.36

三、接力器校核

本次机组更新改造，转轮额定流量由1040.3m^3/s变化为1028.2m^3/s，流量变化不大，水头未发生变化，原接力器本体容积可满足更新改造后的机组调节，接力器无须增减操作力。

第二节　调速系统主要改造范围

根据调速系统、油压装置参数校核结果，同时兼顾其他相关部件的配套改造，确定调速系统更新改造的范围为：调速器及其管道、油压装置、接力器等主要部件以及配套附件，具体见表2.4-7。

表2.4-7　调速系统改造范围

序号	设备名称	改造建议	情况说明
1	调速器及其管道	更换	（1）原调速器接力器不动时间、转速死区等部分调节性能不达标，自动化程度不高，备品采购困难。 （2）原调速器抗油污能力差，引导阀易卡涩，影响机组安全稳定运行。上述问题造成岁修维护工作量增加，工期安排困难。 （3）原调速器先导级无冗余设置，可靠性差。 （4）调速器及其管道改造包括调速器机械柜（含主配压阀、紧急停机装置、手动操作装置等）、事故配压阀、分段关闭阀、纯机械过速装置、锁锭电磁阀、各阀门的供排油管道

续表

序号	设备名称	改造建议	情况说明
2	油压装置	更换	（1）原调速器油压装置总容积 40m^3，机组改造后总容积需 60m^3，不能满足机组操作要求。 （2）油压装置改造包括压力容器、油泵电机组、机坑漏油箱
3	接力器	部分更换	（1）机组流量变化不大，水头未发生变化，原接力器本体容积可满足更新改造后的机组调节，接力器无须增减操作力。 （2）接力器布置方式改变，需对接力器后端盖、分油器、开关腔操作油管进行改造

第三篇

水轮发电机组更新改造结构设计

第一章　水轮机更新改造结构设计

第一节　转轮及主轴

葛洲坝电站 170MW 机组水轮机改造前选用了我国在 1967 年为富春江水电站试验的 ZZ560 型模型转轮，在当时其能量指标和空化性能均优于国内已运行的转轮，并已在富春江水电站和青铜峡水电站上使用。

为了进一步改善、提高水轮机性能，改造后将原 ZZ560 模型转轮的尾水管高度（至底环平面高程）由 1.915D_1 提高到 2.4D_1，并对水轮机过流部分进行了水力性能的全模拟试验。由于尾水管高度增高，大流量区效率显著提高，且单位转速越高，其效率差值越大。这种比转速的水轮机采用较高的尾水管，可以显著获得大流量高单位转速区的能量指标。同时，利用新技术、新工艺、新材料，重新对转轮结构进行了设计，达到机组改造更新的目的。

根据水轮机最终确定的改造更新方案，本次转轮改造主要对转轮体、叶片、叶片操作机构等部件进行优化改进，转轮改造前后结构对比如图 3.1-1 所示。

改造前转轮结构为当时国内首次使用的接力器缸动新结构，叶片操作机构和接力器置于泄水锥内，接力器缸和操作架合一，该结构紧凑，比操作架结构重量约轻 5%。操作油压 4.0MPa 也为国内首先使用。

转轮改造前后主要结构、材质及重量对比见表 3.1-1。

一、叶片及其型线

葛洲坝电站最高水头为 27m，虽然近年来工程实践证明 4 叶片转轮可以配以不同的轮毂比以及通过使用优质材料应用到 25m 及以上的水头范围，但考虑到加大轮毂比会恶化空蚀性能，加厚叶片对空蚀不利，也会影响水力性能。而 5 叶片转轮水头应用范围广，适用于 30m 水头以下，最高可用到 40m，并且转轮空化性能要优于 4 叶片转轮，因此本次更新改造的水轮机采用 5 叶片转轮。

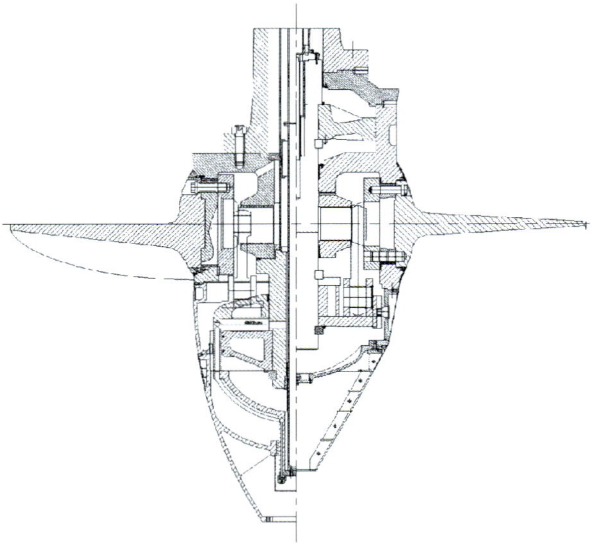

图 3.1-1　转轮改造前后结构对比（左为改造前，右为改造后）

表 3.1-1　转轮改造前后对比

比较项目	改造前	改造后
轮毂比	0.40	0.41
转轮体材质	ZG20SiMn	ZG20SiMn（轮毂全表面增加 0Cr13Ni5Mo 不锈钢层）
叶片材质	15MnMoVCu（1 号机组）、0Cr13Ni16Mo（2 号机组）	ZG04Cr13Ni5Mo
叶片转角	-10°～+24°	-17°～+16°
叶片密封	单层 λ 型、双向多层 V 型	KB 型双向
活塞结构	活塞与活塞杆间隙配合	活塞与活塞杆采用过盈配合
活塞密封	金属活塞环	导向带+组合密封环
传动机构	连杆结构	双连板+耳柄结构、连杆结构
轮毂重量/t	115	137
转轮装配/t	468	513
叶片重量（单个）/t	40	30.8

叶片数量确定之后，在保证出力的情况下，对叶片型线进行优化调整，通过增大叶片进水边和出水边外缘圆弧，使得过流量增大。同时，调整叶片进水边肩部型线，进水流态得到改善，且叶片的固有频率有效避开了机组振动频率，防止叶片共振的发生。葛洲坝水轮机转轮多年运行实践证明，水轮机外缘加装抗空蚀裙边可以有效减轻叶片外缘的磨蚀，因此本次转轮叶片沿用裙边设计，如图 3.1-2 所示。

根据葛洲坝电站不同形式转轮叶片密封的实际应用情况，KB 型密封相比于 λ 型或者双向多层 V 型密封有如下优点：密封粘接可靠方便，且密封的补偿进给量较大，磨损后能

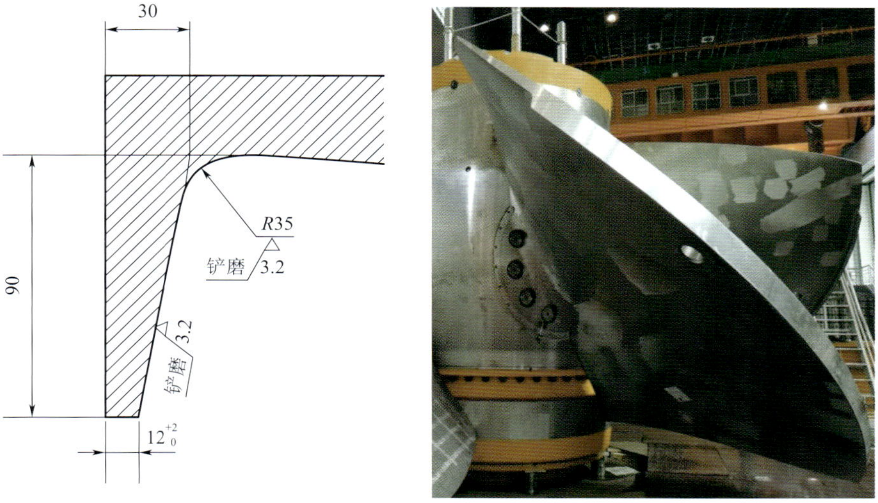

图 3.1-2 转轮叶片裙边结构（单位：mm）

够自动调整。本次转轮改造后叶片密封结构改为 KB 型密封（见图 3.1-3），该密封材料为 NM59/80，密封在内外压力作用下，唇口受力张开，能够有效起到密封油水作用。

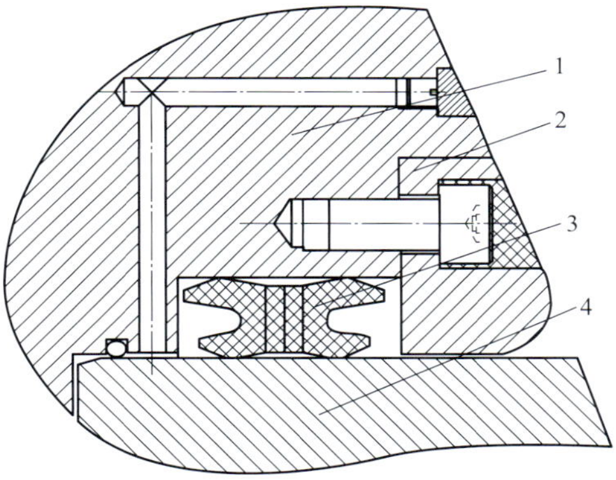

图 3.1-3 KB 型密封

1—转轮体；2—压板；3—KB 型密封；4—叶片

二、轮毂

轮毂比是轴流式水轮机的一个重要的几何参数，其大小对水轮机的水力性能有重要的影响，直接决定着水轮机过流通道的宽度，可改变转轮高效率区的单位转速和单位流量，从而对转轮的运行区域产生较大的影响。本次转轮改造在出力、流道、转轮直径、额定水头、转速及调速器油压等级保持不变的情况下，由于转轮由 4 叶片改为 5 叶片，需要增大轮毂比，综合考虑转轮体强度、叶片油压操作机构布置、最优效率及空化性能等 。本次改造轮毂比从 0.4 增加至 0.41。同时，为了减少转轮表面磨蚀，在轮毂表面增加了厚度不小于 8mm 的不锈钢层。

三、操作机构

原传动机构采用转轮接力器缸和叶片操作架合一，并将接力器置于泄水锥内的结构，运动方式为活塞不动，接力器缸动。改造后的转轮选用了活塞缸在转轮体上方带动操作架驱动操作机构的结构，运动方式为活塞动，接力器缸不动。原操作架导向滑块结构为在泄水锥上段内侧设置滑块槽，滑块槽内侧安装有抗磨块，接力器缸设置滑块，如图 3. 1-4 所示。改造后，操作架上设置有滑块槽，转轮滑块座与连接体焊接，滑块套装于滑块座上，该改进彻底消除了漏油风险，如图 3. 1-5 所示。

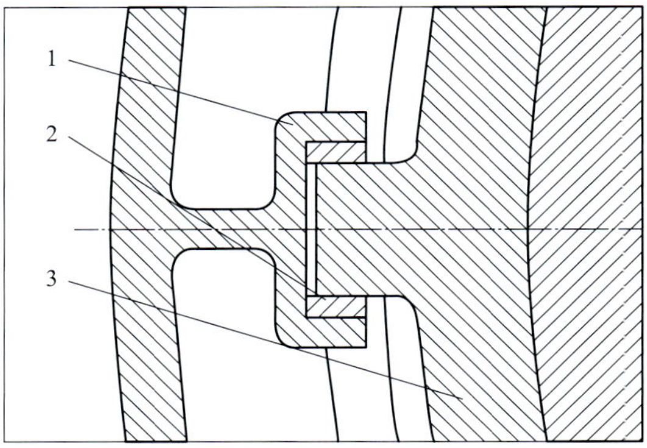

图 3. 1-4　改造前导向滑块结构

1—泄水锥上段；2—抗磨块；3—接力器缸

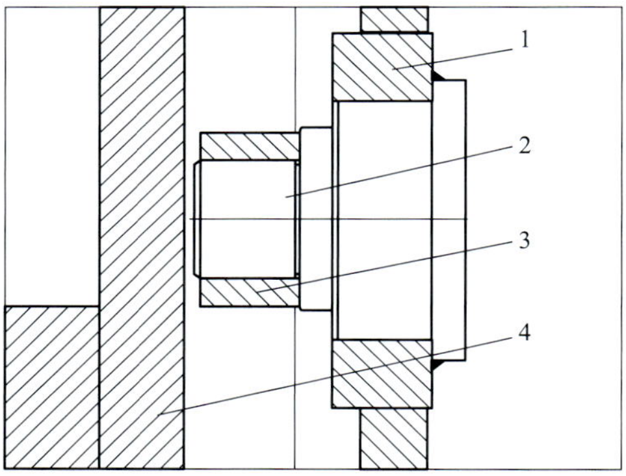

图 3. 1-5　改造后导向滑块结构

1—连接体；2—滑块底座；3—滑块；4—操作架

改造后转轮操作架与活塞杆用上、下卡环连接，卡环按槽的实际尺寸配车，并在下端面处加工成圆弧凹沟，以减少应力集中，如图 3. 1-6 所示。

四、活塞

（一）活塞密封

改造前转轮活塞密封为两道活塞环式密封（见图 3. 1-7），密封材质为铸铁，该结构

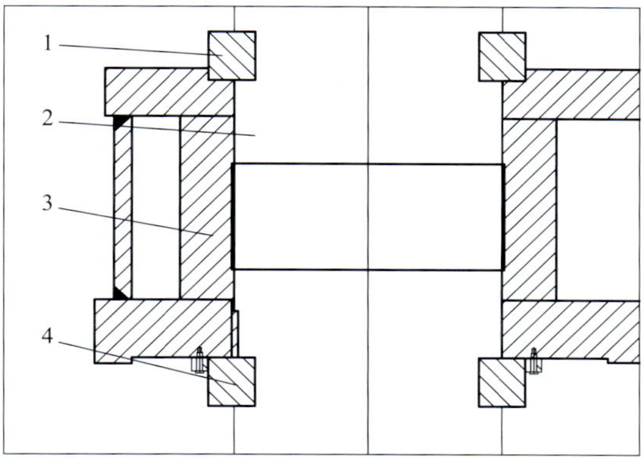

图 3.1-6　操作架与活塞杆连接

1，4—卡环；2—活塞杆；3—操作架

密封环与缸体内壁相互摩擦后，易产生划痕，造成密封间隙不均匀，导致开关腔窜油，影响机组叶片开度快速调节。

改造后将转轮活塞密封环形式改为复合材质组合式密封（见图 3.1-8），密封上下各设有耐磨环。新密封采用优质耐磨、耐油材质，与缸体贴合度较好，密封效果好，有效解决了开关腔窜油问题。

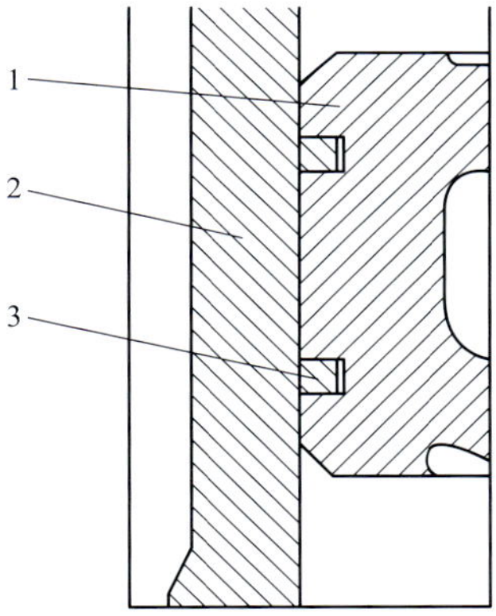

图 3.1-7　活塞环密封

1—活塞；2—缸体；3—活塞环

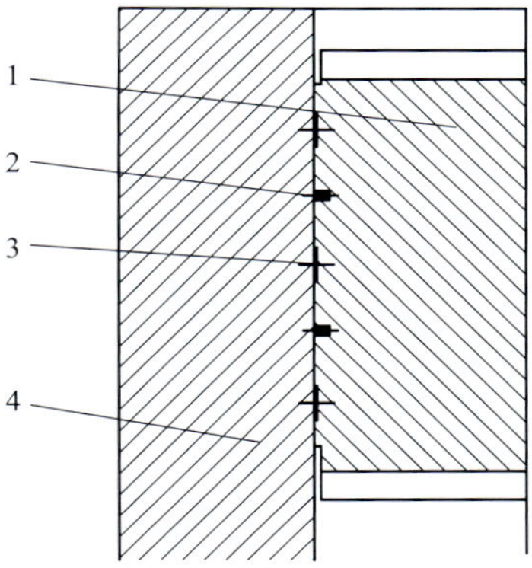

图 3.1-8　复合材质组合式密封

1—活塞；2—组合密封；3—导向带；4—缸体

（二）活塞装配

改造前活塞杆与活塞采用间隙配合，改造后活塞和活塞杆采用过盈配合，活塞下端面与活塞杆采用卡环连接（见图 3.1-9），活塞上端面与活塞杆安装密封挡圈。一方面提高了活塞与活塞杆的安装精度，另一方面可有效防止活塞与活塞杆间漏油。

五、受油器

受油器的主要作用是将调速系统的压力油自操作油管引入转轮桨叶接力器缸体的上下

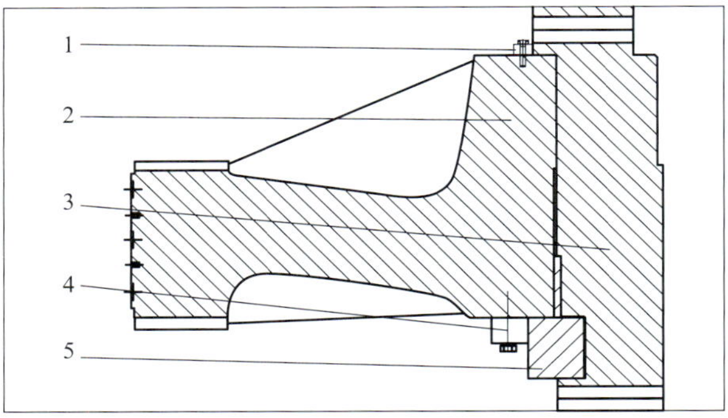

图 3.1-9　活塞与活塞杆的连接

1—密封挡圈；2—活塞；3—活塞杆；4—限位环；5—卡环

腔内，通过活塞的上下位移来调整桨叶开度，从而使水轮发电机组桨叶开度和活动导叶开度处在协联工况下。因改造后的转轮由缸动式结构改为操作架结构，水轮机操作油路变化，所以受油器需重新设计。新的受油器采用传统的浮动环结构，结构成熟可靠，窜油量小，安装方便。

六、主轴

因改造后的转轮由缸动式结构改为操作架结构，活塞缸在转轮内位置发生变化，转轮体高度增加，导致转轮与主轴法兰分界面高程上移，主轴长度缩短，另外由于转轮操作结构型式发生变化，压力油的开关腔布置位置相应变化，因此同步对水轮机主轴以及主轴操作油管进行更换。转轮与操作油管结构改进如图 3.1-10 所示。

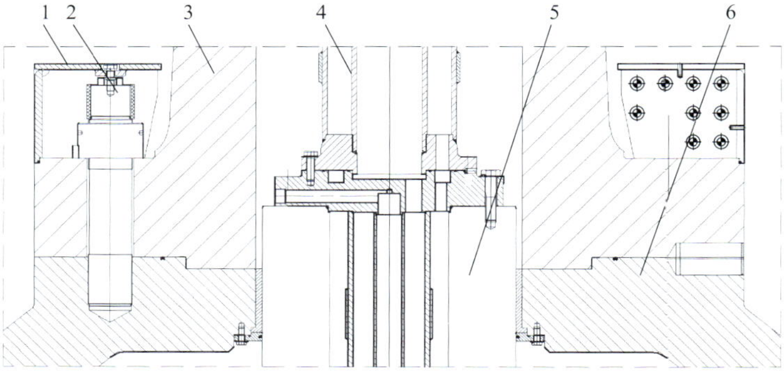

图 3.1-10　转轮与操作油管结构改进

1—护罩；2—联轴螺栓；3—主轴；4—操作油管；5—活塞杆；6—转轮

第二节　主轴密封

主轴密封包括工作密封和检修密封。工作密封的作用是在机组运行时通过对密封之间注入清洁压力水，防止水轮机转轮室内的水在压力的作用下进入水车室，造成水淹水导轴承等事故，保证机组的正常稳定运行。检修密封的作用是在机组检修时向空气围带充入一定压力的空气，使空气围带橡皮膨胀，抱紧主轴，防止水进入水车室。

一、工作密封结构改进

葛洲坝电站 170MW 机组改造前工作密封采用双层平板密封结构。该主轴密封主要由底座、密封水箱、密封环、上环板、上下平板、上下压板、上盖板以及各紧固螺栓组成。双层平板密封具有结构简单、易安装、成本低等特点。

本次改造选用了可调水压式端面密封（见图 3.1-11），主要由主轴、转环、成型密封圈、密封支架及密封底座构成，结构简单可靠，易于维护。成型密封圈采用耐磨橡胶材料。密封转环采用抗磨性能好的 04Cr13Ni5Mo 不锈钢板制造。

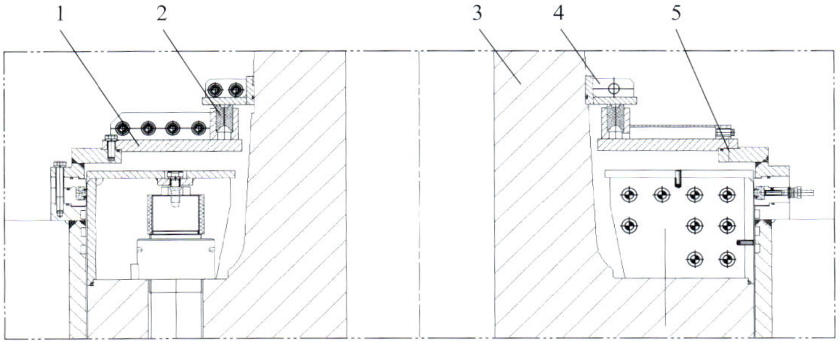

图 3.1-11　可调水压式端面密封

1—密封座；2—成型密封圈；3—主轴；4—转环；5—密封支架

该密封结构设计特点：

（1）成型密封圈具有自补偿作用。

（2）成型密封圈所用材料为橡胶块，当机组转动后在离心力的作用下，会在密封橡胶块与密封转环之间形成一层水膜，利用水分子的张力封水，还可起到润滑和冷却的效果。

（3）密封转环与成型密封圈配合需要一定时间磨合，磨合后密封效果更好。

（4）充分利用螺栓保护罩，设计结构紧凑，空间占用少。

（5）该结构简单，用水量和漏水量小，便于检修维护。

二、检修密封结构改进

葛洲坝电站 170MW 机组改造前采用空气围带式检修密封。它主要由固定环和橡胶空气围带组成，在工作时，向空气围带充入 0.4～0.7MPa 的空气压力，使空气围带橡皮膨胀，抱紧主轴，防止水进入；当开机时，将空气围带里的压缩气体排除，使其收缩，让空气围带与主轴之间保持 1.5～2mm 的间隙。该检修密封结构简单，操作容易，密封效果好，大多数机组检修密封都用此种结构。

由于其内部橡胶空气围带较薄，其整体强度较低，内部加载压力后，在围带间隙处存在受力集中区，易破损；联轴螺栓保护罩在转动过程中，尤其是开停机时与变形后的空气围带发生摩擦，目前使用的空气围带侧壁较薄，多次摩擦后导致空气围带损坏不能保压，起不到密封作用。此外，葛洲坝电站 170MW 机组存在空气围带止水效果差、空气围带漏气等缺陷。因此对检修密封进行更新改造。

改造后的检修密封由检修密封盖、检修密封座、导流锥、水轮机加压式实心空气围带组成（见图 3.1-12）。空气围带采用外部加载气压的形式，由气压推动该密封整体向联轴螺栓保护罩表面方向移动，最终压紧主轴表面实现密封。水轮机加压式实心空气围带采用实心结构，断面厚实，整体结构强度较高，能够双向密封，压力损失较小。经模拟分析，在水侧加载 0.3MPa 压力后，然后在空气侧加载 0.7MPa 气压，该密封向主轴表面移动，最终压紧主轴表面实现有效密封。经试验验证，空气侧压力比水侧压力高 0.2MPa 即可实现有效密封。

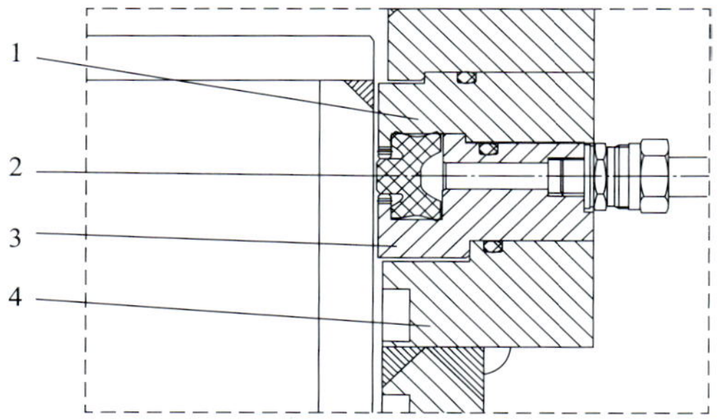

图 3.1-12 新检修密封

1—检修密封盖；2—空气围带；3—检修密封座；4—导流锥

第三节 水导轴承

葛洲坝电站 170MW 机组改造前水导轴承采用了稀油自循环润滑分块瓦式轴承（见图 3.1-13），主要由轴承体、水导瓦、支顶螺钉、油箱筒、油箱、垫板等部件组成，共有 10 块瓦。瓦块支点位置在中间，瓦衬为巴氏合金材料。

改造前水导轴承是通过抗重螺栓进行间隙调整，由于抗重螺栓尺寸大，且现场空间狭小，导致水导轴承间隙调整不便。同时轴承油冷却器安装于下油箱内，结构复杂、空间紧凑，安装检修同样困难。

本次改造水导轴承结合葛洲坝 150MW 机组水导轴承改造经验，由原来的抗重螺栓支撑方式改造为楔子板加球面支柱支撑结构（见图 3.1-14），改造后水导轴承仍为稀油润滑、非同心分块瓦自润滑轴承，采用巴氏合金瓦衬，轴瓦间隙调节靠楔块完成，水导瓦间隙调整更加便利。同时轴承利用导流锥上、下环板与立筋形成 4 个环形外油箱。运行时，油通过 4 组连通管与外油箱进行循环，依靠导流锥外流过的水自行冷却，结构简单，维护方便。

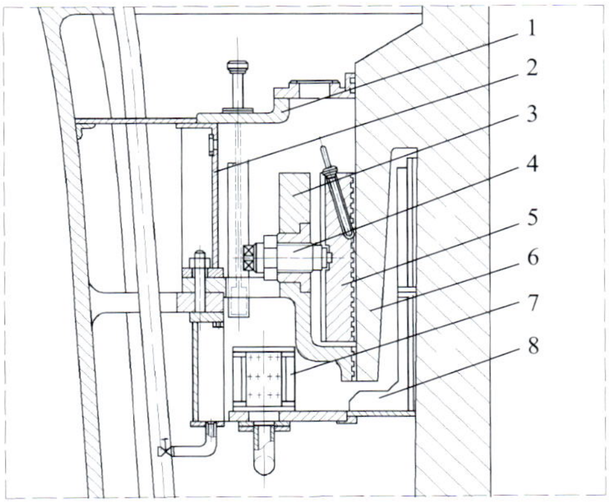

图 3.1-13　改造前水导轴承结构示意图

1—油槽盖；2—油箱；3—瓦架；4—抗重螺栓；5—水导瓦；6—轴领；7—油冷却器；8—内挡油筒

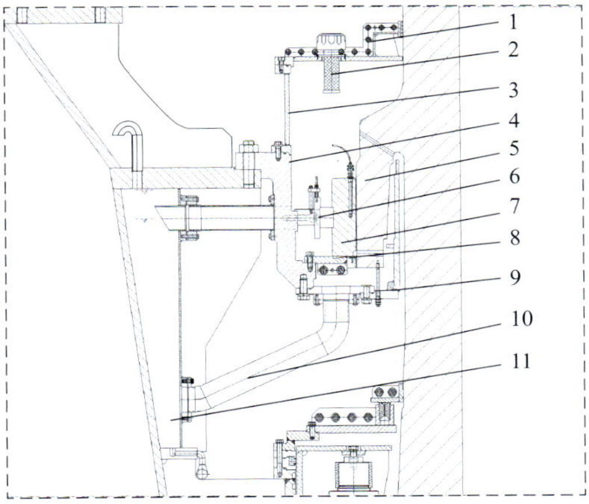

图 3.1-14　改造后水导轴承结构示意图

1—油槽盖；2—呼吸器；3—油箱；4—瓦架；5—轴领；6—间隙调整装置；7—水导瓦；8—托环；9—内挡油筒；10—循环油管；11—外油箱

第四节　导水机构

导水机构的主要作用是按电力系统所需功率调节水轮机流量，形成和改变进入转轮的水流流量，以改变机组出力。水轮机导水机构主要由活动导叶、导叶操作机构、环形部件和轴套、密封等部件组成。按导叶轴线的布置位置可以分为 3 种：圆柱式、圆锥式和径向式。葛洲坝电站采用圆柱式导水机构及非对称型导叶。

一、活动导叶

葛洲坝电站 170MW 机组原设计导叶 32 个，材质为 ZG20MnSi，结构为整体铸造。

由于采用的非对称型活动导叶具有较好的适应性，可以通过优化转轮水力设计，使转轮与活动导叶达到最佳的匹配状态，从而使水轮机获得优良的综合水力性能，保证水轮机的长期安全稳定运行。本次改造仍使用原导叶，只是对导叶局部结构进行优化，提高其抗空蚀性和密封性能，主要内容如下：

（1）导叶上下端面装焊不锈钢板，如图 3.1–15 所示。

（2）将导叶尾部割除，装焊不锈钢板，如图 3.1–16 所示。

图 3.1–15　导叶上、下端面装焊不锈钢板

图 3.1–16　导叶出水边装焊不锈钢板

（3）将导叶上、中、下轴颈加工后，镶不锈钢保护套，如图 3.1–17 所示。

（4）导叶立面密封改造，如图 3.1–18 所示。

图 3.1–17　导叶上、中、下轴颈加工后，镶不锈钢保护套

图 3.1–18　导叶立面密封改造

二、活动导叶套筒

原活动导叶的上、中、下轴套均采用吸水膨胀系数小的尼龙 1010 轴套，在中、下轴颈处设置有成型橡胶密封，防止泥沙进入，导叶轴颈为防止锈蚀进行了电镀，为减少停机漏水量，导叶尾部和端部均设有橡胶圆密封。

本次结合改造将 32 个导叶套筒上、中轴套材质更换为自润滑轴套，且在拐臂与套筒的摩擦面设置了止动板。套筒与顶盖间密封由原橡皮垫端面密封改为插入式密封，减轻因原轴套材料吸水膨胀，导致操作力矩增加问题，同时提高轴套封水性能（见图 3. 1-19）。

三、顶盖、支持盖

顶盖、支持盖是大型轴流式水轮机的重要部件，主要传递机组轴向水推力、转动部件重量及水导轴承受到的径向作用力。顶盖经过核算满足要求，本次不进行改造。原支持盖由支持盖本体、锥体上环和锥体下环 3 部分组成，锥体上下环为由上下腹板、径向筋板、筒壁及法兰等部件组成的焊接结构（见图 3. 1-20 右半部分），其外部与顶盖和转轮一起构成过流面，内部安装有水导轴承和主轴密封。

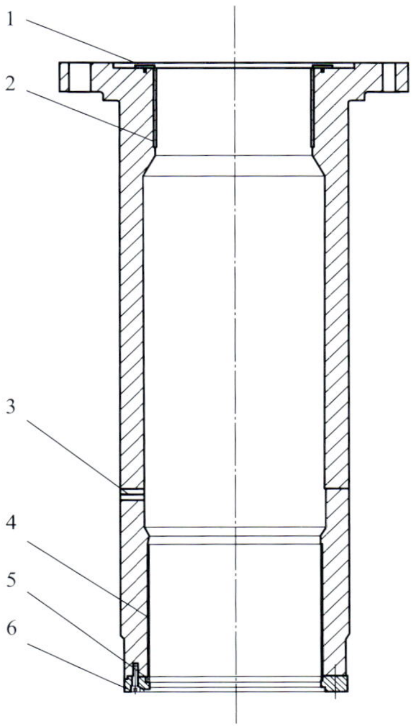

图 3. 1-19　改造后活动导叶套筒

1—止动板；2—上部自润滑轴套；3—排水孔；4—下部自润滑轴承；5—组合密封；6—铜环垫圈

改造后的支持盖本体对结构进行优化设计，采用钢板焊接结构（见图 3. 1-20 左半部分），钢板厚度较改造前有所增加。在支持盖受力的部分，采用强度较高的钢板焊接，支持盖的强度有所增加。

将导流锥由原来的两段结构与水导轴承和主轴密封把合结构改造为不分段结构，采用强度较高的 Q235B 钢板焊接。改造后外形尺寸满足新流道的要求，导流锥内壁增焊有水导轴承外油箱，通过管路与油槽连接形成回路，对水导轴承润滑油进行冷却。支持盖与锥体的总高度相应减小。导流锥下部靠近转轮处，设置可拆卸的止推环，止推环材料为 $ZCuAl10Fe_3$，能够有效减小机组抬机时对支持盖的冲击力。

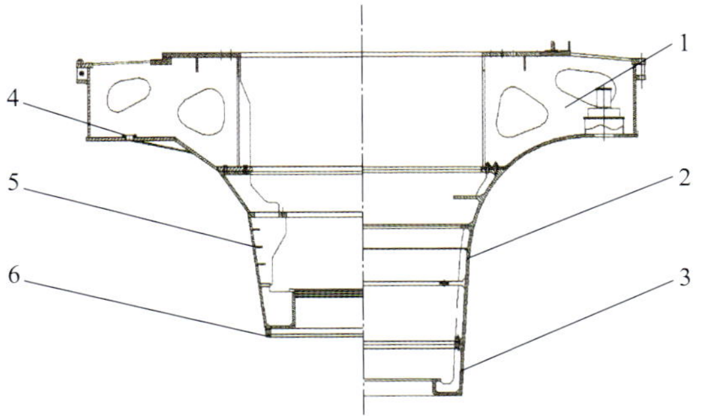

图 3. 1-20　支持盖改造前后结构对比

1—支持盖本体；2—锥体上环；3—锥体下环；4—穿钢丝绳孔洞；5—导流锥；6—止推环

四、底环、座环

转轮室改造需对原底环进行拆除。原底环过流面汽蚀较为严重，而且难以拆除，本次改造中更换新底环。

为了保证新的底环导叶轴孔与顶盖中上轴孔同心，更换活动导叶下套筒，下轴套材质由原尼龙 1010 轴套改进为自润滑轴套。底环改造前后的结构型式基本相同，均采用铸焊结构，即上、下环板与铸造的导叶下轴座装焊结构，原设计底环与基础环采用外缘骑缝销定位，通过底环上过流面表面螺孔与基础环穿心螺杆把合，改造后采用底环轴套孔底部与基础环螺栓把合，采用锥销定位。外形尺寸根据改造设计进行细微调整。为减少导叶漏水量，底环过流面上表面增设导叶端面密封槽，如图 3. 1–21 所示。

图 3. 1–21 底环过流面导叶端面密封槽

五、操作机构

导叶操作机构主要包括导叶套筒、上中下轴套、导叶臂、连接板、端盖、导叶分半键、剪断销和连杆装配等。本次改造对控制环及其连接件进行更换，其他部件如导叶臂、连接板、端盖、导叶分半键继续沿用原部件。

新控制环采用 Q235B 整体钢板焊接结构，在控制环内圆侧以及底部设置自润滑材料制成的抗磨板。在支持盖与控制环之间设置压板，以防止导叶操作机构因受力不均而引起的控制环上抬。控制环连接轴套采用摩擦系数小、耐磨损、运动平稳的自润滑材料。

同时与之相连的 32 个连杆仍为叉头式连杆（见图 3. 1–22），通过正反丝调节长度。为防止连杆与连接板、控制环相连接的连杆销在机组运行过程中会向上窜出，增设了防跳止动挡块。

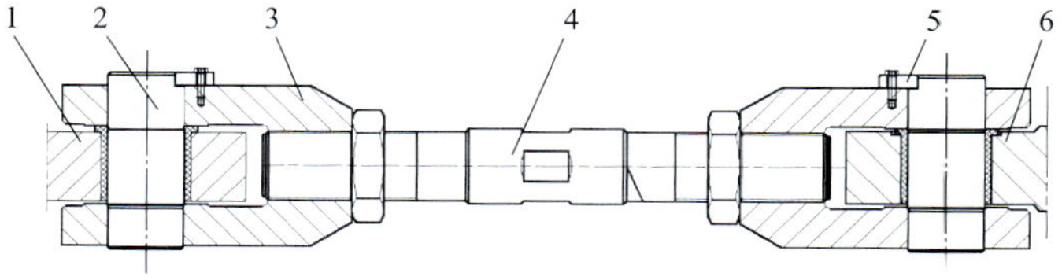

图 3. 1–22 叉头式连杆

1—连接板；2—连杆销；3—叉头；4—连杆；5—止动挡块；6—控制环

本次改造对锁锭装置进行了更换。为便于调整锁锭臂与控制环对应锁锭块的距离，在锁锭臂的末端设置了配磨块（见图 3. 1–23），后续调整仅需对配磨块进行加工。

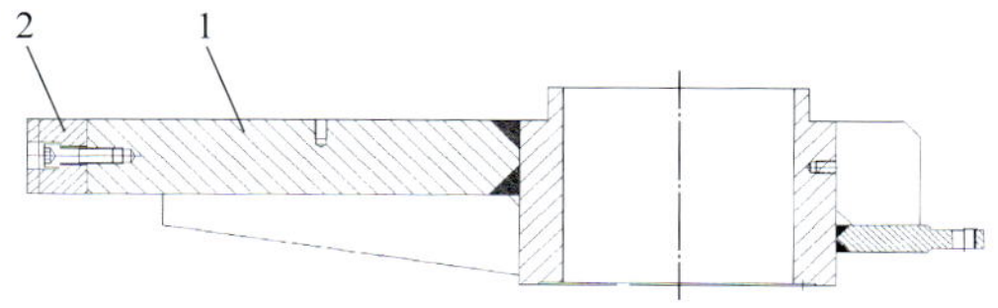

图 3. 1–23　锁锭臂

1—锁锭臂；2—配磨块

六、真空破坏阀

原真空破坏阀为无缓冲形式，在机组开、停机运行过程中真空破坏阀会频繁启动，阀盘与支持盖频繁撞击，这对真空破坏阀造成了极大的破坏，机组运行中也曾经出现过阀轴断裂造成水淹水导轴承的严重事故。另外，在机组检修中经常发现阀盘和防返水外罩存在变形、锈蚀比较严重的现象，现场难以修复。本次改造参考葛洲坝其他机组将真空破坏阀改造为双密封缓冲式真空破坏阀。

（一）改造前真空破坏阀结构

改造前真空破坏阀采用 ϕ500mm 吸力式真空破坏阀（见图 3. 1–24）。在机组开、停机运行过程中会频繁启动，即在机组转轮室出现一定真空时，真空破坏阀能迅速地通过开启和关闭阀门对机组进行补气，从而降低机组转轮室内的真空度，防止抬机事故的发生。

但是这种真空破坏阀均为即开即关的工作方式，这样在阀门动作过程中造成阀盘与阀座频繁撞击，对真空破坏阀造成了极大的破坏。此外 ϕ500mm 吸力式真空破坏阀没有设计保护装置，阀盘发卡时由于没有保护装置，会大量漏水而造成水淹水导轴承事故。

（二）改造后真空破坏阀结构

本次改造对真空破坏阀进行了重新选型，将原真空破坏阀更换为 XBF500 缓冲式真空破坏阀。该结构破坏阀的顶部装了缓冲装置，在缓冲活塞上设有反弹缓冲逆止阀，在补气过程中反弹缓冲逆止阀全部打开，消除空气阻力，从而达到快补的目的；在补气阀临近全关位置时，反弹缓冲逆止阀全部关闭，被密封的空气起到缓冲作用后迅速释放，使阀体在弹簧力作用下关闭。这样真空破坏阀不仅能迅速打开，还能在关闭时减缓关闭速度，从而减轻了阀盘与盘口的撞击，延长了设备的使用寿命。该结构设有浮球阀，即使阀盘和阀座有少量的漏水，浮球在浮力的作用下也能很好地阻止水流溢出。新型真空破坏阀结构示意图如图 3. 1–25 所示。

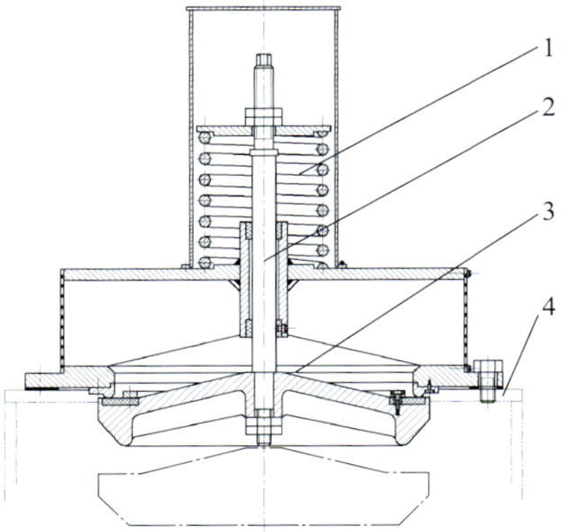

图 3.1-24　吸力式真空破坏阀

1—缓冲装置；2—导向杆；
3—阀盘；4—支持盖

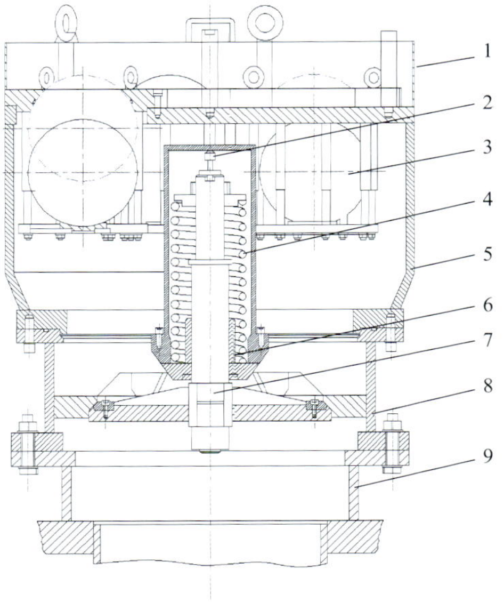

图 3.1-25　缓冲式真空破坏阀结构示意图

1—挡水进气罩；2—缓冲装置；3—浮球；4—弹簧；5—阀体；
6—轴套；7—阀杆；8—阀座；9—支持盖

第五节　转轮室及基础环

一、转轮室改造

原转轮室在易磨蚀部位选用了不含 Ni 的 ZG0Cr13 不锈钢材料，在其他部位采用了 A3 钢。由于在 1 号机组安装过程中，发现不锈钢和 A3 钢焊缝有裂纹、夹渣、气孔等焊接缺陷。2 号机组用特殊压制方法重新制造了一个 50mm 厚的 1Cr18Ni9Ti 不锈钢板成型焊接加工的转轮室。

本次改造，转轮室中环和下环过流面采用不锈钢板模压成型（见图 3.1-26），材质为 06Cr19Ni10，其余钢板为 Q235B。为便于运输和安装，转轮室分为上下两段，即转轮室中环和下环，同时取消了原设计的中环检修门。

二、基础环

基础环是转轮室与座环等其他结构之间的重要连接部件，主要作用是支撑底环、活动导叶等部件，其安装高程和中心决定机组安装高程和中心。新基础环采用钢板焊接结构，分为 4 瓣。过流面材质为不锈钢板 06Cr19Ni10。轴流转桨式机组转轮叶片的悬挂孔也布置在基础环的侧面，用于机组安装及检修时固定转轮。

机组叶片在吊装时，是通过转轮悬挂工具（见图 3.1-27）吊置于基础环上，每个叶片设起吊孔，基础环与对应的起吊孔位置通过螺栓相连接。

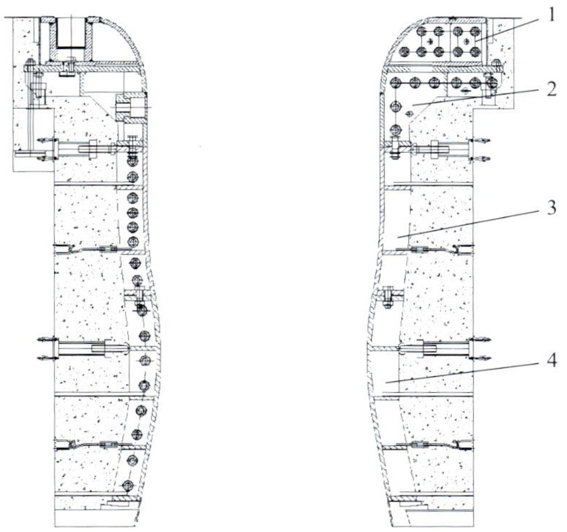

图 3.1–26　改造后的转轮室

1—底环；2—基础环；3—中环；4—下环

改造后的转轮（见图 3.1–28）采用相同的吊装方式。

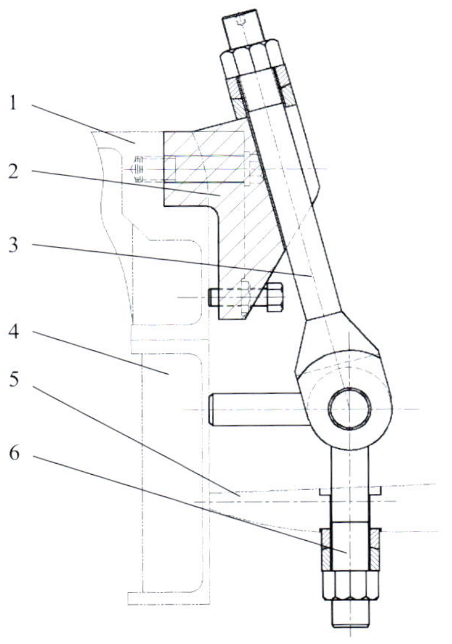

图 3.1–27　改造前的转轮悬挂

1—基础环；2—吊座；3—拉杆；4—中环；
5—转轮叶片；6—悬杆

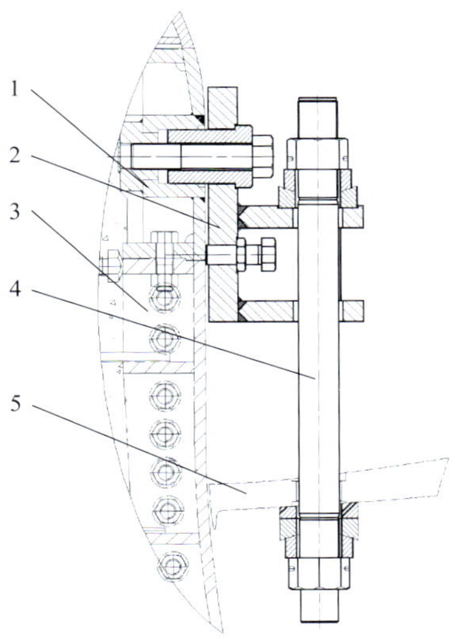

图 3.1–28　改造后的转轮

1—基础环；2—悬挂座；3—中环；
4—吊杆；5—转轮叶片

第二章　发电机更新改造结构设计

第一节　定子

一、定子机座

定子机座是水轮发电机定子部分的主要结构部件，其作用是用来固定定子铁心。定子机座的结构设计要求能承受定子绕组短路时产生的切向力和半数磁极短路时产生的单边磁拉力，同时还要承受各种运行工况下的热膨胀力，以及额定工况时产生的切向力和定子铁心通过定位筋传来的交变力。

根据设计厂家对原定子机座刚强度的校核计算结果，定子机座满足定子改造后的使用要求。在改造过程中主要进行相关的检查和处理，具体内容包括：

（1）对分瓣组合面进行封焊或焊接加强板。

（2）在原定子铁心拆卸完成后，对定子机座进行仔细检查，各分瓣组合面之间间隙应不大于 0.50mm，对超出部分通过再次紧固螺栓的方式进行处理。

（3）对定子机座连接螺栓的止动焊缝进行检查，确保无开裂现象。对定子机座进行现场修复，现场修复工作主要包括将原机座托块全部割除并更换新托块和将原有大齿压板上压指全部割掉并将大齿压板打磨平两项。

二、定子铁心

定子铁心是定子的重要部件，是安放绕组的设备，也是发电机磁路的主要组成部分，发电机运行时将受到机械力、热应力及电磁力的综合作用。定子铁心主要由扇形片、通风槽片、定位筋、上齿压板、下齿压板、拉紧螺杆及托块等零部件组成。用硅钢片冲成的扇形片叠装于定位筋上，定位筋通过托块焊接在机座环板上，并通过上、下齿压板用拉紧螺杆将定子铁心压紧成一个整体。

原 170MW 水轮发电机定子铁心冲片双面涂型号为 1611 的 B 级油性硅钢片漆，目前定子铁心冲片绝缘耐热等级从 B 级油性硅钢片漆发展到 F 级半无机环氧酚醛硅钢片漆，已经全面使用具有优异电气绝缘性能和环保性能的 F 级水溶性硅钢片漆，能够有效地消除冲片间的环流，降低涡流损耗和温升。因此利用本次改造发电机绝缘水平由 B 级提升至 F 级，根据电磁优化设计，定子铁心内径略有减小，因此定子铁心需整体更换。改造前后定子铁心主要参数对比见表 3.2-1。

在定子铁心尺寸基本不变的情况下，为了满足改造后的运行要求，定子铁心上、下端压指均采用非磁性材料，为防止压指松动、断裂，将压指直接焊于压板上。为了避免定子铁心产生翘曲变形，定位筋采用浮动鸽尾结构，定位筋与托块间留有适当的间隙以适应定子铁心的热膨胀。定子铁心通风沟槽钢采用非磁性材料制成，以减少损耗，能承受安装和运行时所施加的压力而不产生有害变形。铁心采用可靠的高强度低碳合金钢螺杆压紧，同时配置优质碟形弹簧，以补偿铁心的收缩，保持较恒定的压缩量，以维持机组运行期间冷热交替过程中铁心膨胀和收缩时对铁心必需的压紧力，以保证定子铁心长期稳定运行、不松动。铁心首末端设置成阶梯状，端部齿部开槽，减少端部漏磁，以减少端部附加损耗。

表 3.2-1　改造前后定子铁心主要参数对比

参　数	改造前	改造后
定子铁心外径/mm	17 600	17 600
定子铁心内径/mm	16 990	16 944
定子铁心长度/mm	2000	2000
定子铁心通风沟高度/mm	10	5
空气间隙/mm	21	18
定子绝缘等级	B	F
硅钢片材质	—	50W250

发电机定子改造需整体更换定子铁心，定子铁心改造前后结构如图 3.2-1 和图 3.2-2 所示。

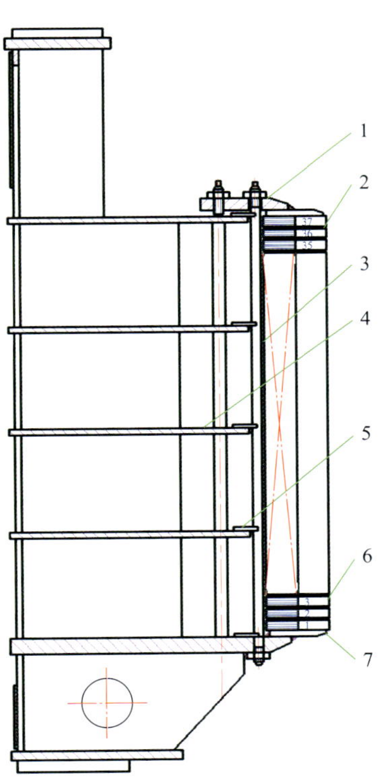

图 3.2-1　葛洲坝电站 170MW 机组定子铁心改造前结构示意图

1—上齿压板；2—通风槽片；3—拉紧螺杆；4—定子机座环板；5—托块；6—下齿压板

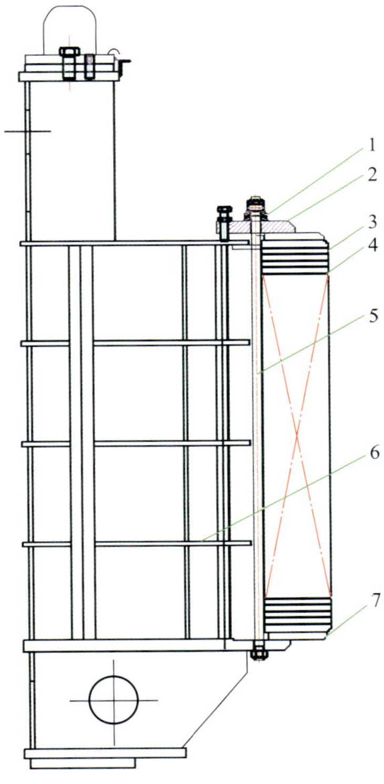

图 3.2-2　葛洲坝电站 170MW 机组定子铁心改造后结构示意图

1—碟簧；2—上齿压板；3—扇形片；4—通风槽片；5—定子拉紧螺杆；6—定子机座环板；7—下齿压板

（一）定位筋

发电机采用固定式定位筋结构，定位筋与托块焊接在一起（见图 3. 2–3）。当定子铁心与定子机座变形不一致时，两者存在挤压应力，可能导致定子铁心翘曲变形。为了防止定子铁心因热膨胀而造成翘曲变形，本次改造时将原来的固定式定位筋全部改为浮动式定位筋，在定位筋背部与托块之间设计一定的间隙（见图 3. 2–4）。

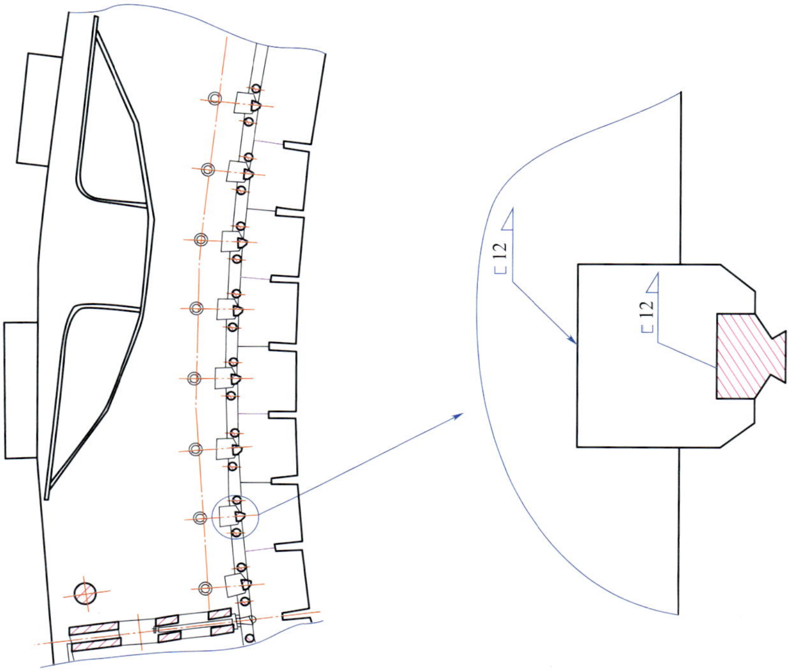

图 3. 2–3　葛洲坝电站 170MW 机组定位筋及托块示意图

（二）通风结构

水轮机发电机的通风系统直接影响发电机的运行性能，具有良好的通风系统是保证发电机能得到充分冷却的前提。

发电机采用双路径无风扇自循环通风结构，冷却空气由转子支架、磁轭、磁极旋转产生的风力作用进入转子支架进风口，流经磁轭风沟、磁极极间后，一部分空气经气隙、定子径向风沟，另一部分空气经定子线圈端部、机座回风孔，两部分空气在定子背部汇集进入冷却器，在与冷却水热交换散去热量后，重新分上下两路进入转子支架，构成密闭自循环。

本次改造优化了定子铁心的通风结构，改变了通风沟宽度和铁心分段数，空气的流动顺畅平稳，铁心冷却均匀充分，发电机各主要结构部件温度合理，通风系统结构满足电机冷却需要，确保发电机长期稳定安全运行。

（三）拉紧螺杆

原定子铁心拉紧螺杆紧固后，螺母直接焊接在齿压板上（见图 3. 2–5）。改造后采用

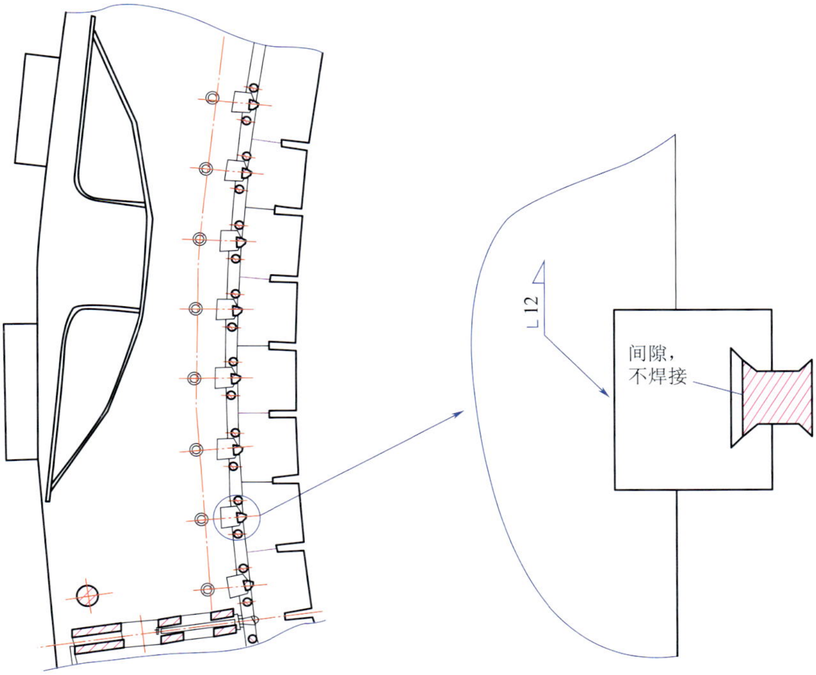

图 3.2-4 改造后定位筋及托块示意图

具有碟簧及垫圈的铁心紧固结构（见图 3.2-6），利用碟簧的变形补偿铁心运行时的收缩。

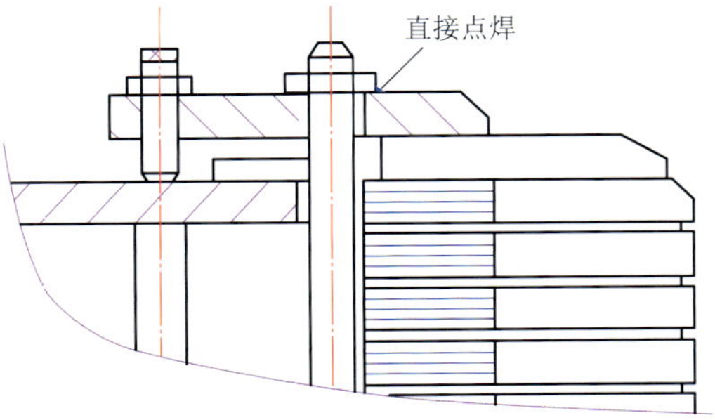

图 3.2-5 改造前定子铁心拉紧螺杆上部结构示意图

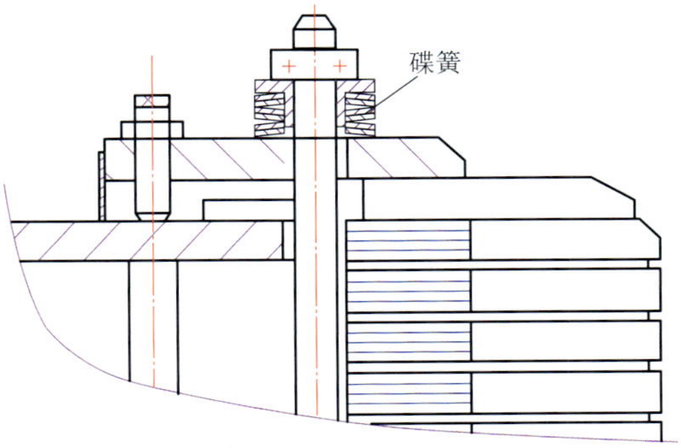

图 3.2-6 改造后定子铁心拉紧螺杆上部结构示意图

三、定子线圈

定子线圈是构成发电机电回路的基本元件，也是产生电磁感应作用的重要零件。决定定子线圈使用寿命的因素主要有制造和安装两个方面，在葛洲坝电站 170MW 机组更新改造中，主要对定子线圈的绝缘（防晕）结构以及换位角度和股线规格进行了优化设计，电接头的焊接方式也由原来的并头块锡焊优化为对接式中频感应焊接。

（一）绝缘结构

1. 概述

定子线棒主绝缘体系由原来多胶模压体系更改为少胶 VPI（真空压力浸渍）绝缘体系，绝缘主要包括股间、排间、主绝缘及防晕层等。

导线采用内屏蔽。股间绝缘是在导线外用无碱玻璃丝双层绕包，经烧结而成。排间绝缘为环氧预浸渍玻璃毡布。防晕层一次成型。成型的线棒保证导体周边绝缘厚度均匀，具有良好的电气性能、机械性能、抗老化耐潮湿性能和不燃或难燃特性。改造后发电机整体绝缘水平由 B 级绝缘提高到 F 级绝缘。线棒绝缘结构如图 3. 2-7 所示。

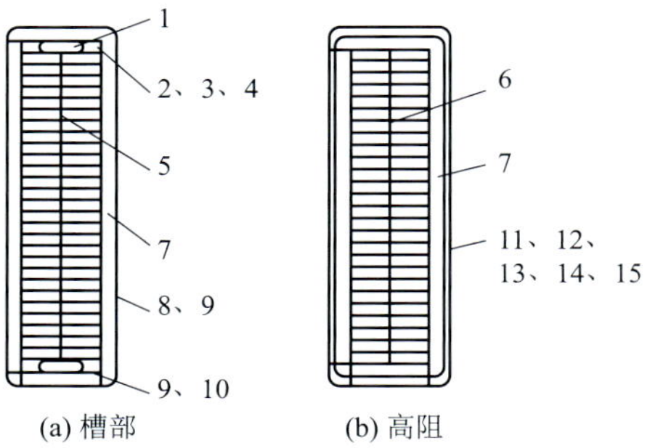

图 3. 2-7 线棒绝缘结构（槽部、高阻、端部）

1—涤玻包烧结铜扁线 CC065 DSBEB-20/155；2—热固性环氧填充腻子 DECJ0305；
3—F 级高强度层压玻璃布板 DECJ0902；4—F 级环氧桐马柔软云母板 DECJ0906；
5—F 级环氧预浸渍玻璃毡布 DECJ0401；6—宽上胶玻璃布复合绝缘纸 DECJ1210；
7—含促进剂少胶云母带 DECJ1202 0. 15×30；8—低电阻防晕带 DECJ1216 0. 08×25；
9—低电阻防晕漆 DECJ1306；10—干燥剂 DECJ1213；11—铁红环氧覆盖漆 DECJ1312；
12—高电阻防晕带 DECJ1219；13—高电阻防晕带 DECJ1220；
14—热收缩带 DECJ1317-2；15—环氧桐马玻璃粉云母带 DECJ1218

2. 防晕层

水轮发电机组定子绕组防晕层按部位可分为直线段防晕层和端部防晕层，端部防晕层根据位置不同又可分为全防晕和半防晕结构。防晕材料通常有带材和漆材两种，按照电阻率的不同，又可分为低阻、中阻、高阻 3 种类型。防晕结构的设计按照制造厂的绝缘规范进行，低阻防晕层双面厚度为 0. 30mm，端部防晕层双面厚度为 0. 70mm，防晕保护层双面厚度为 2. 40mm。线棒防晕结构如图 3. 2-8 所示。

（二）换位角度

由于水轮发电机的定子线圈通过电流往往较大，一般采用多股导线并联。在定子线圈中存在两种环流：第一种环流在每一股线导体中流通，产生集肤效应，使导体内的各点电流密度分布不均匀，从而使附加铜耗及交流电阻增加。一般采用较薄的股线可以减少这种环流。第二种环流存在于任意两根股线所组成的回路中，使各股线电流呈现不均匀现象，

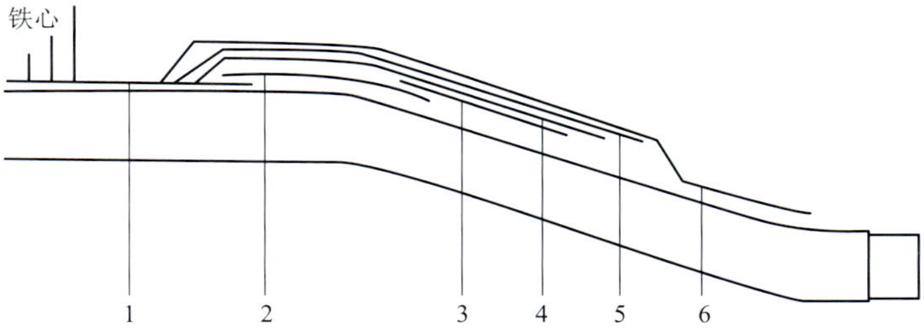

图 3.2-8 线棒防晕结构

1—半叠包 1 层全固化低电阻防晕带 S2641-1A；2—半叠包 1 层高阻防晕带 HL-3；
3—半叠包 1 层高阻防晕带 HL-4；4—半叠包 1 层热收缩带 HX0502-1；
5—半叠包 3 层云母带；6—涂刷 1 层红瓷漆 188

其原因是各并联股线处在不同位置，它们的磁链也不相同，因而产生的电势也就不同，因此在各股线回路中形成了电势差，就出现了环流。因为由于回路中直流电阻很小，它可能比第一种环流要大得多。这种环流既增加了定子附加铜耗又使股线出现过热点，将直接危害线圈绝缘寿命，限制电机出力的提高。为了消除或减少环流所引起的损耗，通常电机绕组采用不同方式的换位。

葛洲坝电站发电机定子线圈改造前采用的是 360°完全换位，改造后为避免由于端部漏磁场不平衡造成定子线棒内股线的环流损耗增大，使股线温差较大，采取定子线棒小于 360°的新型换位方式，其中上层线棒采用 327.3°换位，下层线棒采用 324°换位。通过槽部的不平衡磁场补偿端部漏磁影响，以降低股线内的环流损耗。从而降低了线棒内股线的温差，使线圈温度降低，延长线圈使用寿命。

（三）绕组连接

改造后定子绕组由条式线棒组成，各支路并联，Y 形连接，主引出线和中性点引出线以及它们的终端应为线电压级全绝缘并穿越发电机机坑引至主引出线及中性点引出线和中性点接地装置所规定的位置。

定子绕组常通过端部电接头连接形成支路，电接头的连接由并头块连接或直接连接，一般用中频感应焊机进行焊接，葛洲坝电站定子线圈改造前采用的是并头块烫锡工艺，操作工艺复杂，且直流电阻较大，改造后，采用新的电接头对接焊接结构，利用中频感应焊机直接焊接，工艺简单，返工率少，大大节约了时间，也使得电接头焊接质量提高，并尽可能地减少了因焊接产生的高温对线棒端部绝缘的影响。线棒电接头焊接如图 3.2-9 所示。

（四）固定结构

定子绕组改造前槽衬结构方式是在线棒与铁心之间根据间隙垫半导体垫条，改造后定子线棒在定子槽内与定子铁心配合严密，定子线棒在槽内的切向固定采用线棒槽部涂刷防晕技术。在下线时将导电腻子和导电槽衬包绕在线棒表面，以消除线棒表面与铁心槽壁的间隙，改善电位，并达到切向固定的目的，保证线棒与铁心无间隙。

图 3.2-9　线棒电接头焊接

线棒槽部固定采用槽楔和波纹板的固定结构在槽口压紧，依靠弹性波纹板强有力的弹性，使定子线棒在冷热压状态下均有一定压力，并能补偿绕组绝缘的老化收缩，使绕组、槽楔能长期运行后牢固而不松动。

线棒端部固定采用绝缘端箍固定线棒上下端部，能保证线圈在各种运行工况下和长期运行后不发生下沉，并能防止发电机在最严重的短路情况下可能发生的振动和变形。

槽楔装配后效果和槽楔端部绑绳效果分别如图 3.2-10 和图 3.2-11 所示。

图 3.2-10　槽楔装配后效果

图 3.2-11　槽楔端部绑绳效果

第二节　转子

转子是水轮发电机的转动部件，也是励磁系统重要组成部分，在机组运行中，直流励磁系统将直流电流输送到转子绕组上，转子绕组周围产生磁场，当主轴带动转子旋转时，在发电机转子与定子的空气间隙间会产生旋转磁场，切割定子线圈，在定子线圈间感应出电动势，输出电能。

转子主要由中心体、支臂、磁轭、磁极、引线以及滑环装置等组成。经过多年的运行，葛洲坝电站水轮发电机转子励磁绕组老化严重，且部分结构存在优化改进空间。为了使更新改造后的转子励磁回路的电流密度与绝缘等级都能够达到更新改造后设计标准，在更新改造过程中，对转子磁极、转子引线、滑环装置分别进行了更新改造工作。

一、转子磁极改造

本次改造转子支架、转子磁轭不更换，对转子磁极、磁极键进行更换。现场进行转子磁极挂装工作，全圆周共设计 110 件磁极，通过磁极键固定于磁轭外侧，改造后外径为 16 908mm，改造前外径为 16948mm。改造后转子磁极装配如图 3.2-12 所示。

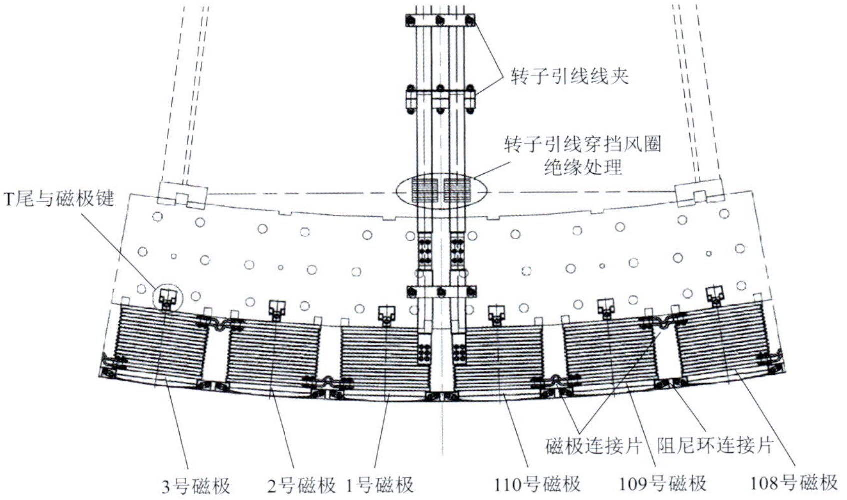

图 3.2-12 改造后转子磁极装配

本次改造共更换磁极极间连接片 218 片，更换全部阻尼环软连接片 440 片。磁极引线现场完成配孔和接触面镀银。螺栓螺纹部位涂螺纹锁固胶并用止动垫圈锁定。

除与磁极连接的转子引线外，均半叠包 8 层 0.14mm×25mm 环氧桐马玻璃粉云母带，外叠包 1 层 0.10mm×25mm 无碱玻璃纤维带，每层间刷室温固化环氧胶 DECJ1403，晾干固化后再涂刷 1 层聚酯晾干红磁漆。所有的转子引线与线夹之间都加垫浸有 J1403 胶的涤纶毛毡。

二、转子引线改造

改造前后，1 号磁极和 110 号磁极位置不变，转子引线两端安装方位无改变，转子支臂水平段改造后新转子引线取消 S 型异形设计。改造后转子引线结构如图 3.2-13 和图 3.2-14 所示。

三、转子挡风圈改造

根据通风结构优化设计，在转子 10 个盒式支臂间的进风口增加下腹板共 10 块，缩小了下部进风口面积。挡风圈改造前，原挡风圈安装在转子磁轭上方，通过螺栓紧固，改造后挡风圈焊接在转子磁轭内侧，安装半径较原挡风圈偏小。挡风圈安装完成后，根据转子引线装配图纸要求，在挡风圈上转子引线穿过位置配割 45mm×400mm 缺口，缺口打磨光滑，并用浸渍室温固化环氧胶 DECJ1403 的涤纶玻璃丝绳将引线绑扎 2 层，环氧胶

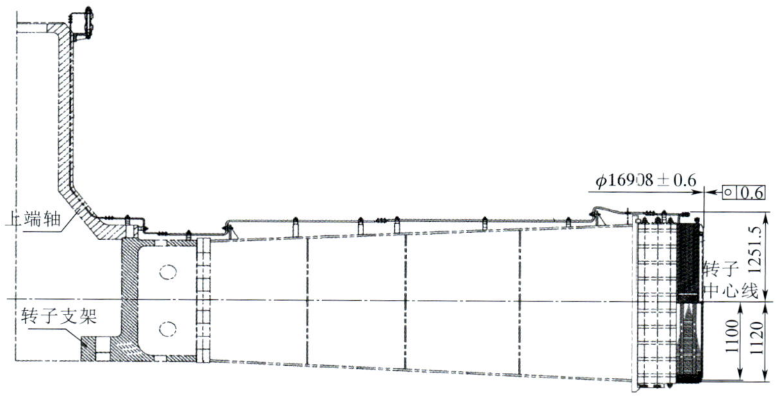

图 3.2-13　改造后转子引线结构（侧视）（单位：mm）

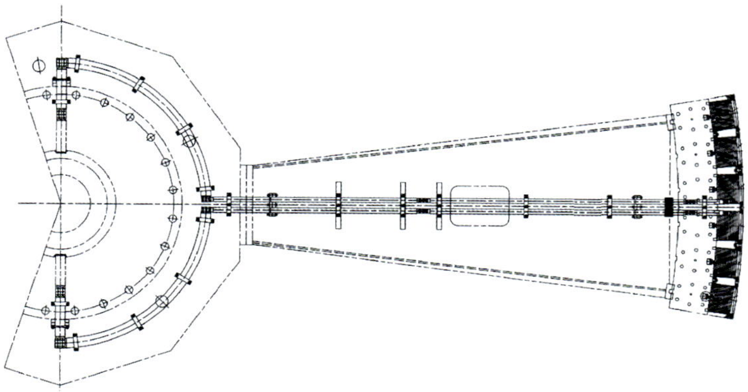

图 3.2-14　改造后转子引线结构（俯视）

干燥后表面涂刷聚酯晾干红瓷漆 CC092 DECJ1348。改造前、后挡风圈结构如图 3.2-15 和图 3.2-16 所示。

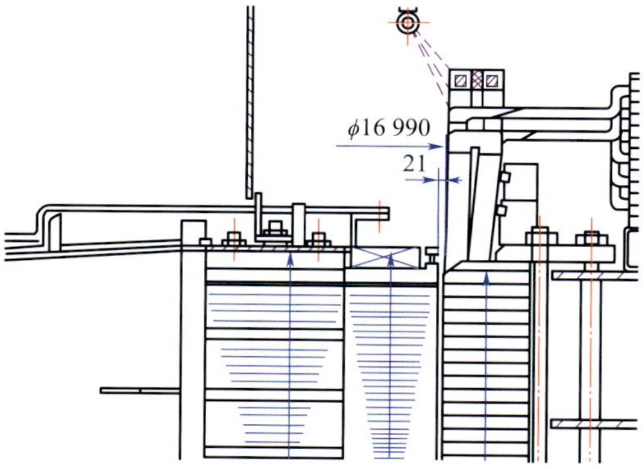

图 3.2-15　改造前挡风圈结构
（单位：mm）

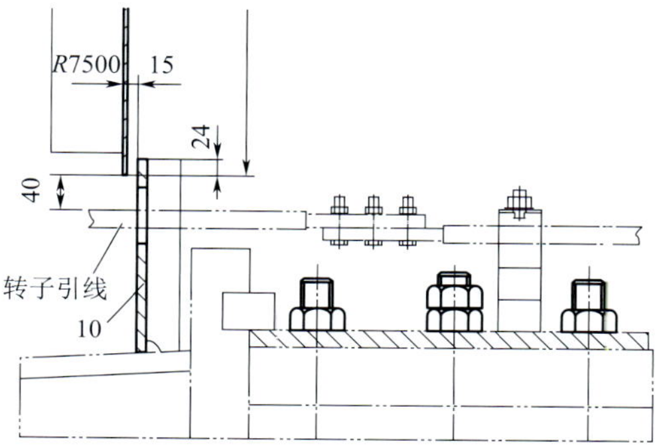

图 3.2-16　改造后挡风圈结构
（单位：mm）

四、滑环装置

新型滑环装置包括 9 部分，分别为集电环、隔板、导风叶、刷架、碳刷、刷握、刷握密封套、挡风罩和碳粉吸收装置。

（一）集电环

集电环（见图 3.2-17）整环开罗贝尔螺旋槽，螺旋槽边沿进行倒角处理，改善碳化滑动特性，防止碳刷剪切现象。集电环的上、下环之间选用 F 级伞形绝缘件，加长集电环之间有效绝缘长度，改善绝缘性能。同时环间采用开槽方式安装固定环间隔板进行密封，减弱油雾在绝缘件上的附着量，进而减小碳粉的附着能力，减小对绝缘性能的影响，并与挡风罩配合改善风路，提升碳粉吸收效果。

图 3.2-17 集电环

（二）刷架

刷架通过 6 根拉杆固定到上机架上，导电环与拉杆之间选用长筒形绝缘件，同时在长筒形绝缘件末端配伞形绝缘件，以提升刷架和拉杆之间的有效绝缘强度和绝缘性能。正负极导电环均为三瓣搭接成整圆，搭接面进行镀银处理，减小搭接区域接触电阻，防止局部过热。每瓣导电环中心开孔，作为励磁电流引入点，刷握在导电环上均匀布置，考虑电流密度因素，在刷握数量和碳刷尺寸选择上，应充分考虑电流密度，将电流密度尽量控制在 7~9A/mm^2，既利于碳刷与集电环表面氧化膜的形成，又避免接触面温升过高。因引入点均在中心位置，碳刷在导电环上均匀分布，因此降低了励磁电流在刷架上的压降，使励磁电流在各个碳刷上分布较均匀，减小偏差，降低了碳刷温升差异。当励磁电流分布均匀，各瓣导电环压降差异减小时，流经各个搭接面的电流较小，降低了搭接区域发热量和温升。刷架和挡风罩预装如图 3.2-18 所示。

（三）导风叶及挡风罩

导风叶固定在集电环上环顶面和下环底面，上下环各 6 个，整环均匀布置，且与集电环径向成 60°夹角。导风叶形状及尺寸如图 3.2-19 所示。

图 3.2-18 刷架和挡风罩预装

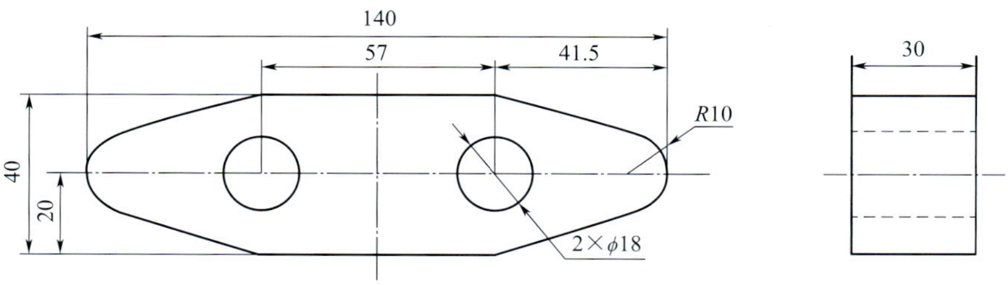

图 3.2-19 导风叶形状及尺寸（单位：mm）

环氧插槽固定到上导电环顶面内侧，插槽尾部向径向集电环方向伸出 20mm，挡风罩由下向上插入到插槽内，底部固定到下导电环底面，挡风罩尾部同上所述伸出 20mm。每个刷柄为单个碳刷，固定到刷握上。挡风罩、隔板、密封套三者形成半密闭空间，只预留集电环上下端部环形进风口。同时导风叶与环形进风口处于相同高度。在旋转时，在半密闭空间内产生负压，内外形成压差，空气通过环形进风口进入空间内部，环形进风口尺寸较小，风速增大。同时导风叶在转子旋转状态下，带动周围空气旋转，产生离心作用，空气到导风叶末端向外溢出，为进风进一步加速，加大进风量，提升碳粉吸收装置的效率和效果。

第三节 上机架及上导轴承

一、上机架及上端轴

葛洲坝电站 170MW 机组原上机架盖板设计采用普通花纹钢板，由于当时技术的局限，没有考虑隔声、降噪措施。在机组检修及缺陷处理时，需拆装上机架盖板，频繁拆装易出现紧固螺孔螺纹损坏、羊毛毡脱落等问题，同时由于年代已久，上盖板多处出现变形及损坏，在机组运行时上机架盖板振动噪声较大。长期振动容易使挡风板螺栓松动，螺栓松动后有掉落至定转子的风险，存在较大安全隐患。因此对上盖板及上挡风板进行更新改造，上盖板改造为隔声降噪的新型盖板。

新型盖板采用钢板+双层锡箔纤维棉的处理方式，具有很好的静态隔音效果，上盖板下方采用隔振器（见图 3. 2–20），隔振器内部装有减振弹簧和橡胶阻尼筒，能有效隔断垂直方向的 100Hz 左右的高频振动。

图 3. 2–20　新上机架新增隔振器

由于新型盖板高度增加，原上机架无法满足上盖板空间布置要求，因此一同更新改造。改造后的上机架由中心体和 12 条支臂现场焊接而成，中心体兼作上导轴承油槽。为确保机组稳定运行，加强定子机座刚度，上机架每个支臂与机坑基础间均设有弹性支撑，弹性支撑适应机架的热胀和降低机架振动水平，能在各种不平衡工况下安全运行。新上机架弹性支撑结构与旧上机架千斤顶结构对比如图 3. 2–21 所示。

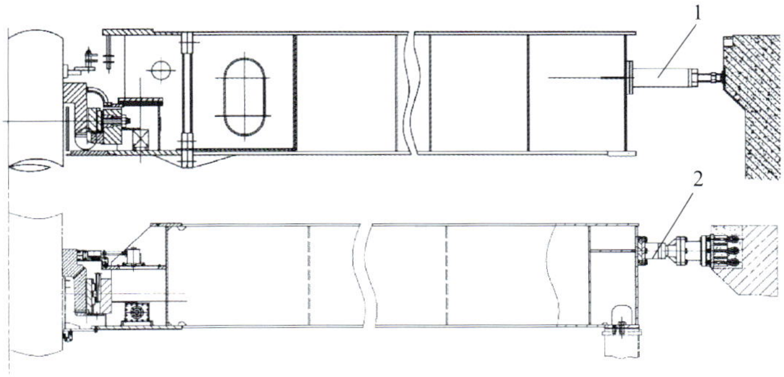

图 3. 2–21　新上机架弹性支撑结构与旧上机架千斤顶结构对比

1—旧上机架千斤顶结构；2—新上机架弹性支撑结构

原上端轴制作材料为 18MnMoNb，通过校核计算，原上端轴强度不满足改造后使用要求，因此本次改造对上端轴及滑转子进行整体更换，结构尺寸与原设计基本一致，材料更换为锻钢 25MnSX。

二、上导轴承

上导轴承采用分块瓦可调支柱结构。导轴承的润滑油采用自循环冷却方式。主要承受机组因机械不平衡和磁拉力不平衡产生的径向偏心力。

本次改造依然采用 12 块扇形巴氏合金瓦型式，仅对支撑方式进行了改造，由上导支柱螺栓结构改为斜楔式结构，方便上导瓦间隙的精确调整，如图 3. 2-22 所示。

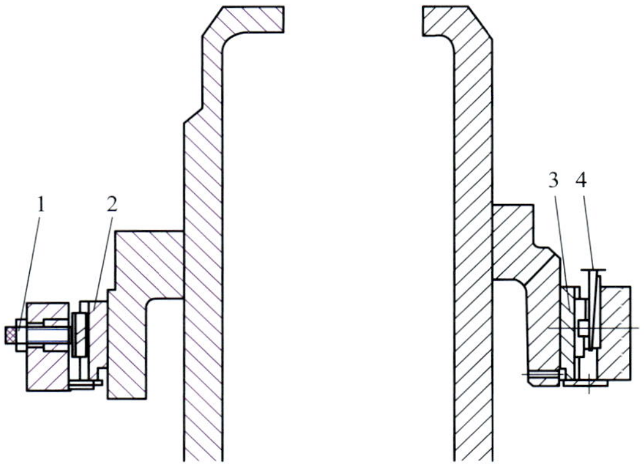

(a) 改造前的支柱螺栓结构　　(b) 改造后的斜楔式结构

图 3. 2-22　新旧上导轴承结构对比

1—支顶螺钉；2—旧上导瓦；3—新上导瓦；4—楔子板

第四节　推力支架及推力轴承

一、推力轴承

葛洲坝电站 170MW 机组额定转速为 54. 6r/min，额定推力负荷为 3950t，属于低速重载推力轴承。原机组采用弹簧油箱支承结构，推力瓦为塑料瓦结构。改造后采用符合低速重载要求的弹簧束+巴氏合金瓦方案，并配套高压油减载系统，轴承润滑油冷却仍采用内循环冷却方式。

图 3. 2-23 为改造前推力轴承结构，图 3. 2-24 为改造后推力轴承结构。改造后的推力轴承由推力头、镜板、推力瓦、托瓦、推力轴承座及其他附属部件组成，推力轴承高程与改造前保持一致，通过加工推力轴承座来调整改造后高程。具体改造部件如下：

（1）镜板进行更新。镜板采用锻钢材料，镜板内部布置循环油孔。原镜板与推力头销钉为轴向圆柱销，新镜板与推力头销钉为径向圆柱销。

（2）推力瓦进行整体更新。原推力瓦为塑料瓦结构，新推力瓦为巴氏合金瓦，带高压油顶起装置，推力瓦数量为 20 块。

（3）原推力瓦支撑结构为弹性油箱结构，改造后为小弹簧结构。推力轴承座为新加工设备，其高度根据旧推力轴承高度综合确定。

（4）推力油冷却器整体更换，与改造前一致。

（5）推力油槽及其附属部件整体更换。

（6）原机组油雾问题相对较严重，影响了机组性能以及绝缘寿命，同时恶化了检修环境。本次改造增加防油雾系统。改造后增大油槽支撑环板内径，减小油槽内压力，以减少油雾的产生。

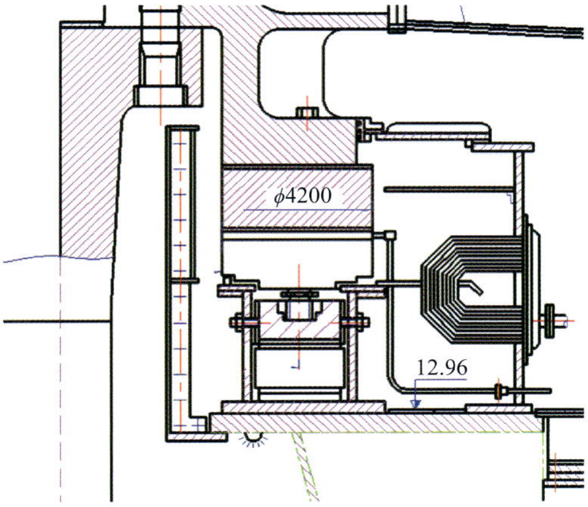

图 3.2-23　改造前推力轴承结构（单位：mm）

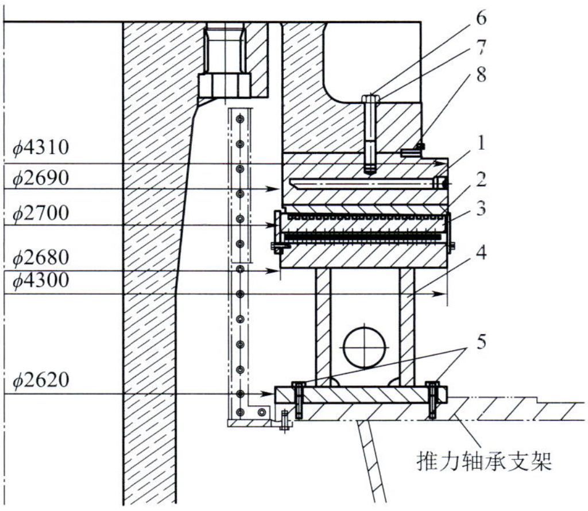

图 3.2-24　改造后推力轴承结构（单位：mm）

1—镜板；2—推力瓦；3—托瓦；4—推力轴承座；5，6—螺栓；7—垫圈；8—镜板与转子支架销连接

弹簧束支承巴氏合金瓦推力轴承设计参数及性能计算结果见表 3.2-2、表 3.2-3。

表 3.2-2　弹簧束支承巴氏合金瓦推力轴承设计参数

参　数	弹簧束支撑巴氏合金瓦	弹性油箱支承塑料瓦
额定转速/(r/min)	54.6	
推力负荷/t	3950	
润滑油牌号	L-TSA46 汽轮机油	
瓦内径/mm	2700	
瓦外径/mm	4300	4200
瓦面夹角/(°)	16	15
瓦块数/块	20	20
瓦面长宽比	0.611	0.602
单瓦面积/m^2	0.391	0.3387
比压/MPa	4.96	5.72
平均周速/(m/s)	10.0	9.863
Pv 值/(MPa·m/s)	49.6	56.4
周向偏心率	0.6	0.6
径向偏心率	0.525	0.52

表 3.2-3　弹簧束支承巴氏合金瓦推力轴承性能计算结果

参　数	弹簧束支撑巴氏合金瓦	弹性油箱支承塑料瓦
油温/℃	40	
最小油膜厚度/m	35	27.4
常规监测瓦温（RTD)/℃	60.8	48.8
最高油膜压力/MPa	12.2	15.4

续表

参　数	弹簧束支撑巴氏合金瓦	弹性油箱支承塑料瓦
轴承摩擦损耗/kW	247. 4	237
轴承搅拌损耗/kW	43	47
轴承总损耗/kW	290. 4	284

二、高压油减载系统

本次改造将弹性油箱支承塑料瓦改为弹簧束支撑巴氏合金瓦结构，需增设高压油减载系统，用于在机组启动、停机、检修盘车时向推力瓦与镜板之间注入高压油，形成油膜，保证机组在转动过程中推力轴承处于良好润滑状态，减少磨损。

高压油减载系统主要由高压油泵、电机、压力变送器、流量开关、不锈钢高压球阀、压力表、压力开关、过滤器、阀组、流量调节阀、单向阀、控制块等部件组成。其结构原理图如图 3. 2-25 所示。

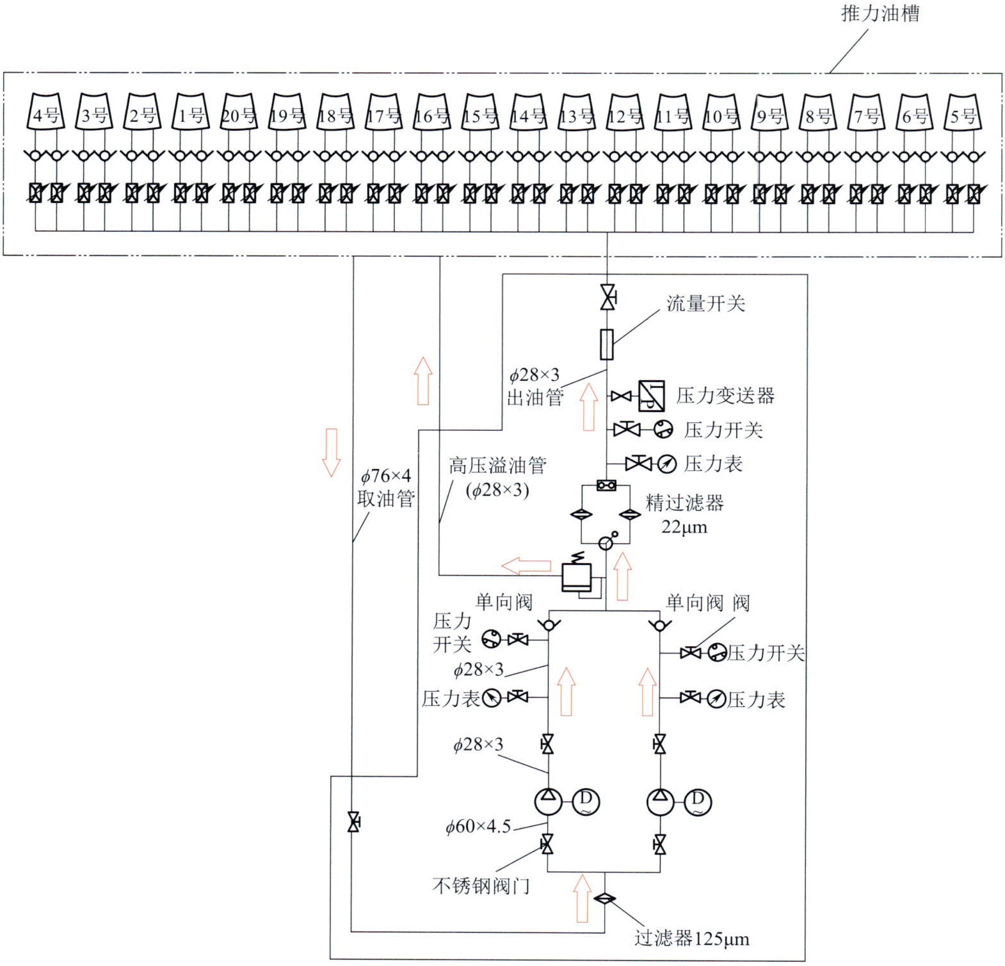

图 3. 2-25　高压油减载系统原理图

三、推力支架

根据强度复核计算，原推力支架在运行工况应力均小于 ASME 标准要求的许用应力，满足改造后刚强度要求。本次改造中主要对推力支架进行修复和适应性改造（见图 3.2–26），主要内容如下：

（1）推力支架与支持盖配合法兰面进行精加工，平面度不大于 0.03mm，表面粗糙度 *Ra*1.6。

（2）以下法兰面为基准，对推力轴承座安装法兰面进行找平处理，要求平行度偏差≤0.03mm。

（3）以下法兰面为基准，对推力油槽座安装法兰面进行找平处理。

（4）推力轴承座与推力支架预装调整合格后配钻斜向锥销。

（5）推力油槽与推力支架预装调整合格后配钻锥销。

（6）配钻高压油减载装置加排油孔。

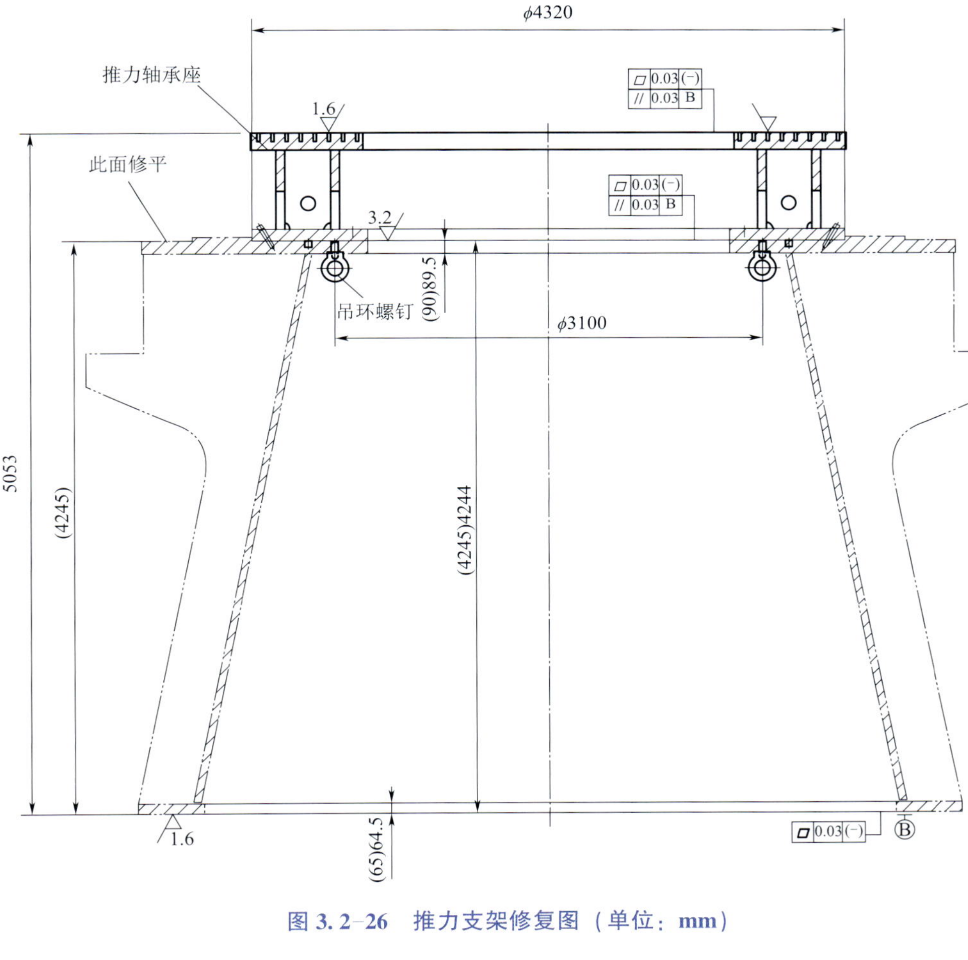

图 3.2–26　推力支架修复图（单位：mm）

第五节 励磁系统

一、励磁系统改造

改造后的励磁系统能连续提供发电机在规定的所有运行条件下所需直流功率，并保证当发电机在励磁电流和电压为发电机额定负载下励磁电流和电压的 1.1 倍时能长期连续运行。

（一）励磁系统组成

改造后的励磁系统为 IAEC-6800 自主可控励磁系统，主要由励磁调节器、励磁功率柜、灭磁及过压保护柜、在线监测装置等组成。

（二）设计优化

改造后的励磁系统实现了软硬件的 100% 自主可控，可进行智能均流，并能够独立运行，其励磁调节器控制模块、信号采集板件、励磁控制终端、晶闸管、主备励开关等均采用国产化元器件。

二、励磁方式

葛洲坝电站 170MW 机组投产后原设计的发电机励磁方式一直沿用至今，均采用国产的交流侧串联自复励系统。在 20 世纪 70 年代进行葛洲坝电站设计时，由于当时的电力系统容量较小（相对于葛洲坝电站），网络结构较薄弱，电力系统稳定性要求比较突出，电力系统要求通过发电机的励磁控制改善电力系统的稳定性。根据电力系统稳定性要求及当时国内的励磁控制技术水平，设计选择了自复励的励磁方式，以改善电力系统稳定性。

自复励励磁方式的缺点是需在发电机定子的中性点引出线上设串联变压器；串联变压器将使励磁电压畸变并有较大的换弧电压降；在葛洲坝电站的实际运行中，串联变压器运行噪声较大；串联变压器置于水轮机层，在机组较长时间停机时防潮维护比较困难。

自并励励磁方式取消中性点引出线上的串联变压器，简化了励磁主回路，实际运行表明这种励磁方式有较高的可靠性。国内外的研究表明，当采用自并励系统的励磁顶值取适当高的倍数后，电力系统极限允许切除时间可与自复励系统相当；在自并励系统附加以 PSS 后，可以有效抑制电力系统的低频振荡，改善电力系统稳定性。针对葛洲坝电站及其所在的电力系统的研究也有相同的结论。因此，随着国内自并励励磁方式技术上的成熟及应用经验的积累，在葛洲坝电站后建成的国内大中型水电厂中再未采用过自复励励磁方式，而采用自并励励磁方式。

故改造机组发电机励磁方式按自并励励磁方式设计。发电机励磁电源取自发电机机端。

根据 GB/T 7409.3—2007《同步电机励磁系统　大、中型同步发电机励磁系统技术要求》和 DL/T 583—2018《大中型水轮发电机静止整流励磁系统技术条件》的要求，励磁顶值电压倍数取为发电机额定容量时励磁电压的 2 倍，且在发电机端正序电压下降至额定电压的 80% 时应予以保证。励磁顶值电流取为发电机额定容量时励磁电流的 2 倍，允许时间不小于 20s。

三、励磁变压器

为了减小机端三相短路的概率，励磁变压器采用户内、自冷、无励磁调压、环氧树脂浇注的 3 个单相干式整流变压器，具有防潮、防火性能好，基本免维护等优点。根据改造完成后机组参数计算可得，单相励磁变压器额定容量为 1100kV · A，变比为（13800/1.732)/933。变压器绝缘等级采用 H 级，防护等级为 IP21。变压器高、低压线圈间应有金属屏蔽并可靠接地。变压器在其额定容量下运行时，应考虑整流器产生的特征及非特征谐波损耗的影响，线圈的最高温升（用电阻法测量）为 80K，线圈最热点温度不超过 130℃。在任何情况下不应出现使铁心、其他部件和与其相邻的材料受到损害的温度。

第六节　发电机附属装置

一、通风冷却系统及灭火系统

葛洲坝电站 170MW 机组改造前发电机采用由上、下盖板和上、下挡风板构成的双路无风扇全密闭径向通风系统，热风通过均匀布置在机座外壁的 12 个高效空气冷却器冷却。

通过对水轮发电机流场及温度场进行计算，发电机各主要结构部件温度合理，通风系统结构满足电机冷却需要，原空气冷却器的容量满足退出 2 台运行的要求，能确保发电机长期稳定安全运行，同时在铁心优化设计时改变了通风沟宽度和铁心分段数，空气的流动顺畅平稳，因此通风冷却系统本次未进行改造。

此次改造中，发电机灭火装置从结构设计方面没有新的变化，还是采用原结构，材质方面做了更新，旧灭火装置采用镀锌管材质，喷水口是在管道上打孔，此次在改造中采用了不锈钢管，喷水口采用了喷雾嘴结构设计。

二、制动系统及粉尘吸收系统

原葛洲坝电站 170MW 机组制动器采用弹簧复位结构，容易出现弹簧发卡现象，制动环板采用石棉材料，运行中易产生有害粉尘。改造后发电机采用新型制动器，制动器采用压缩空气自动复位，制动块采用新型非金属无石棉材料制成，制动器可兼作油压顶起装置，并配有可移式电动供油泵。制动系统配备了刹车除尘系统，通过抽风机将制动时可能产生的少量粉尘吸出并收集在集尘筒内，避免粉尘在发电机风洞内扩散。

新旧制动器结构对比如图 3.2-27 所示，左边为旧制动器结构，右边为新制动器结构。

三、防油雾系统

为了减少机组运行油雾的产生，从而减小对机组性能及绝缘寿命的影响，利用本次改造，对油槽内所有部件进行合理布置，使油循环路径通畅。增大油槽支撑环板内径，减小

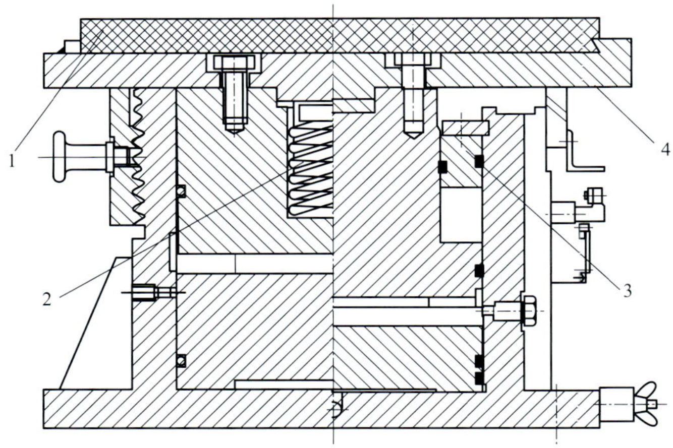

图 3.2-27　新旧制动器结构对比

1—石棉制动块；2—弹簧复位结构；3—活塞复位结构；4—非金属无石棉制动块

油槽内压力。同时，在发电机的上导轴承油槽和推力轴承油槽分别设置了防油雾装置，有效防止油雾污染发电机。

四、除湿机

为改善风洞内设备运行环境，降低风洞内空气湿度，本次改造在风洞内加装了 6 台除湿机（见图 3.2-28），单台除湿机最大输入功率 3.2kW，除湿量（30℃，RH80%）168L/d。

除湿机沿定子机座外围均匀布置，底座螺栓固定牢固，中部用抱箍与定子机座固定，排水管通过汇流总管引至风洞内排水沟。

五、碳粉吸收装置

为改善滑环室内设备运行环境，降低碳粉污染的影响，本次改造在滑环室加装 4 台碳粉吸收装置（见图 3.2-29），单台碳粉吸收装置风机功率 1.5kW，处理风量 1500m^3/h。碳粉吸收装置进线电源取自于发电机辅助控制柜，在上机架处装设电缆转接盘，以便于后续检修中上机架的整体拆装。

六、中性点设备

当发电机出现单相接地故障时，消弧线圈上将出现发电机的额定相电压。同时考虑到发电机发生突然甩负荷或发电机强励时，消弧线圈将要承受更高的工频暂态过电压，这将使铁心饱和，可能产生铁磁谐振过电压，为此在设计上采取了相应措施。消弧线圈的铁心、线圈结构、绝缘配置等各个方面均采用了最新设计，保证了在各种恶劣工况下铁心不饱和，绝缘水平高，耐冲击和振动。

原发电机接地方式采用油浸式消弧线圈接地。机组改造后，发电机中性点接地方式不改变，仍采用经消弧线圈接地。机组新中性点消弧线圈柜的设备、元件集成于一柜内，消弧线圈为单相、干式、H 级全绝缘、环氧浇注式变压器，型号为 XDC-250/13.8kV。

图 3. 2–28 除湿机

图 3. 2–29 碳粉吸收装置

消弧线圈柜为全封闭式。发电机中性点由高压电缆从柜上侧引入，接在三工位隔离开关静端子上，隔离开关动端子与消弧线圈高压端子 A 相连接，消弧线圈的另一端子 X 通过电流互感器可靠接地，柜内设备布置安全合理，便于运行操作及检修。新消弧线圈原理图及实物图如图 3. 2–30 所示。

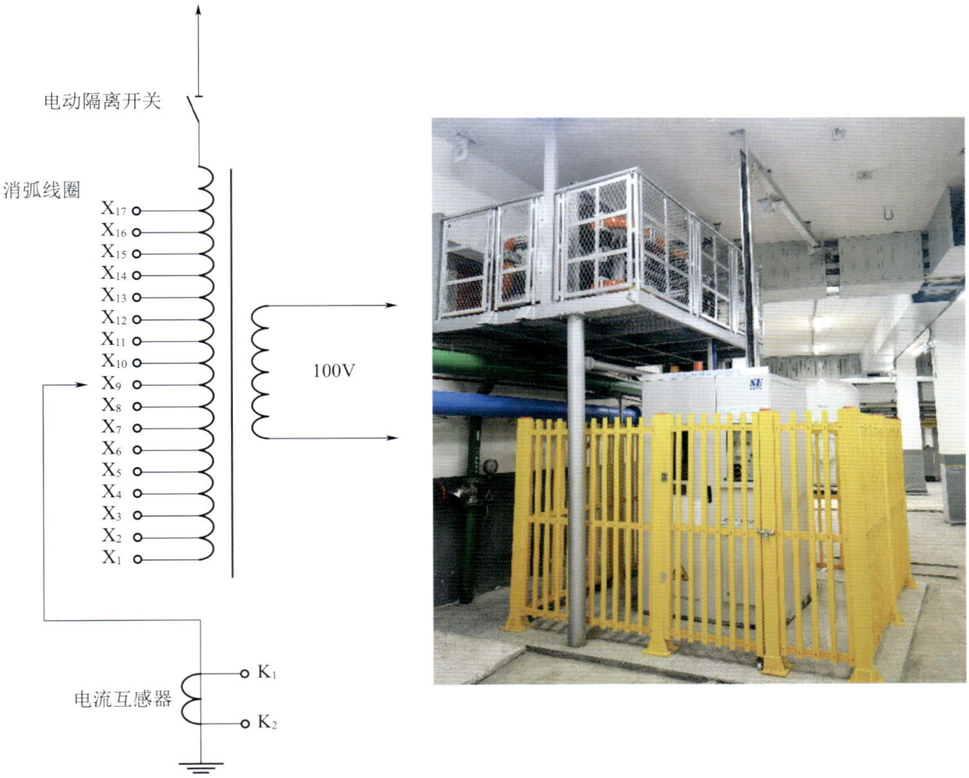

图 3. 2–30 新消弧线圈原理图及实物图

为防止在某些恶劣的环境下，柜内设备受潮，绝缘水平下降，柜内加装了一套除湿加热装置，同时柜门装有窥视窗，柜内有照明灯，便于运行中巡视检查，以保证发电机的安全运行。

七、感温感烟系统

本次改造在发电机风洞上方共安装感温、感烟探测器（见图 3. 2−31）各 6 组，交错均匀安装在风洞墙壁中部，并接入火灾报警控制箱，任意一个探测器报警时，现场火灾报警控制箱（见图 3. 2−32）发出现地声光报警信号，并同步将报警信号发送至中央控制室。

图 3. 2−31　感温、感烟探测器

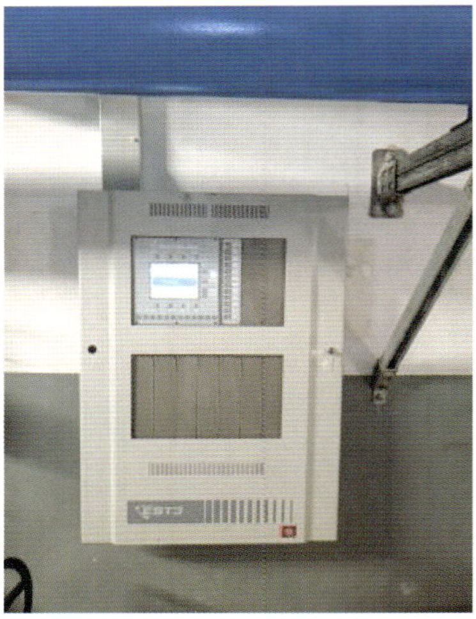

图 3. 2−32　火灾报警控制箱

第三章　调速系统更新改造结构设计

葛洲坝电站170MW机组调速系统主要由油压装置、双调节主配压阀、事故配压阀、分段关闭阀、控制阀、行程测量控制元件、反馈装置、过速装置、测速装置、接力器、分油器等部件组成。利用本次改造对油压装置、主配压阀、事故配压阀、分段关闭阀、反馈装置等进行结构化改造，以提高动作可靠性和安全性，同时对部分控制管路进行了集成化改造，使管路数量大幅减少。

第一节　调速器及管路

一、主配压阀

改造前主配压阀为立式，由步进电机配合杠杆及引导阀作为电液转换装置，无比例伺服阀。改造后调速器主配压阀由双精滤油器、主配压阀体、伺服电机直线位移转换器、紧急停机电磁阀、比例伺服阀、手/自动切换阀等元件组成，如图3.3-1所示。

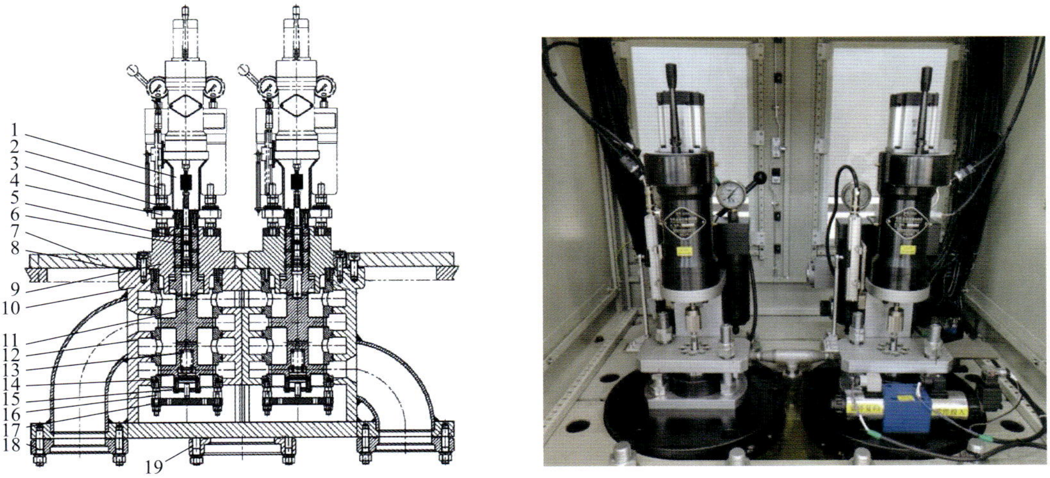

图3.3-1　调速系统主配压阀

1—底座；2—调节螺杆；3—调节螺纹套；4—调节支撑板；5—引导阀芯；6—引导阀衬套；7—底板组件；8—大垫；9—桨叶阀盖；10—主配阀体（导叶）；11—主阀活塞；12—主阀衬套（导叶）；13—主阀托簧；14—小活塞；15—小支承板；16—连接螺栓；17—大支承板；18—连接法兰盘；19—回油法兰盘

该主配压阀控制有两个自动运行通道：一个是比例伺服阀控制回路，另一个是伺服电机控制回路。两个控制回路由一个电磁换向阀选择其中一个为当前自动运行状态，另外一个为备用状态。根据电厂的需要两个控制回路可随时无扰动切换。

在比例伺服阀自动运行工况时，比例伺服阀是输出信号压力油的主要元件，控制主配压阀活塞运动分别操纵导叶、轮叶接力器。

在伺服电机自动运行工况时，伺服电机的旋转运动转换为机械的直线位移输出，驱动引导阀上下运动，通过主配压阀液压放大分别操纵导叶、轮叶接力器。

处于优先位置的紧急停机阀，可保证机组在紧急状态下，安全可靠关机。改造后紧急停机阀增加了一级过速停机功能，替代了改造前电磁阀。

当调速器交、直流电源发生故障时，伺服电机直线位移转换器能保证主配压阀自复中，维持水轮机导叶、轮叶在故障前的位置，并可纯机械手动安全停机。

二、事故配压阀

改造前事故配压阀采用滑阀结构，本次改造将事故配压阀更换为目前主流设计的DN200插装阀结构，由A、B两部分构成，事故配压阀A的两插装阀阀芯均有调整阀芯开度的限位螺杆；事故配压阀B的两插装阀阀芯均有标识阀芯状态的标志杆，配套位置开关传感器传输事故配压阀运行状态，改造后事故配压阀如图3.3-2所示。

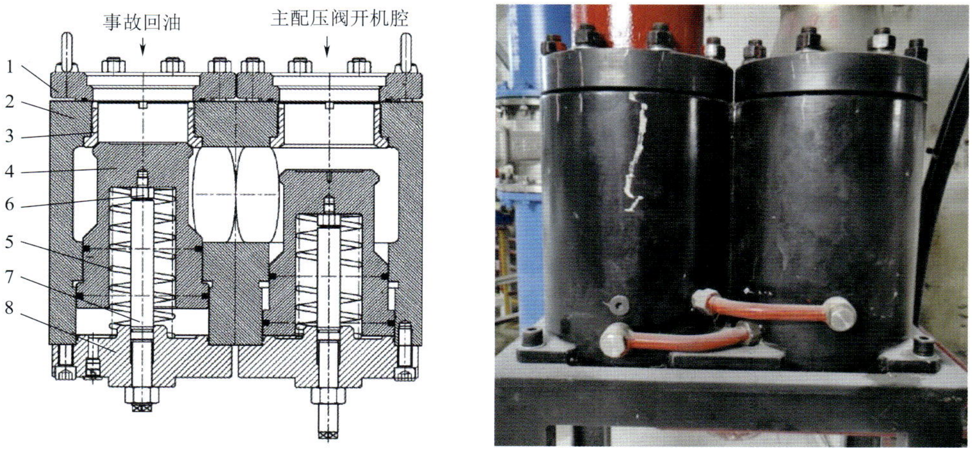

图3.3-2 改造后事故配压阀

1—法兰盘；2—事故配压阀阀体；3—衬套；4—活塞；5—弹簧；6—垫块；7—限位螺杆；8—压盖

事故配压阀A每个部分中的插装阀运行状态完全相反，当机组正常运行时，事故配压阀A中的导叶开腔插装阀处于全开位置，事故回油腔处于全关位置；事故配压阀B中的导叶关腔插装阀处于全开位置，事故压力油腔处于全关位置。

事故配压阀的状态由先导阀控制，先导阀由一个电磁换向阀和一个液控换向阀组成，当机组转速达到二级过速转速时电磁换向阀换向，改变液控阀状态，切换事故配压阀状态，事故油气罐压力油通过事故配压阀B直接作用到导叶接力器关腔，接力器开腔的油通过事故配压阀A直接流入回油箱。

若二级过速故障未动作，机组转速进一步增加到纯机械过速转速，纯机械过速行程阀动作，事故配压阀先导阀的液控阀状态直接被纯机械过速装置切换，切换事故配压阀状态关闭活动导叶。

三、分段关闭阀

分段关闭阀安装在调速器主配压阀与导叶接力器之间的开腔油路上，原理示意图如图 3. 3–3 所示。改造后分段关闭装置由导叶分段关闭阀和接力器拐点开度控制机构组成，后者包括导叶接力器开度拐点检测及整定机构和控制阀。导叶接力器开度拐点控制机构基于纯机械液压的工作原理设计而成，其控制阀阀杆通过滚轮与导叶接力器行程轨道配合，轨道由两段平行直轨道组成，中间由斜面轨道连接，平直轨道与斜面轨道转换点为导叶接力器开度拐点。

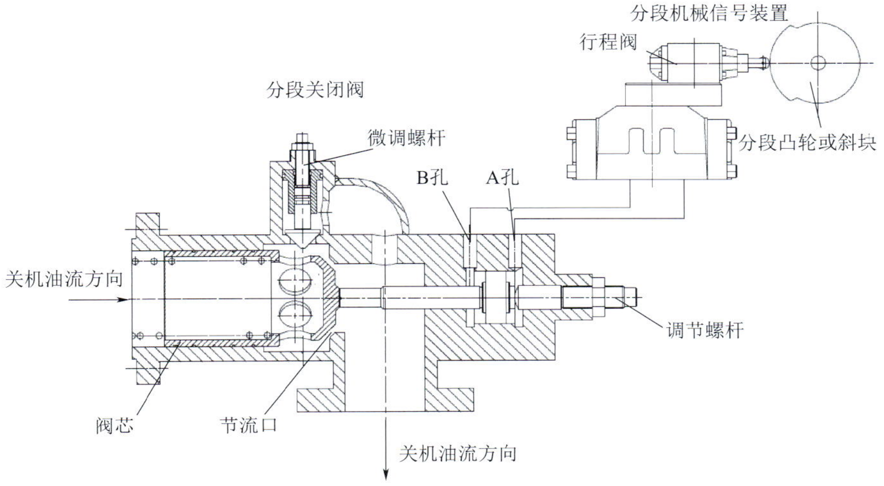

图 3. 3–3　分段关闭原理示意图

分段关闭阀（见图 3. 3–4）由 DN200 主阀和旁通阀组成过流通道，控制腔活塞杆在先导阀的控制下限制主阀芯的位置，从而控制开腔的回油通道过流面积；旁通阀设置微调螺杆，限制旁通阀阀芯位置，从而控制开腔的回油通道过流面积，起到调节分段关闭的第二段关闭时间作用。

图 3. 3–4　分段关闭阀实物图

四、纯机械过速装置

改造后纯机械过速装置由过速摆和液压阀两部分组成，过速摆内的柱塞安装在黄铜腔室内，由带预紧力的弹簧来完成过速保护动作的触发。液压阀由 1 个二位四通阀和触动臂组成，装置如图 3. 3–5 所示。

过速摆安装于测速齿盘上随水轮机轴转动，液压阀通过支架安装在固定部件上，机组转速达到 153% 额定转速后，过速摆中的柱塞会随着转速增加从黄铜腔室中压缩弹簧而伸出，从而触动液压阀的触动臂，液压阀切换状态进而实现对事故配压阀的先导阀切换，切换事故配压阀状态，

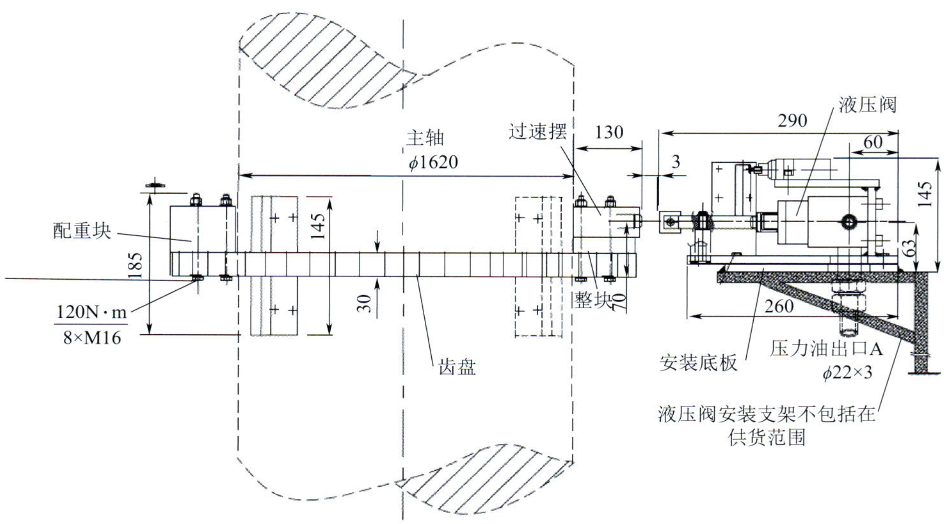

图 3.3-5　纯机械过速装置（单位：mm）

达到过速保护的目的。液压阀触动臂可以在现场用手动复位。

五、测速装置

本次改造后测速装置由齿盘和光电接近开关组成，齿盘抱箍在水轮机主轴上，对称两半结构，齿数为 110 个，方形齿；接近开关在金属齿盘靠近其感应面时，产生开关量状态变化并输出，测速装置如图 3.3-6 所示。

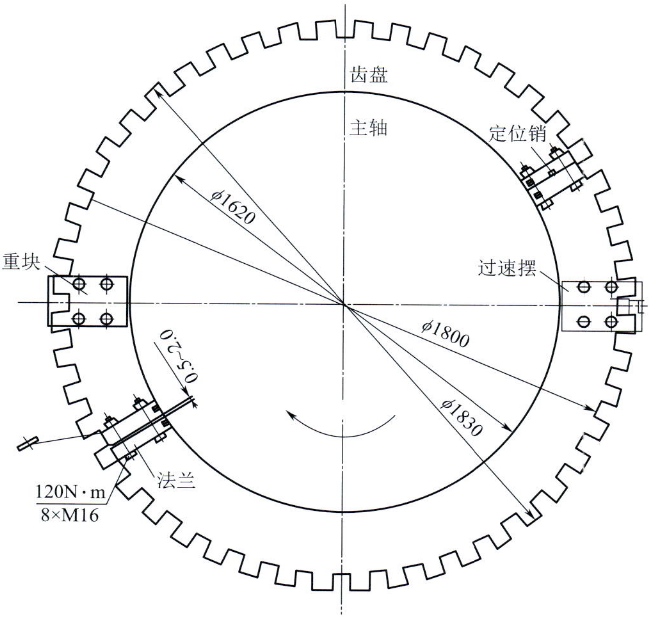

图 3.3-6　测速装置（单位：mm）

六、调速器管路

本次改造对调速系统管路材质进行升级，采用不锈钢材质。管道弯头、变径、法兰均更换为标准件，同时管道布置进行规范化设计，与其他机组管道相对位置保持一致。改造后系统中管道通用阀门全部采用球阀，部分高压球阀采用电动开关，减少了因管路及阀门渗漏导致系统故障的设备隐患。

第二节　油压装置

油压装置包括油泵电机组（见图 3.3-7）、压力容器、回油箱、机坑漏油箱。

图 3.3-7　油泵电机组

一、油泵电机组

3 台油泵电机组安装于回油箱的上方金属盖板上（见图 3.3-8）。油泵为卧式重载三螺杆型，在最大油压下和回油箱低油位的情况下能自吸供油，调速系统运行时 1 台油泵工作、2 台备用，每台油泵输油量不小于 20L/s。

每台油泵出口均装设具有卸荷、安全、止回以及截止功能的组合阀，阀组通径 DN60，卸载阀配备力士乐品牌电磁切换阀，采用电气延时控制，延时时间 1~10s 可调；安全阀始排压力值 4.02~4.08MPa，全排压力小于 4.4MPa，安全阀排油管路有观察孔。3 台油泵输出压力油经组合阀后汇集到一根 DN150 不锈钢管进入压力油气罐。

二、回油箱

回油箱未进行结构上改造，内部采用钢板将脏油和净油分开，脏油和净油区采用 100μm 精度的网状过滤器隔开，网状过滤器便于拆下清理，净油区是油泵的取油池。回油箱容量 $40m^3$，容积不少于一台机调速系统所有工作油量总和的 1.1 倍。

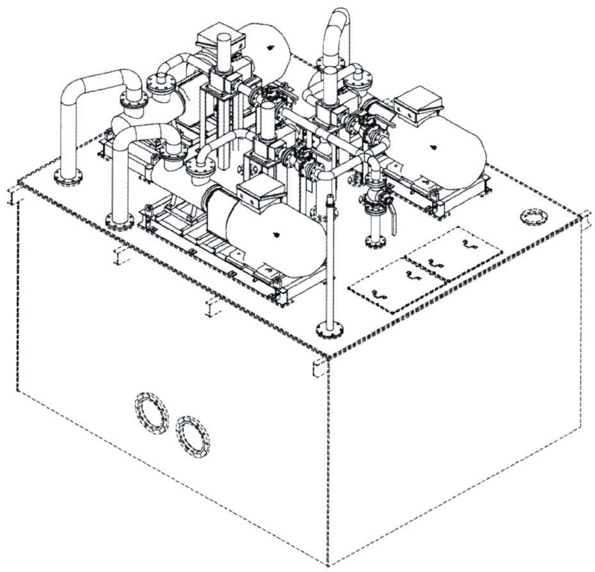

图 3.3-8　油泵电机组和回油箱位置关系示意图

回油箱上部有两扇可开启盖板，作为进人通道入口；上部安装磁翻板液位计和两个油位开关，分别用于油位过高和过低时发报警信号；回油箱底部设有加排油管。

回油箱底部有一台过滤精度为 10μm 的在线滤油机，滤油器在机组运行期间不间断过滤回油箱内油中杂质。

三、压力容器

压力容器按照 GB/ T 150.3—2011《压力容器 第 3 部分：设计》进行设计，工作压力 4.0MPa，工作介质为 L-TSA46 号汽轮机油和压缩空气，设计制造材料为 Q345R，使用年限 30 年，腐蚀裕量 2mm。

压力容器总容积为 $60m^3$，可保证在不启动油泵的情况下，自正常工作油压下限至最低操作压力之前，压力油气罐可用油体积为 3 倍导叶接力器总容积与 2 倍轮叶接力器容积之和。

压力容器总体积较改造前增加 $20m^3$，原安装位置无法全部容纳。$60m^3$ 压力容器分为 2 个 $15m^3$ 压力油罐安装在改造前位置，3 个 $10m^3$ 压力气罐安装在风洞层。压力容器配置自动补气装置，可以按照油压和油位自动补充压缩空气。每个压力油罐各安装一台压力变送器反映油罐内油压，变送器输出电流为 4~20mA，将信号传送至计算机监控系统。

压力油罐油位信号器是密封的磁翻柱型，提供 3 个不同油位接点，一个在高油位作用于报警或停机，一个在低油位作用于报警或停机，一个在较高油位作用于自动补气装置。

四、机坑漏油箱

机坑漏油箱（见图 3.3-9）整体更换，漏油箱安装于水车室支持盖内，收集控制阀动作后的无压油、分油器渗漏油、接力器活塞杆轴封渗漏油，通过液位高低启停油泵将油泵至发电机层上游侧回油箱。

图 3.3-9　机坑漏油箱

第三节　接力器

4 个 ϕ650mm 摇摆式导叶接力器主体部分未进行改造，通过对接力器后端盖进行换型，将原两两背靠背安装形式改造为首尾方向一致、均匀对称的布置型式，如图 3.3-10 所示。

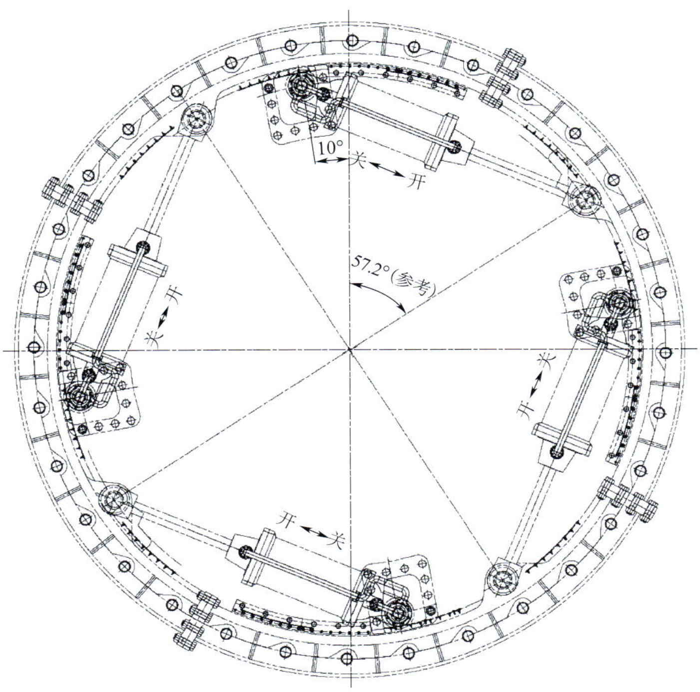

图 3.3-10　接力器布置图（改造后）

由于原分油器外壳与接力器后端盖采用一体设计，不便于检修。改造前接力器支座及分油器见图 3. 3–11。改造后分油器与接力器分体，4 个分油器分别安装于 4 个接力器后端。轴中心过流孔与轴套形成接力器开关腔流道，轴套上安装操作接力器开关压力油管，轴套绕轴相对转动，保证固定安装的管道能够相对于摇摆运动的接力器发生转动。分油器、接力器支座后视图见图 3. 3–12。

每台接力器由 1 个安装支座通过销钉铰接固定，接力器绕销钉摇摆运动。改造后支座（见图 3. 3 – 13 ）内部无接力器操作油管流道，结构简单，加工制作简单，装配难度低。

图 3. 3–11　改造前接力器支座及分油器

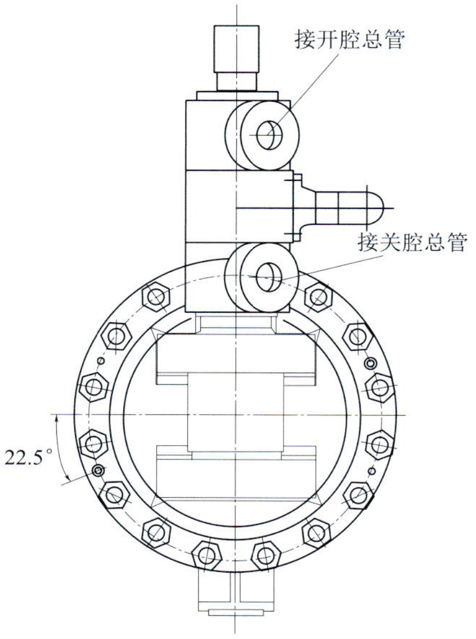

图 3. 3–12　分油器、接力器支座后视图

图 3. 3–13　改造后接力器支座

第四篇

水轮发电机组更新改造施工

针对本次水轮发电机组更新改造，由于工期紧、改造范围大、新旧接口多，项目实施前提前进行了技术策划，严格控制改造施工中各工序和工艺，以确保改造质量。对转轮室破拆施工难点，创新性研制了转轮室施工专用升降平台、混凝土高压水射流破拆装备，设计专用环形平台、十字钢平台等专用工装提升作业的便利性，大范围使用先进激光测量技术以提升测量精度及效率，保障了改造施工顺利完成。

本篇针对水轮发电机组更新改造工期控制、拆卸、安装过程及工艺控制等进行叙述。

第一章　水轮发电机组改造工期控制及流程

水轮发电机组改造工期的确定受到机组拆装工效以及设备制造、供货、施工场地、桥机资源的影响，因此需要充分考虑以上因素，合理制定机组改造计划并明确工期节点，确保项目施工的质量和工期。

第一节　机组改造工期控制

一、工期制约因素

机组施工工期受多方面因素的影响，需要综合考虑。既要保证机组更新改造能够按照计划实施并完成，又要保证经济利益最大化。

（1）安装场限制。葛洲坝二江电站共有1个转子、1个转轮安装场，故每年只能安排1台机组的更新改造。

（2）厂房桥机的调度使用限制。葛洲坝电站二江厂房只有1台2×250t桥机、1台2×300t桥机，桥机数量偏少，作业效率低，直接影响直线工期。

（3）厂房空间场地的限制。葛洲坝二江厂房共7台机组，厂房总长度324.6m，总宽度26m，改造工作涉及机组旧部件的拆卸堆放报废、部分零部件返厂修复、新部件的组装，鉴于水轮机、发电机和转轮室改造同时进行，新旧设备多。另外，二江厂房机组段空间较小，导致整个检修设备放置空间受限。

（4）供货周期的限制。本次改造设备定向委托原机组设计制造厂家东方电机股份有限公司实施 170MW 机组更新改造设备设计与制造，根据厂家设计进度及排产计划，完成两台 170MW 机组的改造任务需要 3 年以上时间。

二、工期管控途径

单台机组在各个步骤的衔接和安排上对于总工期有直接影响，在保证安全和质量的基础上进行优化，以达到更高的经济效益。具体从以下几个方面进行管控：

（一）充分利用场地资源

为充分利用现有场地资源，将二江厂房按照机组拆卸阶段、转轮室破拆阶段、转轮室安装阶段、机组回装阶段共 4 个阶段分段合理设计定置图（见图 4.1–1）；充分利用二江厂房附近的 0 号机组厂房及大江厂房放置新到货设备。涉及需要报废的零部件拆卸后集中在二江尾水平台、沿江公路堆放。通过该措施，可有效解决二江厂房施工空间不足的难题。

（二）加强设备监造管理，确保设备质量和进度

根据设备制造厂的生产计划，对供货范围内的全部设备的材料、质量证明文件进行监造，对制造工艺和过程采用驻厂见证、现场目击装配、节点验收等方式进行全过程管控，确保设备供货满足现场施工的质量和进度要求，见表 4.1–1 和表 4.1–2。

（三）新工艺、新工装的应用

对机组改造过程中转子圆度、转子磁极中心线高程、定子齿压板高程、推力轴承安装高程、转轮室安装高程、水平、导水机构开档尺寸等重要重复性测量作业采用三维激光测量技术进行校核，大幅提升了数据测量的准确性和工效。

利用超声波技术精确定位转轮室筋板位置，采用等离子技术进行转轮室嵌入式不锈钢板切割，并创新分层分区破拆嵌入式不锈钢板切割工法，将转轮室嵌入式不锈钢板切割成数千小块。采用高压水射流技术对二期混凝土进行破拆，在不破坏一期混凝土及内置钢筋的前提下，保证了转轮室破拆关键工序的施工效率。

针对转轮室改造和定子改造工期重叠、双线施工并行问题，创造性设计制作定子L形、环形等平台，避免交叉作业安全风险，实现转轮室改造、定子改造同时作业，满足了定子改造和转轮室改造的工期要求。

（四）优化工序

创新性提出采用铁心、线棒整圆切割成 8 段分别吊出的方法，解决了旧定子难以拆卸的问题，同时缩短了拆卸时间。提前预装导水机构，并同步进行推力轴承预装，提前检验、评估新导水机构和推力轴承能否满足要求，为设备现场安装提前预留处理时间，确保了关键部件的改造工期。

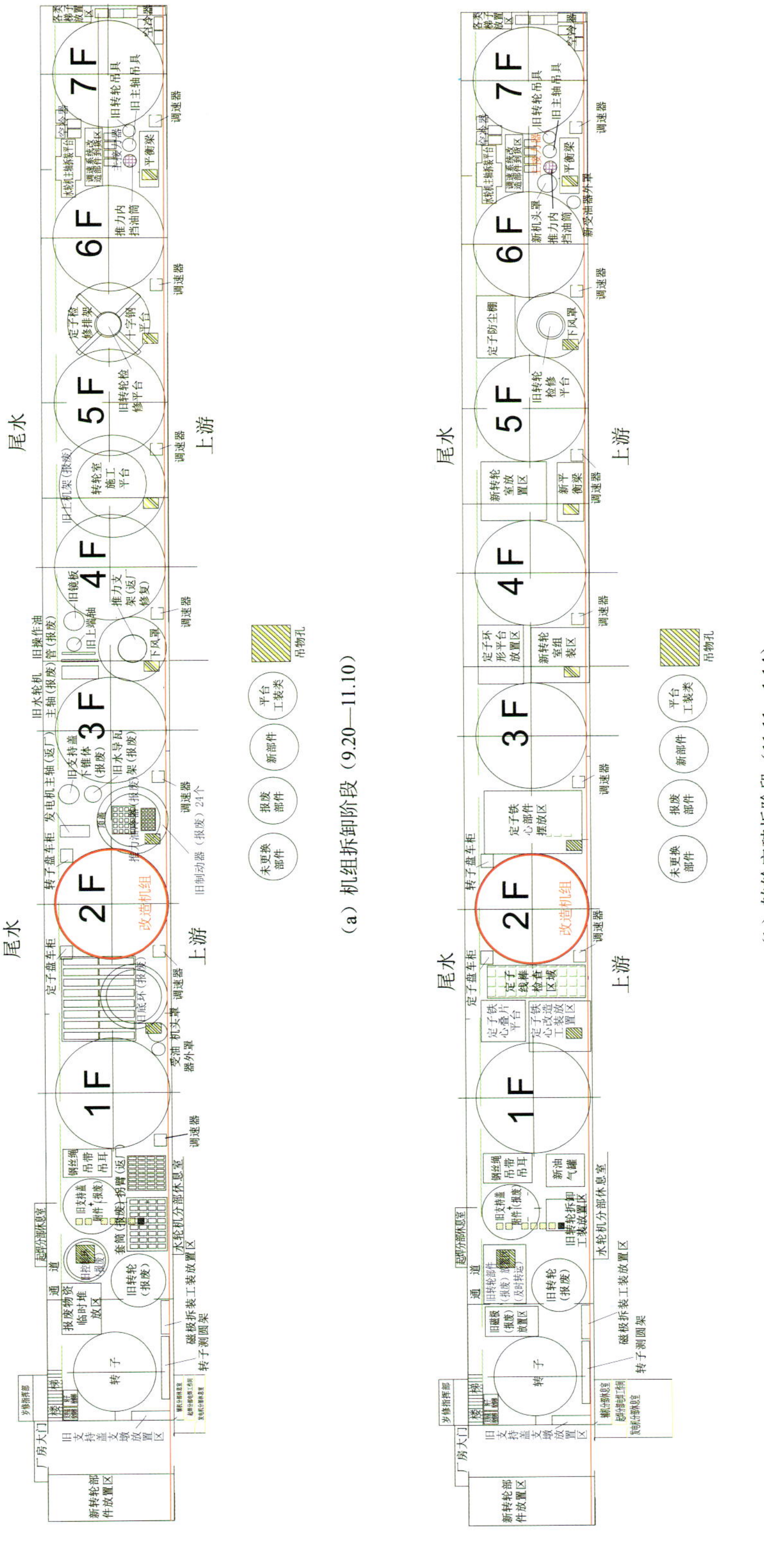

（a）机组拆卸阶段（9.20—11.10）

（b）转轮室破拆阶段（11.11—1.14）

图 4.1-1（一）　2022—2023 年度葛洲坝电站东电 2 号机组增容改造现场定置图

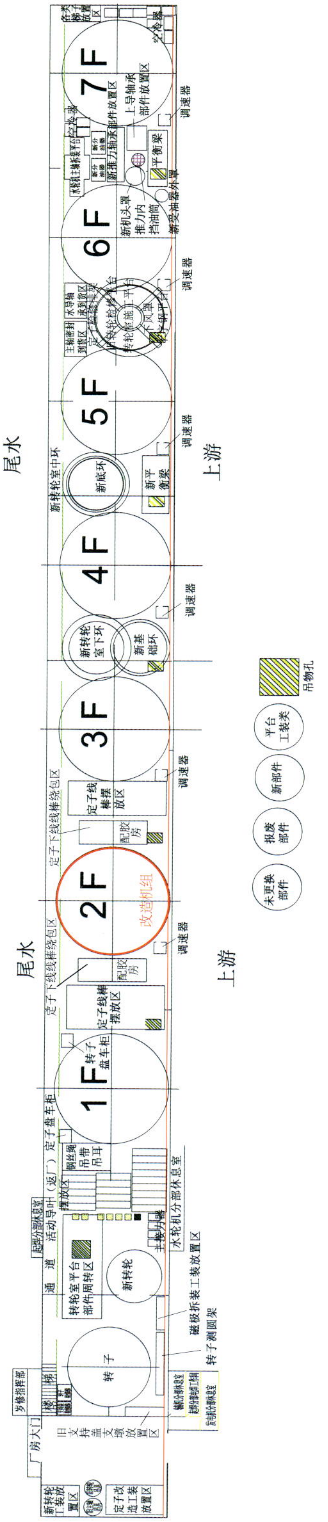

（c）转轮室安装阶段（1.15—2.27）

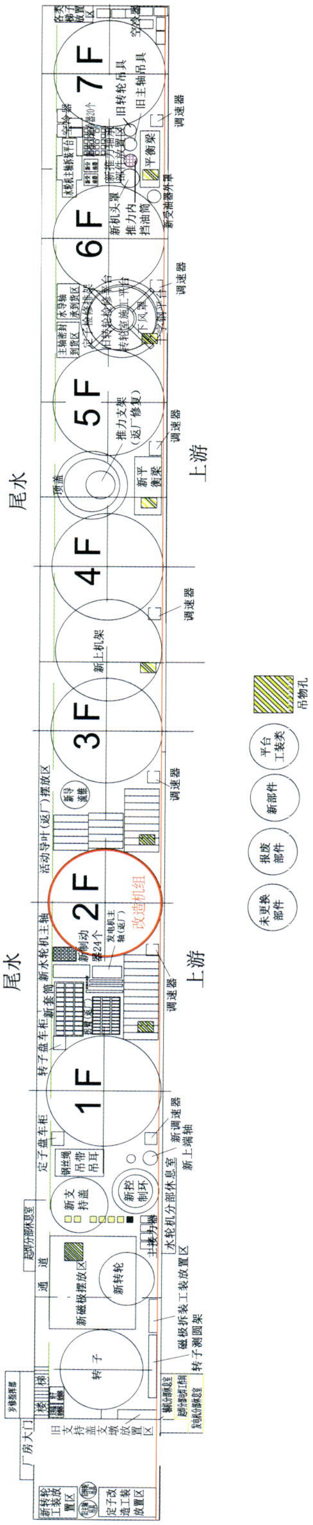

（d）机组回装阶段（2.28—5.26）

图 4.1-1（二） 2022—2023 年度葛洲坝电站东电 2 号机组增容改造现场定置图

表 4.1-1 水轮机及其附属设备本体（含备品备件）制造过程中各部件质量控制点

序号	设备监理的设备部件	见证项目	设备检验形式			
			R	W1	W2	H
1	水轮机及其附属设备本体					
1.1	水轮机主轴（包括转轮和发电机轴的连接螺栓及其保护罩）	（1）材料检验（机械性能、化学成分）	√			
		（2）无损探伤检查			√	
		（3）精加工尺寸、表面粗糙度检查			√	
		（4）包装发运检查			√	
1.2	水导轴承	（1）材料检验（机械性能、化学成分）	√			
		（2）主要零件尺寸检查			√	
		（3）无损探伤检查			√	
		（4）轴瓦表面粗糙度检查			√	
		（5）厂内预装			√	
		（6）包装发运检查（轴承体、水导瓦）			√	
1.3	主轴密封（工作密封、检修密封）	（1）材料检验（机械性能、化学成分）	√			
		（2）焊缝探伤报告	√			
		（3）主要零件尺寸检查	√			
		（4）局部装配			√	
		（5）压力试验			√	
		（6）包装发运检查			√	
1.4	转轮体（包含转轮体、下盖、缸体、连接体、泄水锥、活塞及活塞杆、操作架及轴套等）	（1）材料检验（机械性能、化学成分）	√			
		（2）无损探伤检查			√	
		（3）精加工尺寸、表面粗糙度检查			√	
		（4）包装发运检查			√	
1.5	转轮厂内预装	（1）叶片全开时与转轮体的间隙				√
		（2）叶片安放角偏差				√
		（3）叶片密封漏油试验				√
		（4）转轮静平衡试验				√
		（5）动作试验				√
		（6）转轮接力器行程				√
1.6	转轮叶片	（1）材料检验（机械性能、化学成分）	√			√
		（2）无损探伤检查			√	
		（3）叶片轴颈配合尺寸检查			√	
		（4）叶片外圆尺寸检查				√
		（5）叶片正、背面型线		√		
		（6）叶片表面波纹度、表面粗糙度			√	
		（7）包装发运检查			√	

续表

序号	设备监理的设备部件	见证项目	设备检验形式			
			R	W1	W2	H
1.7	底环	(1) 材料检验（机械性能、化学成分）	√			
		(2) 探伤报告			√	
		(3) 主要零件尺寸检查			√	
		(4) 厂内预装			√	
		(5) 包装发运检查			√	
1.8	基础环	(1) 材料检验（机械性能、化学成分）	√			
		(2) 探伤报告			√	
		(3) 主要零件尺寸检查			√	
		(4) 厂内预装			√	
		(5) 包装发运检查			√	
1.9	转轮室（含中环、下环及基础埋件）	(1) 材料检验（机械性能、化学成分）	√			
		(2) 探伤报告			√	
		(3) 主要零件尺寸检查			√	
		(4) 厂内预装			√	
		(5) 包装发运检查			√	
2	油压装置					
2.1	压力容器（含压力油罐、压力气罐、事故压力油罐及管道）	(1) 材料检验（机械性能、化学成分）	√			
		(2) 无损探伤检查			√	
		(3) 水压试验			√	
		(4) 包装发运检查			√	
		(5) 主要零件尺寸检查			√	
		(6) 包装发运检查			√	

表 4.1-2 发电机及其附属设备制造过程中各部件质量控制点

序号	设备监理的设备部件	见证项目	设备检验形式			
			R	W1	W2	H
1	定子					
1.1	定子硅钢片	(1) 硅钢片材质审查	√			√
		(2) 尺寸检查		√	√	
		(3) 漆膜厚度抽查		√	√	
		(4) 绝缘电阻检查		√	√	
		(5) 外观检查		√	√	
		(6) 包装发运外观检查			√	

续表

序号	设备监理的设备部件	见证项目	设备检验形式			
			R	W1	W2	H
1.2	定子线棒	（1）铜线和主绝缘材质审查	√			
		（2）定子线棒制造全过程检查		√	√	
		（3）线棒尺寸检查		√	√	
		（4）电接头尺寸检查		√	√	√
		（5）介损试验		√	√	
		（6）表面电阻测试		√	√	
		（7）电晕、交流耐压试验		√	√	
		（8）股间绝缘试验		√	√	
		（9）局部放电试验		√	√	
		（10）包装发运外观检查			√	
1.3	定位筋	（1）材质审查	√			
		（2）长度检查		√	√	
		（3）平直度检查		√	√	
		（4）扭曲度检查		√	√	
		（5）包装发运外观检查			√	
		（6）包装发运外观检查			√	
2	转子					
2.1	磁极整体（铁心与线圈）	（1）材质审查	√	√		
		（2）磁极铁心与线圈制造全过程检查		√	√	
		（3）磁极铁心与线圈尺寸检查		√	√	
		（4）制造过程中试验		√	√	
		（5）磁极装配		√	√	
		（6）出厂试验		√	√	
		（7）外观检查		√	√	
		（8）包装发运外观检查			√	
3	上机架	（1）材料检验（机械性能、化学成分）	√			
		（2）探伤报告			√	
		（3）主要零件尺寸检查			√	
		（4）包装发运外观检查			√	
4	上导轴承	（1）材料检验、合格证明	√			
		（2）探伤报告			√	
		（3）主要零件尺寸检查			√	
		（4）上导瓦面检查			√	
		（5）包装发运外观检查			√	

续表

序号	设备监理的设备部件	见证项目	设备检验形式			
			R	W1	W2	H
5	推力轴承	（1）材料检验、合格证明	√			
		（2）探伤报告			√	
		（3）主要零件尺寸检查			√	
		（4）推力瓦面检查			√	
		（5）包装发运外观检查			√	
6	集电环与碳刷	（1）材料检验、合格证明	√			
		（2）制造全过程检查		√	√	
		（3）主要零件尺寸检查			√	
		（4）试验			√	
		（5）包装发运外观检查			√	
7	中性点引出线装置	（1）材质审查	√	√		
		（2）制造全过程检查		√	√	
		（3）尺寸检查			√	
		（4）试验			√	
		（5）包装发运外观检查			√	
8	中性点接地装置	（1）设备文件审查（含材质审查、合格证明等）	√			
		（2）消弧线圈绕组绕制全过程检查		√	√	
		（3）尺寸检查			√	
		（4）试验			√	
		（5）包装发运外观检查			√	
9	主引出线装置	（1）材质审查	√	√		
		（2）制造全过程检查		√	√	
		（3）尺寸检查			√	
		（4）试验			√	
		（5）包装发运外观检查			√	
10	动力柜、控制柜、端子箱及表计盘	（1）设备文件检查（含材质审查、出厂试验报告、合格证明等）	√			
		（2）包装发运外观检查			√	
11	电流互感器	（1）设备文件检查（含材质审查、出厂试验报告、合格证明等）	√			
		（2）试验			√	
		（3）包装发运外观检查			√	
12	直流励磁电缆（机坑内、外）、机坑内转接箱及接线端子	（1）设备文件检查（含材质审查、出厂试验报告、合格证明等）	√			
		（2）试验			√	
		（3）包装发运外观检查			√	

注：首件见证——W1 点；现场见证——W2 点；文件见证——R 点；见证单位专门停工见证——H 点。

三、改造工期的确定

由于二江电站只有 1 个安装场地，2 台 170MW 机组改造工程施工需要 2 个年度完成，根据前期的可行性研究及改造方案设计，并沿用葛洲坝电站 125MW 机组改造增容项目的招标成果与思路，定向委托东方电机股份有限公司实施 170MW 机组更新改造设备设计与制造，完成两台 170MW 机组的改造任务需要 3 年以上时间。

从场地资源考虑，葛洲坝二江电站只有 1 个安装场。从制造周期考虑，单台机组水轮机、发电机制造周期在 1 年以上，决定每年实施 1 台水轮发电机组更新改造。

根据工程设计、电站改造经验（葛洲坝电站 125MW 机组改造经验）和葛洲坝电站机组改造范围，按照人员情况进行估算，水轮发电机组更新改造计划改造工期定为 280d。

结合机组运行情况，根据前期相关研究成果及葛洲坝电站 125MW 机组改造增容经验，计划分别于 2021—2022 年、2022—2023 年两轮岁修完成葛洲坝电站两台 170MW 机组更新改造工作。

单台机项目总工期定为 240d（机组停机至流道进人门封闭，具备启动试运行条件），机组停机后工作面交由承包方，机组整体改造工作完成，机组具备启动试运行条件后，由发包方组织承包方进行交接验收，验收通过后工作面正式移交发包方。

170MW 机组更新改造关键节点完成时间见表 4. 1-3。

表 4. 1-3 170MW 机组更新改造关键节点完成时间

序号	工作节点	125MW 改造参考时间（停机后）/d	170MW 改造参考时间（停机后）/d
1	机组拆卸	33	45
2	定子铁心改造	106	118
3	转轮室拆卸	—	118
4	转轮室安装	—	178
5	导水机构预装	—	187
6	定子下线	180	199
7	转轮回装	188	204
8	转子回装	199	218
9	调速系统升压	213	235
10	流道进人门封闭	220	240
11	机电联调	230	280

第二节 机组拆卸及回装流程

葛洲坝电站 170MW 机组更新改造主要包括水轮机及发电机改造、调速系统改造、转轮室改造等，本节依据更新改造的情况以流程图的形式介绍机组拆卸及回装流程（见图 4.1−2）。

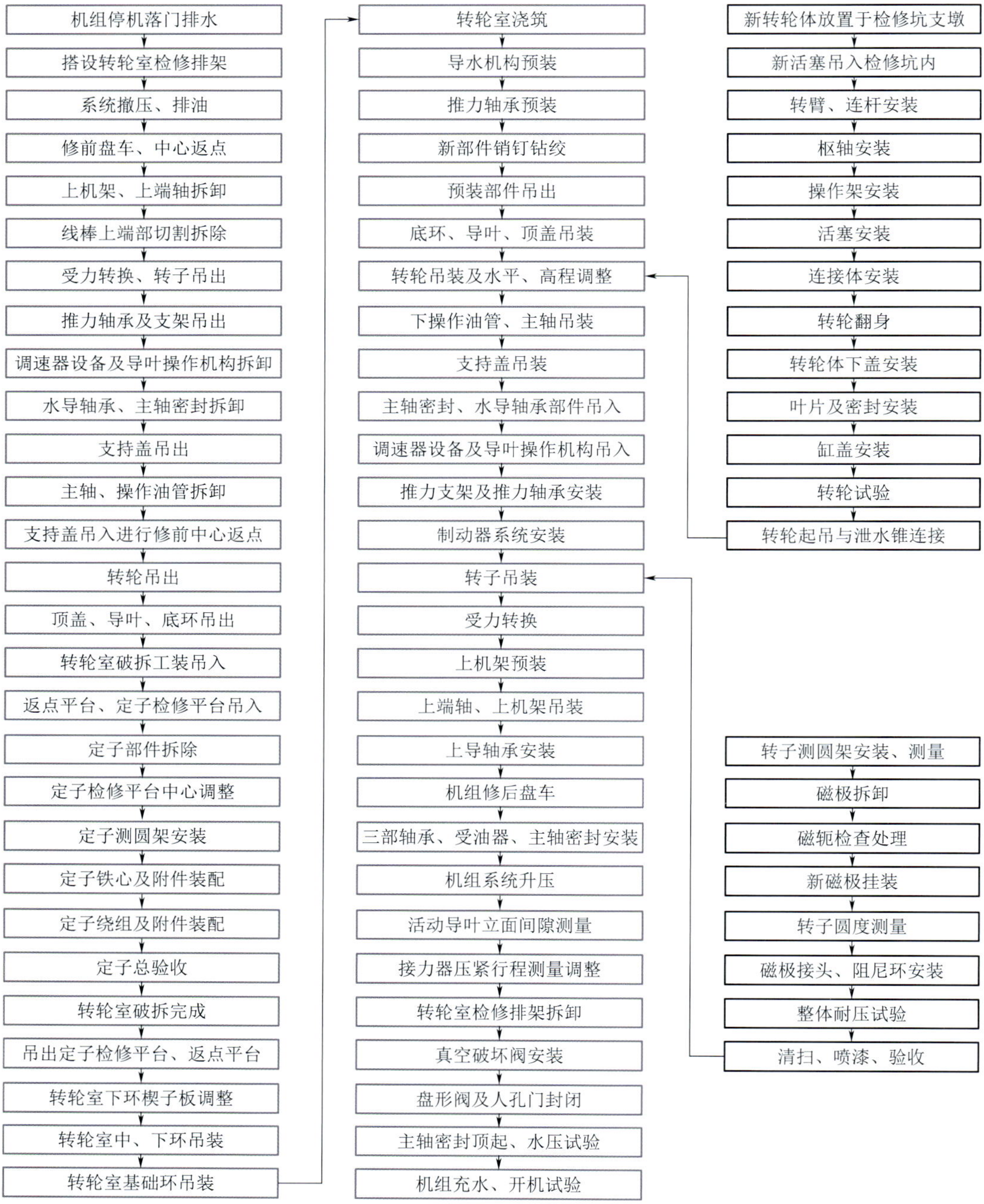

图 4.1−2　葛洲坝电站 170MW 水轮发电机组更新改造主要流程

本次更新改造主要包含 8 大部分：机组拆卸、新转轮组装、转轮室改造、新上机架组装、定子改造、转子改造、导水机构改造、机组回装等。在整个改造流程中，转轮的拆卸、安装、上机架组装、转子改造不占直线工期，可与其他工序同时进行。机组中心、高程、方位确定是整个流程的关键点，在机组拆卸、定子改造、转子改造、导水机构预装、推力轴承预装、上机架预装以及机组回装阶段，均涉及中心、高程；转轮室改造、导水机构预装还涉及方位调整。对于机组中心、高程、方位确定将在后续章节详细介绍。

第三节　机组改造中心、高程、方位的确定

机组中心、高程、方位的确定是关系更新改造能否成功的关键环节。葛洲坝电站170MW 机组已运行多年，转轮室、座环表面出现了不同程度的磨损和空蚀，常用的由转轮室中心作为基准中心的方法是不可行的。因此，需要寻找简单、高效、准确度高的方法以确定改造设备安装的中心、高程、方位。

一、中心、高程、方位的确定

水轮发电机组安装后，应保证机组转动部件与固定部件间隙、高程、方位均满足设计要求。葛洲坝电站原机组装机时，按照设计要求确定转轮室中心、高程、方位，其他部件均以转轮室中心、高程、方位为基准进行安装，以保证间隙、高程、方位满足要求。

（一）中心确定原则

葛洲坝机组经多年运行后，转轮室表面出现了不同程度的磨损和空蚀，无法精确测量原始中心，因此，不能以现转轮室中心为基准来确定改造部件的安装中心。

在拆卸前对机组进行盘车，通过水导及上导轴承调整机组轴线，直至镜板水平、定转子间隙、转轮室间隙和空气围带间隙均满足标准要求，以此时机组中心为基准来确定改造部件的中心，能够保证改造后各部件的同心度和水平满足要求。考虑修前盘车后水导中心可精确测量，同时，以水导中心来返点有利于控制改造工期，因此，确定以机组修前盘车合格后的水导中心为基准对改造部件进行安装。

（二）高程确定原则

（1）转轮室安装高程的确定。综合考虑顶盖、支持盖等部件挠度的变化，新转轮室安装后，需保证活动导叶的上下端面间隙满足设计要求。

（2）定子、转子安装高程的确定。结合现行行业标准的要求，为了减小水推力的影响，定子改造后的中心线高程高于转子磁极的中心线高程 2mm。

（3）推力轴承高程的确定。需考虑推力支架上下法兰面加工、新旧轴承的压缩量不同等因素的影响，新推力轴承的高程与原有推力轴承的高程保持一致。

（三）方位确定原则

为了保证新旧设备的接口，整个机组改造部件的方位是以未改造顶盖的方位为基准，在顶盖拆卸前在现场进行实测，并与设计图纸进行校核，并返点到水车室机坑里衬 4 个方向（定义为$\pm Y$、$\pm X$）。

二、机组改造中心返点

转轮吊出完成后，吊入支持盖与导流锥组合体。确认位移、水平监测数据正常后，通过修前盘车合格后的导流锥中心测点在支持盖中心架设钢琴线，将钢琴线中心调整至修前盘车合格后的导流锥中心，在水车室机坑里衬上4个正方位相同合适高度各选取1个测点，并测量水车室机坑里衬上对称4个方向测点到钢琴线的距离，从而将修前水导中心返点至水车室机坑里衬上。

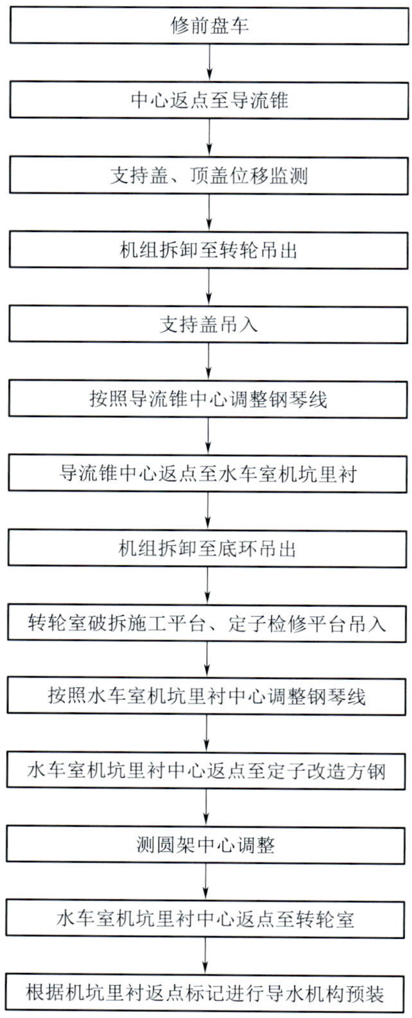

图4.1–3　返点流程图

机组中心的确定是改造过程的关键技术环节，直接关系到改造的成功与否。机组改造中心以修前盘车合格后的水导中心为基准，确定改造部件（水导轴承体、支持盖、定子铁心、转轮室），中心返点流程如图4.1–3所示。

（一）定子改造中心确定

吊出支持盖与导流锥组合体，并依次吊出顶盖、活动导叶、底环，并依次吊入转轮室破拆施工平台、十字钢平台和定子检修排架，并在十字钢平台上架设钢琴线，以水车室机坑里衬中心为基准调整钢琴线，分别测量十字钢平台上对称4个方钢到钢琴线的距离，该组数据可反映钢琴线相对方钢的位置。最后吊入定子测圆架，通过方钢上的测点中心确定测圆架的位置。定子测圆架调整时须兼顾其中心和垂直度要求。

（二）转轮室改造中心确定

定子改造完成后测量定子铁心中心，定子铁心中心必须与定子改造十字钢平台上的方钢中心一致。转轮室破拆完成后，依次吊出定子检修平台、十字钢平台、转轮室破拆施工平台，依次吊入转轮室下环、中环、基础环。在水车室机坑架设钢琴线，以水车室机坑里衬中心为基准调整钢琴线，分别测量并调整转轮室下环、中环、基础环中心与水车室机坑里衬中心重合。

（三）导水机构改造中心确定

转轮室改造完成后，吊出转轮室施工平台，进行导水机构预装。按照设计要求依次吊入底环、活动导叶、顶盖，按要求对称打紧顶盖螺栓，再次测量顶盖与基础位移监测数据，须与机组拆卸阶段顶盖吊出机坑前数据保持一致。吊入新支持盖、导流锥、水导轴承体组合体，测量支持盖水平值满足设计要求，在支持盖中心架设钢琴线，以水车室机坑里衬中心为基准调整钢琴线，通过分别调整支持盖、导流锥，使水导轴承体中心与水车室机坑里衬中心重合。吊入推力支架，测量推力支架水平值满足设计要求，吊入推力轴承，在推力轴承中心架设钢琴线，以水导轴承体中心为基准调整钢琴线，通过调整推力支架，使推力轴承座中心与水导轴承体中心重合，按照设计要求配钻顶盖与支持盖、支持盖与导流锥、支持盖与推力支架之间定位销孔，中心调整工作完成。返点测量示意图如图 4.1-4 所示。

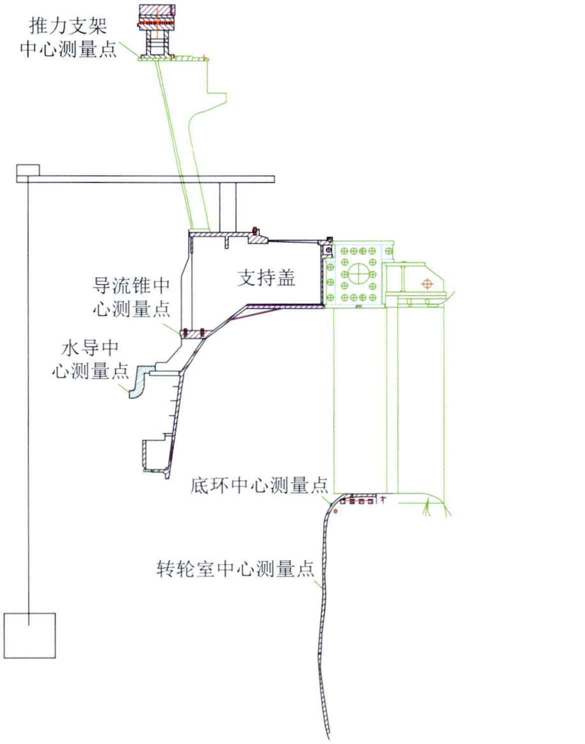

图 4.1-4 返点测量示意图

（四）推力轴承改造中心确定

首先将支持盖吊入机坑，以机组改造基准中心调整支持盖中心至满足要求；其次将推力支架吊入机坑参与预装，在推力支架上法兰架设钢琴线，调整推力支架与支持盖的同心度至满足要求。

（五）上机架改造中心确定

首先将上机架吊入机坑进行预装，以受油器操作油管为基准中心，调整上机架的中心满足要求；其次将上机架吊入机坑正式安装，测量调整上导瓦架与上端轴的中心；最后，中心确定后，进行支臂的混凝土浇筑。

三、机组改造高程的确定

（一）改造后定子铁心中心线高程的确定

进行改造前转子磁极中心线高程测量。定子和转子高程的测量必须使用相同的测量基准点。在葛洲坝电站发电机改造过程中，选取风闸底板作为高程的测量基准点。实际操作时仅选取 1 个点作为基准点即可，但为了互为备用，一般选取互为 90°的两个测点作为高程测量的基准点。

机组盘车合格后，在制动器撤除情况下，分别测量风闸底板上 A 点到制动环上的最小距离 m，并将对应位置 B 点在制动环上标记清楚。当转子吊出后，用水准仪测量磁极中心线到 B 点的高度差 j。转子磁极中心线相对于风闸底板上测量基准点 A 的高程为 $h=j+m$，转子磁极中心线高程计算示意图如图 4.1-5 所示。

在测量高程前，需先将转子调整水平，满足上法兰面水平度在 0.02mm/m 以内。用水准仪测量 96 个磁极中心线相对于制动环上 B 点的高度，计算磁极中心线相对于风闸底板上基准点 A 的平均高程。

新定子铁心中心线高程主要依据改造前定子铁心中心线高程，而新定子铁心中心线高

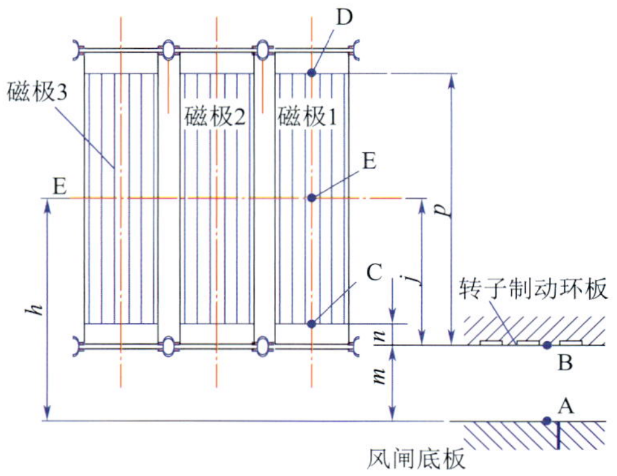

图 4.1-5　转子磁极中心线高程计算示意图

程取决于下压指顶部高程和铁心最终的高度。因此，下压指顶部高程需根据改造前定子铁心中心线高程进行计算，即：下齿压板高程 = $h_{改造前}$ -新定子铁心设计高度/2，如图 4.1-6 所示。下压指顶部高程测量以风闸底板 A 点为基准，通过水准仪测量并计算下压指顶部相对于 A 点的高度。

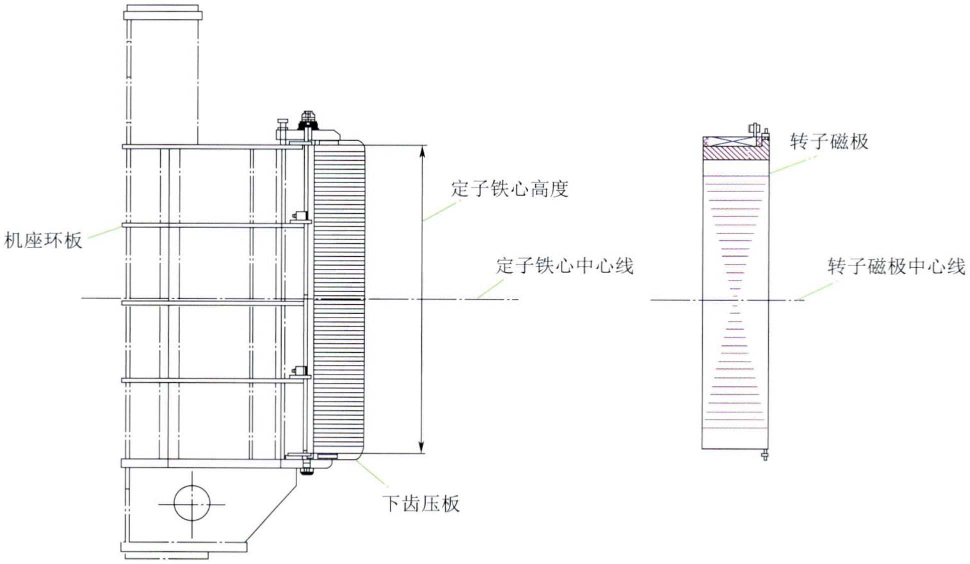

图 4.1-6　定子铁心中心线高程确定示意图

（二）改造后转子磁极中心线高程的确定

发电机转子磁极全部更换，其中心线高程需与改造后定子铁心中心线高程保持一致。转子磁极中心线高程取决于磁极挡块顶部高程和磁极铁心高度。因此，磁极挡块顶部高程需根据改造后定子铁心中心线高程进行计算，即磁极挡块顶部高程 = $h_{改造后}$ -磁极铁心高度/2，磁极挡块顶部高程测量以 B 点为基准，通过水准仪测量并计算磁极挡块顶部相对于 B 点的高度，同时需要综合叠加考虑支持盖换新、推力支架返厂修复、推力轴承改造引起的 A、

B 两点的高差变化，保证转子磁极改造后定子铁心中心线高程和转子磁极中心线高程满足相应标准要求。

（三）转轮室安装高程的确定

转轮室安装时，先在尾水管上方放置楔子板，之后从下往上依次为下环、中环、基础环、底环、活动导叶、顶盖安装，最后顶盖外侧下法兰面安装在座环上法兰面上。改造过程中机组座环未更换，上法兰面高程与修前一致，楔子板高程确定时要同时考虑到安装完成后顶盖外侧下法兰面高程与座环上法兰面高程一致，底环加工量、机组受力转换后顶盖的下沉量和导叶端面间隙满足设计要求。

机组运行过程中，转动部件重量都作用在推力轴承上，再经推力支架、支持盖、顶盖传递至座环基础上，但在机组安装过程中，顶盖在由未受到外界轴向负载到旋转部件安装完成受力转换之后承受轴向负载状态变化时，会存在一定下沉量，该下沉量表现在顶盖最低部位抗磨面处，是影响导叶端面间隙的一个重要因素。修前受力转换过程中，在 4 个方向活动导叶上各架设两块百分表，百分表座吸附在活动导叶上，表针分别抵在顶盖最低部位抗磨面和底环最高部位抗磨面上。机组拆卸时受力转换会将转动部分重量先转移到制动器上，再通过转轮悬挂转移至基础结构中，受力转换后顶盖会上浮，此时记录同一个导叶上、下两块百分表读数变化量（受力转化后−受力转换前）为 x_i，y_i，则该方向顶盖上浮量 $m_i = |x_i + y_i|$，顶盖上浮量（顶盖下沉量）为 4 个方向计算结果平均值，记为 m。座环上法兰面高程数据在机组改造前测量得到，且改造过程中不变，以楔子板上表面与座环上法兰面高差计算楔子板安装高程。

为了保障活动导叶端面间隙，机组底环出厂前要确认厚度进行加工，底环加工前总厚度为 c，加工余量为 c_1，该加工余量为楔子板安装高程提供了少量补偿。

记导叶端面间隙为 n（$n_{min} \sim n_{max}$），顶盖厚度为 a，导叶高度为 b，底环厚度为 c，基础环厚度为 d，转轮室中环厚度为 e，转轮室下环厚度为 f，顶盖下沉量为 m，楔子板与座环上法兰面高差为 h。具体装配示意图如图 4.1−7～图 4.1−9 所示。

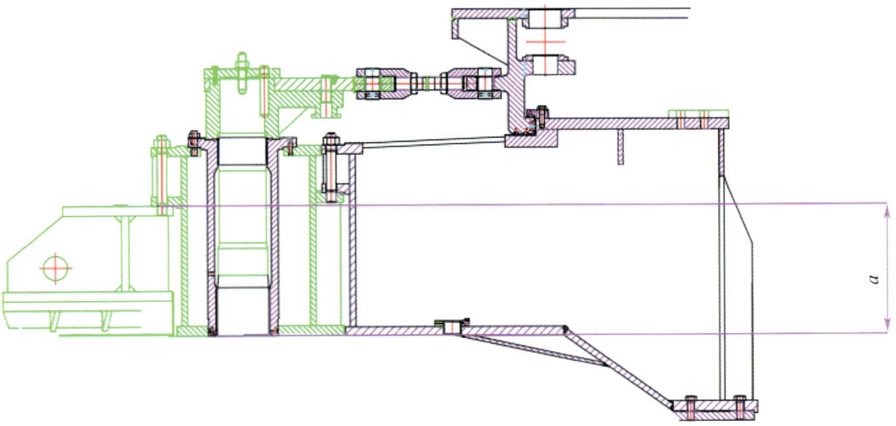

图 4.1−7　顶盖与座环上法兰装配示意图

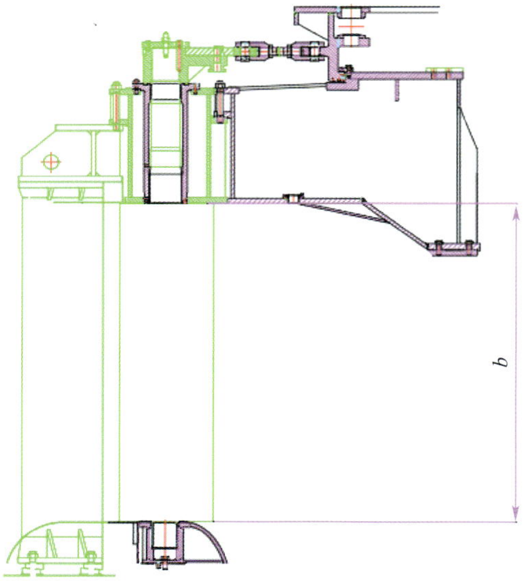

图 4.1-8　活动导叶装配示意图

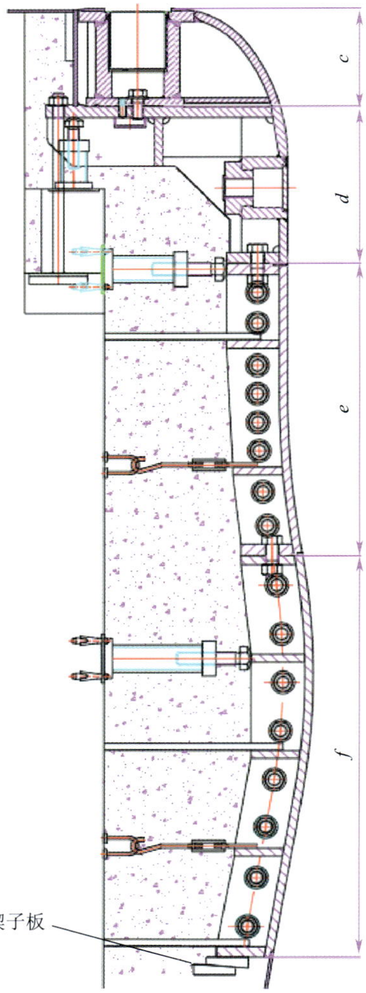

图 4.1-9　转轮室结构装配示意图

考虑安装极端情况一，楔子板达到最高安装高程，即高差 h 最小时，此时导叶端面间隙应取最小设计值 $n_{\min}$，底环加工量取最大，则底环出厂厚度为 $c-c_1$，则 $h_{\min}=a+b+d+e+f+m+(c-c_1)+n_{\min}$。

考虑安装极端情况二，楔子板达到最低安装高程，即高差 h 最大时，此时导叶端面间隙应取最大设计值 $n_{\max}$，底环加工量取 0，则底环出厂厚度为 c，则 $h_{\max}=a+b+d+e+f+m+c+n_{\max}$。

综上所述，转轮室改造楔子板顶部与座环法兰面高差在 $h_{\min}$ 和 $h_{\max}$ 之间均可满足导叶端面间隙设计要求。

第二章　水轮发电机组拆卸

葛洲坝电站 170MW 机组改造拆卸包括机组系统撤压、修前盘车、机组部件拆卸吊出、机组中心返点、定子拆卸、转轮室钢结构拆除、二期混凝土拆除等阶段。本章介绍转轮室改造阶段主要工序标准及要求，并以图文形式简述转轮室改造的过程。

第一节　机组拆卸阶段检查及测量

葛洲坝电站 170MW 机组拆卸阶段，从机组停机开始至底环吊出，各个工序均有相应的测量项目及要求，机组拆卸阶段检查和测量的目的在于检查修前机组设备运行状态，为机组改造提供基础数据，为机组回装提供参考依据。对于不同工序设置不同标准质检点要求，以进行质量控制。本节详细罗列了机组拆卸阶段主要检测项目质检要求（见表 4. 2-1）。

表 4. 2-1　机组拆卸阶段主要检测项目及质检要求

序号	主要工序	检测项目及要求	质检点
1	机组修前试验	接力器压紧行程测量	Ⓦ
2	活动导叶间隙检查	测量活动导叶端面间隙及立面间隙	Ⓦ 📷
3	修前盘车数据记录	多次盘车使机组中心及水平满足要求。测量上导绝对摆度、操作油管绝对摆度、水导绝对摆度、镜板水平、空气间隙偏差均满足要求	Ⓗ 📷
4	修前盘车水导轴领至水导瓦架距离测量	测量水导瓦架至水导轴领的距离（测量中心），松开水导瓦，复测中心并记录	Ⓗ 📷
5	修前盘车水导轴领至导流锥距离测量	测量导流锥至水导中心对应点距离，即将水导中心返点至导流锥上（测点应与水导瓦架上测点径向方向、水平高度一致）	Ⓗ 📷
6	修前盘车上导轴领至上导油槽距离测量	测量上导轴领至上导油槽距离	Ⓦ
7	修前盘车转子制动环至风闸基础板距离测量	测量转子制动环至风闸基础板距离	Ⓦ 📷

续表

序号	主要工序	检测项目及要求	质检点
8	修前盘车转子制动环与风闸闸板间隙测量	测量每个风闸闸板至转子制动环距离	(W)
9	旧弹性油箱压缩量测量	测量8个方位旧弹性油箱的压缩量	(W)
10	上机架中心体至上端轴法兰上平面距离测量	测量上机架中心体至上端轴法兰上平面距离	(W)
11	顶转子前上机架基础板到转子上法兰面高差测量	测量上机架基础板到转子上法兰面高差	(W)
12	受力转换顶转子高度测量	测量受力转换前后推力头每个弹性油箱与镜板的间隙	(W)
13	受力转换顶盖上表面内法兰面挠度测量	测量受力转换前后顶盖上表面内法兰面高差	(W)
14	受力转换支持盖挠度测量	测量受力转换前后支持盖高程变化量	(W) 
15	受力转换顶盖挠度测量	测量受力转换前后顶盖高程变化量	(W) 
16	受力转换镜板高程测量	测量受力转换前后镜板镜面的高程变化量，测量受力转换后8个方位镜板背面的高程	(H) 
17	受力转换导水机构开档尺寸测量	测量受力转换前后8个方位活动导叶处顶盖至底环、座环上至座环下距离	(W) 
18	受力转换推力油槽底高程测量	测量受力转换前后油槽底部的大螺杆的高程变化量，测量受力转换后方向油槽底部高程	(W)
19	风闸高程和半径数据测量	测量每个风闸基础板的高程、风闸下落前和下落后的高程，测量每个风闸相对于大轴止口中心的风闸半径	(W)
20	发电机轴法兰面高程测量	测量发电机轴法兰面高程	(W)
21	转子法兰止口同心度测量	测量转子上、下法兰止口同心度	(W)
22	导流锥至水车室里衬距离测量	测量导流锥至水车室里衬距离	(H) 
23	水车室里衬至返点方钢距离测量	测量水车室里衬至返点方钢距离	(W)
24	支持盖与顶盖位移监测	支持盖吊出前、吊回后，记录位移监测圆钢的相对距离，监测固定部分中心偏移情况	(W)

续表

序号	主要工序	检测项目及要求	质检点
25	支持盖水平测量	测量支持盖吊出前、吊回后水平数据，计算变化量	Ⓦ
26	支持盖拆前高程测量	测量支持盖拆前高程	Ⓦ
27	水轮机轴法兰面高程测量	测量水轮机轴法兰面高程	Ⓦ
28	转子联轴平面高程测量	测量8个方位的转子联轴平面、推力头法兰平面（内）、推力头法兰平面（外）、制动器环板高程，计算转子联轴平面到推力头法兰平面（内）高差、转子联轴平面到推力头法兰平面（外）高差、转子联轴平面到制动器环板高差	Ⓦ
29	支撑盖吊出前后顶盖挠度测量	测量支撑盖吊出前后顶盖高程变化量	Ⓦ
30	顶盖与支持盖接合面法兰高程测量	测量8个方位顶盖与支持盖接合面法兰高程	Ⓦ
31	推力瓦厚度测量	测量每块推力瓦的厚度	Ⓦ
32	顶盖与座环位移监测	测量支持盖吊出前、吊回后顶盖与座环的相对距离，监测固定部分中心偏移情况	Ⓦ
33	转子旧磁极高程测量（相对于风闸底板）	测量每个转子磁极铁心下部点和上部点相对于风闸底板的高差值 n 和 p，转子磁极高程 $=(p+n)/2$	Ⓗ
34	转子旧磁极圆度测量	调整转子测圆架中心柱的垂直度，使其满足设计要求。测量并记录转子磁极圆度	Ⓗ
35	旧定子铁心中心线高程测量	测量均匀分布12个测点的旧定子铁心中心线高程	Ⓗ
36	基础环高程测量（相对于座环下平面）	测量8个方位基础环高程	Ⓗ
37	定子下环板波浪度测量	测量6瓣定子下环板波浪度	Ⓦ
38	下环楔子板高程测量（相对于座环下平面）	测量每个下环楔子板高程	Ⓗ

第二节　机组拆卸

本节以图文的形式介绍机组拆卸整体过程。按照葛洲坝电站170MW机组实际拆卸流程逐步讲解各部件拆卸工艺、方法以及注意事项，对于拆卸过程中的重点环节、关键数据将详细讲述。

一、拆卸前准备

在机组各部件拆卸、吊出之前，从工期、安全、质量等各方面考虑需做好相应的准备工作，以便机组安全顺利拆卸。

机组停机后，进行上机架盖板、推力支架小盖板拆卸工作，为转轮排架搭设、安装悬挂工具做好准备工作，并做好布置安全网、机坑外围围栏和悬挂安全警示标识等安全措施（见图 4. 2–1）。

二、修前盘车

机组拆卸前需要进行修前盘车，修前盘车主要是为了了解机组修前运行状态，同时为机组中心返点、回装提供参考依据。机组改造后中心以旧水导轴承中心为基准。盘车前需要将受油器、三部轴承（上导轴承、推力轴承、水导轴承）及主轴密封拆卸至具备盘车条件。

通过电动盘车装置让转子低速转动，测量上段操作油管摆度、上导摆度、镜板水平、水导摆度以及空气间隙、围带间隙、转轮室间隙、集电环圆度。然后根据相应数据通过顶丝推上导、水导对机组轴线中心进行调整，以达到各项数据均在合格范围内的最优值为止。此时的轴线中心作为机组中心返点、回装的参考依据。摆度测量如图 4. 2–2 所示。

图 4. 2–1 上机架盖板拆卸及机坑围栏、安全网布置

图 4. 2–2 摆度测量

盘车数据合格后，通过盘车工具将叶片悬挂孔中心与转轮室上环悬挂孔中心对正，安装悬挂工具，叶片悬挂安装如图 4. 2–3 所示。

三、上机架及上端轴拆卸

上机架为辐射式非负荷机架，改造前由中心体、12 个支臂和 12 个千斤顶等组成。拆卸开始前做好转子孔洞防护。上机架消防水管、冷却水管等在盘车前可先拆卸，拆卸后部件做好防护，随上机架一同吊出机坑。拆卸上机架千斤顶螺栓、地脚螺栓、立柱螺栓，吊出上机架并摆放至厂房大厅指定位置，如图 4. 2–4 所示。上机架吊出后进行上端轴拆除。上机架支臂径向支撑基础板及二期混凝土拆除在转子吊出后进行，搭建定子机座环形平台，做好防护后拆除对应位置混凝土，取出基础板。

图 4.2-3 叶片悬挂安装

图 4.2-4 上机架吊出

四、受力转换

由于转子与主轴、转轮等转动部件相互连接，所有转动部件重量通过推力头落在镜板上，推力头又直接与转子相连接，因此无法直接起吊转子。需要将主轴和转轮等转动部件放置在转轮悬挂上，也就是将这部分转动部件重量由推力头转换到转轮悬挂上。

受力转换之前首先拆卸部分转子联轴螺栓，在对称方向留 4 颗螺栓待受力转换时拆卸。其次，安装转轮悬挂工具，再进行顶转子（见图 4.2-5）到要求的高度，确保转子的推力头与镜板脱开，间隙为 3~5mm。调整悬挂工具垫片与叶片的间隙均匀。最后拆除转子与发电机轴的全部螺栓（见图 4.2-6），将转动部件的轴向力转换到悬挂工具上。

图 4.2-5 风闸顶转子与位移监测

图 4.2-6 转子联轴螺栓拆卸

五、转子吊出

转子部分仅进行磁极改造。转子吊出前，对转子与大轴销钉、方键均要做好相应记号，以便返厂修复后回装；转子支墩需要进行标高测定调整水平。安装好转子专用吊具，转子吊出后，放置在支墩上进行后续改造工作。转子吊出后对发电机轴连接法兰面做好防护。转子吊出如图 4.2-7 所示。

六、推力轴承部件拆卸

整个推力轴承安置在水轮机支持盖上，推力支架不更换，解体后返厂修复。推力轴承整体更换。推力轴承改造前为弹性油箱支撑结构，推力瓦采用双层瓦结构，薄瓦为氟塑料瓦。轴承共有 18 块扇形瓦，在油槽内装有 18 个抽屉式油冷却器。推力油槽排油后，先拆除推力油冷却器及管路、油槽盖，进行油槽内余油清理，分解外围推力冷却水管、加排油管路，再进行各主要部件的拆卸吊出。

（一）镜板吊出

安装镜板吊具，起吊过程中确保每一块推力瓦与镜板分离，将镜板吊出放置在厂房内支墩上，稳油板、分油板等附件随弹性油箱及底座整体吊出。镜板吊出如图 4.2-8 所示。

图 4.2-7　转子吊出

图 4.2-8　镜板吊出

（二）推力支架吊出

拆除推力支架地脚螺栓，确保推力支架上的各部件固定可靠，做好防护，将推力支架吊出至厂房内指定位置后进行下挡风板支撑拆除。推力支架分解为 4 瓣后对各组合面及安装面涂防锈油、贴防锈纸并包裹塑料膜进行保养，工地装车，对推力支架盖板、支臂等部件进行防护。

（三）推力内挡油筒拆卸

推力内挡油筒在推力头、镜板拆卸前先将其拆卸，分解为两瓣，用钢丝绳下放至在推力支架内部搭设的临时平台，随推力支架整体吊出，待推力支架吊出后，将其吊至厂房大厅进行维护保养。

七、接力器分油器及外围环管拆卸

导叶接力器本体不更换，返厂进行部件换新修复，接力器分油器、锁锭装置、水车室内压力油管路及机坑漏油装置整体更换。拆除接力器与控制环连接销子后与控制环进行捆扎固定，接力器、控制环随支持盖一并吊出，在厂房大厅里再吊出分解。管路拆卸过程中做好余油收集，待推力支架吊出后再进行分解吊出。接力器防护如图 4.2-9 所示。

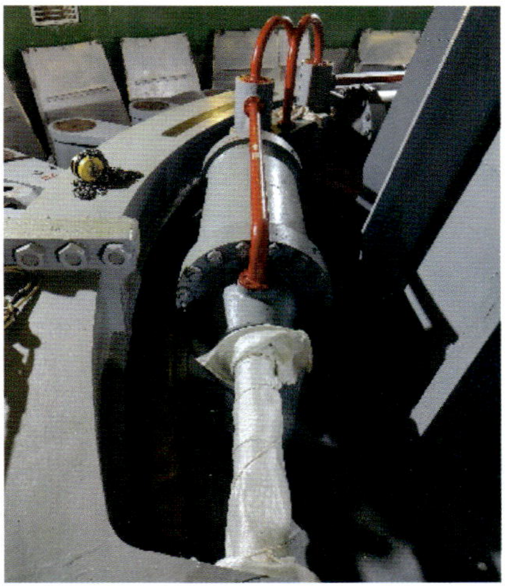

图 4.2-9　接力器防护

八、水车室部件拆卸吊出

水车室部件拆卸包括导水机构、水封水导各相关部件的拆卸，其拆卸工作盘车完成后均可进行，该部分拆卸工作不计入直线工期。各部件吊出工作在推力支架吊出之后进行，计入直线工期。

（一）导水机构各部件吊出

导水机构为连杆式结构，采用销钉铆接。导叶操作机构主要包括导叶套筒及上中下轴套、导叶拐臂、连接板、端盖、分半键、连杆装配和控制环等。除导叶套筒及上中下轴套、连杆装配、控制环更换外，其余导叶操作机构部件不更换，进行返厂修复，并参与导水机构预装。

拆卸前对不更换的部件进行编号，以便回装。拆除连杆销、连杆装配、端盖板、分半键、拐臂和导叶套筒，支持盖吊出后拆除控制环及相关附件，以上部件吊放至指定位置；导叶拐臂、连接板、端盖、分半键等部件进行清扫和防护，配合面涂防锈油、贴防锈纸并包裹塑料膜进行保养，工地内装车；控制环解体后外运至指定位置。分半键、拐臂拆卸可根据现场情况设计简易工装配套液压千斤顶使用。

（二）水导轴承及主轴密封吊出

水导轴承整体换型改造。原支撑结构为抗重螺栓支撑结构。主要部件包括油箱盖、水导瓦、水导瓦架、下油盆、内挡油筒及进回油管。内挡油筒与下油盆分解后，悬挂在大轴轴领内，其余各部件拆除分瓣后逐个吊出。

主轴密封整体换型改造。改造包含检修密封改造和工作密封改造两部分。检修密封改造前采用空气围带结构，工作密封改造前为双层橡胶平板密封拆卸分水箱、密封环、密封平板拆卸，水箱底座拆卸，空气围带及供气管路拆卸，主轴密封供水管路拆卸，顶盖泵及排水管路拆卸等。各部件拆除分瓣后逐个吊出。

九、支持盖拆卸吊出

在支持盖吊出后，水车室内临边安全风险高，在支持盖吊出之前，在水车室墙壁安装防坠落生命线。

支持盖及导流锥整体更换。拆除支持盖内油、气、水管路后做好防护，可随支持盖一同吊出，拆卸部分支持盖螺栓后，分别在 $\pm X$、$\pm Y$ 方向安装导向杆，待全部螺栓拆卸完成后，用顶丝将支持盖与顶盖整圈均匀分离一定距离后，进行支持盖的吊出，如图 4. 2–10 所示。

图 4. 2–10　支持盖吊出

拆卸导流锥和支持盖连接螺栓，导流锥和支持盖解体分瓣，以上部件吊放至指定位置。

十、主轴及操作油管拆卸吊出

镜板吊出后进行发电机轴拆卸和吊出。拆卸水发联轴护罩，主轴护罩固定在推力支架内，不影响发电机轴吊出。安装吊具吊出后在厂房内安装翻身吊具，放置在支墩上。水轮机轴拆卸在支持盖吊出后进行，在顶盖上安装专用平台，方便吊具安装。水轮机轴与转轮联轴螺栓用液压扳手拆卸，主轴与缸体法兰面由于重力等原因导致咬合力较大，可能引起桥机无法直接将主轴提升至与缸体法兰面脱开，需要在主轴法兰面侧面焊接挡块，挡块与缸体之间架设 100t 液压千斤顶辅助桥机将主轴与缸体法兰面脱开。

主轴专用平台搭建后，拆卸上段操作油管并吊出。水轮机轴吊出后，进行下段操作油管拆卸，注意余油收集与防护，吊出横置在厂房大厅后，分段拆卸。

水轮机主轴更换，发电机轴返厂修复，新水轮机主轴与旧发电机轴同铰定位水轮机轴和发电机轴吊出如图 4. 2–11 和图 4. 2–12 所示。

图 4. 2–11　水轮机轴吊出

图 4. 2–12　发电机轴吊出

十一、转轮吊出

图 4.2-13　转轮吊出

水轮机转轮整体更新。先拆除缸体护罩螺栓，护罩吊出后，对缸体与转轮连接螺栓进行冲淤及除锈处理，便于螺栓拆卸。进行修前高程测量，安装好转轮吊具，桥机将转轮提升使其与悬挂工具完全脱开后，拆除悬挂螺栓。起吊前松开泄水锥螺栓使其与下盖整圈均匀脱开，转轮吊出后，将泄水锥放置在泄水锥拆卸专用工具上拆卸，转轮吊至检修坑进行拆卸作业。旧转轮解体至最小部件，吊放至指定位置，对转轮悬挂工装进行防护保养。转轮吊出如图 4.2-13 所示。

十二、顶盖、活动导叶拆卸吊出

顶盖及活动导叶不更换。顶盖及导叶做好方位标记及编号，运至设计厂家进行修复，并参与导水机构预装。

拆卸活动导叶套筒。套筒螺栓及销子可在前期拆卸。由于套筒吊出后，顶盖部位存在很多孔洞，存在安全隐患，加工专用盖板进行防护。

拆卸顶盖与座环连接螺栓，安装顶盖吊具，顶盖吊出前，进行顶盖内部冲淤并将水晾干，防止其吊出放置在厂房大厅时对厂房大厅造成污染。顶盖解体为 4 瓣，顶盖组合面及导叶轴颈配合面涂防锈油、贴防锈纸并包裹塑料膜进行保养，运至设计厂家进行修复，并参与导水机构预装。顶盖吊出如图 4.2-14 所示。

顶盖吊出后，将活动导叶逐个吊出，运至设计厂家进行修复，并参与导水机构预装。活动导叶吊出如图 4.2-15 所示。

图 4.2-14　顶盖吊出

图 4.2-15　活动导叶吊出

活动导叶逐个吊出后，拆卸底环与基础环固定螺栓，刨除底环与座环之间定位圆柱销的焊接固定，确保底环与座环无连接。底环吊出如图 4.2-16 所示。

图 4.2-16　底环吊出

第三节　转轮室拆除

一、拆除对象

（一）转轮室拆除范围

根据转轮室及埋件改造设计方案，转轮室拆除范围包括转轮室中环和转轮室下环在内的影响转轮室及埋件更新改造而需要进行拆除或回装浇筑的所有部件，主要为流道高程38.95～32.80m 范围，高度约 6.15m 的钢衬及二期混凝土部分（不包括底环），从上至下依次布置座环、基础环、中环、下环以及围板。拆除厚度 0.94～1.25m，对应直径 10.99/11.58～13.5m，对应环向周长 34.53～42.41m。转轮室拆除范围简图如图 4.2-17 所示。

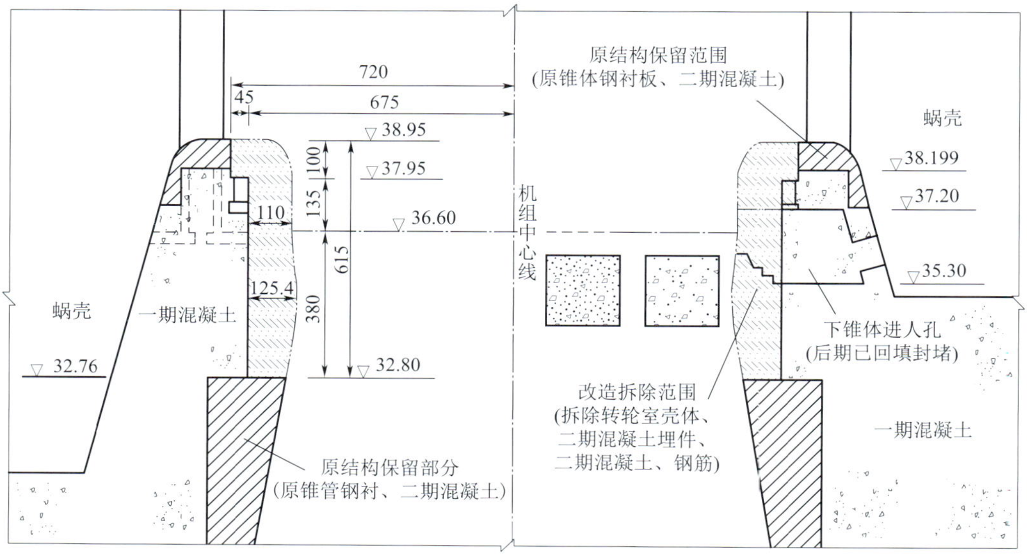

图 4.2-17　转轮室拆除范围简图（尺寸单位：mm；高程单位：m）

（二）拆除工程量

根据结构和材料类别，将转轮室拆除对象分为钢结构、二期混凝土和埋件三大部分，转轮室各拆除对象剖面图及平面展开示意图如图 4.2–18 所示，其中：

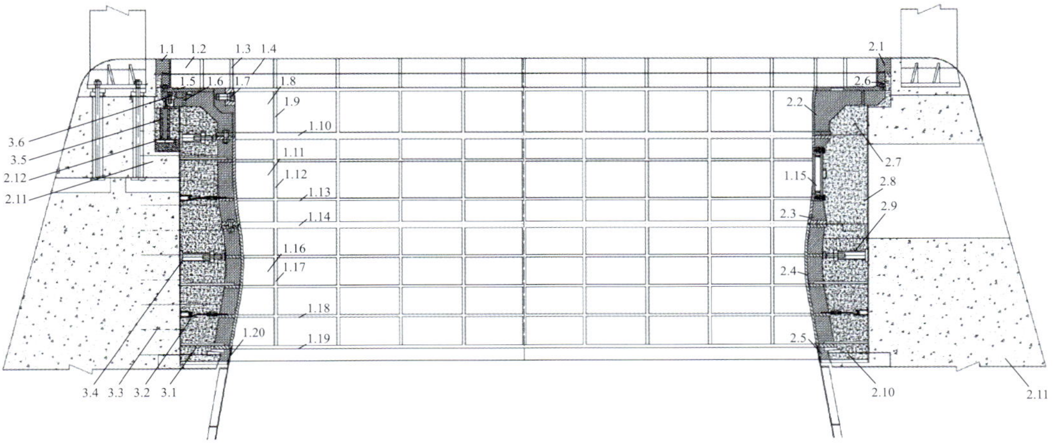

图 4.2–18 转轮室各拆除对象剖面及平面展开示意图

1.1—座环下衬板；1.2—座环上围板；1.3—座环筋板；1.4—座环环板；1.5—基础环上法兰面板；1.6—基础环环板；1.7—基础环悬挂；1.8—基础环过渡面板；1.9—基础环筋板；1.10—基础环与中环把合面板；1.11—中环过渡面板；1.12—中环筋板；1.13—中环肋板；1.14—中环与下环把合面板；1.15—中环进人门；1.16—下环过渡面板；1.17—下环筋板；1.18—下环肋板；1.19—下环下法兰面板；1.20—围板；2.1—座环层窗口混凝土；2.2—基础环层窗口混凝土；2.3—中环层窗口混凝土；2.4—下环层窗口混凝土；2.5—围板层窗口混凝土；2.6—座环层无约束混凝土；2.7—基础环层无约束混凝土；2.8—中环层无约束混凝土；2.9—下环层无约束混凝土；2.10—围板层无约束混凝土；2.11——期混凝土；2.12—地脚螺栓混凝土；3.1—角钢；3.2—拉杆；3.3—梅花插筋；3.4—径向千斤顶；3.5—地脚螺栓；3.6—轴向千斤顶

（1）钢结构拆除对象具体包括：底环与座环间钢结构（简称座环）、基础环、中环、下环以及下环连接锥管段（简称围板）钢衬。其中，将座环下围板、基础环上法兰面板和所有过流面板统称为钢结构面板（简称面板），其余钢结构均统称为钢结构埋板（简称埋板）。

（2）二期混凝土拆除对象具体包括：底环与座环间二期混凝土（简称座环层混凝土）、基础环与拆除界面间二期混凝土（简称基础环层混凝土）、中环与拆除界面间二期混凝土（简称中环层混凝土）、下环与拆除界面间二期混凝土（简称下环层混凝土）以及围板钢衬与拆除界面间二期混凝土（简称围板层混凝土）。

（3）埋件拆除对象具体包括：二期混凝土拆除范围内梅花插筋、工字钢、错钩、拉杆、径向千斤顶、轴向千斤顶、地脚螺栓等非混凝土结构物。

葛洲坝电站 170MW 机组转轮室待拆混凝土标号为 H350 号，该区域混凝土实际检测强度达 60MPa；1 号和 2 号机组转轮室材质分别为 ZG0Cr13 不锈钢和 1Cr18Ni9Ti 不锈钢，钢板厚度以 45mm 为主，最大厚度达 100mm。单台机钢结构拆除重量约 197t，混凝土拆除方量约 250m^3，埋件拆除数量共 552 件。

二、拆除用重要工装设备

葛洲坝电站 170MW 机组转轮室拆除综合难度极高，传统的拆除技术无法满足现场施工需求。

在混凝土拆除技术领域，传统的风镐、风钻、劈裂机、潜孔钻等混凝土拆除人工技术不仅拆除效率较低，耗费大量人工，且存在拆除过程中易产生粉尘、噪声污染等不足。历史上也有利用无声爆破技术进行拆除的经验，但该技术原理为通过产生膨胀裂纹进行混凝土拆除，该裂纹不易精准控制，对周围结构有一定损害，无法满足大尺寸转轮室混凝土保护性拆除需求。

在钢结构拆除技术领域，传统的碳弧气刨或者氧乙炔火焰技术在切割马氏体不锈钢锻件时效率很低，切割时熔池黏度大，熔融金属难以排出，导致切口粘连。

基于上述背景，经过大量调研、技术论证、可行性试验，最终，通过研发以应用高压水射流技术进行混凝土拆除为核心的新一套工装设备、工艺和方法，有效解决了大型水轮发电机组转轮室安全高效、绿色环保和优质精准拆除的难题。

（一）设备总体布置情况

应用的重要工装设备包括高压水射流设备、施工升降平台、等离子切割机等，设备清单见表 4.2-2，设备总体布置图如图 4.2-19 所示。其中，高压水射流设备和施工升降平台均为创新研发设备，形成了首次将高压水射流技术应用于水电站大型水轮发电机组转轮室混凝土拆除的成套大型新装备。

表 4.2-2 转轮室拆除用重要工装设备清单

<table>
<tr><th>序号</th><th>设备名称</th><th>型号规格</th><th>单位</th><th>数量</th><th>备　注</th></tr>
<tr><td rowspan="2">1</td><td rowspan="2">高压水射流设备</td><td>高压泵组</td><td>套</td><td>4</td><td rowspan="6">水电站大型水轮发电机组转轮室混凝土拆除成套装备</td></tr>
<tr><td>执行机构系统</td><td>套</td><td>1</td></tr>
<tr><td>2</td><td>施工升降平台</td><td>卷扬式提升，提升能力 4×16t</td><td>套</td><td>1</td></tr>
<tr><td rowspan="2">3</td><td rowspan="2">等离子切割机</td><td>LGK-300HD</td><td>套</td><td>3</td></tr>
<tr><td>LGK-400HD</td><td>套</td><td>2</td></tr>
</table>

成套装备分层放置在水力发电站内部，施工升降平台是高压水射流设备执行机构系统的安装和升降平台，高压水射流设备高压泵组是执行机构系统的动力源，高压水通过高压软管被运送到转轮室内部的执行机构系统从而实现对转轮室混凝土的拆除作业。

等离子切割机根据作业拆除的对象放置于施工升降平台上的高压水执行机构操作室内和其他转轮室内适当位置。

（二）高压水射流设备

相比于传统人工拆除技术，首次将高压水射流技术应用于转轮室混凝土拆除，通过 8 个运动轴搭载高压喷枪将高压水有效作用至转轮室指定位置混凝土面上，可实现转轮室混凝土周向、轴向、径向范围拆除全覆盖。这一拆除方式具有以下优点：现场环境更舒适，

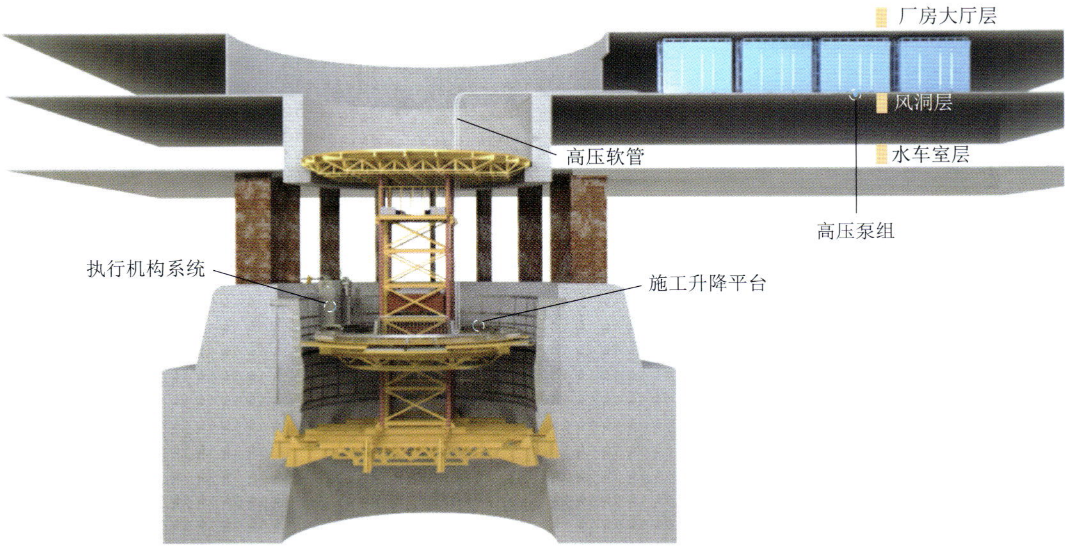

图 4.2-19　转轮室拆除重要工装设备总体布置图

灰尘少，绿色环保；机械化自动化水平高，耗费人工少，拆除效率高；保护性拆除，无混凝土裂纹，拆除质量好；混凝土废渣小，便于清运。

实际施工投入应用的高压水射流设备具体包括高压泵组和执行机构系统两大部分。

1. 高压泵组

高压泵组又称高压水发生系统，具体包括高压水主机（见图 4.2-20）、高压出水管路系统和冷凝排水管路系统三大部分。

图 4.2-20　高压水主机

2. 执行机构系统

执行机构系统又称执行机器人系统，主要包括控制系统、运动系统和安全防护系统三大部分，如图 4. 2–21 所示。

图 4. 2–21 执行机构系统

（1）执行机构控制系统又称执行机构动力系统，为高压水执行机构运动系统提供动力来源，并实现精准控制，包括移动式液压驱动站、连接管线和遥控器。执行机构动力系统采用 380V 工业用电作为动力源，采用液压驱动方式，确保拆除过程高湿度、高水雾浓度、高颗粒物环境下设备运行的稳定性。

（2）执行机构运动系统又称执行机构机械系统，由具体执行运动的各个机械部件组成，可沿 8 个机械运动轴、7 个自由度进行自动化运动。

（3）执行机构安全防护系统采用三位一体的防护方式，即包括破碎头防护、执行机构防护和作业人员防护三大防护设施，分别采用防护罩、防护网和操作室进行安全防护，保证高压水作业过程中设备和人员的安全可靠。

（三）施工升降平台

施工升降平台为多个平台组成的体系，设置在座环上法兰面和尾水管锥管之间的机组中心位置，具体包括上层平台、卷扬机平台、升降立柱、中间升降平台和下层牛腿平台五大部分，如图 4. 2–22 所示。

通过卷扬机钢丝绳带动升降平台垂直运行，可沿连接立柱架上下移动，满足转轮室钢板切割和混凝土拆除的不同高度作业要求；同时通过设置延长栅板，方便对升降平台的覆盖直径进行调整，同时方便拆卸，满足转轮室不同部位的空间要求；通过设置高压水执行机构操作室，提供了设备储存防护空间，也为高压水设备操作人员提供了高压水作业期间免于碎石、噪声和水雾等影响的安全防护保障。此外，还具备在转轮室回装浇筑期间为钢结构焊接和尾水清渣、废弃钢板和混凝土清运等提供作业平台，以及隔绝定子改造的粉尘等方面的功能，确保现场工作的有序开展和作业人员的安全舒适，是整个转轮室改造期间必不可少的一套重要工装设备。

（四）等离子切割机

相对于传统的碳弧气刨或者氧乙炔火焰切割，采用等离子切割技术，等离子弧的热输

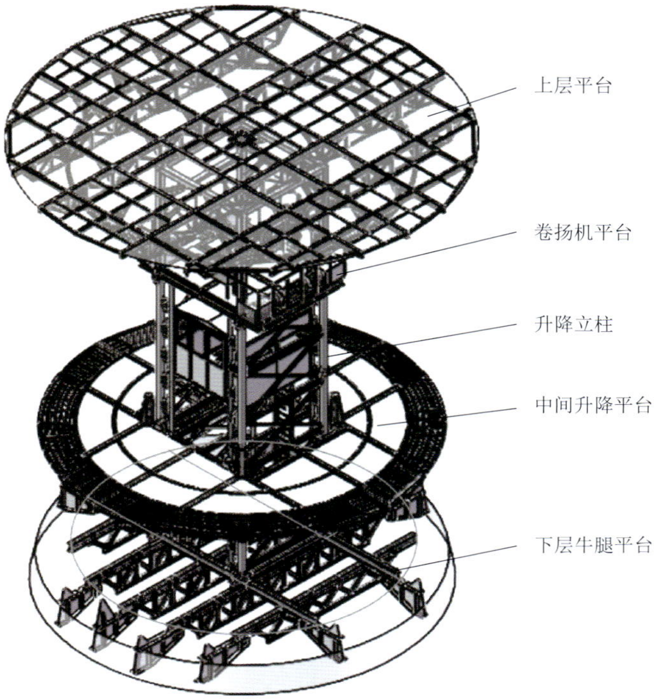

图 4.2-22　施工升降平台三维示意图

入量明显提升，有利于提高对转轮室钢结构的切割效率；此外对背面埋有混凝土的钢结构进行切割时，在选用合理参数的情况下，金属熔池能顺利沿切割方向排出，不会因为金属熔池而影响切割效率。

实际施工投入应用的 5 台 LGK-300HD 和 LGK-400HD 型等离子切割机属逆变式空气等离子切割机，供气压力 0.4~0.6MPa。通过在 4 个象限均匀布置，可以减少相互间的干扰，并利于转轮室钢结构实现分层轴向均匀向下拆除作业。

三、拆除工艺

葛洲坝电站 170MW 机组转轮室拆除是一项庞大的系统工程，由于作业空间和结构安全的限制，无法整体拆除，一般须对各单元进行逐个拆除。而由于面板、埋板、混凝土三者间互为约束，又须按照各单元相互间的约束关系合理进行拆除先后顺序的安排。选择不同的拆除工序路径将对最终拆除效果产生较大的影响，需要根据相互约束关系和已有的各类资源情况进行施工组织设计和工序路径优选。

此外，如何操作使用高压水射流设备和等离子切割机等工装设备，调节合理的工艺参数，使得各单元达到最佳的拆除效果，同样具有非常重要的意义。

（一）拆除前准备

在固定导叶外围脚手架平台搭设和重要工装设备水电气保障工作完成基础上，为实现转轮室待拆对象正式施工，需完成两项重点前置工作，即完成施工升降平台安装调试，以及高压水射流设备和等离子切割机安装调试。

1. 施工升降平台安装调试

由于转轮室施工专用平台下层牛腿平台安装需检修人员进行大量焊接工作，因此需要在下方先进行转轮检修排架搭设。排架搭设验收合格后方可进入转轮室施工专用平台安装工序，依次安装下层牛腿平台、升降立柱、中间升降平台、卷扬机平台、上层平台，安装过程中开展载荷试验、水平度检查、垂直度检查、连接螺栓力矩检查、调试试验等。

试验和检查合格后，拆除转轮检修排架，对转轮室施工专用平台整体进行验收并挂牌投入正式运行。

2. 高压水射流设备和等离子切割机安装调试

高压泵组在机组停机检修开工后即提前根据桥机空闲情况，通过厂房吊物孔吊入风洞层，在风洞层内通过叉车转移至指定位置，并进行组装调试。调试内容主要包括低压水管、主机电路、冷却水管、高压水管安装调试等，稳定工作压力不低于200MPa，满足转轮室混凝土拆除施工要求。

执行机构系统和等离子切割机随转轮室施工专用平台一同进场安装，并通电、通水、通气，分别进行调试。其中，执行机构系统调试主要内容包括：R 轴环向模块、Y 轴轴向模块、Z 轴变径模块、X 轴横梁模块、破碎头、遥控器调试等。

高压水射流设备和等离子切割机试运行合格后，即可投入正式拆除作业。

（二）拆除基本工序

在机坑内机械电气设备拆除完成，同时转轮室底环整体吊出，同时上述拆除前准备工作完成后，即进入转轮室拆除工序。

首先，明确各拆除单元的数量和分布情况。结合筋板、肋板分布情况，将转轮室平面展开，化整为零，对各拆除对象进行划分及命名，累计分为11层共360个窗口，每个窗口赋予独立的编号，绘制拆除进度平面展开图，便于拆除过程可视化和实现精准拆除。

其次，明确拆除工序路径的基本原则。根据各拆除单元的相互约束关系，总体按“面板→混凝土→埋板→混凝土→埋件→混凝土”步骤顺序拆除，同时，将拆除过程分多个阶段进行，每个阶段分层分步轴向向下拆除，完成拆除至界面区间，达到验收标准后进行下一阶段作业，可减少拆除设备及人员在各个高程移动和交叉作业次数，同时施工升降平台中的中间升降平台随拆除过程需要进行伸缩，可有效控制转轮室与平台间空隙，降低临边坠落风险。整体拆除可大致分4个阶段进行，如图4.2-23所示。

（1）第一阶段：钢结构及窗口混凝土拆除。按照“钢结构面板→窗口混凝土→钢结构埋板”顺序自上而下逐层拆除钢结构和窗口混凝土。

（2）第二阶段：无约束混凝土拆除。按照“无约束混凝土→钢筋、千斤顶等埋件→无约束混凝土”顺序自上而下拆除无约束混凝土和埋件至界面区间。

（3）第三阶段：地脚螺栓混凝土拆除。对基础环层无约束混凝土外部16个地脚螺栓区域混凝土逐一拆除至界面区间。

（4）第四阶段：拆除界面修整。对地脚螺栓、轴向千斤顶、楔子板等剩余埋件进行拆除，同时由于界面控制误差的存在，随后整体对拆除界面欠挖区域进行修整，使得整个拆

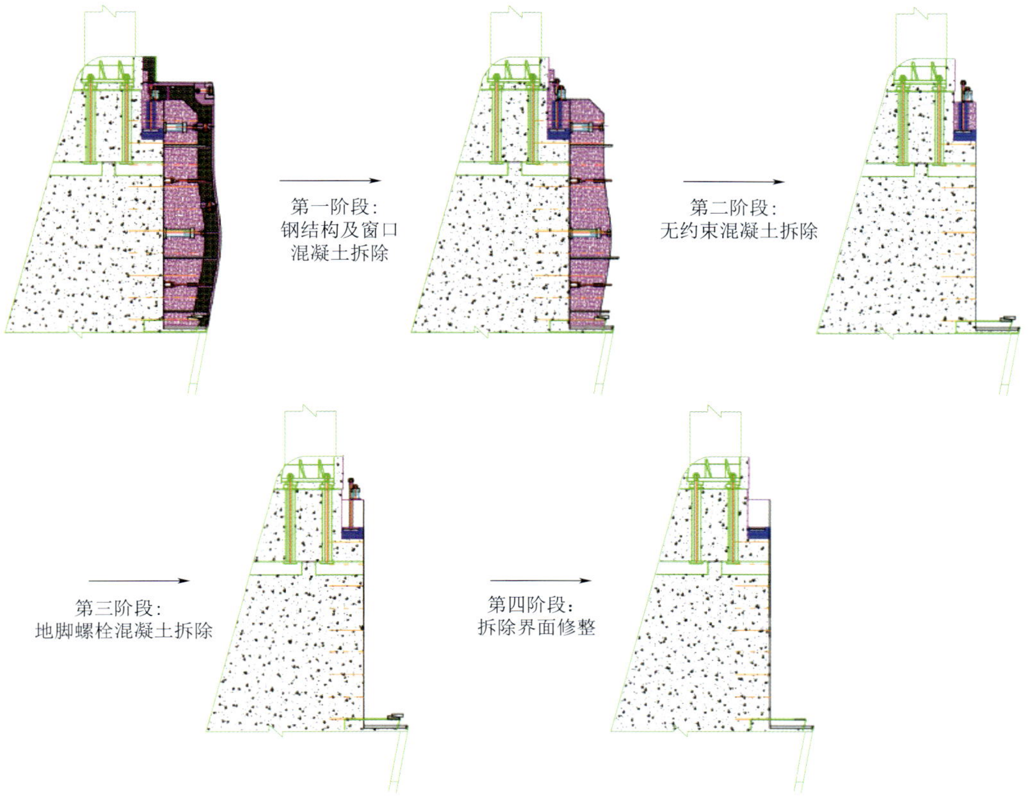

图 4.2-23 转轮室整体拆除流程示意图

除区域均位于界面区间。

其中，由于各阶段并非严格的紧前紧后工序，可视情况穿插进行。

（三）钢结构和埋件拆除工艺

通过不断优化等离子切割工艺参数，总结经验，实际切割效果良好，对于 45mm 厚的过流面板，切割效率可达 1987mm/（人·h），具体拆除工艺如下：

（1）通过物探监测过流面板后筋板和肋板等埋板位置情况，结合图纸做好初步标记，为后续过流面板切割开窗口提供指导。

（2）等离子切割机按初步标记进行钢结构切割作业，过流面板切割尽可能靠近筋板和肋板位置，如图 4.2-24 所示，以提高开出混凝土窗口面积，便于混凝土拆除作业，切割路径横平竖直，水平和竖直倾斜度均不超过 2cm；选取合理的切割参数以提高切割效率，如等离子弧喷嘴与前进方向的钢结构表面的夹角 α 控制在 135°～150°，等离子弧喷嘴与钢结构表面的基准距离控制在 0.5～10mm。同时，为进一步达到上述目标，采用水平仪和红色喷漆进一步标记，为焊工作业提供指引。

（3）对于筋板、肋板等埋板的切割，切割点靠近钢板中间，视现场情况增大相邻切割点距离，有效减少总切割长度。

图 4.2-24 钢结构面板等离子拆除施工

（4）对于千斤顶、钢筋等埋件，可保留部分长度，切割范围以不影响高压水设备喷枪移动拆除作业和新转轮室回装为原则，对相应突出区域进行拆除。

（5）钢结构切割完成后，通过上层平台卷扬机转移至蜗壳流道，将蜗壳流道内钢结构和埋件拆除物集中清理吊运出场。

（四）二期混凝土拆除工艺

在 200MPa 超高压水压力基础上，加之过流面板等离子切割效果良好，利于高压水拆除作业，以及工艺参数不断优化，转轮室混凝土高压水射流平均拆除效率可达 0.72m^3/h，日最大拆除方量超 10m^3，具体拆除工艺如下：

1. 座环层混凝土拆除作业

执行机构做径向和周向组合运动，采用平面破碎头，*X* 轴加 1.5m 长延长杆，便于喷枪靠近拆除区域，高压喷枪按设定程序范围先沿径向往复自动运动，随后执行机构自动沿周向顺时针或逆时针整体移动一步，继续进行轴向往复高压水拆除作业，以此类推完成环向 360°座环层上半部分一整圈二期混凝土拆除；随后执行前端整体沿自身升降模块向下移动至适当位置，以此类推完成座环层下半部分一整圈混凝土拆除。

2. 其他层混凝土拆除作业

执行机构做周向和轴向组合运动，采用平面破碎头，设置范围与单个窗口一致，高压喷枪先沿周向往复自动运动，随后执行机构自动沿轴向整体向下移动一步，继续进行径向往复高压水拆除作业，至完成整个窗口混凝土拆除作业为止，以此类推完成基础环层范围内径向一整圈混凝土拆除第一遍，如图 4.2-25 所示；随后手动遥控执行前端整体沿自身变径模块向外移动至适当位置，同理完成基础环层范围内径向一整圈二期混凝土拆除及加深至界面区间（100~110cm 范围）；随后执行机构随升降平台整体向下移动，同理完成后续阶段 3~11 层范围内径向一整圈混凝土拆除及加深至界面区间。

3. 地脚螺栓混凝土拆除作业

执行机构做径向和周向组合运动，采用深度破碎头，同座环层拆除施工工艺，不同之

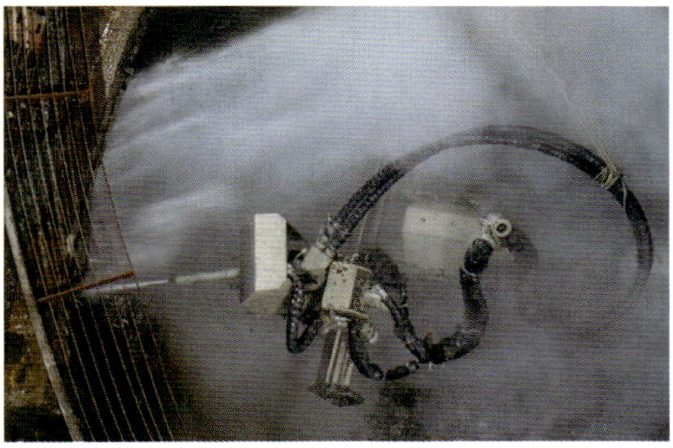

图 4. 2–25　窗口混凝土高压水射流径向拆除施工

处在于深度破碎头可一次性拆除至地脚螺栓底座钢板区域，不会出现超挖，同时共 16 个地脚螺栓混凝土，非连续分布，前一个拆除完成后，需手动遥控执行机构整体周向移动至下一个位置进行拆除作业。

4. 拆除界面修整

执行机构做径向和周向组合运动，采用平面破碎头，对 1～11 层未达到拆除界面区域混凝土进行修整。

5. 混凝土废渣清理

高压水作业结束后大部分废渣会残留于升降平台之上，每次自动拆除作业结束，在执行机构位置调整期间，需由专人对平台上废渣进行零星清理至尾水管中，高压水作业向钢板切割等其他作业交面期间，再由专人对废渣进行集中清理，最大程度减轻升降平台上荷载，保证作业安全，200 余立方米混凝土全部拆除结束后，最终通过小型挖掘机和吊斗将尾水废渣经过机坑集中清理吊运出场。

第三章　水轮机主要部件改造

根据机组更新改造设计目标要求，为了使改造后的水轮机能够长期安全稳定运行，并借更新改造机会优化结构设计，消除机组安全隐患，在水轮机改造过程中，主要对转轮、主轴、支持盖、导流锥、主轴密封、水导轴承、导水机构、真空破坏阀等部件进行针对性改造工作。

第一节　转轮

（一）组装前的准备

为了做好新转轮的安装工作，需完成以下几项准备工作：

（1）转轮改造设备到货后，及时开箱检查、清洗转轮装配所有零部件；清洗完后，对所有配合间隙进行测量，如活塞杆、铜瓦、枢轴的尺寸，并校核各部件配合间隙是否满足设计要求。

（2）由于叶片螺栓尺寸较大，且为横向安装，为避免在安装叶片螺栓时出现黏牙、发卡现象；安装前，将转臂平放，螺孔朝上，对叶片螺栓与转臂螺孔进行逐个预装，并进行对应编号。

（3）试配转臂、枢轴和叶片之间定位圆柱销，试配前将销孔和圆柱销清洗干净，打磨表面高点和毛刺，并进行对应编号。

（4）转轮组装过程中，由于空间限制，某些部件安装后，其安装螺栓无法进行点焊止动。因此，在转轮正式安装前，需对此类部件的螺栓进行防松动处理。如：在组装活塞前，对活塞与活塞杆套环螺栓进行防松动点焊处理；转臂组装前，对转臂连杆销定位螺栓和盖板进行防松动处理，以保证该处螺栓在机组运行时不发生松动。

（5）根据轮毂直径大小选择合适转轮检修平台进行组装，如图 4. 3–1 所示。

（二）转轮体吊装

轮毂吊至安装工位前，先将活塞倒立放置于检修坑内，根据活塞高度架设支墩，并在起吊过程中做好防磕碰措施。活塞放置后其键槽方位应与转轮操作架键槽方位保持一致，为便于调整活塞与操作架键槽方位，在活塞杆顶部提前做好键槽标记，如图 4. 3–2 所示。

转轮放置方位满足转轮翻身吊具安装及桥机起吊翻身需要。转轮放置支墩高度的确定应满足枢轴及转轮翻身螺栓安装要求，支墩上方需垫好铜板或者铝板，以保护转轮法兰面。支墩方位应避开转轮翻身吊具安装方位。转轮放置后，其活塞缸内圆必须置于检修机坑内圆之内，如图 4. 3–3 所示。

图 4.3-1　置于轮毂上的转轮检修平台

图 4.3-2　活塞杆键槽方位标记

（三）转臂、连杆、枢轴安装

转臂、连杆、枢轴严格按出厂编号安装，安装时转臂连杆为整体吊装。转臂吊至轮毂对应位置时，调整转臂中心孔与对应铜瓦同心，使用转臂连杆专用工具进行固定，并在连杆下方与转臂背面架设千斤顶，将其可靠定位。将圆柱销安装在枢轴上，注意其方位，装好枢轴专用吊装工具，吊装枢轴，枢轴安装后，应将其与转臂把合螺栓紧固，以防止转轮翻身过程中枢轴滑落，枢轴如图 4.3-4 所示。

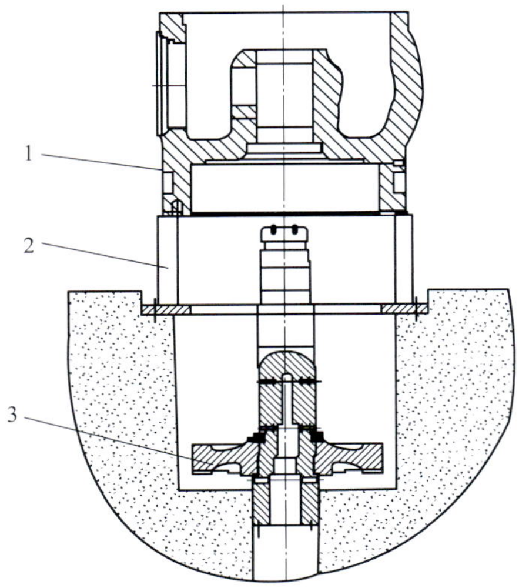

图 4.3-3　轮毂安放示意图

1—轮毂；2—支墩；3—活塞

图 4.3-4　枢轴吊装

（四）操作架安装

操作架是转轮操作机构中主要传动部件，通过连杆、转臂、枢轴与各叶片相连接。安装操作架前调整连杆高度，使连杆铜瓦底部高于转轮体法兰面约 5mm。将活塞杆与操作架下方卡环提前放置在轮毂上。用桥机吊起操作架缓慢下落并对好方位，调整千斤顶使其高度与连杆销一致。调节连杆使连杆销孔和操作架销孔同心，装入连杆销及挡板，拆除转臂、连杆固定工具。做好防灰尘、砂砾等杂物掉入轮毂内部的防护措施。

（五）活塞安装

安装活塞导向环和孔用方形圈，安装时各导向带、密封接头应相互错开，安装转轮轮毂上铜瓦与活塞杆间轴用方形圈，在各密封圈上抹上润滑脂。

用桥机吊起活塞，当活塞杆与操作架下方卡环槽与小轮毂平面平齐时，装入卡环 1，使用松紧带箍紧。继续提起活塞，在活塞未进入转轮缸体时，转动活塞，使活塞杆与操作架之间键槽方位完全对准。用活塞带动操作机构提至叶片全开位置，装入键之后，装好卡环 2 和套环并点焊螺栓，取下卡环 1 松紧带。顶紧操作架下方千斤顶。活塞吊起至活塞缸内后，在转轮指定位置安装活塞支板。在 3 个活塞支板上各架上千斤顶顶住活塞，在活塞与千斤顶之间垫厚铜板，并将千斤顶绑牢以防止千斤顶滑落。用桥机配合活塞支板上的千斤顶将活塞顶至全开位置，取出操作架下面的千斤顶，拆除活塞吊具，如图 4.3-5 所示。

（六）连接体安装

连接体安装前，测量连接体法兰面密封槽尺寸，根据密封压缩量及填充量要求选用合适的密封条进行粘接安装，同时将转轮体内腔清扫干净。将连接体吊起，装好滑块，调整好水平和方位，将滑块对准操作架滑块槽，慢慢落入转轮体止口内，注意防止盘根脱落。连接体与转轮连接螺栓紧固后，用 0.05mm 塞尺检查组合面应不通过，连接体滑块如图 4.3-6 所示。

图 4.3-5　活塞支板

图 4.3-6　连接体滑块

（七）转轮翻身

两台桥机提前并车，并安装好翻身梁，将翻身梁穿入钢丝绳，吊起转轮，转轮翻身梁如图 4. 3–7 所示。再安装已提前摆放到位的上吊具，注意上吊具方位和翻身梁应一致。吊起转轮后挂好上吊具的钢丝绳，在指定地点进行翻身，转轮翻身如图 4. 3–8 所示。活塞固定工具应已提前安装好。转轮翻身前，须使用千斤顶将活塞顶到叶片全开位置，防止在翻身过程中活塞发生动作对翻身部件产生冲击力。

图 4. 3–7　转轮翻身梁

图 4. 3–8　转轮翻身

（八）下盖安装

图 4. 3–9　过渡环

安装下盖前，须将转轮放油阀安装到位，检查动作灵活性，并对其做煤油渗漏试验，试验合格后方能进行下盖安装。安装过程中，将转轮吊到下盖处，仔细检查其安装方位是否正确，密封条的尺寸选择是否合理，是否涂抹了平面密封胶。在转轮连接体与下盖即将接触时，安装螺栓并打紧，用 0. 05mm 塞尺检查组合面间隙合格后吊起转轮。利用转轮翻身后空出的下游平衡梁吊起过渡环，将过渡环放置于转轮检修坑，并在过渡环上布置支墩。带着下盖一起吊入转轮检修坑过渡环支墩上，再次打紧螺栓，用 0. 05mm 塞尺检查组合面间隙合格，过渡环如图 4. 3–9 所示。

（九）叶片安装

下盖安装后，拆除活塞与支板之间的 3 个千斤顶，用桥机将活塞与操作架机构整体提起，至接近叶片全关位置，安装转轮上吊具和支板上螺栓，固定活塞。

吊装叶片前，清扫、检查叶片法兰和枢轴法兰，清洗叶片的螺栓、螺孔，螺纹涂上二硫化钼润滑脂。安装好叶片吊装工具将叶片吊起适当高度，调整叶片使法兰与地面垂直，按正确的顺序和方向将叶片密封套装在叶片法兰轴径处。为便于叶片密封顺利安装，可在叶片密封上均匀涂抹透平油。同时，叶片与枢轴连接销应按正确编号安装在枢轴上，连接销表面涂抹润滑油，倒角朝外。提前将一个位于叶片上方的叶片与转轮的连接螺栓放置在叶片上（一般选择叶片上方位于中间位置或者最高位置的螺栓），跟随叶片起吊，如图4.3-10所示。叶片安装过程中，将叶片吊起适当高度并调整叶片方位使叶片法兰面与枢轴法兰面平行，当两法兰面距离小于60mm时，将螺栓连同经过退火处理的紫铜垫圈涂上二硫化钼润滑脂装入叶片螺孔。应做好措施防止叶片密封脱落或受挤压发生变形，检查叶片法兰与枢轴法兰贴紧且叶片密封无损坏和扭曲现象后装好其余螺栓，否则应拆下该叶片重装。由于叶片尺寸及重量较大，安装时应尽量采取对称安装的方式，避免局部作用力过大致使转轮发生倾倒。

将其余螺栓连同经过退火处理的紫铜垫圈涂上二硫化钼润滑脂装入叶片对应螺孔。叶片螺栓预紧力矩应符合要求，使用液压扳手拉伸应先计算出其对应的油压。螺栓紧固时应先对称紧固两个螺栓，再对称紧固其余螺栓。在5个支墩上各用1个千斤顶分别顶住5个叶片靠外缘的出水边，以防止叶片转动。

图4.3-10　转轮叶片吊装

（十）操作油管安装

活塞杆内操作油管为转轮接力器的关键分油部件，油路系统通过它给转轮活塞缸上下腔供油，因此其与活塞密封的选择至关重要。活塞杆内操作油管安装前，应仔细测量其与活塞的配合间隙，严格要求选择合适的密封。同时，在活塞杆内操作油管吊入活塞杆内部过程中，应密切注意其密封，做好相应措施保证密封不被损坏。

实际施工时安装耐油密封条，按原方位回装，将螺栓打紧，用0.05mm塞尺检查组合面间隙检查合格后将螺栓点焊防松并将焊渣清除干净（活塞杆须做防护措施，以防焊渣落入活塞杆内操作油管或破坏活塞杆面）。

（十一）缸盖安装

缸盖吊装前，将活塞、转轮体法兰、螺孔、活塞缸及其法兰清扫干净，安装转轮体法兰密封条，在密封条外缘打一道连续不间断的密封胶，并将销按编号在转轮体法兰上安装到位。吊装缸盖时，应调整其与活塞杆的同心度，注意当活塞杆进入铜瓦时不应将密封条挤出，检查缸盖内是否有异物，验收合格后将缸盖落到位。吊装连接螺栓对称紧固。紧固后用 0. 05mm 塞尺检查组合面间隙。

（十二）转轮试验

1. 试验准备

转轮试验前，需对转轮体内部空腔、活塞缸上腔及下腔进行充油，充油过程中应保证转轮内部气体被正常排出。葛洲坝机组转轮试验主要包括：叶片动作试验、转轮打压试验、活塞上下腔打压试验及叶片密封动作试验，如图 4. 3-11 所示。

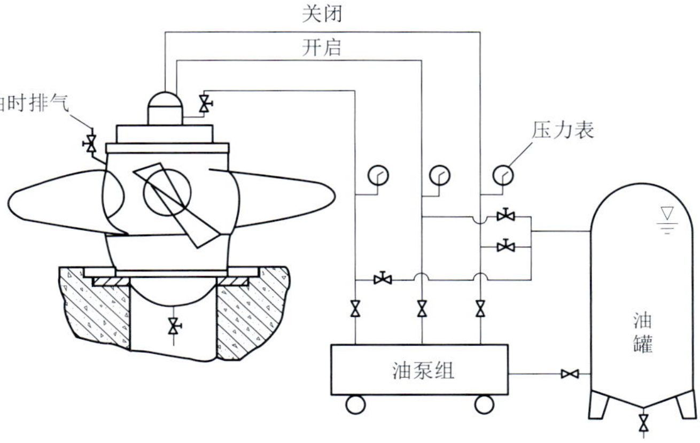

图 4. 3-11 转轮试验

2. 试验要求

（1）叶片动作试验。要求转轮活塞动作平稳、无卡涩，叶片开启和关闭过程中的最低油压一般不大于额定工作压力的 15%。试验须持续 8h，试验过程中转轮体内部压力保持在 0. 5MPa 左右。叶片每小时转动全行程 3 次，检查转轮各部件组合法兰不应有渗漏现象，每个叶片密封装置不应有渗漏现象。

（2）转轮保压试验。转轮试验油压为 0. 5MPa，试验过程中压力由 0. 1MPa、0. 3MPa、0. 5MPa 逐渐上升，以便检查处理叶片密封、缸体上下腔排油阀、下盖放油阀、联轴螺栓以及各部件法兰结合面的渗漏情况。升压过程中如无渗漏，则保持 0. 5MPa 油压，持续 16h，检查渗漏情况。

（3）转轮活塞耐压试验。活塞缸开、关腔 5MPa 保压 30min，检查活塞缸与活塞杆，活塞缸与活塞缸盖、操作油管与活塞杆组合面的密封无渗漏，实测活塞行程。

（4）转轮叶片窜动量测量。在转轮体打压之前，在转轮体与叶片之间安装百分表检查叶片径向窜动量，如图 4. 3-12 所示。

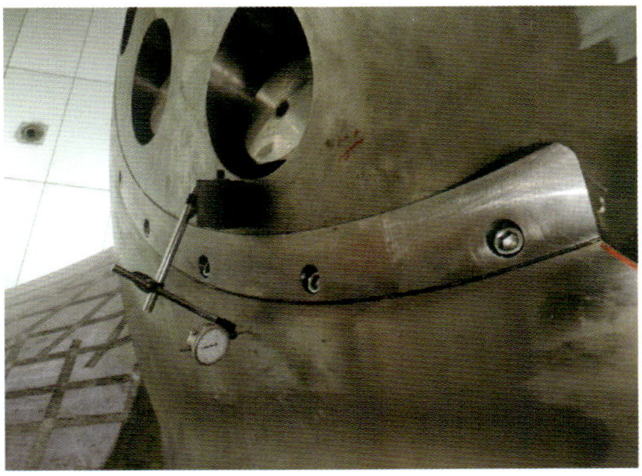

图 4. 3-12 转轮叶片窜动量测量

（十三）泄水锥安装

由于受桥机起升高度的限制，现场利用深井泵检修孔放置泄水锥，可降低泄水锥的地面高度，使泄水锥底部距离孔洞表面不小于450mm，确保泄水锥的安装。

在转轮准备吊入机坑之前，清扫下盖法兰面，将转轮吊至泄水锥正上方，下降到连接体法兰与泄水锥法兰距离20~30mm时，调正转轮，对正泄水锥螺孔，用螺栓将泄水锥提起，穿上所有螺栓。

转轮吊入机坑后，紧固泄水锥连接螺栓，检查组合面间隙合格后点焊泄水锥连接螺栓防松，焊接泄水锥围板，围板焊缝应无裂纹。

（十四）转轮安装调整

转轮吊入机坑，悬挂于转轮室基础环，调整转轮高程、中心和水平，要求叶片与中环的间隙与实际平均间隙之差不应超过平均间隙的±20%，水平度不大于0.02mm/m，高程满足机组整体安装要求，调整合格后拆除转轮专用吊具。

第二节 导水机构

导水机构改造时，除底环、支持盖和上、中、下轴套以及连杆装配、控制环更换外，其余部件不更换，进行返厂修复，并进行预装工作。

一、导水机构部件返厂修复

（一）活动导叶返厂修复

机组经过多年运行，活动导叶瓣体端面、出水边缘存在不同程度磨蚀，瓣体头部等部位环氧金刚砂涂层局部脱落。活动导叶返厂修复工作主要包括瓣体型面环氧金刚砂涂层清理，瓣体端面及出水边修复，导叶瓣体头部加工密封槽，上、中、下轴颈镶不锈钢套等。导叶修复工作完成后参加导水机构厂内整体预装。

（二）顶盖返厂修复

根据导水机构设计修复方案和机组长期运行的实际情况，顶盖返厂后主要的修复及改造工作包括过流面磨蚀部位功能性修复、顶盖过流面增设内外压板密封槽以及导叶中轴孔扩大等工作，修复工作完成后参加导水机构厂内整体预装。顶盖密封槽加工局部放大图如图4.3-13所示。

二、导水机构厂内预装

导水机构首次进行改造，为了确保导水机构在现场顺利安装，制造的新部件与修复、改造的旧部件需在厂家进行整体预装，以检验新旧部件的接口匹配度和上、中、下轴套的同心度。

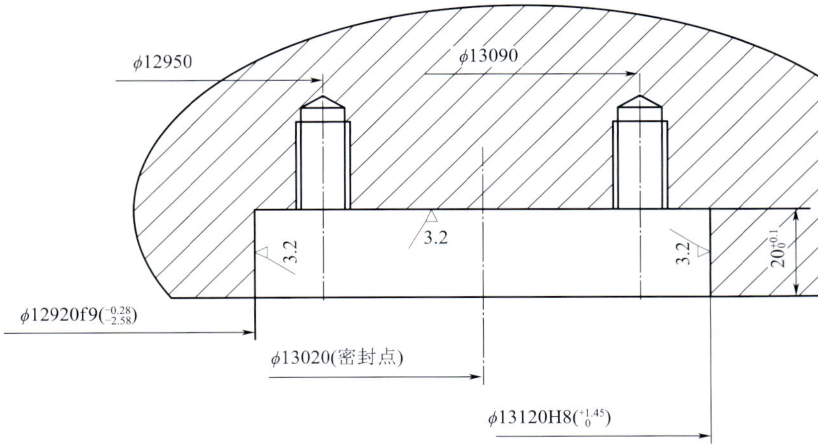

图 4.3–13 顶盖密封槽加工局部放大图

（一）要求

（1）检查顶盖、底环、支持盖等大型分瓣部件合缝面间隙情况。
（2）检查套筒法兰把合孔与顶盖螺孔的对中情况。
（3）检查顶盖与支持盖法兰把合孔的对中情况。
（4）检查顶盖、底环开档尺寸及平行度。
（5）检查活动导叶轴颈与顶盖套筒轴套、底环轴孔轴套配合情况。
（6）检查活动导叶瓣体上、下端面与顶盖、底环过流面间隙情况。
（7）检查连杆的水平度情况。
（8）检查控制环抗磨板与支持盖配合面间隙情况。
（9）检查活动导叶、控制环及传动机构等活动部件的整体动作灵活性。
（10）检查导叶全关位置的密合性。
（11）检查导叶开度与接力器行程的关系曲线。
（12）检查各零部件的标识情况。

（二）工艺流程

（1）根据底环导叶轴孔、轴座分布位置、尺寸布置 32 件活动垫铁，并调整活动垫铁高度一致，活动垫铁上平面加垫保护底环支撑面。在底环 32 个轴孔内下端面放置止推轴承，用于装配过程中支撑活动导叶重量。

（2）吊装底环就位，通过可调垫铁调整底环高度，使其过流面平面度在 0.2mm 以内，压紧后进行复查。

（3）在底环过流面上按照导叶布置图要求，画出活动导叶全关位置线。

（4）检查确认活动导叶上、中、下轴颈及瓣体端面等配合面清理干净，配合尺寸符合设计图纸要求。

（5）用导叶起吊工具依次对称吊装 32 件活动导叶，缓慢插入底环导叶轴孔，并根据底环过流面导叶全关位置线放置导叶。吊装时注意观察导叶下轴颈与底环导叶轴孔的对中情况，导叶吊装前在底环过流面与导叶瓣体进、出水边配合部位事先放置铜皮，保护导叶瓣体端面，如图 4. 3-14 所示。

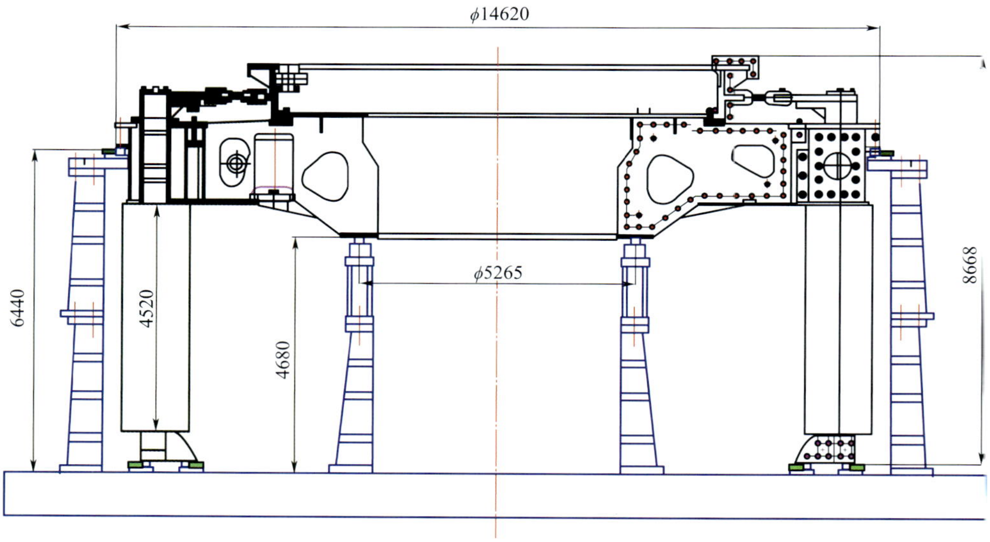

图 4. 3-14　导水机构整体预装方案图（单位：mm）

（6）测量装配平台至底环过流面高度尺寸，并做记录，根据测量尺寸，在导水机构外法兰平面对应位置均布 4 组工具支撑，支持盖下端周圈布置 8 组支撑，以确保导水机构整体预装的稳定性和安全性。其中外圈支撑高度尺寸满足顶盖吊装后与底环间的开档尺寸要求及活动导叶端面间隙要求，支撑径向位置满足活动导叶全开空间位置要求，避免活动导叶瓣体头部与工具支撑相碰。

（7）套筒装入顶盖轴孔内，然后吊装顶盖，顶盖 *X*-*Y* 线与底环 *X*-*Y* 线对齐。顶盖下落过程中对称检查导叶轴颈与套筒轴套内孔间隙以及顶盖、底环过流面间开档尺寸情况，并根据所测数据情况调整顶盖，无异常后将顶盖平稳放置于工具座环支墩上。

（8）顶盖就位后，起重机配合，依次单件转动活动导叶，检查是否存在卡阻情况。

（9）吊装支持盖，*X*-*Y* 线与顶盖 *X*-*Y* 线对齐，支持盖吊装过程中，先放置于内圈支撑上，然后调整千斤顶，使支持盖缓慢下降，同时调整周向位置，使两部件的把合孔对中，并把紧连接螺栓。

（10）按照设计图纸及工艺要求，在支持盖与控制环立面抗磨板配合面相接的上平面画出导叶全关、1/2 开度、3/4 开度、全开位置线。

（11）吊装控制环（控制环上的底面抗磨板和立面抗磨板应先装把合），控制环置于全关位置。

（12）装导叶臂、连接板、连杆等传动机构部件。

（13）装导叶上轴颈端盖、调节导叶螺栓等装配件，并提升调节活动导叶，使导叶瓣体上、下端面与顶盖、底环之间的间隙符合设计图纸要求。

（14）装工具接力器。在支持盖及控制环适当位置对称装焊临时工艺支撑及拉耳，安装导水机构整体动作及为拉导叶开度提供动力的工具接力器，如图 4. 3-15 所示。

（15）导水机构整体动作及活动导叶拉开度试验。两个接力器同推同拉，同步缓慢给压，推拉控制环，从全关至全开，再到全关，往返动作 2~3 次，检查导水机构活动部件的动作灵活性及动作平稳性。记录空载状态下控制环开始转动和平稳转动时段两个接力器的油压值。按照导叶布置图要求，检查导叶开度与接力器行程的关系曲线。

（16）打标记，拆清，刷漆。

三、导水机构现场预装

（一）导水机构现场预装流程图

导水机构现场预装流程图如图 4. 3-16 所示。

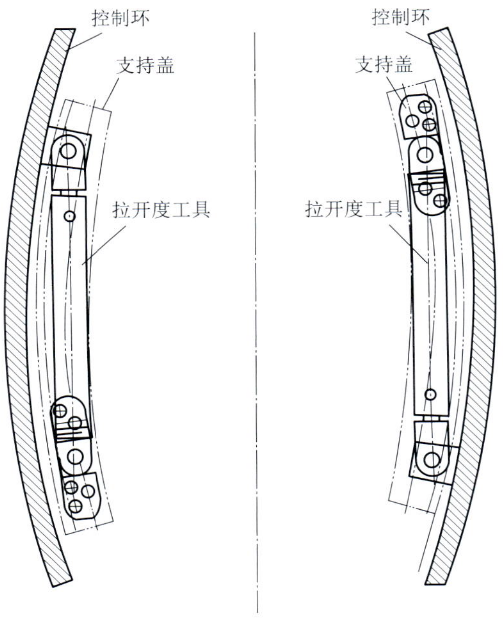

图 4. 3-15 工具接力器安装示意图

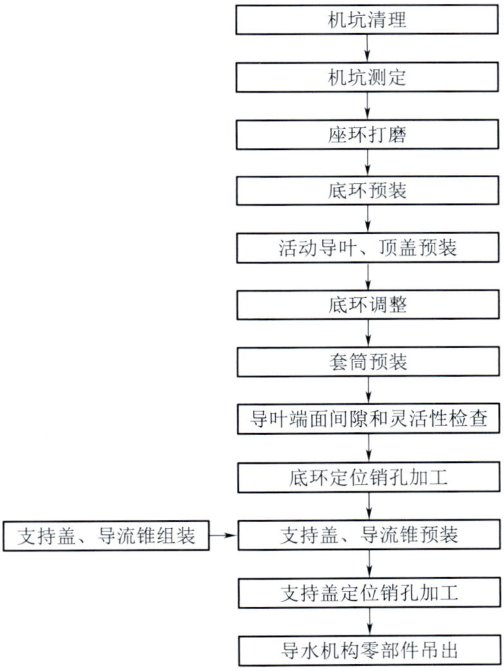

图 4. 3-16 导水机构现场预装流程图

（二）导水机构现场预装

1. 底环预装

按底环加工装配图组合成为整体，把紧组合螺栓。将底环吊入机坑，根据基础环上的 X、Y 基准线，对底环上的 X、Y 基准线进行找正，粗调底环中心，此时应保证底环与基础环之间的间隙基本均匀。同时用框式水平仪或者光学水准仪检查底环的水平偏差不大于 0. 40mm。检查底环过流圆弧面与基础环过流表面之间无错牙。注意底环与基础环间把合螺栓不安装。底环预装如图 4. 3-17 所示。

2. 活动导叶预装

清理底环上导叶下轴孔。按照底环加工装配图，需要与基础环同钻铰定位销孔的导叶不参与预装。对进行预装的导叶下轴颈或者底环下轴套表面涂抹润滑剂，然后按编号间隔将导叶插入底环对应的轴孔内，使导叶处于关闭状态。检查活动导叶与底环之间的间隙，间隙应为零，局部不超过 0. 10mm。活动导叶预装如图 4. 3-18 所示。

图 4. 3-17 底环预装

图 4. 3-18 活动导叶预装

3. 顶盖预装

按顶盖加工装配图组合成为整体，把紧组合螺栓。螺栓把紧后检查分瓣面的间隙、错牙，分瓣面间隙一般为零，局部不大于 0. 10mm，螺栓把合处和定位销钉处不能有间隙，顶盖上平面错牙应小于 0. 05mm。

顶盖各个组合面的间隙、错牙检查合格后，将分瓣面定位销盖板进行满焊固定，组合螺栓进行点焊锁定。

清洗座环上平面。根据返点标记将顶盖按正确方位吊入机坑，顶盖方位应与修前保持一致，顶盖吊装前应测量并调整顶盖水平，水平不大于 1mm/m。

调整顶盖与座环原定位销孔对正，测量顶盖水平，安装定位销。

安装平垫圈、螺柱、螺母，按要求力矩对称把紧顶盖座环把合螺柱。

4. 底环调整

以未参与预装的 16 件导叶对应的顶盖下轴孔（导叶中轴颈孔）为基准挂钢琴线，调整钢琴线与顶盖下轴孔 4 个方向偏差不大于 0. 05mm。测量钢琴线到导叶下轴颈孔 4 个方向的距离，如图 4. 3-19 所示。

根据测量数据计算底环周向及径向调整量，要求调整后未预装各导叶轴套孔同轴度小于 0. 50 mm。在座环上架设百分表，根据计算数据分周向、径向调整底环，过程中复测上述数据，直至数据合格。

底环调整好后，安装未参与预装底环与基础环把合螺栓并对称把紧。此过程现场应架设百分表监测，以防底环产生位移。

5. 套筒安装

清理套筒装配，套筒上 O 形密封圈及端面密封不参与预装。安装密封压板，把紧内六角不锈钢螺钉。套筒底部密封压板如图 4. 3-20 所示。

图 4.3-19 导叶中、下轴颈孔同心度测量

图 4.3-20 套筒底部密封压板

将参与预装的套筒对号吊入机坑；安装锥销，对称把紧套筒与顶盖的把合螺柱。用塞尺检查导叶上轴颈与套筒的间隙，应四周均匀。

6. 活动导叶端面间隙及灵活度检查

利用桥机结合手拉葫芦使导叶处于悬吊状态，利用导叶扳手转动导叶，导叶应该转动灵活，无发卡现象。

导叶处于全关位置时，检查导叶大、小头的端面间隙应符合图纸设计要求，大、小头的端面间隙不应有规律性。

利用内径千分尺检查底环与顶盖之间的开档尺寸，圆周面上内、外两圈各测量 16 点，其偏差应小于 0.30mm；同时该开档尺寸应与导叶板体高度、导叶端面间隙的设计值对比。

7. 底环定位销孔加工

按图纸要求同钻铰 16×ϕ40mm 底环与基础环锥销孔（未参与预装导叶轴孔处），并试装相应的销钉。

8. 支持盖、导流锥预装

按支持盖加工装配图组合成为整体，把紧组合螺栓。安装定位销并装焊盖板。把紧后检查分瓣面的间隙、错牙，分瓣面间隙一般为零，局部不大于 0.10mm，长度小于间隙方向接触面的 1/3，螺栓把合处和定位销钉处不能有间隙，支持盖下平面错牙应小于 0.05mm，支持盖上部控制环抗磨板安装平面错牙应小于 0.10mm，如图 4.3-21 所示。清理止推环，将止推环与导流锥把合成一体；检查止推环与导流锥外缘的错牙情况，如果存在错牙应进行打磨，光滑过渡。

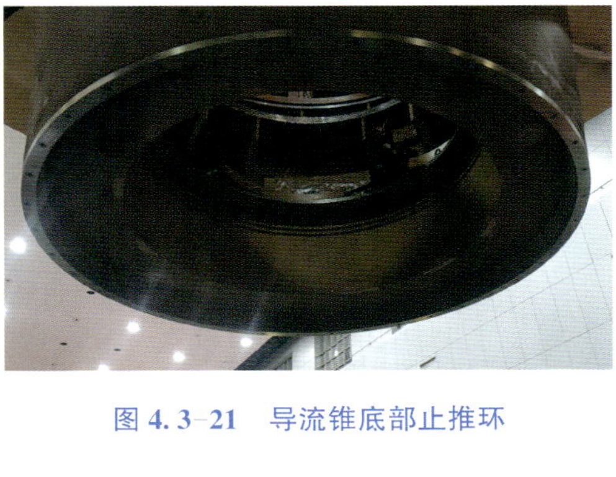

图 4.3-21 导流锥底部止推环

止推环安装完成后，将导流锥按正确方位标记与支持盖进行组装。

根据厂内标记 X、Y 基准线，将支持盖连同导流锥吊入机坑，使顶盖 X、Y 基准线与支持盖 X、Y 基准线基本对齐。

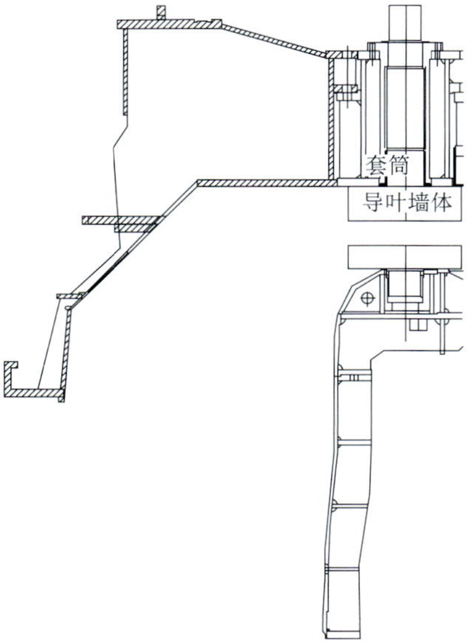

图 4.3-22 支持盖、导流锥预装示意图

在机坑内挂装钢琴线，以转轮室中心为基准安装钢琴线，调整钢琴线 X 方向偏差不大于 0.05mm，Y 方向偏差不大于 0.05mm，且 X、Y 方向的合成偏差不应大于 0.05mm。

根据钢琴线的中心调整导流锥上轴承支座安装法兰面止口，该处同转轮室同心度偏差应小于 0.30mm，同时检查导流锥柱面，该处同转轮室同心度偏差应小于 0.30mm。轴承支座安装止口中心、导流锥尺寸中心同转轮室中心的偏差方向要基本一致。

导流锥符合要求后，按要求对称把紧支持盖与顶盖之间的双头螺柱。再次复测导流锥盖上轴承支座安装止口、尺寸部位与转轮室的同心度，如图 4.3-22 所示。

预装轴承支座，将轴承支座吊装于导流锥上，挂钢琴线调整轴承支座同转轮室中心同心度偏差应小于 0.30mm。轴承支座调整合格后，按要求对称把紧轴承支座与导流锥组合螺栓。至此导水机构预装全部完成。现场按图钻铰支持盖与顶盖锥销孔、支持盖与导流锥锥销孔，并试装相应的锥销。待推力轴承预装完成后，将支持盖和导流锥吊出，导水机构各零部件吊出。

四、导水机构正式安装

（一）底环正式安装

安装底环与基础环把合面氟橡胶密封条，安装预装时钻配的销钉，安装螺栓及垫圈，按要求力矩对称把紧。

（二）活动导叶吊装

将底环及活动导叶下轴孔彻底清理干净。按导水机构装配图安装导叶下轴颈密封，安装时应注意密封开口方向朝上，如图 4.3-23 所示。

图 4.3-23 活动导叶下轴颈密封

清理活动导叶，并在导叶下轴颈上涂抹黄甘油，按对应编号吊装导叶，置于全关位置。检查活动导叶与底环之间的间隙，间隙应为零，局部不超过 0.10mm。

（三）顶盖吊装

彻底清理顶盖。在顶盖与座环把合面上涂抹密封胶，安装密封条，吊装顶盖。吊起顶盖并调整顶盖水平不大于 1mm。按正确方位调整顶盖销孔与座环销孔对正，并按要求力矩对称把紧。

（四）套筒安装

吊起套筒，按照套筒装配图安装套筒上 O 形密封圈及导叶中轴颈密封，注意密封开口应朝下，并涂抹润滑脂。按对应编号安装套筒。

（五）支持盖及导流锥吊装

彻底清理支持盖及导流锥。检查并确认导流锥上各部件已按图纸装焊，排沙孔盖板已封堵。吊起支持盖及导流锥。按正确方位调整对正支持盖与顶盖锥销孔。

（六）导叶臂、连接板、端盖等部件安装

导叶臂、连接板、端盖等各种连接部件清理，去毛刺、油污。对号吊入安装。检查导叶臂下端面与套筒结合面的接触情况，应无间隙。

按对应编号安装导叶销、端盖，并对称把紧端盖与导叶臂之间的螺栓。安装导叶提升螺栓，利用提升螺杆调整导叶上、下部间隙。合格后安装端盖上顶丝螺栓，预紧导叶提升螺栓。

（七）活动导叶立面间隙调整

导叶处于全关位置，利用钢丝绳、葫芦将导叶捆紧（由于本机组导叶板体高，建议捆导叶时分上、下两层进行）；检查导叶立面间隙，要求立面间隙一般为零，局部间隙不大于 0.10mm，其长度小于导叶高度的 1/4，间隙超差应进行研磨，如图 4.3-24 所示。

（八）控制环安装

根据控制环加工装配图按标记组合成整体。合缝面间隙一般为零，局部间隙允许不大于 0.10mm，长度不大于间隙方向接触面的 1/10。安装组合销钉及螺栓，按要求力矩把紧组合螺栓。螺栓应进行防松处理。

按控制环加工装配图安装立面及平面抗磨板，按要求把紧内六角螺钉，且螺钉不允许凸出抗磨板，如图 4.3-25 所示。

吊装控制环就位后控制环应转动灵活，不得有憋劲现象。将控制环旋转至全关位置，同时导叶处于全关位置并用钢丝绳捆紧。检查控制环立面抗磨板与顶盖之间的间隙满足设计间隙要求，如图 4.3-26 所示。

检查连接板上平面和控制环小耳孔上平面的水平，水平偏差应小于 0.25mm，如果有超过 0.25mm 的地方，应对连接板或控制环上平面进行配磨处理。

安装控制环防抬压板。按要求对称均匀把紧螺栓。检查控制环与防抬压板、抗磨板之间的间隙满足设计间隙要求，否则应拆下防抬压板对防抬压板、抗磨板进行相应的配刨或加垫处理。

图 4.3-24　活动导叶立面间隙调整

图 4.3-25　控制环立面及平面抗磨板

（九）连杆装配安装

在机坑外提前将连杆与控制环装配，与控制环共同吊入机坑。在导叶与控制环均打到全关位置的情况下，通过旋动连杆叉头调整叉头销孔距离与控制环和连接板上销孔距离一致，将连杆销装入连杆销孔内。旋紧连杆后，用薄螺母将叉头背紧。

转动控制环将导叶打至全开位置，检查导叶最大可能开度，导叶最大开口单个值的偏差相对于平均值不大于±2%。

待接力器安装调整完毕、压力油系统形成后，按照导叶布置图检查导叶开度与接力器行程关系曲线，导叶最大开口单个值相对于平均值的偏差为±2%。

通过连杆长度调整导叶接力器压紧行程。

（十）锁锭接力器安装

导叶压紧时，调整接力器锁锭位置，安装接力器锁锭，如图 4.3-27 所示。调整限位开关位置，安装限位开关。

图 4.3-26　控制环全关位置标记

图 4.3-27　锁锭接力器安装

（十一）活动导叶上、下端面密封安装

将导叶开至全开位置，安装导叶上、下端面密封。

按导水机构装配图安装底环密封及密封压板。先后安装底环、顶盖上的橡胶垫（内圆侧，外圆侧不安装）和密封环、密封压板。调整密封压板两面不能凸出导叶轴孔圆弧面，安装不锈钢内六角螺钉（需涂抹螺纹锁固剂），不锈钢螺钉安装后压板不能凸出过流面。沉头螺钉及间隙应用环氧树脂填平。

当导叶处于全关位置时，导叶端面间隙一般为零。该导叶端面密封为可调整结构，电站可以根据漏水量情况在密封橡胶垫下部加橡胶垫来调整。活动导叶端面密封如图 4.3-28 所示。

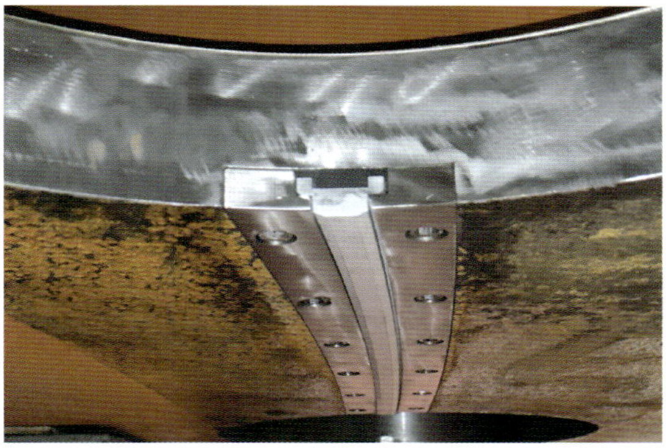

图 4.3-28　活动导叶端面密封

第三节　主轴密封

主轴密封全部改造，工作密封由双层平板密封改为可调水压式端面密封，空气围带型式由空心围带改为加压式实心空气围带。

（一）检修密封安装

本次检修密封改造后，空气围带改为加压式实心空气围带，且为整圆结构，需整体套入水轮机轴。清扫检查导流锥与检修密封座安装法兰面和密封槽，安装密封条，安装检修密封座。装入空气围带，要求其放入槽内时平整，无扭曲现象。

通过修后盘车，调整检修密封座与主轴保护罩间隙均匀，对称方向间隙偏差小于 0.20mm。检查合格后将检修密封盖就位，安装检修密封盖、检修密封座和检修密封盖与检修密封座把合内六角螺栓，要求结合面处无间隙，围带内充入 0.07MPa 的空气，检查与主轴保护罩是否贴合无间隙，可进行渗水检查。撤压后，围带能自动复归。修后盘车合格后，现场配钻导流锥与检修密封座定位锥销孔，并安装导流锥圆锥销。

（二）工作密封座安装

检修密封盖检查合格后，分瓣吊入工作密封座进行组合成整圆，要求工作密封座安装密封圈槽内检查无错牙、表面无划痕。安装工作密封座与检修密封盖圆锥销，打紧密封座、检修密封盖、检修密封座把合螺栓并做好止动措施。工作密封座安装如图 4.3-29 所示。

图 4.3–29　工作密封座安装

（三）工作密封圈安装

检查密封圈表面，应无破损、划痕、老化、撕裂和其他损坏现象，检查密封圈尺寸是否满足图纸要求。根据密封座的槽型尺寸，确认密封圈的切割部位。切割处应以 45°斜切口为宜，且切口应斜向转动方向。密封圈切割分瓣面应粘接牢固，粘接处应修磨平整。密封圈上钻铰润滑水孔。润滑水孔应无高点、毛刺、堵塞等缺陷。清扫检查密封座槽内无异物，安装密封圈。检查密封圈与密封槽配合情况，密封圈在密封座内应转动灵活，否则应进行适当修磨，如图 4.3–30 所示。

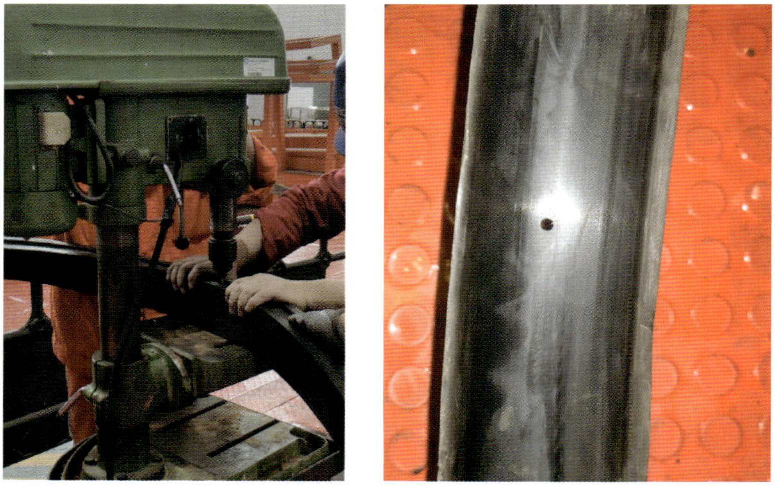

图 4.3–30　钻铰工作密封圈通水孔

（四）转环及管路安装

分瓣吊入转环进行组合成整圆，调整转环错牙，顺时针方向后一块不凸出前一块。测量转环与密封座的间隙满足设计要求。转环安装如图 4.3-31 所示。安装主轴密封供水管路、空气围带进气管路、密封圈磨损量测量装置及其他相关部件。

图 4.3-31　转环安装

主轴密封供水系统改造。将原主轴密封备用水源管路拆卸，更换为不锈钢管，管道走向及管件型号不变。从技术供水引水至工作密封，管道、阀门及法兰安装时螺栓、管卡、支架、管路、阀门等外观检查无缺陷，螺栓紧固牢固并进行防松动处理；阀门动作灵活，指示位置正确；对水管进行保压试验，试验压力 0.6MPa，保压 30min，无渗漏。

（五）主轴密封浮动试验

对工作密封进行水压动作试验，顶起水压 0.02MPa，密封圈动作灵活。在机组开机试验过程中，应持续监测工作密封出水量和转环温度，若发现工作密封出水量不足，转环温度超过 50℃，可适当增加通水孔的孔径和数量，保证在运行水压 0.06MPa 下，出水量正常，转环温度正常。

第四节　水导轴承

（一）组装前的准备

水导轴承整体改造更新。水导轴承设备到货后，及时开箱检查、清洗所有零部件及其表面，不应有毛刺、高点、锈蚀及其他任何损伤或缺陷；对轴颈进行检查，不能有锈斑及划痕，否则应研磨除锈；检查瓦面情况，巴氏合金轴瓦应无密集气孔、裂纹、硬点及脱壳等缺陷，不得有烧损现象；检查瓦背止推块，不得松动或缺损；检查支撑块与轴承体连接情况，不得松动或缺损，检查把合螺栓无松动、变形、断裂。

（二）水导轴承部件安装

待水封各部件及油箱底盆吊入支持盖后，吊装轴承体，安装圆锥销及平面组合螺栓并做好防松动措施。将清理干净的托环分瓣吊入油箱，根据相应的标记按图将托环组装成整体，由于水导瓦托环与轴领设计间隙较小，安装前，应仔细校核该处间隙，保证托环与主轴轴领四周间隙均匀一致，托环与主轴轴领的最小间隙应不小于水导瓦间隙，必要时可对托环进行打磨处理。在托环上安装下迷宫环并做好防松动措施，调整托环下迷宫环与主轴轴领四周间隙均匀一致，托环与主轴轴领的最小间隙应不小于水导瓦间隙，间隙合格后把紧平面螺钉并做好防松动措施。对水导瓦表面涂润滑油后，按编号吊装水导瓦，注意轴瓦表面不得有任何损伤，不允许研刮轴瓦。吊装上油箱，清扫上油箱和轴承体法兰面、密封槽，去除组合面和密封槽的高点、毛刺和杂物等，检查氟橡胶密封条是否有缺陷，若有则立即更换合格产品，对接牢固后，应确保接口无错位、裂纹等缺陷，粘接好后落下上油箱，打紧上油箱与轴承体平面组合螺栓并做好制动措施。

（三）水导间隙调整

机组修后盘车确定水导中心后，在轴领对称4个方向各架一块百分表，将水导轴承调整楔子板揳紧，并做相应标记。在此过程中应监视百分表读数，当所有楔子板均揳紧时，百分表应回零。楔子板揳紧后，紧固所有水导瓦的调节螺杆与螺母。根据水导瓦的设计间隙要求，计算出楔子板的提升量。楔子板高度调整完后，应检查确认水导瓦总间隙是否满足设计要求，该步骤能够有效印证调整后的水导瓦间隙是否满足要求，如图4.3-32所示。

图4.3-32 水导瓦间隙调整装置

（四）油箱底盆和外油箱安装

组合油箱底盆前，确保油箱底盆立面密封面平整、光滑，无高点、毛刺、划痕，安装定位销钉及把合螺栓，所有螺栓应加弹簧垫圈防松动，清扫油箱平面密封槽，去除密封槽内的高点、毛刺和杂物等。清扫油箱底盆和轴承体底部法兰面，待油箱底盆与轴承体组装前，检查ϕ8mm氟橡胶密封条是否有缺陷，吊起油箱将其与轴承体连接，打紧螺栓并做好防松动措施。油箱底盆和挡油环组合前，清扫油箱底盆和挡油环组合面和密封槽，去除组合面和密封槽的高点、毛刺和杂物等，检查ϕ8mm氟橡胶密封条是否有缺陷，顶起挡油环，打紧油箱底盆和挡油环螺栓的平面组合螺栓并做好防松动措施。清扫外油箱后，更换外油箱平面密封条，回装盖板，打紧外油箱盖板螺栓，回装连接外油箱与轴承油槽的进、回油管路。

回装测温装置。清扫油槽经验收合格后，回装挡油板、轴承盖，充油，检查各组合面、接头、阀门等不得有漏油现象。回装油位计等相关附件。

第五节 新转轮室安装及调整

（一）新转轮室及埋入部分安装流程图

新转轮室及埋入部分安装流程图如图4.3-33所示。

（二）新转轮室及埋入部分安装流程及工艺要求

首先在机坑外将转轮室下环和中环预装，并调整其圆度和同心度符合设计要求。通过

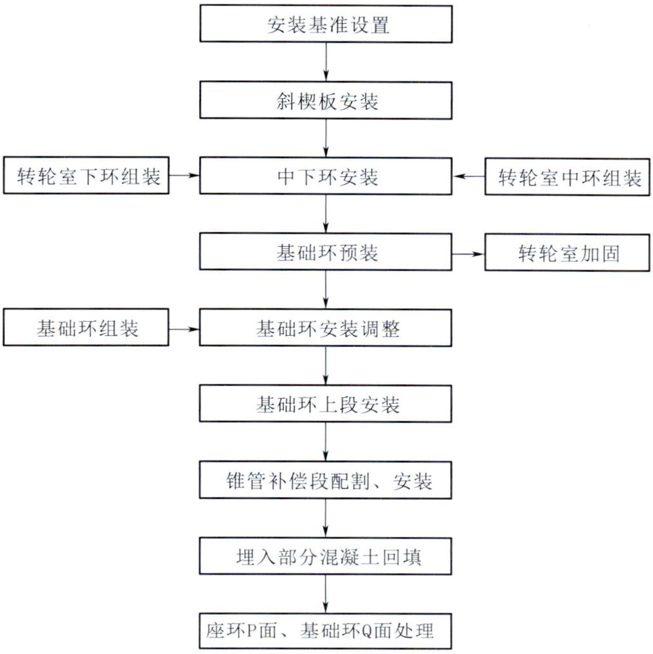

图 4.3-33 新转轮室及埋入部分安装流程图

顶盖安装高程和转轮室、导叶等部件高度的测量计算，在满足导叶端面间隙要求的情况下，考虑顶盖、支持盖的挠度等因素，计算出转轮室安装楔子板的安装高程。其次，将转轮室下环和中环整体吊入机坑，调整其中心、水平合格。并将基础环吊入机坑，调整其中心、水平合格。最后，安装转轮室千斤顶、拉钩装配等埋入部件，整体验收合格，转序到混凝土浇筑工序。

第六节 新转轮室浇筑

一、浇筑对象

旧转轮室拆除及新转轮室回装调整两项工作完成后，需在新转轮室与拆除界面间进行混凝土浇筑和环氧砂浆浇筑固定，并通过转轮悬挂起到承受转动部件重量的作用。由于采用转轮室不变的方案，水轮机转轮直径为 11.3m 保持不变，浇筑范围基本与拆除范围一致，混凝土浇筑方量约 252m^3，也与拆除方量相当，其中略有不同的是，对原中环进人门空腔处进行了浇筑回填，具体浇筑范围示意图如图 4.3-34 所示。

转轮室二期混凝土浇筑仓面设计为 3 仓 13 层，其中第一仓分 7 层，第二仓分 5 层，第三仓 1 层，采用分层浇筑方式，平铺法浇筑，每层浇筑高度不超过 50cm，浇筑仓面设计示意图如图 4.3-35 所示。其中，第一、二仓浇筑方量 242m^3，第三仓 10m^3，均采用 C40 一级配自密实商品混凝土。地脚螺栓采用 HK-UW-3 型环氧砂浆进行浇筑固定。

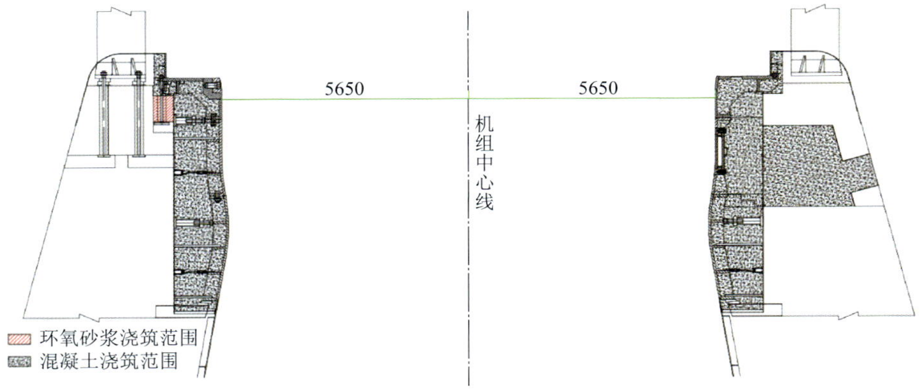

图 4.3-34　转轮室浇筑范围示意图（单位：mm）

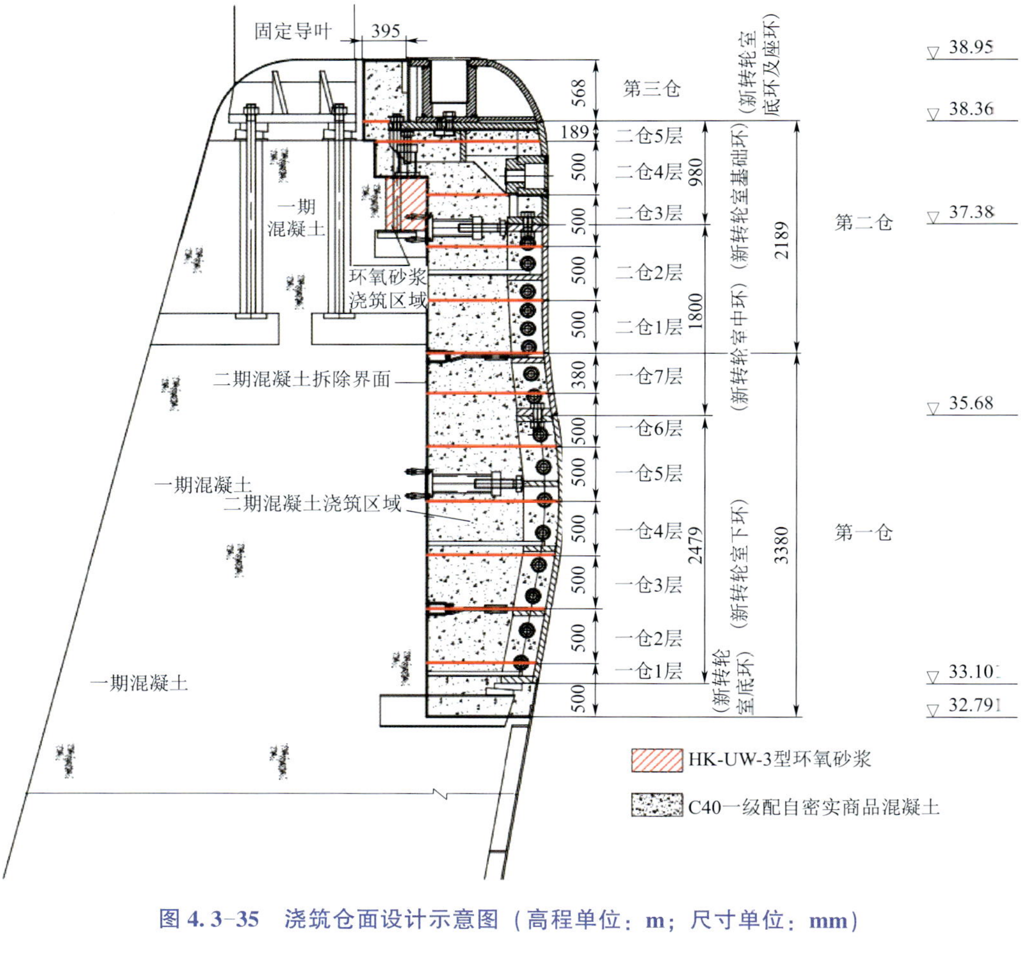

图 4.3-35　浇筑仓面设计示意图（高程单位：m；尺寸单位：mm）

二、浇筑用重要工装设备

（一）设备整体布置情况

葛洲坝电站 170MW 机组转轮室混凝土位于下锥体内部，主要为泵送浇筑，其具有混凝土泵送距离远、弯头多，以及现场施工环境复杂、泵管安装固定难度大的特点。结合现场环境，可选的泵送路径主要有两条，一条是从坝面进水口门槽通过固定导叶间隙进行泵送，另一条是通过厂房安装间从机组中心线上方进行泵送，两种泵送方式各有优劣。经过多次现场踏勘和研讨，考虑泵送距离和不影响机组更新改造其他作业面，最终确定从坝面进水口门槽进行泵送的方案。

基于上述混凝土浇筑泵送路径方案，选用的重要工装设备主要包括混凝土天泵 1 台、混凝土地泵 2 台。商品混凝土在坝面经混凝土天泵通过进水口门槽自上而下泵送至地泵，再经地泵通过蜗壳上游流道自下而上泵送至转轮室内，天泵出口处设置三通至 2 台地泵，形成两路混凝土泵送路径，固定导叶处两路管路再分别设置三通而形成四路管路最终泵送至 4 个象限。设备总体布置图如图 4. 3-36 所示。

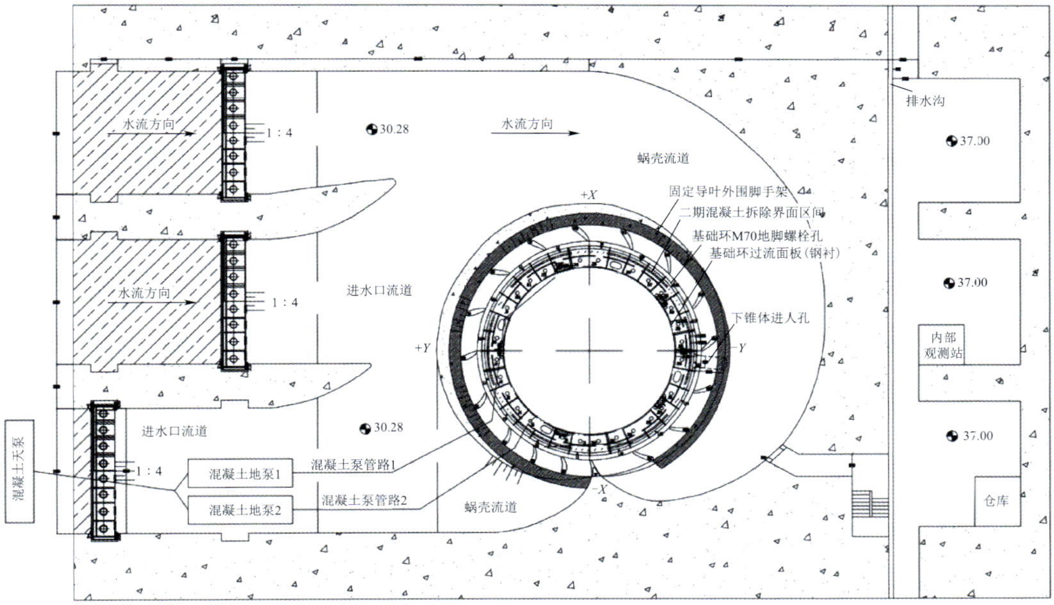

图 4. 3-36　浇筑设备整体布置图

（二）混凝土天泵

混凝土天泵（见图 4. 3-37）将混凝土从坝面向下泵送至进水口门槽底部的地泵中，泵送距离约 50m，所选用天泵的关键技术指标见表 4. 3-1。

表 4.3-1 混凝土天泵关键技术指标

序　号	项　　目	技术指标
1	全长/mm	14720
2	混凝土理论排量（低压）/(m^3/h)	180
3	输送管径/mm	125
4	桥数/桥	4

图 4.3-37 混凝土天泵

（三）混凝土地泵

混凝土地泵（见图 4.3-38）采用拖式混凝土输送泵，将混凝土从进水口门槽底部向上泵送至转轮室内，泵送高度约 10m，所选用地泵的关键技术指标见表 4.3-2。

表 4.3-2 混凝土地泵关键技术指标

序　号	项　　目	技术指标
1	理论输送量/（m^3/h）	90
2	主机功率/kW	90+75
3	最大泵送压力/MPa	21/11
4	整机重量/kg	9800
5	外形尺寸/mm	长 6880，宽 2380

三、浇筑工艺

转轮室浇筑是与机组更新改造整体进度和其他工序相衔接配合的，不同的浇筑区域采取不同的浇筑工艺：第一、二仓混凝土浇筑方量较大，通过泵送浇筑，从基础环上法兰面灌浆孔入仓；第三仓混凝土浇筑方量较少，通过罐装吊运方式浇筑，从座环下围板、新基础环上法兰面板和座环拆除混凝土界面形成的 U 型槽上方入仓；地脚

图 4.3-38 混凝土地泵

螺栓处采用环氧砂浆浇筑，为预包装材料，采用现场即时拌制即时浇筑的方式进行。

时间顺序上，地脚螺栓环氧砂浆浇筑最先开展，在新基础环预装后、正式安装前择机进行；第一仓混凝土在新转轮室钢衬安装调整及开仓验收完成后方可进行浇筑，浇筑完成即进行养护，至少间隔5d后浇筑第二仓；第三仓浇筑时间根据座环上衬板和下围板安装情况而定。

（一）浇筑前准备

混凝土浇筑是一个不可逆的过程，除完成转轮室钢衬安装调整外，还需在多项前置准备工作完成后，方可具备浇筑条件。

1. 钢筋网和冷却水管安装埋设

完成拆除界面凿毛处理并通过验收后，即可开展钢筋网安装和冷却水管埋设工作。其中钢筋网既可为人员提供上下爬行的通道，还可用于加强一、二期混凝土的结合；冷却水管主要用于浇筑过程中的温度控制。

钢筋网为单层网状结构，竖向钢筋选用型号为HRB400 C20@350，环向钢筋为HRB400 C25@200。在垂直方向为了保证其不变形，在制作过程中根据现场情况与一期混凝土梅花筋或千斤顶进行点焊锚固，环向钢筋与竖向钢筋采用扎丝固定。

钢筋网安装验收完成后，即可开展冷却水管埋设。冷却水管采用ϕ32mm镀锌钢管，管与管之间的连接采用与之配套的接头，冷却水管横向分一层布置，4个象限单独设置进、出水口，形成独立的循环水系统，单层冷却水管平面呈“几”字形直线布设。冷却水管间距1.5m。冷却水管在埋设和浇筑的过程中，接头部分采用胶带缠裹，防止漏水。

钢筋网和冷却水管现场安装埋设情况如图4.3-39所示。

图4.3-39 钢筋网和冷却水管现场安装埋设情况

2. 界面植筋和混凝土监测仪器埋设

为进一步提高一、二期混凝土的结合力，钢筋网安装完成后还需对拆除界面进行植筋。采用小型风钻径向钻孔，植筋钢筋为25mm二级螺纹钢筋，长度80cm、钻孔孔距按照环向间距80cm、轴向间距100cm梅花形布置，钻孔孔径32mm，钻孔深度满足15d要求

（40cm）。植筋施工后，对所用钢筋及植筋胶进行现场取样拉拔试验。

同时，为对混凝土浇筑温度变形数据进行监控，提前埋设混凝土监测仪器。其中，温度传感器 12 个，应力应变传感器 4 个，渗压传感器 4 个。混凝土内各种监测线路采用 ϕ16PVC 穿线管进行保护，防止施工过程中损坏传感器和导线。

3. 钢衬板支撑和变形监测设备安装

钢衬板支撑安装包括内支撑安装和外支撑安装两大部分，用于提供人员作业空间和控制转轮室浇筑过程中钢衬变形，同时采用 12 个 0~25mm 数显式百分表进行转轮室变形监测，变形精度要求见表 4.3-3（8000mm<转轮直径≤11300mm）。

表 4.3-3　转轮室、座环安装允许偏差　（单位：mm）

序号	项　目	允许偏差				说　明
1	中心及方位	2	3	4	5	用钢板测设备上 X、Y 刻线与机组 X、Y 基准线间距离
2	高程	±3				水准仪测量
3	水平	径向测 0.07mm/m		周向 8~32 等分测 0.05mm/m，但径向最大不超过 0.60mm		用水平仪和水平梁，或带钢钢尺的一级水准仪测
4	转轮室圆度					分上、中、下 3 个断面，按转轮室的大小分 16~64 等分点测
5	转轮室上环、座环圆度（包含同轴度）	1.0	1.2	2.0	2.5	以转轮室定机组中心线，8~16 等分点测

4. 环氧砂浆和混凝土材料准备

环氧砂浆主要对 HK-UW-3 环氧砂浆和配套 HK 环氧基液材料的生产日期、合格证、检测报告进行检查，保证材料的可靠性。

C40 一级配自密实商品混凝土设计坍落度 160~210mm，坍落扩展度 550mm，掺和粉煤灰，外加减水剂和膨胀剂，初凝时间大致为 4~6h，终凝时间为 10h，混凝土流动性较好。在正式浇筑前，应由商混站进行 C40 自密实混凝土搅拌、浇筑实验，并提供配合北和试验报告，确保混凝土拌合物的和易性、黏聚力和保水性满足设计要求。

（二）地脚螺栓环氧砂浆浇筑

环氧砂浆浇筑前，考虑到降低新基础环地脚螺栓安装定位难度，保留旧地脚螺栓底部钢板支座，在新地脚螺栓底座均匀分布打孔 4 个，孔径 2cm，并按照定位将新地脚螺栓底部钢板与旧地脚螺栓钢板支座通过接触边及开孔处连接。新地脚螺栓安装后，对地脚螺栓环氧砂浆浇筑区域进行植筋，底部钢板径向梅花形植筋 A25 钢筋 4 根（2 层），斜向植筋 A25 钢筋 2 根，每个地脚螺栓植筋 6 根。

上述工序完成后，再对地脚螺栓处进行加固，将地脚螺栓新底座与插筋等固定部件连接，严禁在螺杆上焊接部件，随后搭设木模板，用发泡剂堵漏，并对地脚螺栓螺杆采用 A80 PVC 管防护，对转轮室中环面采用地胶进行防护并验收。验收合格后，进行环氧砂浆拌制与浇筑，浇筑前涂刷环氧基液，便于界面结合，如图 4. 3-40 所示。

图 4. 3-40　地脚螺栓环氧砂浆浇筑

（三）第一、二仓混凝土浇筑

第一、二仓混凝土浇筑采用“一天泵+二地泵+四出料口”送料方式，均衡对称入料，具体路线为：商混运输车→坝面机组段（70. 00m 高程）→天泵→三通→地泵出料口→门槽底部（31. 30m 高程）→两路 DN100 泵管→固定导叶（38. 95m 高程）→三通→四路 DN100 泵管→DN100 橡胶软管→DN200 PVC 管→待浇区域。第一、二仓混凝土泵送浇筑如图 4. 3-41 所示。

混凝土浇筑质量控制要求如下：

（1）安装的混凝土泵管应彻底消除管内污物及水泥砂浆，并用压力水冲洗。在泵车与固定导叶之间，泵管采用扣件及钢管搭设固定架，将泵管固定其上确保安全可靠。在泵送混凝土之前，对泵管的固定点、支撑点进行反复检查确认，防止漏浆、位移。

（2）导管经基础环均匀分布 4 个灌浆孔入仓，入仓导管设置 0°~45°的环仓倾斜角度，防止垂直倾落高度过大而出现混凝土离析，确保 4 个流量点大体均衡。

（3）浇筑过程中每间隔 30min 进行温度测量，浇筑完成后间隔 1h 进行温度测量，混凝土温控严格按规范及设计标准进行；浇筑全过程通水冷却，把控混凝土温降速率。

（4）为减小混凝土对钢衬的侧压力，每浇筑 3 层即 1. 5m 左右即停止浇筑，第 1 层混凝土初凝后方可继续第 4 层浇筑。

（5）封仓时，混凝土泵在一定时间内应保持一定压力，使其混凝土充填密实，振捣上一层混凝土时，应将振捣器插入下层混凝土 5cm 左右，以加强上下层混凝土结合。

（6）第一仓混凝土浇筑完成后在混凝土终凝前采用特制钢耙在混凝土面上拉毛，拉毛深度及密度需满足设计及规范要求。

（四）第三仓混凝土浇筑

第三仓混凝土浇筑采用“桥机+料斗”送料方式，具体路线为：商混运输车→厂房安 1 段（61. 00m 高程）→桥机→料斗→固定导叶（38. 95m 高程）→待浇区域。第三仓混凝土罐装吊运如图 4. 3-42 所示。

图 4.3-41　第一、二仓混凝土泵送浇筑

对于分瓣上围板间缝隙，采用布条封堵，防止漏浆。

采用两个料斗浇筑，提高浇筑效率，并对称均匀浇筑，浇筑完成后表面养护至少 3d 后封盖上衬板。

图 4.3-42　第三仓混凝土罐装吊运

第七节　水轮机其他部件改造

一、操作油管和水轮机轴安装

（一）操作油管安装

操作油管到货后检查本体完整性良好，无裂纹，结构焊缝未开裂，操作油管出厂前按照 DL/T 1318—2014《水电厂金属技术监督规程》要求进行无损检测及压力试验。操作油管内外腔应已清扫干净，无异物；操作油管组合法兰处安装内外两道密封圈，螺栓紧固牢固并焊接钢筋进行防松动处理，法兰面螺栓紧固后，组合缝间隙用 0.02mm 塞尺检查不通过，操作油管安装如图 4.3-43 所示。

图 4.3-43　操作油管安装

（二）水轮机轴安装

水轮机轴新品到货后清洗检查，法兰面应已清扫干净，无杂质、毛刺、高点，联轴螺栓的销轴面及主轴螺栓孔无油污、锈斑、杂质、损伤；水轮机轴和缸盖组合面处安装密封条，安装径向骑缝销；使用液压拉伸器按照标准力矩的 50%、75%、100% 分 3 次对联轴螺栓进行拉伸，螺栓拉伸完成后，检查法兰面无间隙；焊接螺母止动挡块，安装联轴螺栓尼龙护套和联轴螺栓保护罩。水轮机轴安装如图 4.3-44 所示。

图 4.3-44　水轮机轴安装

二、受油器改造

（一）受油器装配流程图

受油器装配流程图如图 4.3-45 所示。

（二）受油器安装

1. 安装前的准备工作

受油器安装在机组盘车后进行，此时机组中心线已确定，发电机集电环、操作油管均符合要求。受油器操作油管要参加机组盘车检查摆度，其摆度应不大于 0.05mm。

清理受油器装配的所有零部件，去毛刺、油污、高点，同时对重要的尺寸进行复测，并做好记录。清理时应注意保护零部件精加工表面，避免损伤设备。

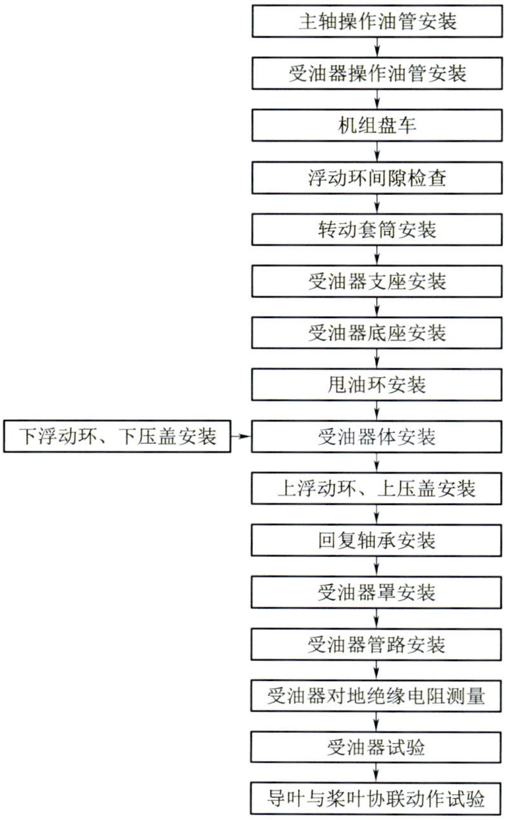

图 4.3-45　受油器装配流程图

清理受油器各部件中的各种橡胶密封件，进行分类整理，以便安装时使用；测量密封件及与其相配合的密封槽尺寸，应满足设计要求。

图 4.3-46　受油器操作油管盘车

检查套装上、下浮动环与转动套筒对应安装部位的间隙情况。

将上、下浮动环分别与受油器体和上、下压盖预装，检查浮动环与受油器体及压盖之间的轴向间隙应符合设计要求。受油器操作油管盘车如图 4.3-46 所示。

2. 受油器各部件安装

检查受油器操作油管及转动套筒修后盘车摆度应合格，按顺序安装受油器支座、受油器底座、甩油环、受油器体及受油器其余部件。

测量受油器支座与发电机上机架间的绝缘电阻应为无穷大，否则应检查绝缘板及绝缘套安装情况。调整各部位间隙均匀，偏差应不大于平均值的 10%。

第四章　发电机主要部件改造

//—— 第一节　定子 ——//

一、定子铁心

（一）定子铁心拆卸

在拆卸前，根据中心返点时方钢数据，安装调整定子测圆架中心，使其与返点中心一致，中心偏差不大于 0.02mm。调整定子测圆架中心柱垂直度，满足 0.02mm/m 要求。定子测圆架调整合格后，用定子测圆架、内径千分尺、水准仪和卷尺测量原定子铁心半径、中心线高程、长度等相关参数，作为改造时的参考数据。刨除拉紧螺杆上、下端螺母与齿压板间止动焊缝，拆除上端螺母。依次拆卸上齿压板、扇形片、下齿压板等部件。拉紧螺杆通过固定片、定位筋通过托块焊接固定在定子机座上，需刨开焊缝后拆除。刨开焊缝时要注意不能损伤定子机座环板，否则应对损伤部位进行补焊打磨处理。由于定子线棒难以拔出，现场定子铁心与线棒采用整体分瓣拆除吊出的方式。

（二）定子机座检查处理

原定子铁心拆卸完成后，新定子铁心正式安装前，须对原定子机座的连接螺栓、分瓣组合面进行检查处理。对定子机座螺栓进行无损检测，要求无损检测无异常，否则应更换螺栓。检查定子机座所有连接螺栓，应无松动，止动焊缝无开裂，否则应重新紧固并焊接止动，如图 4.4-1 所示；检查定子机座合缝间隙应不大于 0.50mm，否则应进行紧固处理。为了提高定子机座的整体刚性，对定子机座合缝位置进行强化处理，在定子机座内侧焊接加强板，每个合缝处上、中、下位置各焊一块。另外，由于定子机座运行多年，通过本次改造的刚强度复核计算，需将定子机座环板之间支撑套管全部更换，如图 4.4-2 所示。

图 4.4-1　定子机座合缝位置焊接

旧定子铁心拆卸后，定子机座下环板合缝处原缝隙需要进行封堵，测量各个缝的尺寸，加工封堵板对缝隙进行封堵，封堵板与下环板之间焊接后进行打磨，要求探伤无异

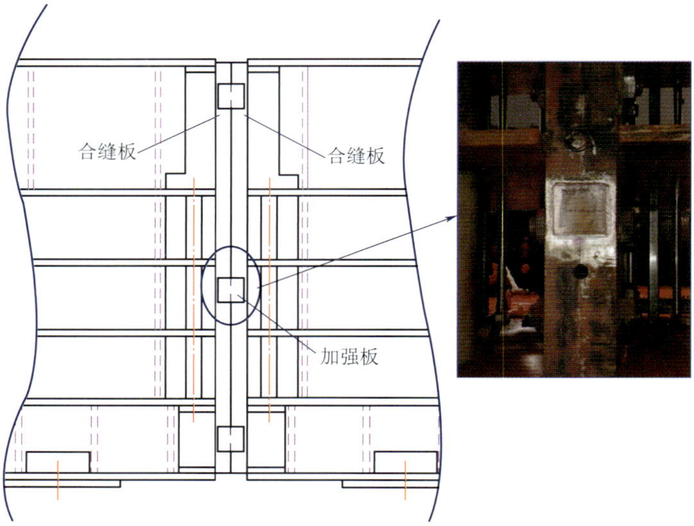

图 4.4-2　定子机座合缝位置处理

常，封堵板焊缝打磨后平面度应小于 0.50mm，如图 4.4-3 和图 4.4-4 所示。

图 4.4-3　封堵板安装后

图 4.4-4　封堵板焊接打磨后

原定位筋托块刨除后，需对焊缝位置进行必要的补焊和打磨处理，以确保新托块能够与环板紧密贴合，检查各定位筋托块与各环板间的间隙，应小于 0.50mm。打磨原拉紧螺杆与定子机座下环板之间焊点，要求打磨后无高点。定子机座处理完成后，对定子机座进行彻底清扫，以减少叠片前的清扫工作量。

（三）下齿压板安装

定子下齿压板为大齿压板结构，压指直接焊接在定子机座最下层的环板上（见图 4.4-5）。改造时，刨除原定子压指，将新压指逐个焊接在环板上（见图 4.4-6）。

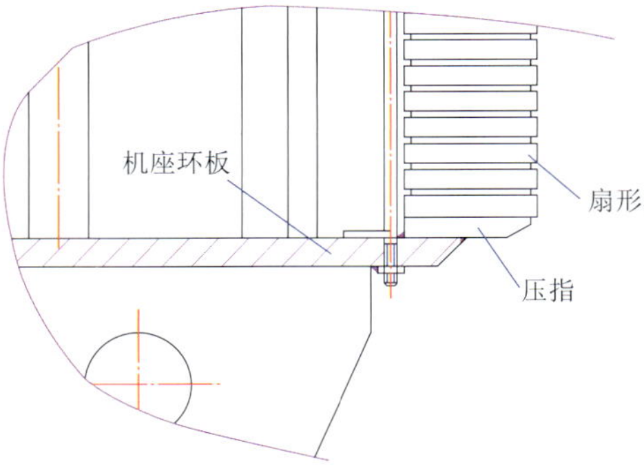

图 4.4-5 下齿压板安装示意图

图 4.4-6 下压指装焊

定子下齿压板共有 990 根下压指，要求下压指内圆侧比外圆侧高，下压指周向波浪度不大于 1.5mm，相邻下压指高度偏差（包含内圆侧、外圆侧）不大于 0.5mm，由于下压指数量多，安装技术要求高，安装难度较大。

下压指安装前先测量定子机座大齿压板相对于测量基准点高程，综合考虑旧定子铁心中心线高程、旧转子磁极中心线高程以及定子机座大齿压板高程等因素确定下压指安装高程，压指安装高程确定尽量考虑下压指安装的便利性，后续磁极中心线高程可以通过调整磁极挡块进行调整。由于定子机座安装及运行变形等原因，定子机座大齿压板波浪度基本都超出标准（全圆波浪度不大于 5mm），无法满足下压指安装要求，对于定子机座大齿压板较高区域可以通过打磨大齿压板和加工下压指等方式进行处理，对于大齿压板高程偏低区域可以通过加垫进行处理。下压指设计厚度 40mm，厂家考虑压指强度等因素，要求压指加工后厚度不能小于 36mm。加垫处压指需要封焊，防止垫片在运行过程中松动。下压指安装时严禁打磨、锤击压指上表面，焊接时注意做好压指上表面防护工作。

（四）定位筋安装

定子铁心通过 126 根浮动式双鸽尾定位筋、托块及弹性元件与定子机座相连接，定位筋与托块之间通过垫块调整来保证 2mm 间隙，铁心叠片时要求适时取出调整垫块。定位筋设计半径为 8790mm，设计长度为 2065mm±5mm。126 根定位筋分为 6 个大等分区间，每个区间内有 1 根 A 筋和 20 根 B 筋。定位筋采用大等分弦距法进行安装调整，把每根 A 筋及右侧第 1 根 B 筋定义为一组大等分定位筋，将每个区间内第 11 根 B 筋定义为大等分定位筋，以 6 组 AB 筋及 6 根 B11 筋为基准，将全圆分为 12 等分，安装调整各区间内的定位筋。

正式进行定位筋安装前，须具备以下条件：机座合缝面检查验收已合格，定子机座环板处理验收已合格，机座大齿压板高程、波浪度应已处理验收合格。在定位筋安装前，需对定位筋外观和尺寸进行仔细检查。用平尺检查定位筋的弯曲和扭转变形应满足图纸要求，否则应进行相应校正处理。

1. 基准定位筋安装

基准定位筋有两类，分别为 A 类基准筋和 B 类基准筋。基准定位筋是后续定位筋安装调整的基准，因此必须选择弯曲和扭转变形较小的定位筋作为基准定位筋，如图 4.4-7 所示。以机座上 $-Y$ 偏 $-X$ 方位第一个合缝线与定位筋分度圆的交点为圆心，作半径为 $R223.14$mm 的圆，该圆顺时针方位与分布圆交点为 A 类基准筋的中心；以第一根基准筋中心线与分布圆交点为圆心，作半径为 $R278.92$mm 的圆，该圆顺时针方位与分布圆交点为 B 类基准筋的中心。用托块 C 型夹、托块顶柱及小钢楔等工具依次将 A 类基准筋和 B 类基准筋固定在机座上。用吊钢丝的方法测量定位筋径向、周向垂直度，用内径千分尺测量定位筋挂装半径，用定子测圆架和百分表测量定位筋径向扭斜，应满足工艺相关要求。

在调整定位筋过程中应兼顾定位筋垂直度、扭斜和内径，三者全部合格后，用测温仪测量并记录环境温度及托块温度，将托块两侧与机座环板各对称点焊一点，复核相关尺寸无误后再进行搭焊，搭焊长度 10~15mm，如图 4.4-8 所示。搭焊时，保证托块与各环板紧贴，间隙不大于 0.5mm。待焊点冷却后，再次测量记录环境温度及托块温度，当托块温度及环境温度相近时，检查定位筋斜楔是否松动，并复核定位筋垂直度、扭斜和内径。

图 4.4-7 基准定位筋安装

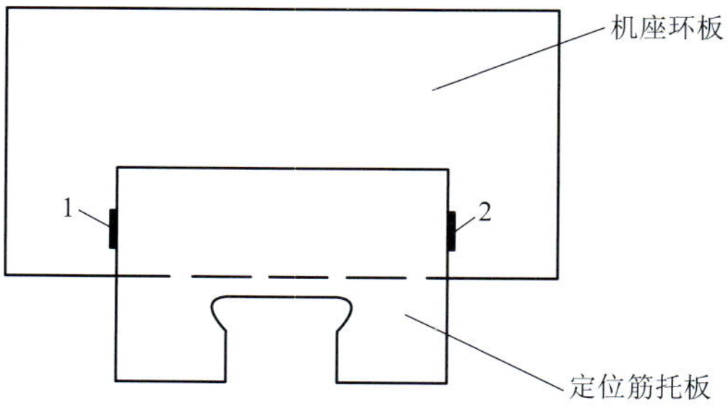

图 4.4-8 定位筋托块点焊顺序

2. 大等分定位筋挂装及搭焊

按照厂家提供的安装说明书对全圆进行 6 等分，考虑到 6 等分弦距测量时难度较大，因此实际施工时在每 1/6 区间内选取第 11 根 B 筋，将全圆进行 12 等分。选择 16 根弯曲和扭转变形较小的定位筋作为大等分定位筋，安装 B11、B21、B31、B41、B51、B61 等 6 根大等分定位筋，安装剩下 5 组 AB 筋，即 A2、B2，A3、B3，A4、B4，A5、B5，A6、B6，利用 6 组 AB 筋及 6 根大等分定位筋将全圆分为 12 等分，其中 B11 到 B1 的距离与 B11 到 A2 的距离相等，其他区间类似。AB 筋之间距离利用标准 AB 筋模板调整，反复调整各定位筋半径、垂直度、扭斜、弦距等数据，直至各项数据满足要求，将全圆分为 12 大等分，减少小等分定位筋安装的累计误差。各定位筋调整合格后，用基准定位筋的搭焊方式焊接牢固后，应满足相关工艺要求。

3. 小等分定位筋安装

以大等分定位筋为基准，用定位筋调整样板，按顺时针方向逐跨将各小等分定位筋安装于环板上。调整合格后进行搭焊，搭焊时，小等分定位筋的固定和搭焊方式与基准定位筋一致。定位筋托块全部搭焊完成后，应满足相关工艺要求。

4. 定位筋托块满焊

在所有定位筋搭焊数据验收合格后，即可对定位筋托块进行满焊。托块焊接前，应利用双头千斤顶周向固定定位筋，将定位筋周向顶牢，如图 4.4-9 所示；同时应利用专用工具将定位筋托块轴向固定，以免焊接过程中造成定位筋半径变化太大。焊接时应采用对称焊接，采用二氧化碳气体保护焊从合缝处顺时针方向进行。先满焊径向焊缝，在径向焊缝全部满焊结束后再开始满焊周向焊缝，以减少托块焊接时的半径变化。所有机座各环板上的径向焊缝均焊完一层后才可以焊第二层径向焊缝，所有机座各环板上的周向焊缝均焊完一层后才可以焊第二层周向焊缝。托块焊缝焊层如图 4.4-10 所示。

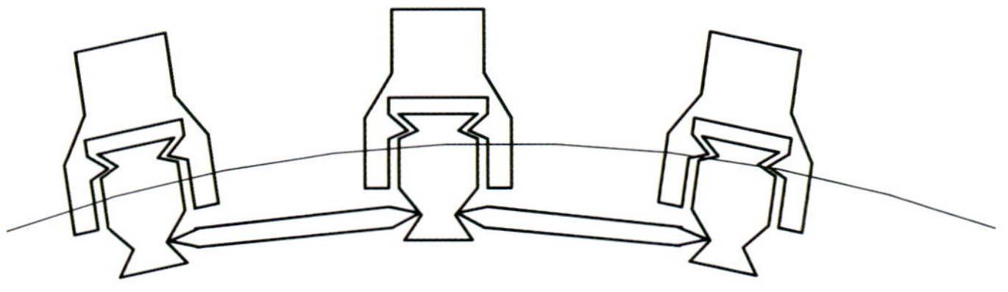

图 4.4-9　定位筋周向固定

各环定位筋焊接顺序如图 4.4-11 所示，焊接时，应首先将定子机座第二层环板上的各托块同层径向焊缝对称从内向外或从外向内一次焊完，定子机座第二层环板上的各托块同层径向焊缝焊完后，再按上述方法焊接第四层径向焊缝，最后进行第三层、第一层、第五层机座环板上各托块同层径向焊缝的焊接。托块径向焊缝可由机座中心朝外焊接，也可以由外朝内焊接，具体可参考定位筋实测数据进行调整。可以先左后右，也可以先右后左，但同层必须方向一致。每焊完一层焊缝后检查一次定位筋半径、弦距和扭斜，并根据检查情况采取反变形措施，确保定位筋满焊后符合相关工艺要求。

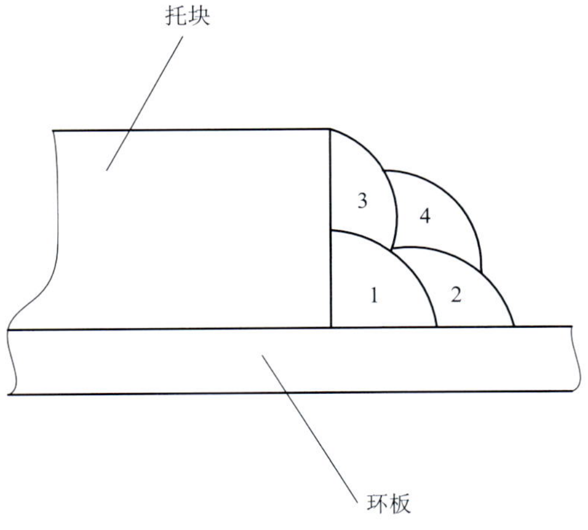

图 4.4-10　托块焊缝焊层示意图

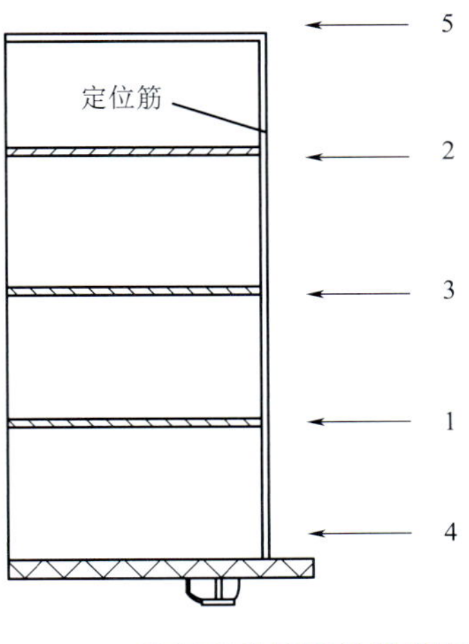

图 4.4-11　各环定位筋托块焊接顺序

定位筋满焊完成后，对定位筋托块焊缝进行 PT 探伤检查（见图 4.4-12），合格后方可转入下一道工序。

图 4.4–12　托块 PT 探伤

5. 弹性支撑装置安装

将二环、四环定位筋小钢楔取出并从下方楔入，防止弹性元件安装后小钢楔无法取出，清理弹性支撑安装部位的灰尘、焊珠、焊渣及油污等。

图 4.4–13　弹性元件焊接

预装并调整弹性元件，要求弹性元件的球头中心线须与定位筋的中心线重合，并且弹性元件球头应紧靠定位筋表面，用塞尺检查球头两侧与定位筋的间隙应相同。调整合格后用单头千斤顶将其与定子环板顶紧固定牢固，如图 4.4–13 所示。按托块的点焊方式，将各弹性元件托块沿径向从内侧向外对称点焊到定子机座每层环板上，其点焊焊缝的长度约为 10~15mm。

点焊完成后，检查和测量定位筋的相关尺寸合格后进行弹性元件的满焊，焊接方法与焊接定位筋一致。弹性元件托块全部满焊结束后，在冷态下检查，焊后弹性元件球头中心与定位筋间隙小于 0.03mm，弹性元件的球头中心线需与定位筋的中心线重合，用塞尺检查球头两侧与定位筋的间隙应相同。焊接完成后拆除弹性元件背部的拉紧螺杆和螺母，严格检查和确认所有拉紧螺杆和螺母已取出。并对定位筋进行复测检查，确保数据符合要求。

6. 喷漆

全面清理各部件上的灰尘、焊珠、焊渣及油污等，按图纸技术要求在定子机座内表面喷漆，其中定位筋筋面及鸽尾面、压指上表面与冲片接触位置不喷涂，喷漆前防护及喷漆后效果如图 4.4–14 所示。

图 4.4-14 喷漆前防护及喷漆后效果

(五) 定子铁心叠片及压紧

1. 定子铁心叠片

定子铁心由 61 小段组成，中间有 60 层通风槽片。其中两端分别有 1 段 39mm 高的黏胶段，中间为 59 段高度为 27.5mm 的小段。单张硅钢片厚 0.5mm，单张通风槽片厚 5.5mm。黏胶片按槽深与槽数分成 12 种，在制造厂内粘接完成。铁心叠片时均采用错 8 槽进行堆叠，每层为 60 张 16 槽冲片和 6 张 5 槽冲片。

在正式叠装前，应仔细检查阶梯片的粘接质量。在叠片过程中也必须随时检查扇形片质量，将存在缺角、硬性折弯、齿部或根部断裂、齿部槽尖角卷曲、表面绝缘漆脱落等缺陷的扇形片做好标识，不进行叠装，避免参与叠装。统计定位筋与托块之间小钢楔数量，并做记录，在叠片完成后全部拆除。

由于定子铁心为 AB 筋特殊结构，定子普通扇形片共有 3 种，分别为 5 槽片 A、5 槽片 B 及 16 槽片，此外还有阶梯片、调整片、绝缘片等特殊片。按照图纸进行叠片，叠片第一层从 655 槽开始，按顺时针方向依次为 1 张 5 槽片 A、10 张 16 槽片，继续叠 1 张 5 槽片 A、10 张 16 槽片，共循环 6 组。第一层冲片沿顺时针方向旋转 8 槽，并将全部 5 槽片 A 替换为 5 槽片 B，然后按第一层和第二层方式交替叠片。

叠完第 1 段定子铁心后，用整形棒进行定子铁心整形。定子铁心第 3 小段叠完后，用槽样棒、槽楔槽样棒进行定位，沿圆周均匀地塞入槽样棒，以固定定子冲片，每张冲片至少两根，注意槽样棒不应紧靠槽底放置。使用整形棒进行定子铁心整形，并用通槽棒进行检查。并适当布置槽楔槽样棒，应注意铁心槽底的错牙情况。槽样棒现场使用情况如图 4.4-15 所示。

在各段之间叠一层通风槽片，通风槽片工字钢朝上叠装（见图 4.4-16）。由于通风槽片齿部宽度较普通片窄，无法通过槽样棒和整形棒对其进行精确限位，因此需注意检查两通风槽片间不能存在搭接。

在定子铁心叠片过程中，每叠完一段铁心后应进行整形和相关测量工作。在靠近定位筋两侧位置，隔着垫块用橡胶锤向下垂直敲打冲片，使冲片靠实在定位筋上。用整形棒整

图 4.4-15　槽样棒现场使用情况

图 4.4-16　叠片效果图

理槽形，从冲片内圆向外圆方向整形，使冲片尽量紧靠在定位筋筋面上。测量定子铁心内径、单段铁心高度，应满足相关工艺要求。详细记录每段铁心实际叠入基本扇形片层数、径向和周向补偿片实际叠入层数以及补偿片叠入铁心具体段数（根据测量需要叠入补偿片），作为下一段铁心叠片的参考。

在定子铁心高度叠至约 250mm、1000mm 及 1750mm 时，按图纸的要求叠入定子铁心测温点用扇形片。叠片完成后，将定位筋与机座环板之间加入的 5mm 厚临时垫板取出，对于叠片完成后不方便取出的垫板，应在堆叠一定高度后及时拆除。

2. 定子铁心压紧

在叠片过程中对定子铁心进行分段预压，定子铁心分 3 次预压和 1 次最终预压，前 3 次预压每次预压高度约为 550mm，最终 1 次预压高度约为 345mm。在叠片 550mm 高度左右时进行第一次预压紧，在叠片 1100mm 高度左右时进行第二次预压紧，在叠片 1650mm 高度左右时进行第三次预压紧。在叠片完成后，安装上齿压板、碟簧、导筒等进行第四次预压紧。定子铁心磁化试验完成后，立即按照设计预紧力对定子铁心进行最终压紧。

定子铁心在前 3 次预压紧时，采用的预压紧工具主要由上压板、传力柱、扇形工具压板、液压拉伸器等构成，如图 4.4-17 所示。预压前将铁心全部整形一次，在扇形工具压板下面的第一层不得放通风槽片，槽样棒、槽楔槽样棒不得露出铁心之上，扇形工具压板与铁心表面间垫入两层废冲片进行保护。将全圆定子拉紧螺杆分成 8 个区域，其中 6 个区域有 31 根拉紧螺杆，2 个区域有 30 根拉紧螺杆，并对每个区域内拉紧螺杆进行编号。采用顺时针、反时针相结合的把紧方式分 4 次进行压紧，每次预紧力分别为 25%、50%、75%、100% 预紧力，具体拉伸顺序见表 4.4-1，当拉伸到第 31 根时，只有 30 根拉紧螺杆区域自动跳过。

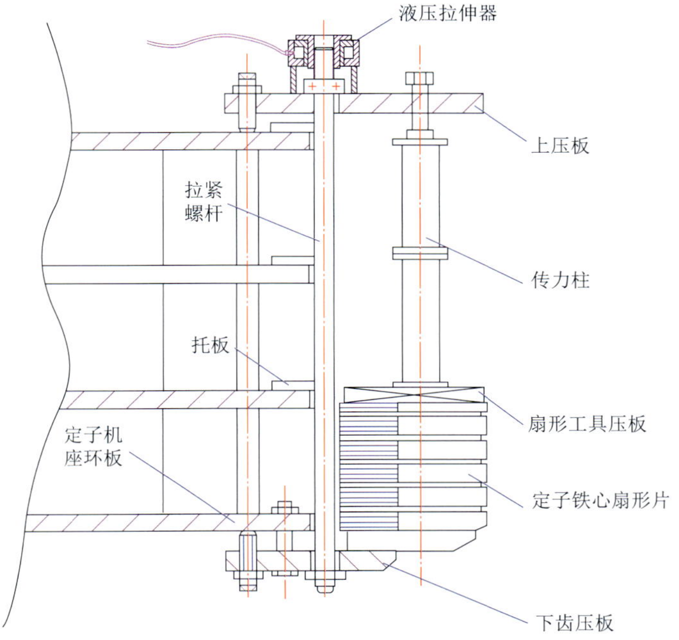

图 4.4-17 预压紧工具安装示意图

表 4.4-1 拉紧螺杆拉伸顺序

螺杆编号			
第一次拉伸	第二次拉伸	第三次拉伸	第四次拉伸
1	31	1	31
15	17	15	17
23	9	23	9
5	27	5	27
20	12	20	12
9	23	9	23
29	3	29	3

续表

螺杆编号			
第一次拉伸	第二次拉伸	第三次拉伸	第四次拉伸
4	28	4	28
18	14	18	14
13	19	13	19
27	5	27	5
8	24	8	24
24	8	24	8
16	16	16	16
21	11	21	11
2	30	2	30
26	6	26	6
12	20	12	20
19	13	19	13
7	25	7	25
30	2	30	2
14	18	14	18
25	7	25	7
3	29	3	29
17	15	17	15
10	22	10	22
28	4	28	4
6	26	6	26
22	10	22	10
11	21	11	21
31	1	31	1

图 4.4-18　下齿压板上抬量监视

在每次预压紧完成后，需测量并记录铁心内径、波浪度和高度尺寸，如果超差必须及时进行相应的调整。在压紧过程中需用百分表监视下齿压板上抬量（见图 4.4-18）不应超过工艺要求值。

叠片完成后，安装上齿压板、碟簧、导筒等部件进行第四次预压紧，操作方式与前两次预压一致。第四次预压紧完成后，取出小钢楔，并对小钢楔数量进行清点，确保全部取出。在定子铁心磁化试验完成后，再次按设计预紧力对定子铁心进行最终压紧，确保在铁心磁化试验后各拉紧螺杆的预紧力满足设计要求。

由于上齿压板安装后，最上部定位筋与托块之间的小钢楔无法取出，因此必须在第四次预压紧前取出，其他位置斜楔可以在第四次预压紧完成后取出，最上部小钢楔取出后从下部楔入。

二、定子绕组改造

定子绕组是构成发电机的核心部件，主要由定子端箍、定子线圈及汇流铜环等组成。定子绕组安装质量直接影响到发电机的安全可靠性和使用寿命。葛洲坝电站 170MW 机组定子绕组安装工期约 2 个月，具体安装流程如图 4.4-19 所示。

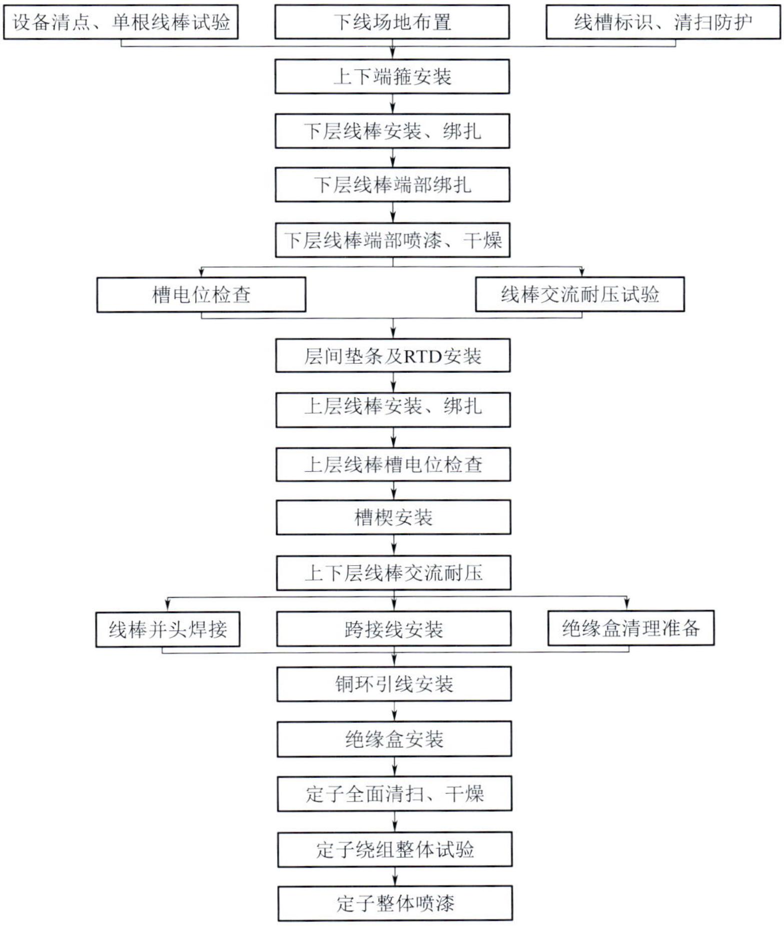

图 4.4-19　定子绕组安装流程图

（一）定子绕组拆卸

由于葛洲坝电站 170MW 机组投运近 40 年，定子铁心合缝槽处变形严重，采用逐根拔除线棒的方式拆除绕组效率较低，改为局部拔除线棒，切割铁心后带线棒分瓣吊出的方式进行拆卸。按顺序依次拆卸定子线棒跨接线、汇流铜环、线棒、铁心，最后采用桥机分瓣吊出的方式进行，如图 4.4-20 所示。

图 4.4-20　分瓣拆除吊出的定子线棒与铁心

（1）首先将引线与铜环断开，再拆除合缝槽处线棒，锯除连接跨线，确保铁心分瓣切割的作业空间。

（2）采用气刨或等离子切割的方式，首先切断定位筋与定子机座的连接，然后从合缝槽处切割铁心，将整个定子分为 12 瓣，在单瓣定子铁心下端气刨出两个吊孔，为桥机起吊提供吊点。

（3）起吊前在铁心各部位做好防护，避免钢丝绳在起吊过程中被铁心棱角划伤。在起吊过程中应将定位筋可靠固定，防止定位筋从槽内滑出。

（4）线棒及铁心吊出后，再将汇流铜环切割分段吊出。

（5）为保证拆卸工作顺利进行，有效控制作业现场粉尘，保障机坑内的作业环境，在定子检修平台上布置多台大功率可移动式吸尘器，用于收集作业过程中产生的烟尘。

（二）定子下线场地布置

1. 功能区域布置

在发电机层沿定子机坑搭设工具房、配胶房、小型材料间、定子线棒绕包间，布置定子线棒开箱检查区、单根线棒试验区等，增设足够的固定照明灯具，保持作业区域干净，并具有良好的防尘措施，昼夜温度应保持在 5℃ 以上，并有足够的通风措施，功能区域布置后满足线棒开箱检查、试验、清理及绕包各项工序作业条件，绕包合格的线棒可通过下线平台装设到定子铁心上。

2. 下线平台搭设

为保证定子下线与转轮室改造同步施工，在定子机坑内安装中空的环形平台，临空面安装防护围栏和安全网，平台内侧距定子铁心表面约 220mm，环形平台上端用支杆与防尘棚固定支撑焊接，环形平台上下层踏板表面各平铺一层木板，进一步减少平台与铁心表面间隙。沿定子机坑风洞内壁制作 L 型挂钩，安装单层可拆卸的 L 型钢平台，封闭定子机座与机坑的间隙，L 型平台用于临时放置下线用材料和两台中频焊机。钢平台和支架具备足够的强度，并与定子机座连接牢固，搭设完成后的环形平台和防尘棚形成一个整体。为减轻拆卸过程中环氧树脂、金属的粉尘对施工作业人员的影响，覆盖防火布后，在防尘棚内布置除尘装置，用于该空间的通风换气，防尘棚整体外观及内部结构如图 4. 4–21 所示。

(a) 整体外观

(b)内部结构

图 4. 4–21　防尘棚

（三）定子下线前准备

检查线棒包装箱应无破损现象。包装箱开箱后，检查线棒绝缘应无任何损伤，每箱抽检 5% 数量的线棒，测量其端部、直线段的几何尺寸并记录比对。

对抽检线棒进行交流耐压等电气试验。搬抬线棒时，操作人员应戴洁净手套。试验合格后，将线棒两端 R 弯部位套入保护袋或用保鲜膜进行防护，以防线棒安装时被污染。

确定半导体硅橡胶腻子的涂抹厚度。用游标卡尺测量 5 根线棒的厚度，每根线棒等距间隔测量点不少于 3 个，计算平均值；用游标卡尺测量 5 处铁心槽宽尺寸，每槽等距间隔测量点不少于 3 个，计算平均值，根据两者之间的差值，确定半导体硅橡胶腻子的涂抹厚度，并在槽衬涂胶装置上设定涂胶间隙。

定子铁心清扫及防护。下线工作开始前将定子铁心及通风沟清扫干净。用不干胶带粘贴铁心齿端面和齿压板表面。

定子铁心喷涂低电阻防晕漆。在定子铁心槽底和齿部表面以及定子测温元件上喷低电阻防晕漆。在喷漆前应将漆搅拌均匀，喷漆时，应注意做好定子压指、压板防护，防止低电阻防晕漆喷到这些部件上；所喷漆膜应均匀且厚度适中，不应出现流滴现象，从各个角度观察时，均不能看见定子铁心的本色。

定子铁心槽编号。根据图纸，在定子铁心上、下端部标出槽号，每处标记间隔 5 槽，如图 4. 4–22 所示。同时在铁心端部标出定子线棒测温电阻槽、跨接线槽以及引出线槽。

（四）定子端箍安装

定子端箍是固定定子绕组的主要部件。葛洲坝电站 170MW 机组定子端箍采用不锈钢

图 4.4-22　线棒槽号标记

圆钢焊接制成，外部包扎云母带作为主绝缘。定子绕组上、下端各布置一层端箍，分别由12 段端箍及端箍接头现场焊接后安装于绝缘支架上。

（1）端箍定位。在定子圆周上临时嵌入至少 36 根几何尺寸较理想的下层线棒，其中每段端箍上布置线棒不少于 3 根，布置点在单段端箍中间及两侧。嵌入线棒前，先用黏胶带将导电玻璃布板固定在铁心槽底，调整线棒中心线与铁心中心线对齐，再用临时压线工具（见图 4.4-23）将线棒压靠槽底（见图 4.4-24），检查下层线棒与定子铁心间应无间隙。

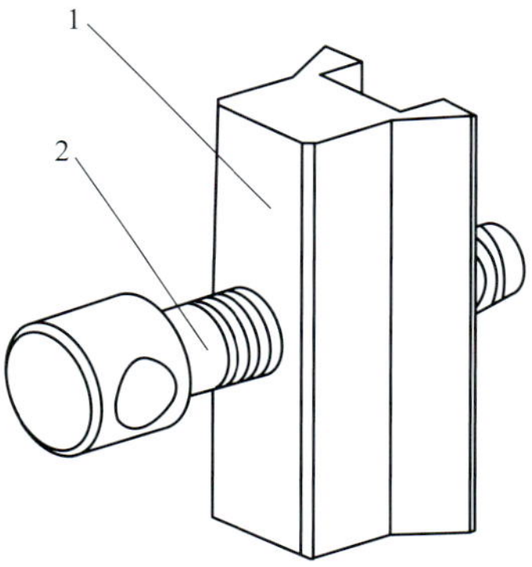

图 4.4-23　临时压线工具

1—压紧块；2—压紧螺栓

图 4.4-24　线棒临时压接

（2）端箍绝缘支撑板安装。根据设计图纸要求，沿圆周方向在齿压板上布置上端箍绝缘支撑板，尽量避开拉紧螺杆、齿压板交接处和线棒引出头位置，将端箍放在绝缘支撑板上，端箍与绝缘支撑板之间加垫涤纶毡。

（3）端箍支撑位置调整及固定。调整支撑板径向位置，使端箍紧贴支撑板卡口，且端箍与下层线棒间预留约 2mm 间隙。端箍接头安装如图 4.4-25 所示。点焊角钢固定位置。

调整完毕，取下端箍与支撑板，满焊角钢。支撑板底座焊接如图 4. 4–26 所示。焊接时对线棒和铁心进行防护，焊接完成后及时清理焊渣等残留物。

图 4. 4–25　端箍接头安装

图 4. 4–26　支撑板底座焊接

（4）端箍接头焊接及绝缘绕包。按实际尺寸配割端箍并将端箍绝缘末端削出坡口（见图 4. 4–27），回装端箍与支撑板。焊接端箍接头（见图 4. 4–28），打磨平整（见图 4. 4–29）后按照工艺要求绕包绝缘（见图 4. 4–30）。

图 4. 4–27　绝缘坡口处理

图 4. 4–28　端箍接头焊接

图 4. 4–29　焊接部位打磨

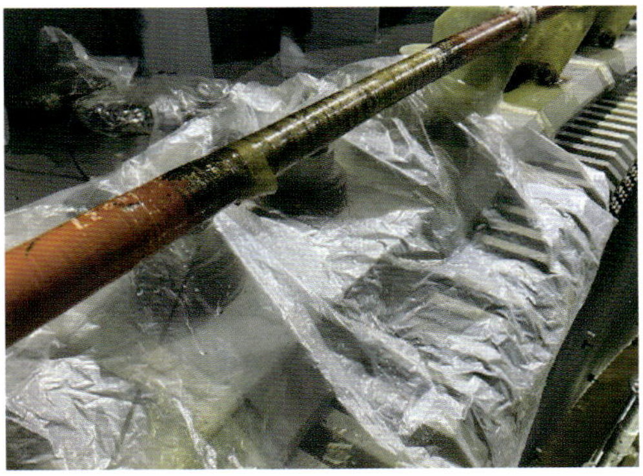

图 4. 4–30　焊接部位绝缘绕包

（5）端箍绑扎及固定。在绝缘支撑板与端箍之间安装浸渍室温固化环氧胶的涤纶毡。用无碱玻璃纤维绝缘绑扎带将端箍牢固地绑扎在绝缘支撑板上，按照工艺要求在绑扎带上涂刷室温固化环氧胶，如图 4.4-31 所示，安装支撑角钢与绝缘支撑板间固定螺栓并按要求锁定，如图 4.4-32 所示。

图 4.4-31　端箍绑扎

图 4.4-32　支撑块紧固

（6）端箍安装后检查。检查定子上、下端箍与嵌入的下层线棒配合应良好，既能保证定子下层线棒下线后紧贴定子铁心槽底，又能保证定子下层线棒与定子端箍之间的间隙满足要求。检查合格后，取出临时嵌入的下层线棒。待各部位漆胶固化后，打磨绑绳和涤纶毡表面的毛刺并清理干净。

（五）下层线棒安装

1. 下层线棒绕包

（1）导电玻璃布及端箍毛毡安装。利用胶带将导电玻璃布贴在槽底，导电玻璃布贴合平整，伸出铁心槽两端尺寸应满足要求。在线棒与端箍接触部位安装浸渍室温固化环氧胶的涤纶毡，涤纶毡厚度适宜，既能保证定子下层线棒下线后紧贴定子铁心槽底玻璃布板，又能保证定子下层线棒与定子端箍之间无间隙，浸渍环氧胶的涤纶毡固化前完成线棒嵌入。

（2）半导体硅橡胶腻子配制。按照规定的比例配制室温硫化半导体硅橡胶腻子，各组分混合后沿顺时针方向、逆时针方向和上、下方向交替搅拌，使腻子在容器内充分翻动，连续搅拌 5min 以上，搅拌均匀后立即使用，在室温条件下的使用时间不超过 2h。

（3）上胶腻子厚度设定。将定子绕包槽衬涂胶装置、槽衬卷绕工具清理干净，根据实际测量的铁心槽和线棒之间的间隙，设定腻子涂覆厚度。

（4）槽衬表面腻子涂覆。将槽衬放入卷绕工具，穿过涂胶装置后，将配制好的半寻体腻子倒入漏斗，慢慢拉动槽衬使半导体腻子均匀涂覆在槽衬表面，槽衬表面涂覆腻子的宽度应满足标准要求。

（5）槽衬收卷。将上完胶的槽衬沿宽度方向的中心线对折后采用专用工装收卷，对折后的槽衬边沿应平齐，收卷时避免腻子挤出槽衬沿口。

（6）线棒表面清理及防护。线棒绕包槽衬前，将线棒表面清理干净，对端部进行防护，避免腻子污染线棒端部区域。

（7）槽衬绕包。每根线棒绕包槽衬时从线棒压印的号端侧向无号端侧绕包；绕包时，槽衬的开口方向应朝向线棒安装位置上端。同一支线棒上绕包的槽衬应连续，不允许有接头。绕包的槽衬间隔及总长度应满足标准要求，如图 4.4-33 所示。

（8）槽衬临时固定。线棒绕包上胶槽衬后，槽衬两端采用黏胶带进行临时固定。

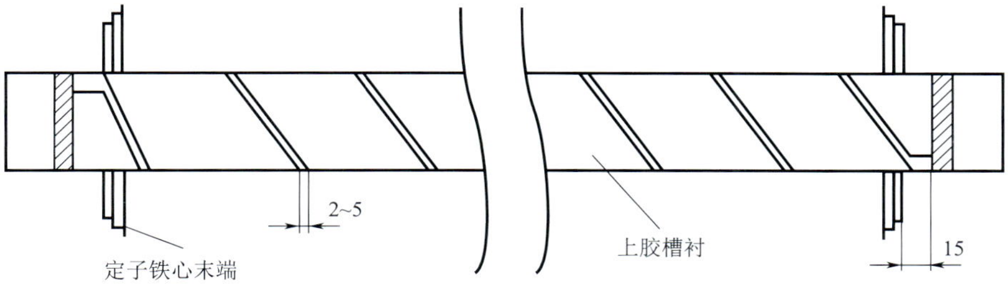

图 4.4-33　槽衬绕包（单位：mm）

2. 下层线棒嵌入

（1）槽底导电玻璃布板安装。在待嵌入线棒的铁心槽底粘贴导电玻璃布板（见图 4.4-34），并用透明胶带对铁心表面进行防护（见图 4.4-35），避免线棒嵌入时半导体硅橡胶腻子溢出而污染铁心表面。

图 4.4-34　槽底导电玻璃布板固定

图 4.4-35　铁心防护

（2）线棒位置调整。将线棒搬运至对应槽口处，调整线棒高度，将线棒推入铁心槽内，保证线棒轴向中心线与铁心轴向中心线对齐，同时调整线棒高度，使线棒斜边间隙均匀，非引出线和非跨接线线棒上、下端头与铁心槽口距离满足安装标准要求。

（3）线棒嵌入。在线棒槽内直线段上、中、下部位放置敲击垫板，用橡胶榔头均匀地将线棒打入槽内，直至线棒槽内直线部分紧贴槽底，线棒入槽后尽可能不要轴向移位，嵌入过程中不得损伤线棒外表面的防晕层，注意观察槽底的导电玻璃布板是否移位或脱落。

（4）线棒嵌入后位置复核。当线棒整体全部进入槽内，挪开垫板，再次测量非引出线和非跨接线线棒端头与铁心槽口距离，若存在偏差，调整线棒高度，将差值均匀分布在线棒两端，同时将所有线棒斜边间隙调整到均匀状态。

（5）线棒防护。在半导体胶尚未固化前，用临时压紧工具压紧线棒并用塑料薄膜对嵌入线棒进行覆盖防护，必要时在线棒下端临时增加轴向支撑防止线棒下坠，直至室温硫化半导体硅橡胶腻子固化，如图 4.4−36 所示。

3. 下层线棒绑扎

（1）标出线棒上、下端斜边垫块的轴向安装中心线。

（2）配置室温固化环氧胶，充分搅拌。将涤纶毡裁剪至合适尺寸浸泡在配置好的环氧胶中并充分浸透，晾至半干。

（3）用涤纶毡包裹斜边垫块，塞入标记好的线棒斜边间隙，要求塞入深度一致，高度整齐，如图 4.4−37 所示。

图 4.4−36 线棒防护效果图

图 4.4−37 绑扎部位标记效果图

（4）线棒端部绑扎。将无碱玻璃纤维绝缘绑扎带裁减至合适长度，浸渍配制好的室温固化环氧胶，晾至半干，绑扎下层线棒与端箍（见图 4.4−38）、下层线棒与斜边垫块，并拦腰束紧。绑扎完成后，在绑扎带表面涂刷环氧胶。线棒绑扎后效果如图 4.4−39 所示。

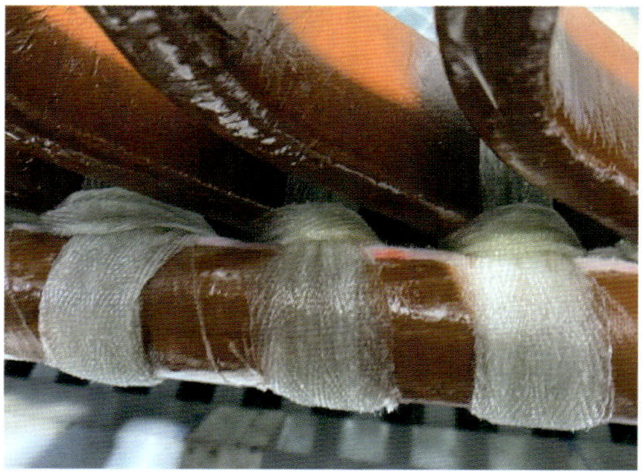

图 4.4−38 端箍绑扎后效果图

图 4.4−39 线棒绑扎后效果图

（5）干燥及清理。待环氧胶固化后，剪裁、打磨并清理干净绑绳和毛毡表面的毛刺、玻璃丝、纤维丝和灰尘等。

（6）定子端部喷漆。在线棒端部、端箍、间隔块表面喷涂一层聚酯晾干红瓷漆，喷涂前，对不需要喷涂的部位采取防护措施，喷涂要求均匀、无遗漏、无漆瘤。喷涂完成后，红瓷漆固化时间需满足标准要求，必要时进行加热干燥，如图 4.4-40 所示。

（7）试验。检测下层线棒槽电位，合格后将 RTD 接地，进行下层线棒整体交流耐压等试验。

（六）层间端箍及上层线棒安装

（1）层间垫条安装。半导体腻子及端部绑绳环氧胶固化后，拆除临时压紧工具，清扫后安装层间垫条，带 RTD 的层间垫条按位置编号安装，注意层间垫条两端伸出铁心长度应一致。

（2）层间端箍安装。按照图纸要求在下层线棒处安装浸渍室温固化环氧胶的涤纶护套玻璃丝绳，其长度应根据实际需要安装线棒的数量确定。

（3）上层线棒安装。按下层线棒的安装工艺安装上层线棒，上层线棒上、下端头应与下层线棒端头对齐，如线棒长度存在偏差，则将偏差均布在上、下两端，安装过程中防止层间垫条移位或脱落，如图 4.4-41 所示。

图 4.4-40　下层线棒端部喷漆后

图 4.4-41　上层线棒安装后效果图

（4）上层线棒斜边间隔块安装。按下层线棒端部绑扎和斜边间隔块安装工艺进行上层线棒斜边间隔块安装。

（5）线棒端部绑扎。按下层线棒端部绑扎和斜边间隔块安装工艺要求，将上、下层线棒用浸胶无碱玻璃纤维绝缘带绑扎在端箍上，同步绑扎间隔块，最后在绑扎带表面刷室温固化胶。

（6）对上层线棒端部喷涂聚酯晾干红瓷漆并进行干燥，测量绝缘电阻及槽电位。

（七）槽楔及槽口垫块安装

（1）槽楔垫条试配。在线棒表面分别加入垫条、波纹板，打入槽楔，检查槽楔紧度，调整垫条厚度，直至紧度满足要求。确认在此状态下垫条的厚度，退出试配槽楔。

（2）槽楔安装。按试配垫条厚度安装槽楔，安装槽楔时，应注意通风沟的方向，槽楔上通风沟与铁心通风沟的中心对齐，如图 4.4-42 所示，偏差满足技术要求。楔下垫条伸出槽口的长度不应超过槽楔端面，尤其不能与线棒高阻部位接触。所有槽楔伸出铁心槽口长度、高差应符合设计要求。槽楔表面不得高出铁心内圆表面。

（3）端部槽楔涂胶。两端部槽楔打入斜楔前，在斜面上涂刷环氧聚酰胺黏胶。

（4）测温电阻检查。装有线棒测温电阻（RTD）的槽，应在每打完一根槽楔后对测温电阻的绝缘电阻及电阻值进行检查。

（5）槽楔松紧度检查。槽楔安装完成后检查槽楔紧度，要求定子铁心每槽上、下端槽楔敲击时不应存在发空现象，其余槽楔每根局部发空部分总和不得超过槽楔长度的 1/3，否则应将槽楔退出后重打。

（6）槽楔绑扎。槽楔打完后，利用浸渍环氧胶的涤纶护套玻璃丝绳对端部槽楔进行绑扎。最后在绑扎带表面刷室温固化环氧胶，如图 4.4-43 所示。

图 4.4-42　槽楔安装后效果图

图 4.4-43　端部槽楔绑扎效果图

（7）槽口垫块安装。按下层线棒端部绑扎和斜边间隔块安装的工艺将涤纶毛毡浸渍环氧胶，然后按照图纸尺寸将涤纶毡与线棒固定，安装槽口垫块，如图 4.4-44 所示。涤纶毡不应卷曲且露出槽口垫块边缘；槽口垫块位置偏差应满足标准要求。安装完成后，检查间隙是否满足要求，必要时，可通过修磨槽口垫块或增加涤纶毡厚度来调整槽口垫块的紧实程度。

图 4.4-44　槽口垫块安装后效果图

（8）槽口垫块绑扎。用浸渍室温固化环氧胶的涤纶护套玻璃丝绳绑扎槽口垫块，槽口垫块绑扎完成后按照工艺要求涂刷环氧胶。

(9) 清扫及加热。槽楔及槽口块安装完毕后进行整体清扫，对定子整体加热，再次清扫及检查后进行绝缘电阻测量及整体耐压试验。

（八）电接头焊接

定子线棒的主要载流导体为多股铜线组成，各分支回路需要通过钎焊连接，线棒电接头采用中频感应焊焊接，焊接型式一般分搭接焊和对接焊两种，其中普通线棒电接头为对接焊，其他类型线棒因增加了并头块而采用搭接焊。

1. 接头校形及表面清理

(1) 用校形工具调整线棒端头，使同槽上、下层线棒的端头的钎焊面平齐，端头轴向及周向错位偏差均满足标准要求，确保焊接时接触面积最大。

(2) 逐根清洗线棒电接头及并头块，彻底去除表面的氧化物、绝缘胶，露出铜的本色；清除线棒端头及并头块边缘的毛刺，用锉刀清除线棒端头及并头块钎焊的凸起。

(3) 用无水酒精、砂纸等清扫线棒端头及并头块表面的环氧胶、氧化物等杂质，处理后的钎焊面避免触摸污染。

2. 线棒端部防护

(1) 用防火布封堵上、下层线棒间的间隙，防止接头焊接的残余焊料和打磨清理的金属粉末进入定子铁心或线棒缝隙。

(2) 在线棒根部用湿布包裹以免焊接过程中线棒温度过高烫伤绝缘。

(3) 下端接头焊接时，将铁心下端用胶布或塑料布粘贴好，再将端部保护用防火布上翻覆盖线棒端头，避免焊接时的火焰及烟气对铁心及线棒造成影响和损伤，同时使用烟尘净化设备吸收焊接时产生的烟尘。

3. 电接头焊接

(1) 检查中频焊机的各系统应正常运作，动作可靠，感应线圈表面绝缘完好，焊机冷却水温度、流量正常，无泄漏。

(2) 焊接面应清洁，将银焊片插入线棒端头钎焊部位，用 C 型夹将焊接头夹紧，并将感应线圈与电接头侧面固定牢靠，调整感应线圈位置，使加热效率达到最大，如图 4.4-45 所示。

(3) 打开中频焊机，调整焊接功率至合适挡位，当接头达到焊接温度时，银焊片开始熔化，此时向焊缝处填补银铜焊料，直至焊缝饱满为止，如图 4.4-46 所示。

(4) 加热时注意工件的温升要均匀，防止电接头、并头块局部过热而熔化。整个焊接过程应控制在 2min 以内。

(5) 为防止线棒端部绝缘损伤，在焊接过程中向线棒端部防护湿布上洒少量水，对端头绝缘进行冷却，注意不得将水直接浇在线棒等焊接部件上。

(6) 焊接完成后，通过焊机内部循环冷却水继续给电接头降温，冷却约 2min 后移开感应线圈及夹具。检查焊接应饱满，无沙眼、裂缝、凹坑，无未焊透现象。初次检查不合格应及时补焊，再次检查仍不合格应待焊接部位及绝缘件冷却至常温后再处理，一般返工不得超过两次。

图 4.4–45 电接头夹持

图 4.4–46 电接头焊接作业

（7）清理打磨焊接部位的表面氧化物，去除凸起焊瘤，对焊渣、金属粉末等残留物进行清理，检查线棒绝缘部位应无损伤，如图 4.4–47 所示。

图 4.4–47 电接头打磨清扫

4. 跨线及引出线焊接

绕组跨线也称极间连接线，用于同层线棒连接形成特定支路，绕组跨线一般由铜排制成，表面由环氧粉云母带绕包形成主绝缘。

（1）接头焊接。定子线棒跨线及引线接头焊接采用搭接焊，在接头两侧各添加一块铜排进行焊接，也称为并头块焊接。焊接前用银铜焊片对各钎焊搭接部位进行填塞，焊接操作及防护参照线棒电接头焊接进行，如图 4.4–48 所示。

（2）绝缘绕包。待跨线及引线焊接处焊缝冷却打磨清理合格后，进行绝缘包扎。包扎前用酒精彻底清洗焊接点和绝缘搭接面，并按照绝缘搭接长度要求，半叠包绕不少于 13 层粉云母带，层间涂刷环氧胶，最外层半叠包绕 1 层无碱玻璃纤维带。接头部位采用室温固化腻子进行填充，保证圆滑过渡，如图 4.4–49 所示。

图 4.4-48　跨线焊接

图 4.4-49　跨线绝缘绕包

(3) 跨线及引出线固定。根据现场实际情况绑扎支撑板加固跨接线和引出线，如图 4.4-50 所示。跨线支撑板应安装在跨接线中部的绝缘盒正上方。安装时若支撑板高度过高，应进行加工处理。支撑板两侧与绝缘盒、跨线间加垫浸胶涤纶毡。安装合格后，用浸渍环氧胶的无碱玻璃丝带进行绑扎，绑绳应平整。绑扎完涂刷室温固化环氧胶，干燥后将表面毛刺、玻璃丝等打磨干净，清理后喷涂聚酯晾干红瓷漆，如图 4.4-51 所示。

图 4.4-50　引出线绝缘绕包后效果图

图 4.4-51　跨线及引出线固定后效果图

(九) 绝缘盒安装

葛洲坝电站 170MW 机组线棒接头采用绝缘盒套装并灌环氧胶，分为上端绝缘盒安装和下端绝缘盒安装。

1. 上端绝缘盒安装

(1) 绝缘盒清理、烘干及防护。绝缘盒套入前，用无水酒精清洗干净，检查绝缘盒应无裂纹、气泡、绝缘分层、油污等缺陷，绝缘盒壁厚应满足图纸设计要求。

(2) 根据线棒端头尺寸和绝缘盒尺寸制作上端绝缘盒灌注用堵漏板。

(3) 上端绝缘盒堵漏板安装。在定子线棒上端部沿圆周画出上端绝缘盒灌注用堵漏板的位置，安装堵漏板。

（4）上端绝缘盒定位。检查定子线棒端部主绝缘与绝缘盒搭接长度应满足要求，对无法达到要求的线棒进行加包绝缘处理，绝缘包扎工艺与跨接线包扎工艺相同。

（5）安装上端绝缘盒。调整绝缘盒，使全圆周上的绝缘盒高度一致，相邻及整圈高差满足设计值，绝缘盒与电接头之间间隙应均匀，绝缘盒顶部与电接头顶部高差应满足设计要求。

（6）现场配制封堵缝隙用的填充腻子，并将上端绝缘盒套装到位，上端绝缘盒安装作业如图 4.4–52 所示。

（7）待填充腻子完全固化后，开始配制绝缘盒灌注胶。灌注胶根据安装场地的环境温度适配，通过配胶试验确定实际固化时间，也可根据实际需求适当调整灌注胶配比。

（8）绝缘盒灌注。先在每个绝缘盒中灌入少量填充胶，观察确定堵漏板无渗漏现象，待其固化后再一次性灌满，填充胶全部固化后，如因收缩导致胶面低于绝缘盒表面时，应再补胶填满，绝缘盒填充检查后效果图如图 4.4–53 所示。

（9）填充胶固化后，拆除堵漏板及其支撑，全面清理绝缘盒表面。

图 4.4–52 上端绝缘盒安装作业

图 4.4–53 绝缘盒填充检查后效果图

2. 下端绝缘盒安装

（1）下端绝缘盒固定时，应采用千斤顶和木板进行支撑，位置满足标准要求。绝缘盒灌注前，为防止胶溢出或滴落到绝缘盒外壁，可采用电话纸或塑料布包裹绝缘盒外壁，待绝缘盒浇注完成后清除。

（2）按上端绝缘盒灌胶工艺进行下端绝缘盒的灌注。

（3）下端绝缘盒填充胶固化后，拆除绝缘盒外部包裹层，全面清理绝缘盒表面。

（十）汇流排安装

汇流排主要连接引出线线棒与出口、中性点引线，一般由铜排作为载流导体，由环氧粉云母带构成主绝缘，沿圆周分多层布置在定子机座上方，葛洲坝电站 170MW 机组发电机汇流排最多为 6 层。汇流排的安装主要分为支撑安装、汇流排组装、汇流排焊接、绝缘包扎和汇流排固定几个步骤。

1. 汇流排支撑安装及汇流排组装

（1）按装配图预装第一层汇流排，调整汇流排引线夹安装位置，按设计要求结合现场实际情况调整铜环的分布半径及铜环支撑，如图 4.4−54 所示。预装完成后，将铜环支撑点焊到定子机座上，去除汇流排及绝缘件进行满焊，焊接时应采取防护措施防止焊渣掉入定子铁心，焊接完及时清理焊渣及残留物，如图 4.4−55 所示。

图 4.4−54　线夹安装后效果图

图 4.4−55　汇流环安装作业

（2）按图纸要求自下而上安装其余各层汇流排及出口、中性点引出线。汇流排线夹与汇流排间应加垫浸渍环氧胶的涤纶毡，保证铜环装配后与线夹间无间隙，如图 4.4−56 所示。

（3）线夹穿心螺杆上端螺母安装时应涂抹螺纹锁固胶、安装锁片，线夹穿心螺杆下端与线夹支撑满焊连接。

2. 汇流排焊接

（1）严格按照图纸要求进行焊接。铜环焊接所用银焊片和钎料材质为 BCu80AgP。

（2）焊接时，应采取有效措施防止绝缘损伤，并严格控制各焊接接头处的焊缝质量，焊接完成后及时清理焊渣及残留物。

（3）铜环焊接后检查。焊接表面应光滑、整洁，无残存焊料、焊瘤、毛刺及氧化物，焊缝填充应饱满，焊缝不得存在气孔、未焊透、未焊满、毛刺及尖锐棱角等缺陷。

3. 汇流排绕包及固定

（1）将铜环接头绝缘打磨为坡口，满足绕包绝缘搭接长度要求，用无水酒精对绝缘绕包部位进行清洗，按照工艺要求完成绝缘绕包，接头如有空鼓部位可以使用室温固化填充腻子进行填充，实现平滑过渡，如图 4.4−57 所示。

（2）汇流排安装完成后将压板固定螺栓按规定力矩拧紧，并紧固锁片。若铜排悬出支撑线夹超过规定距离，则用加垫涤纶毡的支撑板与相邻层铜排绑扎固定，如图 4.4−58 和图 4.4−59 所示。

（十一）定子干燥及喷漆

1. 定子整体干燥

（1）现场采用辅助电加热法对定子进行干燥，定子整体覆盖一层防火布，在圆周方向均匀布置 4~6 台热风机，出风口不得正对定子绕组，加温过程中，定期测量并记录温度。

（2）干燥时，温升及定子局部最高温度应满足标准要求。

图 4.4-56　线夹加塞涤纶毡效果图

图 4.4-57　汇流环绝缘绕包效果图

图 4.4-58　汇流环支撑固定后效果图

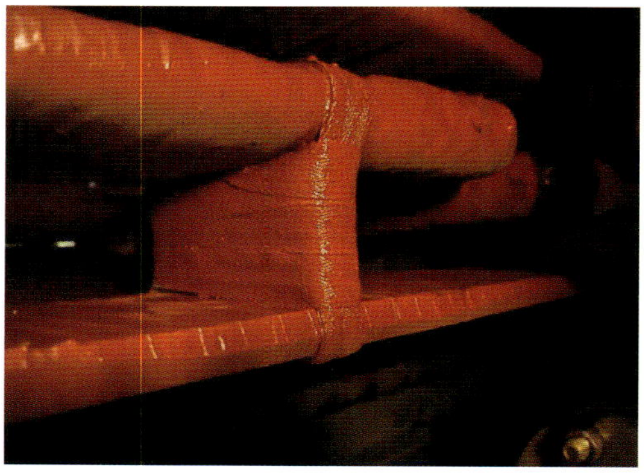

图 4.4-59　汇流环绝缘绕包效果图（喷漆后）

（3）定期测量并记录定子绝缘电阻和吸收比，干燥时间不少于 48h，待定子线圈每相绝缘电阻稳定并符合规程要求后停止。

（4）干燥结束后，当温度降至室温时，方可拆除防火布等保温措施，让定子自然冷却，并用干燥的压缩空气吹扫线圈端部。

（5）定子加热结束且冷却后，记录空气相对湿度、环境温度及定子线棒温度，用 2500V 兆欧表测量定子绕组每相绝缘电阻，结果符合规程要求后进行定子直流电阻试验、直流泄漏试验、起晕试验、交流耐压试验。

2. 定子整体喷漆

在定子铁心内表面、线棒端部及汇流排处喷涂聚酯晾干红瓷漆，要求喷涂均匀、无遗漏、无漆瘤。喷漆完毕，待油漆固化后在定子上、下绝缘盒标出槽号，每处标记间隔 5 槽。

三、定子绕组安装工艺、工装及工序优化应用

（一）定子拆装工艺优化

1. 线棒及铁心拆除工艺优化

线棒及铁心拆除传统工艺流程：①切割跨接引线、斜边垫块及线棒端部绑扎；②沿绝

缘盒边缘切割线棒上、下层绝缘盒，如图 4.4-60 所示；③切割工作完成后依次拔出上、下层线棒；④线棒拆除完成后逐层拆除铁心。

图 4.4-60　绝缘盒及端部绑扎切割

本次对线棒及铁心拆除工艺进行优化，在不切割全部线棒端部绑扎及绝缘盒的情况下，直接采用将绕组连同铁心分割成 12 块分瓣吊出的方式进行拆卸，如图 4.4-61 所示，解决了铁心变形严重导致线棒拆除困难的问题的同时，大大缩短了机组改造直线工期。

图 4.4-61　线棒及铁心整体吊出

2. 线棒焊接工艺优化

线棒电接头焊接工艺由改造前的锡焊工艺改进为电接头对接硬钎焊工艺，电接头焊接后接触电阻小、强度高、载流量大，提升了设备可靠性。

（二）工装的优化应用

1. 防尘棚的使用

发电机定子在改造施工过程中，存在大量的焊接、打磨、环氧材料切割等作业，产生大量的烟雾、粉尘，对人身和设备存在极大的伤害，同时还不能满足新环保法的要求。为减小作业过程中的烟雾、粉尘对人身和设备造成的伤害，同时达到检修施工环保目标要求，在机组更新改造期间，创新引入专用防尘棚并配套大容量烟尘回收装置，在发电机更新改造时建立一个相对封闭的施工场所，借助专用通风除尘装置，有效阻止了烟雾、粉尘向周边扩散，形成一个高效的通风换气循环系统，能有效降低对人身、设备的伤害和对周围环境的污染，还能满足部件安装对环境的特殊要求，提高了设备的装配质量。

2. 发电机定子环形平台的应用

在发电机定子改造施工中，由于机坑内平台承重与容量受限，不能将所有改造设备及材料吊入机坑。因此，设计了一套水轮发电机组改造环形平台，安装在定子铁心内膛、风闸支墩上部，该装置不仅为发电机更新改造提供了一个安全可靠的平台，既扩展了作业空间，又实现机坑内外不同高程工作面衔接，还可以满足水轮机与发电机改造同步实施，提高了各作业面的整体效率，缩短了机组改造工期。同时，该平台与L型平台、防尘棚组合使用，形成相对封闭的空间，有力保障了机组改造中的作业安全，减小了对环境的影响，具备广泛的推广价值，如图4.4-62所示。

图4.4-62　定子环形检修平台

3. 往复锯的使用

葛洲坝电站170MW机组定子绕组为双层波绕组，上、下层线棒采用焊接方式连接。在旧线棒拆除时，需将上、下层线棒端头分割开，传统的分割方式为利用角磨机装切割片切开，因作业区域受限，需要直径较大的切割片才能将线棒割断，作业时切割片容易破碎伤人，作业过程中会产生大量的粉尘，危害人员健康，还会影响周边运行设备。利用往复锯切割就可以避免这些问题，其体积小，便于控制，锯条不易断裂，产生粉尘相对较少，能保证人身安全和缩短线棒拆除工期。

（三）工序的优化

在施工策划阶段，制定了施工网络进度图，标识关键节点，对影响直线工期的主要工作进行合理布置。定子改造过程中，使用了大量环氧类漆胶，根据材料本身特性，该类材料需完全固化后才能进入下一道工序，如室温下环氧胶自然固化需要 72h，为避免影响直线工期，缩短了环氧胶固化时间，辅助加热干燥均安排在夜间进行。同时在保证安全的前提下，以空间换时间，合理安排工序，创造条件开展并行作业，如将定子线棒下端电接头焊接作业与上端汇流排拼装并行实施，同时开展上端汇流排绝缘绕包与上端绝缘盒灌胶，有效缩短了漆胶固化总时间，缩短了直线工期。

第二节　转子改造

为保证转子能长期稳定地为发电机提供持续、可靠的励磁，充分利用转子原有部件，在发电机转子改造过程中仅对转子磁极、转子引线等进行了改造。主要项目包括转子磁极更换、阻尼环连接片更换、磁极极间连接片更换、磁极及转子磁轭清洗、转子整体喷漆等。

一、转子磁极拆卸

（一）磁极拆卸前数据测量

转子改造工作主要在厂房安装场内进行。在将 110 个磁极拆卸吊出前，需测量转子圆度、磁极中心线高程数据，其中转子圆度数据作为磁极挂装的参考，磁极中心线高程数据是确定新定子铁心中心线高程的依据。转子圆度和高程数据均须在转子处于水平状态下进行测量，其水平度的测量基准为中心体上法兰面。

在转子水平调整合格后，在转子中心体中心挂钢琴线，测量上、下法兰内镗孔的同心度。若上、下镗孔中心偏差较小，则调整转子测圆架中心与上镗孔或下镗孔同心即可，若偏差较大，则应综合考虑转子测圆架的调整中心。

测量调整测圆架与转子同心，中心偏差≤0.02mm；用合像水平仪测量调整测圆架支臂旋转水平度，水平度≤0.02mm/m。

转子测圆架调整合格后，用其测量转子磁极圆度和半径。每个磁极测量上、中、下 3 个测点，圆度测量如图 4.4-63 所示。

用水准仪测量转子磁极中心线相对于制动环基准点高程，作为新磁极安装的参考。

（二）磁极拆卸

（1）拆除旧磁极极间连接片、阻尼环连接片。拆除前，在磁极极间连接片、阻尼环连接片上做好标记。拆除后，检查阻尼环接头是否有变形或损伤，对变形部位进行校正处理。

（2）拆除旧转子引线。切除旧转子引线线夹，并打磨光滑。维持转子 1 号磁极和 110 号磁极位置不变，重新配制转子引线。

（3）磨开磁极键主副键之间的焊缝，用桥机和拔磁极键工具将磁极键拔出。测量主副键在安装位置的总厚度作为回装时的参考，用专用吊具将磁极从磁轭上依次吊出。磁极拆卸完成后，测量磁轭圆度。

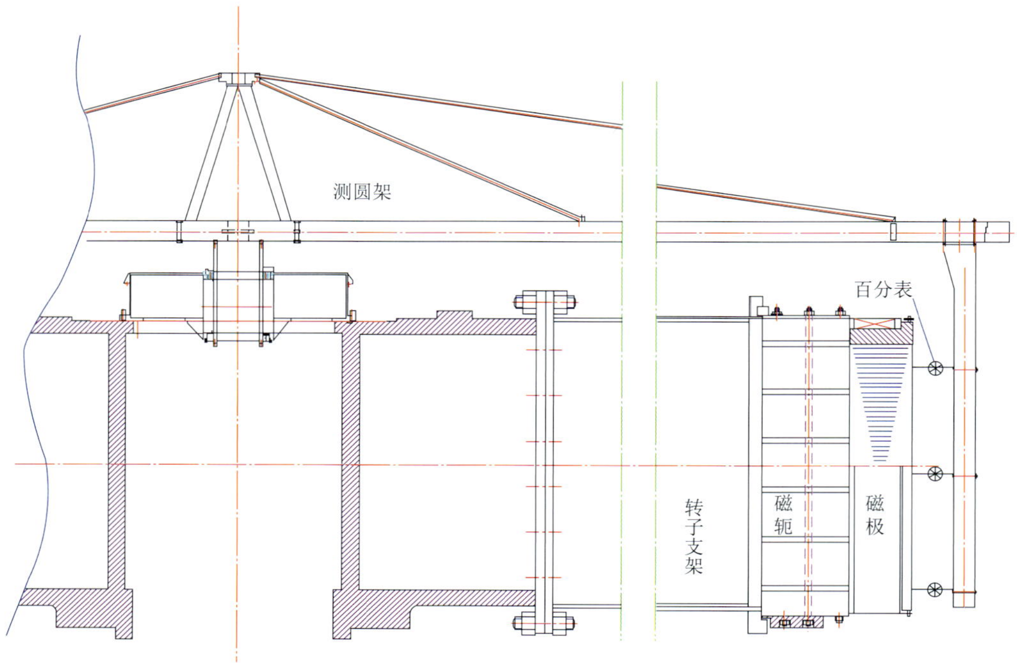

图 4.4–63　转子圆度测量示意图

(三) 磁极称重

磁极称重对转子磁极重量分配非常重要，用于确定磁极位置及二次配重时参考。应使用校验合格的电子秤对磁极铁心进行称重，称重时应注意以下几点：

(1) 旧磁极起吊和摆放过程中，严禁阻尼环承力，并做好防碰撞措施，称重过程中保护好阻尼环接头。

(2) 磁极铁心电子秤每次开机使用前，需对其进行精确度调节；精确度调节完毕，将称重工装悬挂在电子秤上，进行清零操作。

二、转子磁轭处理

转子测圆架调整合格后，利用转子测圆架测量转子磁轭的圆度和绝对半径，每个磁极处测量上、中、下 3 个点数据，对磁轭圆度超标部分进行处理，半径偏大区域进行打磨处理，半径偏小区域在磁极背部进行加垫处理。

由于磁极安装高程变化，原磁极挡块需要全部拆除，利用碳弧气刨将原挡块刨除，并将原焊缝位置打磨平整。

三、转子磁极改造

(一) 转子磁轭清洗

转子磁轭表面油污多为碳粉、油等的混合物，改造期间完成转子磁轭全面清洗，包括转子内部清洗、通风沟异物堵塞疏通、通风沟油污清洗等。清洗时采用浸洗剂布条泡发、清洗剂喷枪冲洗、白布条搓擦等多种方式组合进行，确保磁轭清洗干净。

（二）磁极挂装

1. 磁极挡块安装

定子铁心安装完成后，转子磁极中心线高程已确定，对每个磁极T尾处长度进行测量后即可计算出磁极挡块相对于转子制动环板处基准点高程。按照每个挡块对应的高程安装磁极挡块，高程调整合格后按照图纸要求进行焊接，焊接完成后复核高程在允许范围内，如图4.4-64所示。

2. 磁极挂装

在单个磁极试验合格后，实测各磁极重量，并计算原位置挂装时磁极不平衡质量。根据GB/T 8564—2003，葛洲坝电站转子磁极在挂装后应满足任意22.5°～45°范围内，对称方向不平衡质量不大于10kg的要求。若不满足要求，则可以对部分磁极的挂装位置进行调整，使其挂装后不平衡质量满足要求。在磁极挂装位置调整时，1号和110号磁极与引线连接，其位置不能调整。因磁极极间连接线位置不同，奇数和偶数编号磁极位置不能互换。

根据最终确定的各磁极的挂装位置挂装磁极，打紧磁极键。将主副磁极键点焊牢固，并将副键与磁轭点焊牢固，如图4.4-65所示。磁极挂装完后，测量磁极高程、圆度等数据，应满足相关工艺要求。

图4.4-64　磁极挡块安装

图4.4-65　磁极键点焊

（三）磁极极间连接片、阻尼连接片装配

对到货的磁极连接片和阻尼连接片进行检查，清点连接片及紧固件数量应满足图纸要求。

各类连接片需现场配孔，磁极挂装调整完成后，以磁极接头螺栓孔为基准，在连接片上标记钻孔位置并使用台钻完成配钻。按照工艺要求安装螺栓并紧固到位，用塞尺检查接触面应满足标准要求。磁极极间连接片、阻尼连接片装配后效果如图 4. 4–66 所示。

（a）磁极极间连接片　　　　（b）阻尼连接片

图 4. 4–66　磁极极间连接片、阻尼连接片装配后效果图

（四）水平段新转子引线及其支撑安装

安装前对转子引线进行预组装，参考设计图纸确定安装路径及转子引线线夹安装位置。将预组装位置画线，点焊线夹垫铁，待转子引线位置确定后按照设计图纸要求满焊转子引线支架，焊缝 PT 探伤合格。按照图纸要求，在各引线接头配钻螺孔。转子引线与线夹间加垫浸渍环氧胶的涤纶毡，按照工艺要求紧固螺栓，打紧锁片，用塞尺检查接触面应满足标准要求。转子引线装配后效果如图 4. 4–67 所示。

图 4. 4–67　转子引线装配后效果图

第三节　上导轴承

改造后的上导轴承由上导瓦、导轴承斜楔、垫板、绝缘支撑等组成，全圆周共设计 12 块上导瓦均匀分布在上机架中心体中，上导瓦为分块扇形摆动瓦结构，为巴氏合金瓦，采用斜楔支撑结构，配套垫板等。上导瓦与上导轴领单边间隙通过斜楔调整，在机组完成轴

线调整、中心调整以及油槽清扫检查后进行。

一、上导轴承改造施工

安装前进行上机架水平调整，合像水平仪在上机架中心体测量上机架水平，并用液压千斤顶调整上机架水平，水平度不大于 0.02mm/m。

按照图纸要求，在油槽底部安装 2 层绝缘板，上、下层接缝错开，且上层接缝不应在上导瓦下面，并调整其内圆与上导轴领外圆的单边间隙。待绝缘板调整完毕后，吊装上导瓦。初步调整上导瓦与上导轴领间隙，然后再用斜楔调整上导瓦与上端轴轴领单边间隙。楔子板配合面积不小于 80%，楔子板配合面无间隙。调整完成用螺栓与垫圈将斜楔锁紧，锁定时斜楔不能上下窜动，上导轴承结构图如图 4.4-68 所示。

图 4.4-68 上导轴承结构图

二、上导冷却系统改造施工

安装新上导油冷却器前需要进行打压试验，试验压力 0.5MPa 水压，检查各冷却器及接头无渗漏。新上导油冷却器较旧上导油冷却器冷却效率更高。回装油槽盖及密封盖前对上导油槽进行全面清扫，上导轴承充油至零位，检查上导油槽各部法兰均无渗漏情况。旧上导油冷却器、新上导油冷却器如图 4.4-69 和图 4.4-70 所示。

图 4.4-69 旧上导油冷却器

图 4.4-70 新上导油冷却器

上导瓦及其配件装配完成后，使用 1000V 兆欧表对其进行绝缘电阻检测，绝缘电阻不低于 5MΩ。绝缘检测合格后，对上导瓦进行 1000V、1min 交流耐压试验，试验合格。

第四节　上机架

上机架由支臂与中心体在现场组焊而成。轴向支臂通过垫板与定子机座上环板处垫板相连，径向通过 12 个径向支撑与混凝土相连。

一、上机架组装

上机架支臂按对称方式及编号依次挂装把合在中心体上，在支臂端部轴向用楔子支撑，如图 4.4-71 所示。以上机架中心体油槽盖板安装面为基准面测量并调整上机架中心体水平度不大于 0.05mm/m；调整上机架各支臂分布半径、相邻支臂之间的弦长；以中心体油槽盖板安装处为基准，调整支臂外圆上平面与上机架中心体油槽盖板面之间的高差。再组装上机架径向支撑，如图 4.4-72 所示。安装弹性支撑时按图纸要求的压缩量进行压缩，弹性支撑安装时预压，预紧螺栓螺纹涂抹润滑剂。

图 4.4-71　上机架支臂调整楔子板

图 4.4-72　上机架径向支撑

二、上机架焊接

上机架焊接采用多层多道退步焊，焊接方式为手工焊与气体保护焊。焊接时由 4 名焊工同时对称施焊。焊接按三角形支撑和支臂连接角钢焊接→中心体与支臂焊缝立焊→中心体与支臂焊缝上平焊、下仰焊的顺序进行，每焊完一遍后复核支臂外圆上平面与上机架中心体油槽盖板面之间的高差、支臂半径以及弦距、上机架中心体水平情况，并根据实际情况进行焊接顺序的调整。焊接完毕后检查上机架中心体水平度、各支臂分布半径、相邻支臂弦距是否满足要求。焊接结束后，打磨所有焊缝，进行外观检查和无损探伤，并对上机架进行清扫、补漆。

三、上机架吊装

（一）上机架预装

按图纸上机架装配要求，将垫板把紧在定子机座上，用 0.05mm 塞尺检查把合面无间隙，将上机架吊放到定子机座上环板上。根据上机架中心体油槽盖板安装面的水平、高程以及上机架中心体中心偏差要求，调整上机架垫板下表面。将各上机架支臂下端部垫板焊接到机架支臂上。上机架支臂下端部垫板焊接完成后，复测上机架的中心、水平、高程。上机架预装完成后，在上机架垫板和机坑适宜位置处做好标记。

（二）上机架正式安装

按上机架预装标记安装上机架。复查上机架中心体油槽盖板安装面的中心、水平、高程，并全面检查上机架垫板组合面间隙是否满足图纸要求。

按图纸安装调整支撑上的剪断销，安装完成后剪断销不受力，将垫板焊接在支臂上，如图 4. 4-73 所示。将径向支撑把合在支臂和基础板上，并将上机架基础地脚螺栓搭焊到机坑混凝土钢筋网上，如图 4. 4-74 所示。

图 4. 4-73　上机架支臂销钉安装

图 4. 4-74　上机架支臂径向支撑安装

上机架浇筑后需满足中心偏差不大于 0. 10mm、上机架水平不大于 0. 05mm/m、上机架高程偏差在±1mm 以内要求。

机组盘车完成后复查上机架水平、高程，数据合格，将垫板与定子机座同钻铰，钻铰完成后安装圆柱销、螺栓和垫圈。浇筑上机架基础混凝土时，架设百分表检测上机架中心、水平等。待混凝土凝固后，上机架中心、高程和水平需满足设计要求。

在隔振器上安装新上机架盖板，相对于旧盖板，盖板的尺寸更大，安装更加便捷，盖板和盖板之间增加了密封，提高了盖板隔音、降噪的效果，如图 4. 4-75 所示。

图 4. 4-75　上机架盖板

第五节　推力支架、推力轴承及冷却系统改造

根据设计方案，推力支架返厂修复，推力轴承进行整体更换改造，推力轴承结构更换为弹簧束支撑结构，推力瓦采用巴氏合金瓦。

一、推力支架及推力轴承改造

（一）推力支架修复

推力支架吊出后，将推力支架分解为4瓣，返厂修复。在厂内主要对推力支架进行以下修复工作。

（1）推力支架下法兰面加工。要求平面度不大于0.03mm，表面粗糙度 *Ra*1.6μm，下法兰面作为其他加工基准。

（2）以下法兰面为基准，加工推力轴承座安装法兰面，要求平面度不大于0.03mm，与下法兰面平行度不大于0.03mm，表面粗糙度 *Ra*3.2μm。

（3）将推力油槽安装法兰面修平。

（4）安装推力轴承座，中心调整合格后，配钻推力轴承座与推力支架定位销钉，加工推力轴承座上平面，要求平面度不大于0.03mm，与基准平行度不大于0.03mm，表面粗糙度 *Ra*1.6μm。

（5）配钻推力支架组合面定位销钉。

（二）推力支架及推力轴承安装

1. 推力支架组装

清扫推力支架各把合面，清点相关部件，根据预装标记组装推力支架。推力支架组装完成后，各部螺栓按照预紧力矩紧固并进行止动点焊。对推力油槽底部4条组合缝进行封焊，焊接完成后进行打磨处理，要求焊缝不能高于法兰面，处理完成后进行PT探伤合格，如图4.4-76所示。

图4.4-76　推力支架组合缝焊接

2. 推力轴承组装

（1）推力轴承安装前，搭设推力轴承安装防尘棚，保证推力轴承安装过程的清洁度。

（2）清点推力轴承安装配件，对所有部件进行清扫，检查高点并去除毛刺。

（3）测量小弹簧高度，检查所有小弹簧高度，要求高度符合要求，如图 4.4–77 所示。

图 4.4–77　小弹簧高度检查

（4）按制造厂内标记研配、检查推力瓦和托瓦，要求推力瓦和托瓦间接触面积应达 85% 以上。检查推力瓦与托瓦上的键之间的滑动灵活性，推力瓦在径向方向上应能来回滑动灵活，不得有卡阻现象，否则应对键进行修磨处理。

（5）按照推力轴承装配图纸要求依次安装间隔块、挡板、弹簧等部件，弹簧挡板安装时要控制挡板与弹簧的间隙，如图 4.4–78 所示。

图 4.4–78　弹簧挡板与弹簧间隙控制

（6）将推力轴承座整体吊装至推力支架上进行安装，安装好推力轴承座与推力支架定位销钉和螺栓。

（7）高压油减载系统安装完成后，进行出油试验。

3. 推力支架及推力轴承预装

（1）导水机构预装完成后进行推力支架预装工作，吊装推力支架。

图 4.4-79 调整垫片安装

（2）检查并调整推力支架与机组返点中心同心度偏差不大于 0.10mm。

（3）测量推力支架上推力轴承座安装法兰面水平，要求水平不大于 0.02mm/m，水平如果超标则通过在推力支架下法兰加垫进行调整。

（4）将推力轴承座和推力瓦整体吊装至推力支架上。

（5）利用激光跟踪仪测量推力瓦上表面高程，要求高程偏差不大于 0.10mm，对于高程超标的通过加垫方式进行调整，如图 4.4-79 所示。

（6）推力瓦高程调整合格后，将镜板吊入，测量镜板水平及高程。

4. 推力支架及推力轴承安装

在水轮机轴、发电机轴吊装完成后，进行推力支架与推力轴承装配整体吊装，推力轴承高程调整，镜板安装。

二、推力轴承冷却系统改造

推力轴承冷却系统整体更换，推力油冷却器更换，推力油冷却器冷却水管及环管现场配制。

（1）推力油冷却器耐压试验。对所有推力油冷却器进行耐压试验，试验压力 0.6MPa，保压 30min 无渗漏。

（2）按推力轴承油水管路安装推力轴承管路及其配件。安装过程中，应将管路部件内杂物清除干净。管路在安装时根据实际情况配制，所有焊接弯头、三通的焊缝均为 V 型焊缝。所有接头、法兰、钢管采用不锈钢材质，安装调整好位置后进行焊接，焊缝需做煤油渗漏试验。

（3）对安装好的推力油轴承管路进行 0.6MPa、30min 的油压试验，检查无渗漏。

（4）推力轴承油槽安装以及清扫检查完成后，对推力轴承油槽进行注油直至符合图纸要求，目测检查推力轴承油槽供排油管路不漏油。推力油槽注油后，应启动轴承油泵进行 3 次油循环，每次循环 8h，间隔 16h，以便排出轴承管路内气体。

第六节 制动系统及粉尘吸收装置改造

制动器长期运行后，出现无法自动复归、窜气窜油、闸板磨损量过大等缺陷，影响了机组正常运行，需要对机组制动系统进行改造。考虑到原制动器没有粉尘吸收装置，机组制动时与闸板摩擦产生的粉尘会对机组其他部位（如定子、转子及风洞内其他设备）产生污染，需要在风闸上安装粉尘吸收装置，进行粉尘回收。制动系统及粉尘吸收装置改造步骤如下：

（1）机组拆卸前，测量 24 个旧制动器在完全复位状态下与转子止动环之间间隙并记录，根据实测数据，旧制动器与转子制动环板之间间隙普遍偏小且不均匀，新制动器安装时需要根据数据对制动器底板进行加工。

（2）在机组拆卸阶段，利用碳弧气刨刨除旧制动器底板与制动器基础板之间焊缝，拆卸旧制动器底板，对焊缝处进行打磨找平，测量旧制动器底板厚度并记录。

（3）根据设计要求，新制动器闸板与制动环板之间间隙为 15mm±1.5mm，根据修前测量的间隙值、新旧制动器高度差、旧制动器底板厚度等数据计算新制动器底板厚度，底板厚度不满足要求的进行加工或者加垫。

（4）机组回装过程中，转子下挡风罩就位后开始安装新制动器。在安装过程中，利用激光跟踪仪测量，以新定子铁心中心为中心基准，保证制动器底板分布半径在标准范围内，按照图纸要求对底板与基础板进行焊接。

（5）吊装制动器到安装机座上，地脚螺栓安装合格。

（6）配焊制动器油气管路，包括制动进气环管、复位进气环管以及顶起进油环管。现场安装制动器管路时，注意其布置方位。所有管道安装前需要进行清洗，安装后应确保管路内部不得有任何杂质、油污等异物。

（7）制动器管路安装完成后，对制动器油管路进行 16.5MPa 油压试验，持续时间 30min；对气管路进行 1.2MPa 气压试验，持续时间 30min。

（8）安装粉尘吸收装置，2 个制动器共用 1 个粉尘吸收装置，利用金属软管将粉尘吸收装置与 2 个制动器连接，注意金属软管固定牢靠，粉尘吸收装置地脚与下风罩焊接牢固，如图 4.4-80 所示。

图 4.4-80　制动器粉尘吸收装置安装

第七节　集电环及碳粉吸收装置改造

一、集电环装置改造

（一）拆除原励磁电缆、刷架、集电环等设备

由于机组投运年限较长，通流部件及绝缘部件均存在一定程度的老化，根据设计要求，对原励磁电缆、刷架、集电环等设备进行拆除。

（二）新设备检查

（1）检查新集电环（见图 4.4－81）、刷架部件完好无损伤、无缺陷，清理集电环环面及各绝缘件，用毛毡及塑料薄膜包裹环面做好防护。

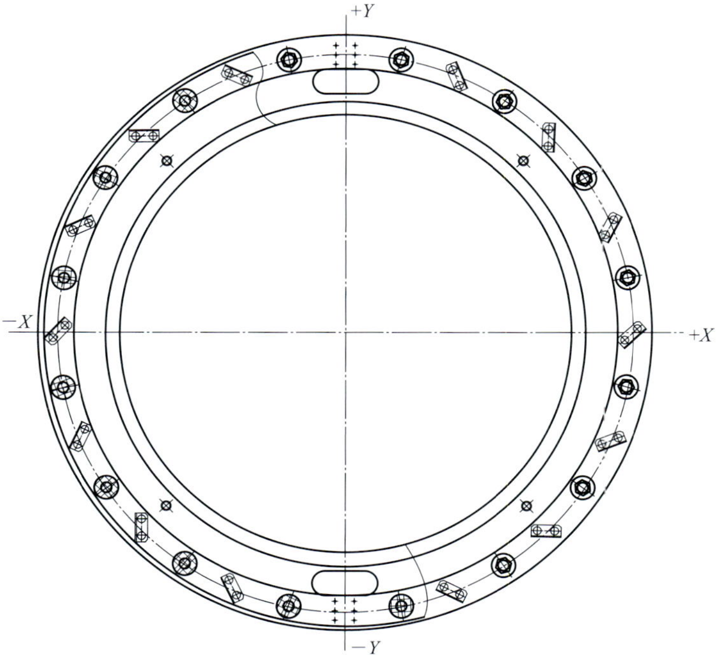

（a）结构图

（b）实物图

图 4.4-81 新集电环

（2）对集电环、刷架进行绝缘电阻及交流耐压试验。耐压前后绝缘电阻应无明显变化，绝缘电阻值应无突变，且符合厂家要求。耐压试验过程中应无击穿响声、断续放电声、冒烟、焦臭、闪弧、燃烧等异常现象。

（三）设备安装

（1）集电环与上端轴套装。如图 4.4–82 所示，上端轴、滑环结合面及其键与键槽清洗后，进行滑环的套装工作，集电环应完全落到上端轴止口上，集电环应卡紧无晃动，水平度应满足要求，如水平度过大，应对上端轴台阶平面进行处理。

图 4.4–82　集电环与上端轴套装后效果图

（2）集电环引线安装。按照工艺要求紧固螺栓，打紧锁片，用塞尺检查接触面应满足标准要求，安装完成后如图 4.4–83 所示。

图 4.4–83　集电环引线

（3）刷架安装。根据图纸确定刷架固定点位置，如图 4.4–84 所示，将刷架拉杆固定套筒点焊在指定位置，焊接前应确认上端轴中心已调整合格。安装刷架，以集电环的水平度为基准检查刷架水平，通过刷架拉杆调整刷架水平，调整完毕后将刷架拉杆固定套筒满焊。

图 4.4-84　刷架固定杆后效果图

（4）碳刷安装。检查刷架距离集电环环面间隙应均匀，测量位置如图 4.4-85 所示。安装碳刷，测量刷握距集电环环面距离应满足标准要求，碳刷在刷握内应移动灵活，无卡阻现象，各碳刷中心应分别对正集电环上、下环中心线；碳刷研磨处理，直至碳刷与集电环环面的接触面积不小于整个截面的 75%，如图 4.4-86 所示。

图 4.4-85　刷握与集电环间距示意图

图 4.4-86　碳刷研磨后效果图

（5）滑环装置电气试验。集电环、刷架安装到位后，对其进行绝缘电阻测试及交流耐压试验。耐压前后绝缘电阻应无明显变化，绝缘电阻大小应符合厂家要求。试验过程应无击穿响声、断续放电声、冒烟、焦臭、闪弧、燃烧等异常现象。

二、碳粉吸收装置改造

（一）碳粉吸收装置安装

将碳粉吸收装置（见图 4.4-87）转运至滑环室内，位置与刷架上的出风口（见图

4.4–88）对正，位置正确后将底部点焊固定。

图 4.4–87　碳粉吸收装置

图 4.4–88　刷架出风口

（二）软管安装

如图 4.4–89 所示，安装软管，软管两侧用管箍与设备固定，按照图纸在指定位置安装软管吊架，将软管固定。软管安装应保证管口走向朝下，避免影响碳粉吸收效率。

图 4.4–89　碳粉吸收装置软管

（三）风机转向检查

敷设碳粉吸收装置电源电缆，接线完成后通电依次检查装置风机转动方向是否正确，若方向错误应立刻断电并调整电源电缆相序。

第八节 发电机励磁变压器改造

一、励磁系统改造范围

发电机励磁系统的改造主要包括电气一次部分和电气二次部分的改造，本节主要介绍励磁系统电气一次部分的改造内容，主要包括：串联变压器拆除、并联变压器改造、励磁电缆更换等。

二、励磁系统改造

（一）串联变压器拆除

机组改造后，励磁方式由原来的串联自复励改为自并励，取消了串联励磁变压器。改造时拆除发电机在线监测装置、原中性点遮网，断开原串联变压器一、二次侧引线连接，拆除构架，将原串联变压器转运至指定位置。

（二）并联变压器改造

1. 原并联变压器及附属设备拆除

断开并联变压器一、二次侧引线连接，用液压叉车将旧并联变压器转运到指定位置放置。拆除旧基础结构和槽钢，清理场地。

2. 新励磁变压器基础制作

由于设备尺寸及结构变化，原设备基础已无法满足新设备安装要求，对新励磁变压器基础进行重新制作。

（1）依据分支母线 A、B、C 三相的中心，确定励磁变压器基础槽钢（励磁变压器基础槽钢的型号为 8 号，以下简称槽钢）的安装位置。

（2）依据分支母线的高程，确定槽钢的高程。

（3）按图纸要求，在基础槽钢的四周均布插筋，插筋没入地面的深度应满足标准要求，并填充植筋胶确保插筋与地面稳固连接，如图 4.4-90 所示。

（4）插筋安装完成后，调整基础槽钢，确保基础槽钢的水平度、中心误差、高程误差、平直度符合设计要求，将基础槽钢与插筋满焊，刷防腐漆，浇筑混凝土，形成励磁变压器基础，如图 4.4-91 所示。

（5）将励磁变压器基础通过 60mm×60mm 的接地扁铁与接地网形成 2 处可靠连接。

3. 新励磁变压器安装

（1）新励磁变压器到货检查。励磁变压器外观检查无异常，铁心漆膜无脱落，叠片平整，夹件牢固，绝缘子完好，无破损，交接试验合格。

（2）新励磁变压器就位。通过龙门架用导链将新励磁变压器运至基础槽钢上，根据母线中心及施工图纸，调整励磁变压器 A、B、C 三相本体位置，确保励磁变压器三相中心线符合图纸要求后，将励磁变压器本体底座与基础槽钢焊接固定牢固。

（3）励磁变压器铜排连接。按图 4. 4–92 完成铜排安装，铜排螺栓连接部位按力矩要求紧固，并用塞尺检查接触面。

图 4. 4–90 槽钢与插筋满焊后效果图

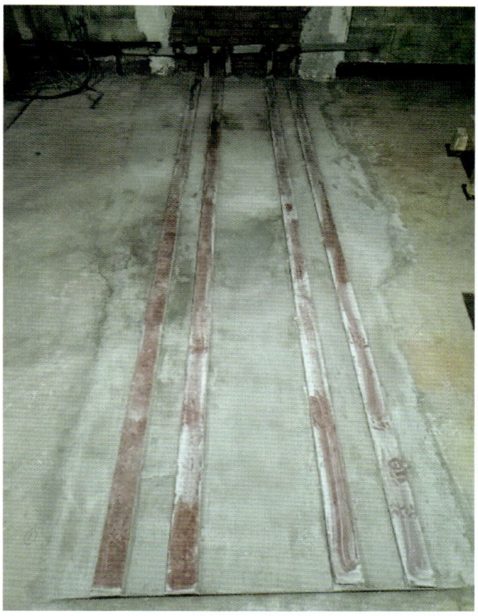

图 4. 4–91 混凝土浇筑后效果图

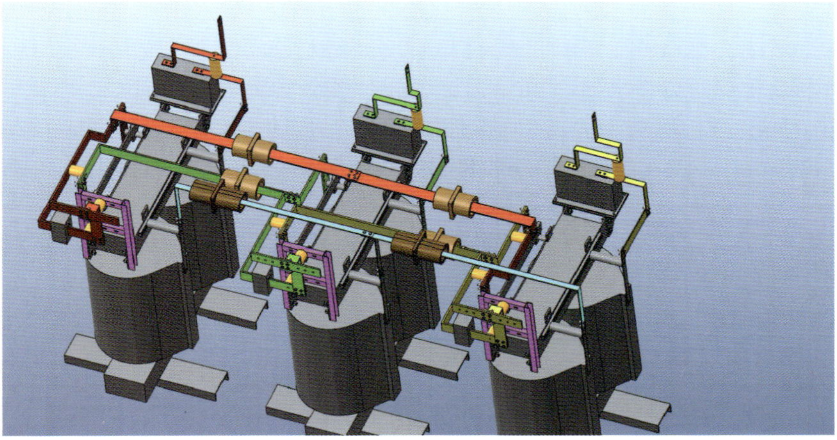

图 4. 4–92 励磁变压器安装示意图

（4）励磁变压器相关附件安装。按工艺要求完成励磁变压器外壳及其相关附件安装，如图 4. 4–93 所示；完成控制柜动力电源布线及二次线路配装。线路连接紧固，整齐美观。按工艺要求完成励磁变压器低压侧励磁电缆敷设、接头制作，励磁电缆试验满足标准要求。完成励磁变压器与分支母线、励磁电缆连接，按要求紧固螺栓，接触面用塞尺检查合格。

图 4.4-93　励磁变压器外壳安装后效果图

第九节　发电机中性点设备改造

一、旧中性点设备拆除

（1）准备工作。现场布置好施工电源及足够的照明、通风设备。在施工现场布置作业室，用于相关部件、材料及工器具的临时存放。准备好施工工器具、材料、备品配件、测量及试验仪表以及消防设备，准备好吊运设备、切割及焊接装备等。

（2）原中性点设备拆除。完成中性点设备断引，拆除原中性点设备围栏。拆除原中性点母线、母线支撑、电流互感器及其固定构架。拆除中性点平台本体。拆除消弧线圈等。拆除接地刀闸及钢支柱基础，必要时对焊接吊点进行切割拆除。

二、新中性点设备安装

（一）临时吊点安装

在中性点位置上方顶板安装 4 个临时吊点，如图 4.4-94 所示，用于新中性点平台及设备的吊装。临时吊点应根据中性点构架平台的尺寸安装，便于后期中性点设备及基础构架起吊后进行高程及中心的调整。

（二）中性点设备安装

（1）将中性点设备及基础构架由吊物孔吊入风洞层，利用导链及液压叉车将设备整体转运至机组中性点处，如图 4.4-95 所示。

（2）根据设计文件及图纸要求，在中性点风洞墙洞口标记好中性点设备安装的高程及中心，如图 4.4-96 所示。

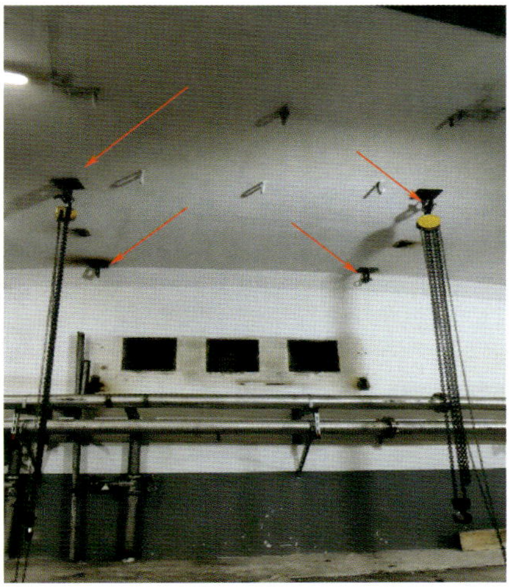

图 4.4-94　临时吊点安装

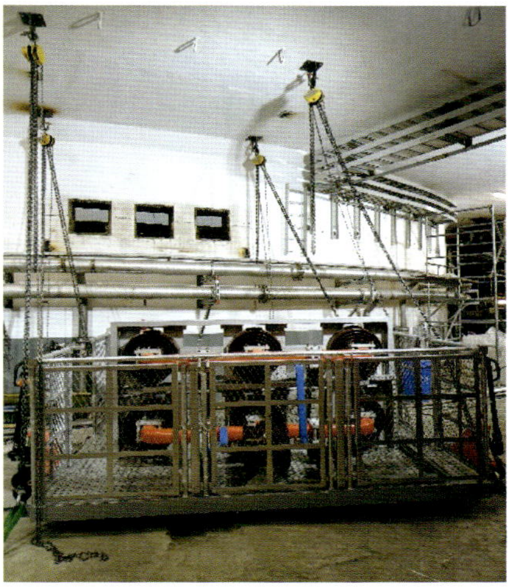

图 4.4-95　中性点设备及基础构架转运

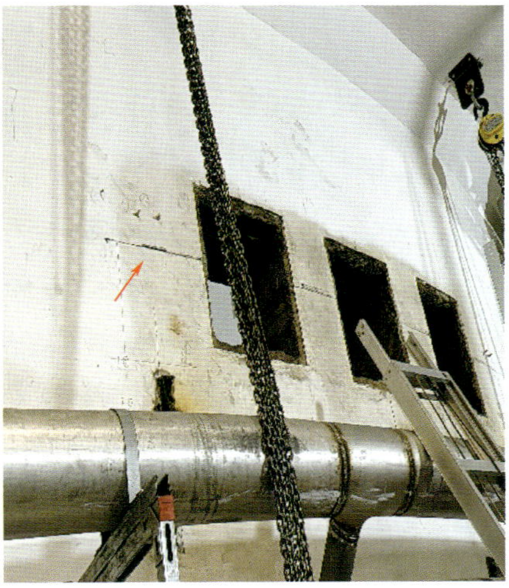

图 4.4-96　标记设备安装高程及中心点

（3）利用导链将中性点设备及构架吊装至风洞墙引线出口处，如图 4.4-97 所示；调

图 4.4-97　中性点设备及基础构架吊装

整中性点设备及基础构架高程及中心，使其与风洞墙洞口标记好的中性点设备安装高程及中心吻合。

（4）用膨胀螺栓将构架固定在顶板及风洞墙面上，构架应可靠接地，如图 4.4－98 所示。

图 4.4-98 中性点设备及基础构架接地效果图

（5）安装屏蔽板及环氧堵板，如图 4.4-99 所示。

图 4.4-99 屏蔽板及环氧堵板安装后效果图

三、中性点接地刀闸及消弧线圈柜改造

消弧线圈柜基础制作。在基础槽钢的四周均布插筋，插筋没入地面的深度应满足要求，并填充植筋胶确保插筋与地面稳固连接。插筋安装完成后，调整基础槽钢，确保基础槽钢的水平度、中心误差、高程误差、不直度、不平度符合设计要求，将基础槽钢与插筋满焊，进行防腐刷漆后，用混凝土浇筑，形成消弧线圈柜基础。基础通过接地扁铁与接地网就近形成 2 处可靠连接。

中性点消弧线圈柜就位、安装，如图 4.4-100 所示。制作并安装接地刀闸至中性点出口母线高压电缆。中性点接地刀闸及消弧线圈柜围栏安装，如图 4.4-101 所示。按照工艺要求完成中性点设备复引，使用塞尺检查各接触面。

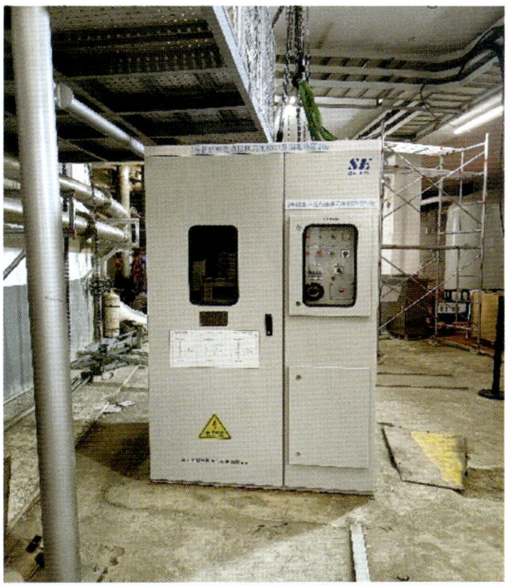

图 4.4-100　消弧线圈柜安装后效果图

图 4.4-101　中性点设备改造后效果图

第十节　母线及配套设备改造

葛洲坝电站 170MW 机组原发电机出口敞开式母线已运行 40 余年，设备老化严重，支持绝缘子表面受潮后绝缘电阻值普遍偏低，易发生闪络事故，带电母线敞开运行存在安全隐患，故将原发电机出口母线改造为离相封闭母线。封闭母线改造主要包含旧母线及配套设备拆除、主变压器低压侧母线室墙体改造、封闭母线及配套设备安装等内容。

一、母线室原 13.8kV 设备拆除

葛洲坝电站 170MW 机组改造后，取消了机组自用变压器，母线结构变化较大，原母线室 13.8kV 设备已无法满足设计要求，对原槽形母线、自用变压器、并联变压器等设备进行拆除。

二、主变压器低压侧母线室墙体改造

经校核，主变压器低压侧墙体无法满足封闭母线的承载要求，需对墙体进行改造加固，重新浇筑母线室下游侧墙体，同时加长屋顶雨檐以满足母线防雨要求，如图 4.4-102 所示。

三、封闭母线及配套设备安装

（1）测量放点。以发电机 B 相中心线为基准进行放点，确定各段封闭母线及附属设备的安装位置。根据图纸，安装发电机保护罩、母线临时吊点和母线吊架，如图 4.4-103 所示。

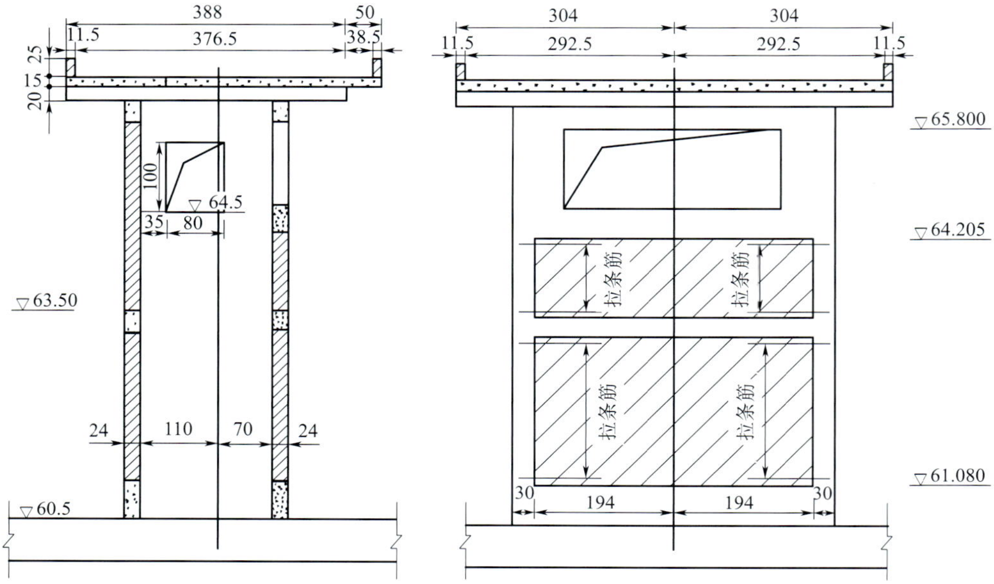

图 4.4-102 母线室墙体改造断面图（尺寸单位：mm；高程单位：m）

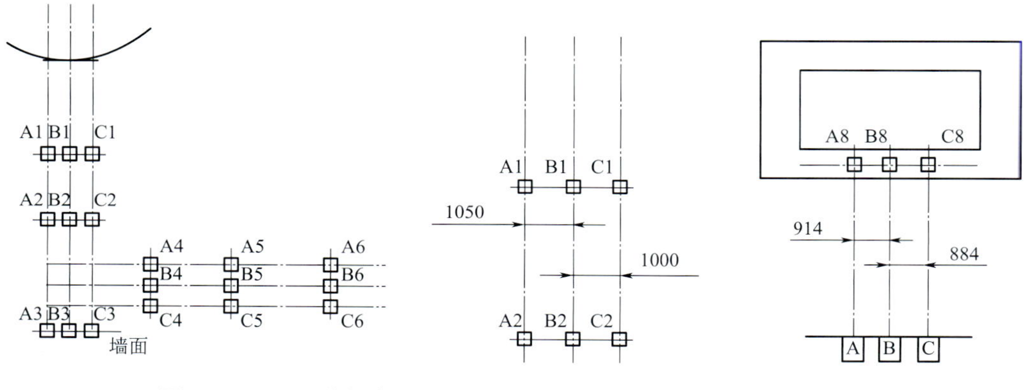

图 4.4-103 母线样点分布图（水平段、竖井段、主变压器低压侧）

（2）母线主体安装。对封闭母线进行整体清扫，检查支撑绝缘子外观有无损坏，表面是否清洁，对导体及外壳两侧进行打磨。核对母线编号，将各节封闭母线、电流互感器及保护罩吊装到指定位置，调整各段中心、水平、垂直度和相间距至满足设计要求，如图 4.4-104 所示。选择合适的导体抱瓦和外壳抱瓦进行焊接，焊接完成后对焊缝进行超声波探伤，探伤合格后对焊缝进行喷漆处理。安装封闭母线外部短路板、穿墙隔板，清扫封闭母线，进行整体耐压试验。

（3）电压互感器/避雷器柜安装。根据图纸要求，完成设备基础制作。安装电压互感器/避雷器柜，连接柜内铜排，检查柜内电流互感器、避雷器并做试验，检查柜内手车动、静触头接触应良好，手车动作无卡涩。电压互感器/避雷器柜二次线路布置、调试完成后，安装电压互感器柜与封闭母线间连接引线。安装完成后如图 4.4-105 所示。

图 4.4-104　封闭母线安装效果图

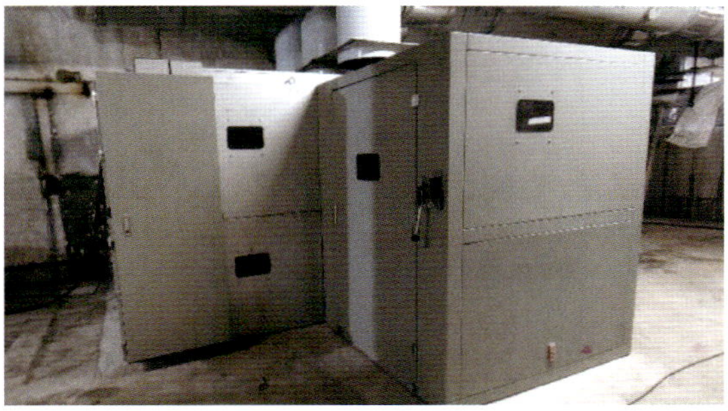

图 4.4-105　电压互感器/避雷器柜安装效果图

（4）防结露装置安装。根据图纸要求，完成设备基础制作。安装防结露装置，连接各气体管路。防结露装置安装完成后，进行封闭母线整体气密性试验。安装完成后如图 4.4-106 所示。

图 4.4-106　防结露装置安装效果图

第十一节 发电机电气试验

通过对发电机定子、转子进行电气试验，检查设备可能隐藏的绝缘缺陷，确认设备改造后的绝缘性能满足运行要求，确保机组改造后能够安全、稳定、可靠、经济运行，使机组达到最优运行工况。

一、定子铁心磁化试验

（一）试验目的

定子铁心叠装后，为检查定子铁心在硅钢片制造、现场叠装、压紧等过程中是否存在缺陷或受损，可通过磁化试验实测定子铁心单位质量的损耗，检查定子铁心内部是否存在绝缘损坏、匝间短路等质量问题，确认定子硅钢片制造和铁心叠装的整体质量。

（二）试验原理及方法

在堆叠后的定子铁心上缠绕若干数量的励磁绕组，向励磁绕组中通入一定电压等级的工频电流，交变电流使铁心内部产生交变磁通，铁心在交变磁通中产生涡流损耗和磁滞损耗，从而使铁心发热，温度升高，铁心中片间绝缘受损或劣化的部分会产生较大的局部涡流，使温度急剧上升。

试验中定时监控定子铁心、上下齿压板及定子机座的温度，计算出温升和温差，用红外线热像仪扫描查找定子铁心是否存在局部过热点。通过铁心上缠绕的测量绕组，测得励磁电流、电压和铁心总的有功功率损耗，计算出铁心磁通密度、单位质量铁心损耗与温升，判断定子铁心硅钢片制造及安装整体质量。

定子铁损试验接线如图 4.4-107 所示。为了减少漏磁对试验结果的影响，同时降低磁通密度不平均对试验结果的影响，励磁线圈与测量线圈均应均匀布置。

1. 试验前的有关计算

1）定子铁心轭部截面积计算

$$h_{ys}=\frac{D_1-D_2}{2}-h_s$$

式中：D_1——定子铁心的外径，mm；

D_2——定子铁心的内径，mm；

h_{ys}——定子铁心轭高，mm；

h_s——定子铁心齿高，mm。

$$l_u=k_{Fe}(l-nb)$$

式中：l_u——定子铁心净长，mm；

l——定子铁心高度，mm；

n——定子铁心通风槽数，个；

b——定子铁心通风槽单个高度，mm；

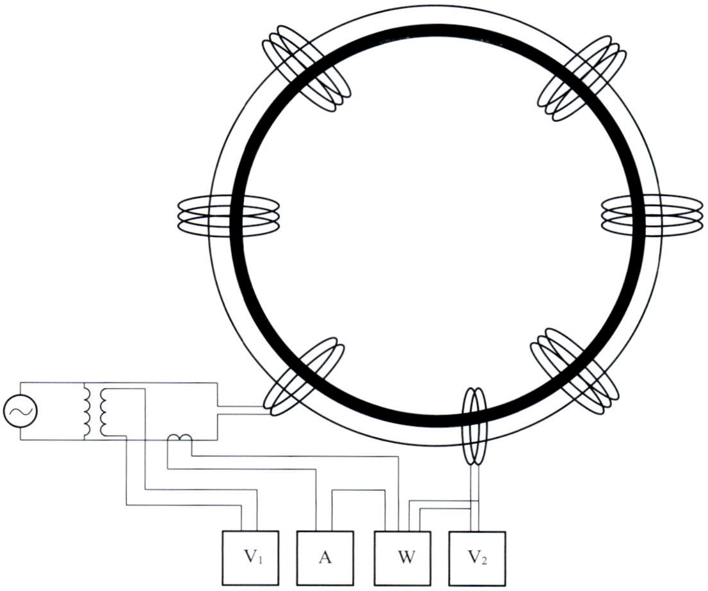

图 4.4-107　铁心磁化试验接线图

k_{Fe}——定子铁心叠压系数，计算取 $k_{Fe}=0.96$。

$$Q=h_{ys}l_u$$

式中：Q——定子铁心轭部截面面积，m^2；

h_{ys}——定子铁心轭高，mm；

l_u——定子铁心净长，mm。

2）励磁线圈匝数计算

$$W_1=U_1/(4.44fQB)$$

式中：W_1——励磁线圈匝数，匝；

U_1——励磁线圈电压，V；

f——频率，Hz；

Q——定子铁心轭部截面面积，m^2；

B——试验时定子铁心轭部磁通密度，T。

因为现场励磁电压较低，线路压降所占比例较高，为保证 1T 的磁通密度，现场试验中比理论计算减少 1~2 匝。

3）励磁电流计算

根据现场试验经验，DL/T 5420—2009 推荐取 $H=150\sim170\text{A/m}$。

$$I=\frac{\pi(D_1-h_{ys})H}{W_1}$$

式中：I——励磁线圈电流，A；

D_1——定子铁心外径，mm；

h_{ys}——定子铁心轭高，mm；

H——定子铁心轭部磁场强度，A/m；

W_1——励磁线圈匝数，匝。

4）测量线圈感应电压计算

$$U_2 = 4.44fQBW_2$$

式中：U_2——测量线圈电压，V；

f——频率，Hz；

Q——定子铁心轭部截面面积，m^2；

B——试验时定子铁心轭部磁通密度，T。

5）定子铁心轭部质量计算

$$m = \rho Q\pi(D_1 - h_{ys})$$

式中：m——定子铁心轭部质量，kg；

ρ——硅钢片密度，kg/m^3；

Q——定子铁心轭部截面面积，m^2；

D_1——定子铁心的外径，mm；

h_{ys}——定子铁心轭高，mm。

2. 试验结果计算

实测磁通密度计算：
$$B_1 = \frac{U_2}{4.44f_1QW_2}$$

式中：U_2——测量线圈电压，V；

B_1——实际铁心轭部磁通密度，T；

f_1——实测电源频率，Hz；

Q——定子铁心轭部截面面积，m^2；

W_2——测量线圈匝数，匝。

铁心最大温升 Δt_{max}（换算至1T）：

$$\Delta t_{max} = (t_3 - t_0)(1/B_1)^2$$

式中：Δt_{max}——铁心的最大温升，K；

t_3——最高铁心温度，℃；

t_0——铁心初温，℃；

B_1——试验实测铁心磁通密度，T。

铁心相同部位定子齿（槽）温差 Δt_1（换算至1T）：

$$\Delta t_1 = (t_1 - t_2)(1/B_1)^2$$

式中：Δt_1——定子铁心相同部位最大温升与最小温升之差；

t_1——最高齿（槽）温度，℃；

t_2——最低齿（槽）温度，℃；

B_1——试验实测铁心磁通密度，T。

定子铁心轭部铁损 P_{Fe}：

$$P_{\mathrm{Fe}}=\frac{nP(1/B_1)^2(50/f_1)^{1.3}(W_1/W_2)}{m}$$

式中：P_{Fe}——试验计算的定子铁心比损耗，W/kg；

P——功率表读数，实际总铁损，W；

m——铁轭总重量，kg；

B_1——试验实测铁心磁通密度，T；

f_1——试验实测频率，Hz；

W_1——励磁线圈匝数，匝；

W_2——测量线圈匝数，匝。

（三）试验结果与分析

试验时选用 6300V 厂用电作为励磁电源，根据实际参量计算出励磁线圈匝数，考虑压降的影响及保证磁通密度，现场试验中取 88 匝。进行铁心磁化试验，试验数据表明葛洲坝电站铁心最大温升 $\Delta t_{\max}$ 不超过 25℃，铁心相同部位（定子齿或槽）温差 Δt_1 不超过 15℃，单位铁损 P_{Fe} 在 1T 下不大于 1.3 倍参考值，判定铁心磁化试验合格，铁心产品质量与安装质量合格。

二、定子绕组试验

根据 GB/T 8564—2003《水轮发电机组安装技术规范》的规定，新装配完成的水轮发电机应该进行现场交接试验，以确定其是否符合国家标准和技术文件的相关要求。

葛洲坝电站 170MW 机组更新改造后，每台发电机均在现场进行了交接试验。主要进行的试验项目和标准见表 4.4-2。

表 4.4-2　定子相关电气试验项目一览表

序号	项　目	标　　准	说　　明
1	定子线棒试验	（1）单根线棒绝缘电阻一般不应低于 5000MΩ，耐压前后绝缘电阻无明显变化。 （2）单根线棒起晕试验时，起晕电压不应低于 $1.5U_N$（U_N 为发电机额定线电压），小于此值时应重新进行防晕处理。 （3）定子线棒耐压值为 $2.75U_N$ + 2.5kV，耐压时间 1min	（1）到货后，对线棒进行抽检，抽检比例为 5%。 （2）通过暗室观测法与紫外成像仪观测线棒是否起晕。 （3）通过红外成像仪观测线棒耐压时温度变化情况
2	测量定子绕组的绝缘电阻和吸收比或极化指数	（1）吸收比不小于 1.6 或极化指数不小于 2.0。 （2）各相绝缘电阻不平衡系数不应大于 2	（1）每次耐压试验前均需进行该试验。 （2）用 2500V 及以上兆欧表
3	测量定子绕组的直流电阻	各相、各分支的直流电阻，校正由于引线长度不同而引起的误差后，相互间差别不应大于最小值的 2%	（1）线棒焊接完毕，测量各分支汇流排安装前直流电阻。 （2）在冷态下测量，绕组表面温度与周围空气温度之差不应大于 3K

续表

序号	项 目	标 准	说 明
4	定子绕组的直流耐压试验和泄漏电流测量	(1) 试验电压为3.0倍额定线电压。 (2) 泄漏电流不随时间延长而增大。 (3) 在规定的试验电压下，各相泄漏电流的差值不应大于最小值的50%	(1) 定子整体安装完毕后进行该次试验。 (2) 试验电压按每级0.5倍额定电压分阶段升高，每阶段停留1min，读取泄漏电流值
5	定子绕组的交流耐压试验	(1) 定子下层线棒嵌装后耐压值：$2.5U_N+2.0kV$。 (2) 定子上层线棒嵌装后耐压值：$2.5U_N+1.0kV$。 (3) 定子绕组全部安装完毕后交流耐压值：$2.0U_N+3.0kV$。 (4) 机组安装完毕，投运前交流耐压值：$0.8(2.0U_N+3.0kV)$。 (5) 升压至耐压值后，试验时间1min。 (6) 整机起晕电压应不小于1.0倍额定线电压	(1) 试验前应将定子绕组内所有的测温电阻短接接地。 (2) 交流耐压试验应在绝缘电阻测量合格，直流耐压通过后进行。 (3) 耐压试验时，在额定线电压下，端部应无明显的金黄色亮点和连续晕带
6	测量定子槽部线圈防晕层对地电位	不大于10V	(1) 上层线棒安装完成后与下层线棒安装后打槽楔前均应进行该试验。 (2) 试验时对定子绕组施加额定交流相电压，用高内阻电压表测量绕组表面对地电压值

定子绕组试验中，交流耐压试验是发电机绝缘试验重要项目之一，它具有试验电压和工作电压的波形、频率一致的特性，定子绕组绝缘内部承受的电压分布及击穿性能与发电机的工作状态比较等同，是一种针对发电机主绝缘检查的可靠方法。

在定子下层线棒嵌装完成后，需要进行下层线棒的交流耐压试验，在升压过程中，可以在 $1.1U_N$ 电压等级下进行起晕试验，再升到 $2.5U_N+2.0kV$ 电压等级开始耐压试验，发电机定子下层线棒交流耐压试验接线如图4.4-108所示。

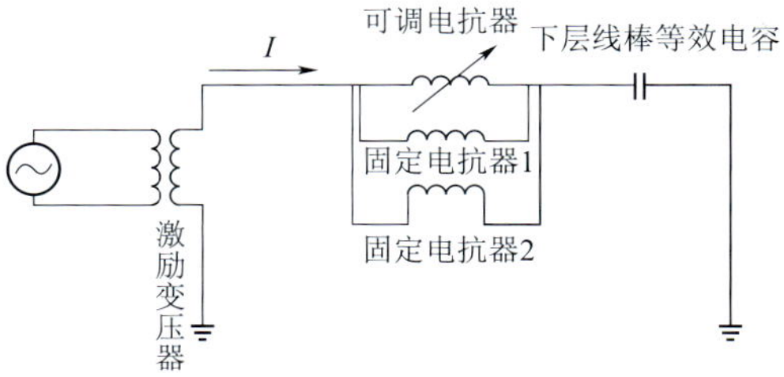

图4.4-108 发电机定子下层线棒交流耐压试验接线图

在定子上层线棒安装完成后，需进行定子上层线棒交流耐压试验，此时电接头还没有焊接，定子上、下层线棒紧密挨接在一起，在对上层线棒耐压时势必会带着下层线棒，此时定子绕组没有分相引出，上、下层线棒的整体对地电容是单相对地电容的数倍，需要大容量的耐压试验设备，通常需要定制，且大容量试验设备占地面积广、体积重量大，转运和储存都比较难，专门定制性价比过低。

针对这一情况，通常采用定子绕组分段或分相隔离的方法进行定子上层线棒交流耐压试验，此次在葛洲坝电站170MW机组更新改造中，利用串联谐振和并联补偿原理，突破试验设备容量对试验的限制作用，创新性采用固定电抗器（感性负荷）并联补偿定子绕组整体电容（容性负荷），再用耐压试验设备自带的可调电抗器和固定电抗器与之串联，利用串联谐振试验的方式进行交流耐压试验，接线如图4.4-109所示。

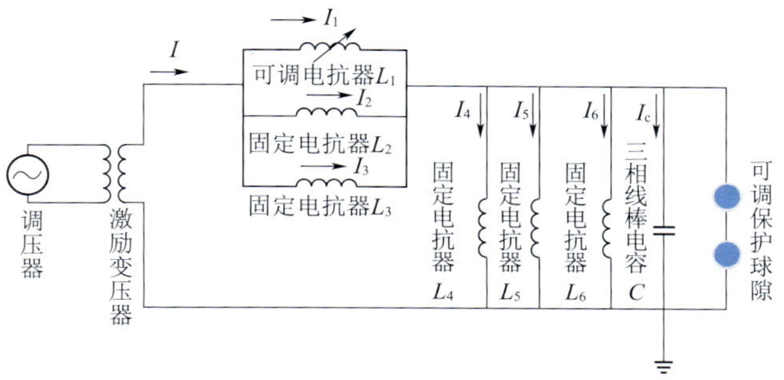

图4.4-109　发电机定子上、下层线棒交流耐压试验接线图

此方法在不新增试验仪器容量的前提下，降低试验回路对试验仪器串联谐振容量的需求。利用串联谐振、并联补偿原理形成并联等效电路的试验方法已成功应用于葛洲坝电站170MW机组更新改造现场，有效解决了试验仪器容量不足的问题，试验方法安全可靠。

三、转子试验

发电机转子包括磁极、磁极间连线及安装在转子上的励磁绕组引线。磁极在生产、运输、拼装过程中不可避免地存在安全风险，应进行一系列电气试验以检查转子励磁绕组的制造及安装质量是否符合要求。

发电机转子相关电气试验项目见表4.4-3。

表4.4-3　转子绕组电气试验项目

序号	项　目	标　准	说　明
1	测量转子绕组的绝缘电阻	单个磁极挂装前后的绝缘电阻不小于5MΩ；整个转子绕组的绝缘电阻一般不小于0.5MΩ	采用2500V兆欧表
2	测量单个磁极的直流电阻	相互比较，其差值一般不超过2%	磁极线圈套装前后均应进行该试验
3	测量转子绕组的接头电阻和整体直流电阻	同次测量的各接头电阻值相差一般不超过20%。绕组的直流电阻与初次所测结果比较，其差值一般不超过2%	应在冷态下进行，绕组表面温度与周围环境温度之差应不大于3K
4	测量转子绕组的交流阻抗和功率损耗	与历次测量结果比较阻抗值下降不大于10%，各磁极间阻抗值之差一般不大于10%；总功率损耗历次比较上升不大于10%	挂装前和挂装后，应分别进行测量

续表

序号	项　目	标　　准	说　　明
5	转子绕组交流耐压试验	单个磁极挂装前交流耐压值：$10U_f$+1500V； 单个磁极挂装后交流耐压值：$10U_f$+1000V； 整个转子绕组交流耐压值：$10U_f$	现场组装的转子在全部组装完吊入机坑前进行整个绕组的交流耐压试验
6	集电环、引线、刷架交流耐压试验	交流耐压值为 $10U_f$ + 1000V，且不得低于 3000V； 耐压前后绝缘电阻不小于 5MΩ	

注：U_f 为发电机转子额定励磁电压。

第十二节　发电机其他部件改造

一、发电机轴及上端轴

根据设计方案，上端轴及上导滑转子进行整体更换。

上端轴与转子上法兰面采用止口定位，其配合间隙为 0~0.40mm，考虑到转子支架为未改造部件，因此在机坑外对上端轴与转子进行预装，在转子中心体 4 个方向焊 4 个监测圆钢，测量上端轴相对于监测圆钢中心位置，作为回装参考。经测量，配合间隙只有 0.10mm 左右，考虑到后续轴线调整时上端轴调整余量不足的问题，对上端轴止口进行打磨处理。

机组正式回装时，吊装上端轴后，按照预装中心粗调上端轴中心，安装联轴螺栓，安装完成后进行轴线调整。轴线调整合格后配钻定位销，销孔位置须与原销孔位置错开。

发电机轴不进行更换，更换发电机轴与转子下法兰联轴螺栓。

二、定转子上、下挡风板

1. 上挡风板安装

上挡风板整体更换，上挡风板由平面挡风板与挡风圈组成，平面挡风板安装在上机架支臂上，通过螺栓固定。挡风圈由转动挡风圈和固定挡风圈组成，转动挡风圈安装在转子上，固定挡风圈安装在上机架上。

为保证转动挡风圈与固定挡风圈之间间隙，先安装转动挡风圈，转动挡风圈安装完成后根据转动挡风圈直径安装固定挡风圈。转动挡风圈安装在转子上方，一半安装在转子上翼板上，另一半安装在转子上挡风板上。由于转子上挡风板厚度较薄，在焊接时容易产生变形，安装时需考虑转动挡风圈与固定挡风圈的配合间隙满足要求。

转子挡风圈安装完成后，根据转子挡风圈直径确定上机架挡风板安装位置。上机架挡风板安装位置调整合格后配钻挡风板与上机架支臂固定螺栓孔，用螺栓对挡风板进行固定。上机架挡风板与定子机座固定角钢把合在上机架挡风板上，与上机架吊入机坑安装，待上机架调整合格后焊接上机架角钢。

2. 下挡风板安装

下挡风板整体更换，在机组拆卸阶段，将下挡风板角钢与定子机座下环板之间焊缝刨除并打磨平整。下挡风板安装分为预装和正式安装两个阶段，下挡风板预装在推力支架正式安装、检修平台安装完成后进行，制动器安装完成后，按下挡风板装配布置与厂内预装标记预装下挡风板及其配件，以原挡风板上的孔为样板，在连接板上配钻孔。

第五章　调速系统改造

调速系统改造主要包括调速器改造、油压装置改造和接力器改造，本章介绍调速系统主要部件改造阶段主要工序、标准及要求、调速系统无水试验情况，并简述调速系统改造的过程。

第一节　调速器

调速器改造需对旧机械柜、锁锭装置、过速系统、分段关闭装置等进行改造换型，将纯机械反馈改造为电气反馈，取消油阀、差动阀等部件。

一、调速器拆卸

（一）调速柜拆除

旧调速器机械柜（见图 4.5-1）组件包含步进电机、驱动器、电位移转换机构、手动操作机构、引导阀、主配阀芯及衬套、安装板、紧急停机电磁阀、连杆及杠杆、上端盖、机械反馈机构、位移传感器、压力变送器、控制及信号电缆、测量表计、柜体等。

对旧调速器机械柜及内部设备进行拆卸，先完成调速器机械柜电气设备解线，将电缆拆除并退出，对底板进行切割处理。机械反馈机构（见图 4.5-2）设置在风洞层，利用手拉葫芦将重锤吊起固定后，分别拆除导叶、轮叶反馈机构以及手动操作机构和指示机构，最后将主配阀芯抽出、衬套及壳体拆除。机械柜拆除过程中可以同步对电气柜进行拆除，需拆卸电气柜柜体及柜内模块，退出电气柜内相关电缆。

图 4.5-1　旧调速器机械柜

图 4.5-2　机械反馈机构

（二）锁锭装置、过速系统拆除

锁锭装置由锁锭块、锁锭接力器、锁锭控制电磁阀及控制管路构成，锁锭块、锁锭接力器安装于水轮机控制环内侧，锁锭控制电磁阀安装于风洞外围。

过速系统由一级过速、二级过速、纯机械过速保护装置组成，设备包含事故配压阀、两级油阀、两级过速电磁阀、差动阀、纯机械过速电磁切换阀、飞摆和过速触发机构。纯机械过速飞摆和过速触发机构安装于水车室水轮机轴处，其余设备均安装于风洞外围。

锁锭和过速系统控制管路较多，管径小，易于拆除，在管路排油后可根据现场情况灵活拆卸；锁锭接力器、锁锭块与调速系统其他管路设备拆卸互不干扰，可在管路拆卸完成后依次拆除。在水车室将纯机械过速控制油管与过速触发机构分解，拆卸过速触发机构及支座，取下水轮机轴上的飞摆及钢带。

（三）分段关闭装置拆除

旧分段关闭装置由凸轮机构、分段关闭行程阀、分段关闭液压阀组成，均安装于风洞外围。其中凸轮（见图 4.5–3）安装于调速器机械反馈装置重锤下方，拆卸完成后，将安装凸轮的水泥支墩进行拆除。分段关闭液压阀安装在导叶开腔管路上，可以与管道和通用阀门一起拆除。

图 4.5–3　凸轮

（四）管道及通用阀门拆除

风洞外围设有主供油阀、事故供油阀、回油阀等通用阀门和管道。改造前的主管路、控制管路如图 4.5–4 和图 4.5–5 所示。风洞外围设备及管路拆卸时遵循从上到下拆卸原则，拆卸前电磁阀应先进行解线及电缆拆除，拆卸过程及时将管路残油进行回收。拆除风洞外围调速器主配至压力油罐供油管、主配至集油槽回油管，拆除风洞外围调速器主配至分段关闭阀导叶开关腔操作油管、轮叶受油器至主配开关腔操作油管及回油管，拆除各油阀、差动阀、事故配压阀、分段关闭阀、过速电磁阀、锁锭电磁阀、切换阀及其他管路阀门，最后将凸轮机构、反馈机构及反馈钢丝绳拆除，并清理安装支座、支架、滑轮等附件。

图 4.5–4　改造前的主管路

图 4.5–5　改造前的控制管路

二、调速器改造

（一）调速柜改造

调速柜由机械柜和电气柜组成。机械柜安装时，先将柜内插装阀、先导阀、电磁阀及相关控制油管安装完成，之后进行柜体吊装，再进行柜内电缆敷设及柜内表计、数控阀、按钮等电气设备配线，设备安装完成后对柜体进行清扫封堵及整理，改造后的机械柜如图 4.5-6 所示。电气柜安装主要包含柜体及柜模件、按钮、指示灯等配套设备安装，相关电缆敷设，以及设备端子箱安装及配线。

图 4.5-6　改造后的机械柜

（二）锁锭装置、过速系统改造

改造后的锁锭装置与改造前形式一致，要在接力器安装完成后，根据导叶全开到全关接力器动作行程，完成锁锭块、锁锭接力器安装（见图 4.5-7），锁锭控制电磁阀根据设计图纸布置在风洞外围，安装过程中注意锁锭开、关腔油管装接。

改造后的过速系统取消了油阀并对电磁阀进行换新换型，二级过速停机由事故先导级电磁阀实现，一级过速停机由紧急停机电磁阀实现，纯机械过速电磁阀安装在二级过速电磁阀控制油管上。纯机械过速飞摆和过速触发机构由厂家换新，安装时注意飞摆和钢带在大轴上保持水平，且飞摆凸点与过速触发机构上触点处于同一水平高度，纯机械过速安装间隙 3mm，将管路安装完成后对间隙进行复测。改造后的飞摆及过速触发机构如图 4.5-8 所示。

图 4.5-7　锁锭接力器安装

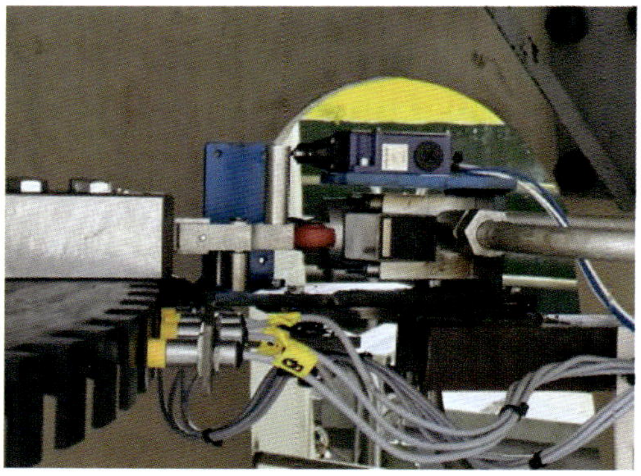

图 4.5-8　改造后的飞摆及过速触发机构

（三）分段关闭装置改造

改造后分段关闭液压阀安装位置不变，仍在风洞外导叶开腔油管上。凸轮装置更换为分段关闭电磁阀（见图 4.5-9）和行程反馈装置，均布置在水车室。分段关闭电磁阀安装支架由厂家供货后在现场配焊，行程反馈装置安装在导叶接力器上。分段关闭装置安装后不得阻碍接力器全行程动作。

图 4.5-9　分段关闭电磁阀

（四）管道及阀门改造

按照设计图纸完成风洞外围分段关闭阀、事故配压阀以及先导级电磁阀、锁锭电磁阀等阀门放置，进行管路配制和通用阀门安装。

调速系统管路均为不锈钢无缝钢管，管道、法兰使用前进行外观检查，表面应无缺陷。钢管与法兰焊接时，应采取内外双面焊接，内焊缝不得高于法兰工作面，所有法兰与管子焊接后应垂直。所有管路焊接完毕后，应对管路系统进行整体打压试验，试验压力为额定压力的 1.5 倍（6MPa），保压 30min 无渗漏。装管卡、管架，并架设阀门操作平台，按照相关要求完成阀门、管道标识牌制作安装。

第二节　油压装置改造

油压装置改造对旧压力油、气罐进行割除，更换两个 15m^3 压力油罐、3 个 10m^3 压力气罐，重新配置管路，同时对补气系统进行改造。对旧压力油泵、电机、组合阀进行更换改造。

一、油压装置拆卸

（一）压力油气罐割除

为了进行压力油气罐拆卸安装转运，须拆除 2 个旧罐体基础和外围两处墙体。右侧主油罐安装间墙体拆除尺寸为长×高＝6.5m×2.5m，墙厚 35cm（含装饰层）；左侧新油罐安装间墙体拆除尺寸为长×高＝7m×2.5m，墙厚 35cm（含装饰层）。墙体拆除示意图如图 4.5-10 所示。

压力油气罐待调速系统撤压排油后方可进行切割，提前开启罐体人孔门进行充足通

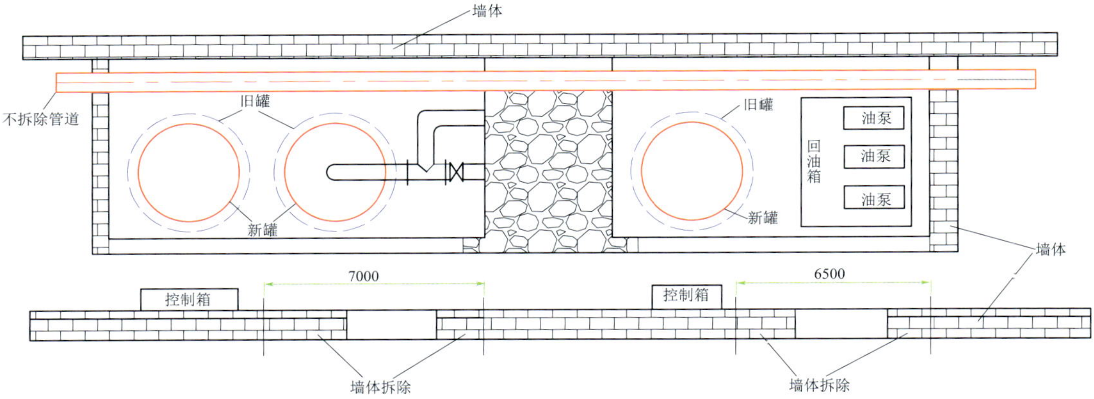

图 4.5-10 墙体拆除示意图（单位：mm）

风，对可燃气体和氧气浓度进行测量，待人员能够进入后将罐内残油清理干净。拆卸前对罐体顶部预埋吊点进行承重试验，对起吊机具进行载荷试验。

罐体切割时压力油气罐应通过上方吊点挂设葫芦进行固定，对罐体进行割除外运。

（二）油压装置及其附件

对油压装置进行拆卸前做好标识，将部件分解后放在指定位置。

二、油压装置改造

（一）压力容器改造

改造后的压力油气罐布置在发电机层原油、气罐部位，安装两个 15m^3 压力油罐，油罐底部连通后向系统供油，两油罐顶部为油气连通管，从两罐体之间下伸入风洞层与气罐连通，3 个 10m^3 的新压力气罐放置于风洞层，安装后的压力气罐如图 4.5-11 所示。

压力油罐安装前需先将连通所需管道、法兰、四通等管件置于罐体下方，后安装过渡环板，环板与基础焊接固定。利用工装将油罐从墙体孔洞转移至安装位，利用旧罐体顶部为吊点将罐体直立，罐体放置完成后，将垂直度调整合格，对支腿进行焊接。

压力气罐安装前需对安装位地面进行开挖，预埋钢筋和底板，再用混凝土回填，用于气罐底部固定。气罐由吊物孔放置于风洞层，利用转运工装转运至安装位，进行垂直度调整，验收合格后对支腿进行焊接固定。压力油气罐管路均重新配置，安装要求与调速器管路一致。压力油气罐安装完成后，封人孔门，并做螺栓紧固画线标记，如图 4.5-12 所示。

（二）油压装置及管路改造

改造后的新油压装置油泵、组合阀底座在厂内安装完整体发货，现场需对油泵进口管路和排油管路进行配焊。油压装置安装如图 4.5-13 所示。在管路配置安装完成后对油泵电机同轴度进行检查调整，要求同轴度不超过 0.08mm。

图 4.5–11　压力气罐安装

图 4.5–12　人孔门螺栓紧固后画线

图 4.5–13　油压装置安装

自动补气管路改造：将补气柜内补气阀更换为自保持电动球阀，重新配置自动补气管路，系统具有自动补气、手动补气、排气及单向阀功能。

机坑漏油泵出口管路改造：加设电机出口手动球阀，将所有管路改造为不锈钢无缝钢管。

第三节　接力器改造

现场需对分油器及底座进行改造，为配合安装，须对接力器端盖进行对应改造。

一、接力器及分油器拆卸

分解导叶接力器开关腔油管，移走分油器并拔出接力器两端销子，完成接力器拆卸。将接力器进行返厂改造，重新加工后端盖，与新分油器及底座适配。接力器开关腔环管为碳钢材质，需进行拆卸吊出，改造为不锈钢管。

二、接力器及分油器改造

（一）接力器油管穿墙埋管扩孔

改造前原导叶接力器进出油管在同一高程并列布置，改造后导叶接力器进出油管型式改为双环管上下并排布置，由于原穿墙孔位置不满足要求，需对水车室机坑里衬埋管进行扩孔。

扩孔前首先对水车室机坑里衬扩孔位置钢板进行割除，在机坑里衬穿墙开腔埋管位置画一个 500mm×500mm 的切割范围，下方起止线以原始穿墙管法兰中心为起点，使用等离子切割机或火焰割枪切除里衬钢板，要求断面切口平滑，便于后续里衬板焊接。钢板割除后利用风镐对混凝土进行凿除，保留前期预埋钢筋，便于后续里衬钢板焊接加固。混凝土凿除时及时清理残渣，要求无明显台阶或凸台，平面及尺寸符合要求。最后对钢板与墙面空鼓进行灌浆处理，各类检查孔、排气孔应按“全孔灌浆封孔法”进行封堵，改造后管路安装情况如图 4.5-14 所示。

（二）接力器及分油器安装

调速器改造过程中，对分油器及底座进行改造更换，将原 2 个分油器共用 1 个底座改为 4 个分油器各自配置 1 个底座，并对接力器端盖进行相应改造。分油器底座经主机厂内试装后在支持盖上刻有钢印，现场根据钢印记号完成分油器底座安装，地脚螺栓用电扭矩扳手按设计力矩紧固，之后安装分油器和接力器。其中接力器销和控制环销安装前需对配合间隙进行测量，确保满足设计要求。接力器分油器安装情况如图 4.5-15 所示。

图 4.5-14　接力器油管安装

图 4.5-15　接力器分油器安装

第四节　调速系统无水试验

一、试验标准

在调速系统、油压装置所有设备及通用阀门、管道安装完成后，对调速系统进行充油，升压至额定压力 4MPa，检查各设备、管路无渗漏。

升压完成后对调速系统进行修后无水试验，对油泵出口安全阀、卸载阀进行动作值整定，测定导叶和轮叶开、关机时间和事故停机时间，以及分段关闭拐点、导叶压紧行程等并进行调整，使调速系统设备满足机组安全运行条件。

进行调速系统修后无水试验，接力器全开、全关行程按照1255mm控制，试验标准见表4.5-1。

表4.5-1 调速系统无水试验标准

序号	工序名称	质量标准
1	导叶主配压阀紧急开机时间（开度从0%到100%）/s	20.9~23.1
2	导叶主配压阀紧急关机时间（开度从100%到0%）/s	10.45~11.55
3	轮叶主配压阀紧急开机时间（开度从0%到100%）/s	26.6~29.4
4	轮叶主配压阀紧急关机时间（开度从100%到0%）/s	28.5~31.5
5	主油源事故停机时间/s	10.45~11.55
6	事故油源事故停机时间/s	10.45~11.55
7	低油压动作值/MPa	2.755~3.045
8	低油压复归值/MPa	3.2~3.6
9	二段关闭装置投入点/%	33.25~36.75
10	二段关闭装置直线关闭时间（开度从100%到0%）/s	18.05~19.95
11	事故配压阀复归时间/s	≤45
12	锁锭投入时间/s	≤5
13	锁锭拔出时间/s	≤15
14	1号接力器压紧行程/mm	10~15
	2号接力器压紧行程/mm	10~15
	3号接力器压紧行程/mm	10~15
	4号接力器压紧行程/mm	10~15
15	压力油泵输油量/s	<45（工作压力下压力油罐油位上升100mm所用时间）
16	安全阀动作压力/MPa	始排值：4.02~4.08
17	卸载时间/s	2~5
18	电流值（启动、空载、运行）/A	空载：50~75； 运行：100~150

二、试验方法

（一）压力油泵试验

（1）将3台压力油泵切“停”。

（2）打开压力油罐排油阀，将油压降到3.6MPa。

（3）启动1号泵，测量并记录启动电流、空载电流、运行电流、卸载时间。测量压力油罐油位上升100mm所需时间。待安全阀动作后，停止油泵，并记录安全阀动作值（如果安全阀超过4.1MPa仍未动作，停止油泵，对安全阀进行调整，并再次进行试验校核）。

（4）在2号泵与3号泵上重复步骤（2）~（3）。

（5）将3台压力油泵切回“自动”。

注：油泵停止工作时观察泵轴应无倒转现象，否则应对逆止阀密封、弹簧刚度、活塞以及卸载阀节流孔螺丝进行检查。

（二）轮叶紧急开关机试验

（1）手动缓慢全开、全关轮叶，检查动作是否正常。

（2）将轮叶开限放至全开，通过手动操作全开轮叶。

（3）将压力油罐油压升至4.0MPa。

（4）将手动操作机构向轮叶关闭方向打到最大角度，使其带动引导阀动作实现快速关机，使用秒表测量轮叶从全开到全关的时间。此时间即是轮叶主配压阀紧急关机时间。

（5）将手动操作机构向轮叶打开方向打到最大角度，使其带动引导阀动作实现快速开机，使用秒表测量轮叶从全关到全开的时间。此时间即是轮叶主配压阀紧急开机时间。

注：试验过程中应设专人监视油压，如油压过低，则手动启备用泵。若开关机时间不符合要求，则调整开关机时间限位螺母直至合格，完成后锁紧限位螺母。

（三）导叶紧急开关机试验

（1）拔出锁锭。

（2）复归紧急停机电磁阀，缓慢操作导叶全开、全关，并在水车室检查是否有异常现象，全开、全关挡块是否能与控制环贴合。

（3）导叶全开并将压力油罐压力升至4.0MPa。

（4）投入紧急停机电磁阀，使导叶全关，在水车室使用秒表测量导叶接力器行程从80%～30%的时间。此时间的两倍即是导叶主配压阀紧急关机时间。测量并记录分段关闭投入点及二段关闭时间。

（5）复归紧急停机电磁阀全开导叶，并用秒表记录导叶接力器行程从30%～80%的时间。此时间的两倍即是主配压阀紧急开机时间。

注：试验过程中应设专人监视油压，如油压过低，则手动启备用泵。若开关机时间不符合要求，则调整开关机时间限位螺母直至合格，完成后锁紧限位螺母。

（四）主油源事故停机试验

（1）导叶全开并将压力油罐压力升至4.0MPa。

（2）投入紧急停机电磁阀，使导叶全关，在水车室使用秒表测量导叶接力器行程从80%～30%的时间。此时间的两倍即是导叶主配压阀紧急关机时间。

（五）事故油源事故停机时间

（1）导叶全开并将压力油罐压力升至4.0MPa。

（2）投入事故先导级电磁阀，使导叶全关，在水车室使用秒表测量导叶接力器行程从80%～30%的时间。此时间的两倍即是导叶主配压阀紧急关机时间。

（六）分段关闭试验

（1）导叶全开并将压力油罐压力升至 4.0MPa。

（2）投入紧急停机电磁阀。

（3）观察分段关闭拐点时间。

（4）若拐点时间不满足设计要求，可以调节行程装置凸台位置。

（5）若二段关闭速度不满足要求，可调节纯机械过速液压阀进行截流量控制。

（七）事故配压阀复归时间

（1）在事故油源停机试验完成后，复归先导级电磁阀。

（2）观察事故配压阀复归时间。

（八）锁锭动作试验

（1）将导叶置于全关位置。

（2）利用锁锭电磁阀投入锁锭，观察动作时间。

（3）利用锁锭电磁阀复归锁锭，观察动作时间。

（九）接力器压紧行程试验

（1）导叶全关，投入紧急停机电磁阀。

（2）在推拉杆上找 1 个基准点 A 并做好标记，测量该点到接力器前端盖的距离 L_1。

（3）拔出锁锭。

（4）全关事故油源、主油源及引导阀控制油源阀或接力器关腔排油。

（5）操作轮叶手动操作机构带动引导阀上下动作，使主配压阀与接力器关腔压力消失。

（6）在推拉杆上同一基准点 A，测量该点到接力器前端盖的距离 L_2，计算 L_1-L_2 即为压紧行程值。

第六章　水轮发电机组回装

第一节　机组回装阶段检查及测量

一、设备到货检查及测量

设备现场到货后，做好到货名称、进场时间等记录，按照定置图放置在指定位置，进行开箱验收，确认设备到货数量、型号规格满足采购要求；关键设备进行预组装、调试，确保满足现场使用要求；对设备设计图纸、强度计算说明书、产品合格证、材质证明、探伤合格报告等验收资料进行校核归档。对主要部件的关键数据进行复测检查。

二、设备回装阶段检查及测量

设备回装阶段对每一步施工进行测量、检查，并记录相关数据及结果，对相关数据及结果设立现场见证（W）或者停工待检（H）的多级验收标准，见表 4.6-1。

表 4.6-1　设备回装阶段检查及测量

序号	主要工序	检测项目及要求	质检点
1	上机架组装	上机架支臂及中心体结构焊接质量满足图纸要求，对焊缝进行无损探伤检查合格。上机架垫板与定子机座基础板把合面无间隙。整体清扫干净，无杂物、遗留物等	Ⓦ
2	上机架挡风板安装	挡风板半径尺寸、挡风板螺栓紧固力矩满足图纸要求，挡风板焊缝无脱焊、裂纹	Ⓦ
3	推力瓦及托瓦检查	推力瓦面、进油边、出油池、瓦背、托瓦表面无密集气孔、脱壳、裂纹、高点、严重划痕、空蚀等缺陷；吊孔、测温电阻孔、高压油出油孔内无异物；推力瓦和托瓦间接触面积应达 85% 以上	Ⓦ
4	转子与镜板连接	转子下法兰与镜板组合间隙与组合缝处安装面错牙达到设计要求。连接螺栓紧固牢固并进行防松动处理。转子中心体相对于镜板的同心度满足设计要求	Ⓦ
5	推力瓦高程测量	每块瓦测量 4 个点，所有测点的高差满足设计要求	Ⓦ
6	推力瓦喷油试验	开启单台高压油泵，推力瓦喷油高度均匀，喷油量均匀一致	Ⓦ
7	制动器与转子制动环间隙	制动器与转子制动环间隙值满足设计要求	Ⓦ
8	转子测圆架安装	磁极挂装前后均需要检查测圆架情况，转子测圆架与转子中心体下法兰止口内镗孔的同心度、测圆架支臂旋转水平度、测圆架支臂外侧旋转一周的跳动量与回零偏差满足设计要求	Ⓦ

续表

序号	主要工序	检测项目及要求	质检点
9	转子磁轭测量调整	各磁轭半径与平均半径之差以及磁轭的圆柱度、垂直度不应大于设计值	Ⓦ
10	转子磁极安装调整	接触面间隙、磁极键打入深度、磁轭上部磁极键预留量满足设计要求；每隔 24h 打紧磁极键一次，共需打紧磁极键 3 次。磁极挡块焊接牢固无裂纹，无损探伤合格	Ⓦ
11	转子与发电机轴连接	组合面无高点；合缝间隙满足设计要求。主轴与转子销钉、螺栓、限位装置（止动块）检查无缺陷；密封检查无老化、破损、划痕等。螺栓拉伸值达到设计要求，拉伸后法兰面间隙达到设计要求	Ⓦ
12	转子与上端轴连接	组合面无高点；合缝间隙满足设计要求。销钉、螺栓、限位装置（止动块）检查无缺陷；密封检查无老化、破损、划痕等。螺栓拉伸值达到设计要求，拉伸后法兰面间隙达到设计要求	Ⓦ
13	转子气隙挡风板安装	挡风板半径尺寸、挡风板螺栓紧固力矩满足图纸要求，挡风板焊缝无脱焊、裂纹。转子上挡风板与上机架挡风板径向间隙、转子下挡风板与转子制动环轴向间隙满足图纸要求	Ⓦ
14	叠片最终压紧后测量	高度、波浪度：周向平均取 66 个点，分别测量齿部、槽底、轭部的定子铁心数据，高度公差、波浪度、铁心中心线的高程、定子高度、内外高差满足设计要求。 半径、圆度：测量上、中、下 3 圈，测点数量、铁心直径、圆柱度满足设计要求	Ⓦ
15	定子上、下挡风板安装	挡风板半径尺寸、挡风板螺栓紧固力矩满足图纸要求，挡风板焊缝无脱焊、裂纹	Ⓦ
16	发电机轴与水轮机轴连接	组合面无高点；合缝间隙满足设计要求。销钉、螺栓、限位装置（止动块）检查无缺陷；密封检查无老化、破损、划痕等。螺栓拉伸值达到设计要求，拉伸后法兰面间隙达到设计要求。连接螺母挡块检查焊接牢固、焊缝无开裂无脱焊	Ⓦ
17	工作密封安装	密封支架、密封座、转环错牙满足要求，表面无划痕；密封支架与密封座密封检查无异常，螺栓紧固牢固并做好防松动处理；密封圈表面无破损、划痕，分瓣面粘接牢固，润滑水孔与密封座通孔对正，水压动作试验数据、转环与密封块间隙测量满足设计要求	Ⓦ
18	顶盖组装安装	分瓣组合面及下环表面无划痕、锈蚀、高点等。螺栓、螺母、销钉检查无异常，组合面螺栓按设计力矩紧固，并进行点焊锁定，螺栓把紧后检查分瓣面的间隙、错牙、分瓣面间隙上平面错牙满足设计要求。顶盖和支持盖已清扫干净，螺栓安装紧固，止动措施有效；法兰面已清扫干净，均匀涂抹白厚漆，密封条接口良好，无明细错牙；顶盖吊装完成后，在顶盖与座环间隙内倒入 200mm 水，12h 后进入蜗壳内检查无渗漏	Ⓦ
19	底环组装	分瓣组合面及下环表面无划痕、锈蚀、高点等。螺栓、螺母、销钉试装无异常；组合面螺栓按设计力矩紧固，并进行点焊锁定，螺栓把紧后检查分瓣面的间隙、错牙，分瓣面间隙、上平面错牙满足设计要求。各组合缝封焊后将相应的焊缝清理干净，无损探伤检查无异常	Ⓦ Ⓗ

续表

序号	主要工序	检测项目及要求	质检点
20	支持盖组装	组合面螺栓按设计力矩紧固，并进行点焊锁定，螺栓把紧后检查分瓣面的间隙、错牙，分瓣面间隙、上平面错牙满足设计要求	Ⓦ
21	导流锥组装	组合面螺栓按设计力矩紧固，并进行点焊锁定，螺栓把紧后检查分瓣面的间隙、错牙，分瓣面间隙、上平面错牙满足设计要求	Ⓦ Ⓗ
22	导流锥与支持盖组装	支持盖与导流锥法兰面已清扫干净，无异物；组合面螺栓按设计力矩紧固，并进行点焊锁定，螺栓把紧后检查分瓣面的间隙、错牙，分瓣面间隙、上平面错牙满足设计要求	Ⓦ Ⓗ
23	支持盖安装	顶盖和支持盖已清扫干净，无异物；组合面螺栓按设计力矩紧固，并进行点焊锁定，螺栓把紧后检查分瓣面的间隙、错牙，分瓣面间隙、上平面错牙满足设计要求。在顶盖与座环间隙内倒入200mm水，12h后进入蜗壳内检查无渗漏	Ⓦ Ⓗ
24	活动导叶套筒止推环与导叶上端面测量	用塞尺检查导叶套筒止推环与导叶上端面间隙，满足设计要求	Ⓦ
25	导叶端面间隙测量调整	利用提升螺杆调整导叶上、下部间隙满足设计要求	Ⓦ
26	导叶立面间隙测量调整	导叶处于全关位置，利用钢丝绳、手动葫芦将导叶捆紧（由于本机组导叶板体高，建议捆导叶时分上、下两层进行）；检查导叶立面间隙满足设计要求，间隙超差应进行研磨	Ⓦ
27	控制环组装安装	控制环应转动灵活，无卡阻、异响；控制环立抗磨板与顶盖之间的间隙、连接板上平面和控制环小耳孔上平面的高差、控制环与防抬压板、抗磨板之间的间隙满足设计要求	Ⓦ
28	转轮与水轮机轴连接	组合面无高点；合缝间隙满足设计要求。销钉、螺栓、限位装置（止动块）检查无缺陷；密封检查无老化、破损、划痕等。螺栓拉伸值达到设计要求，拉伸后法兰面间隙达到设计要求。连接螺母挡块检查焊接牢固、焊缝无开裂无脱焊	Ⓦ
29	转轮叶片安装	叶片表面整体检查及叶片进出水边、叶片根部检查，无裂纹；叶片轴表面、定位销、定位销孔内表面光滑无毛刺；叶片密封检查，尺寸符合图纸要求，无裂纹、老化、损伤、毛刺。螺栓拉伸值达到设计要求	Ⓦ
30	转轮活塞窜油试验	对接力器缸开腔逐渐加油压至5MPa，保压30min。检查接力器缸与活塞杆、接力器缸与接力器缸盖、操作油管与活塞杆组合面的密封情况；缓慢卸掉开腔油压，对接力器缸关腔逐渐加油压至5MPa，保压30min，此时活塞位于全关位置，在活塞杆上标记出接力器全关位置线，通过底盖上放油阀安装孔检查接力器缸与活塞杆、操作油管与活塞杆的密封情况，应无油渗漏滴出。测量活塞杆上全开位置线至全关位置线距离，检查接力器行程是否满足要求	Ⓦ Ⓗ
31	转轮叶片窜动量测量	在转轮体打压之前，在转轮体与叶片之间安装百分表检查叶片径向窜动量	Ⓦ
32	转轮其他部件安装	转轮各组合法兰、缸体上下腔排油阀、组合法兰、上下腔排油阀无渗漏；密封压板螺栓孔环氧、转轮装配焊接部位检查	Ⓦ

续表

序号	主要工序	检测项目及要求	质检点
33	旧基础环高程测量	周向选取16个测点测量相对高程	Ⓦ
34	转轮室下环、中环、基础环组装	支墩高程调整高差满足要求，分瓣组合面及上下表面无划痕、锈蚀、高点等。螺栓、螺母、销钉试装无异常；下环分瓣组合面螺栓按预紧力紧固牢固并进行防松动（点焊）处理；螺栓把紧后检查分瓣面的间隙、错牙，组合缝间隙满足要求；组装后测量同轴度、圆度。按图纸要求对分瓣组合缝进行封焊、打磨	Ⓦ
35	转轮室浇筑准备	基础环与转轮室下环、中环中心及基础环圆度、高程调整测量已结束，数据合格；拉杆、千斤顶焊接已完成，锥管补偿段配割焊接已完成	Ⓦ
36	锥管补偿段安装	锥管补偿段纵缝和环缝焊接无损探伤无异常。用铁锤敲击设备基板，检查空鼓情况	Ⓦ
37	基础环上部立板安装	基础环上段垂直度满足要求，基础环与立板焊缝清理干净，无损探伤检查无异常	Ⓦ
38	转轮室千斤顶、垫板、拉钩装配安装	转轮室千斤顶、垫板、拉钩布置均匀，固定牢靠	Ⓦ
39	基础环与混凝土基础固定螺栓及千斤顶安装	螺栓紧固牢固并进行防松处理，千斤顶分布均匀，固定牢靠	Ⓦ
40	转轮室施工平台安装检查	局部不均匀载荷试验合格，导向立柱、按钮开关、交流接触器、限位器、电缆、制动器、钢丝绳、吊钩、吊钩滑轮组检查无异常	Ⓦ
41	调速系统主配压阀检查	螺栓紧固牢固并进行防松动处理；升压后主配压阀能够自复中。密封外观检查无破损，密封性能良好；升压后组合面无渗漏；试验动作灵活，无异常。正常全开、全关，阀门指示位置正确，无卡阻	Ⓦ
42	调速系统分段关闭阀、事故配压阀检查	阀芯可转动360°，动作灵活，无卡阻；螺栓紧固牢固并进行防松动处理；阀门指示位置正确；动作灵活，无卡阻、渗漏等缺陷	Ⓦ
43	机械过速装置安装	飞摆按照3.0mm间隙调整，阀芯动作灵活，无卡阻；密封外观检查无破损，密封性能良好；脱扣器棘轮动作灵活，不发卡，脱扣器无磨损；行程阀阀芯无损伤，动作灵活，无卡阻，无渗油现象	Ⓦ
44	导叶接力器检查	缸体及活塞内部清扫干净，无杂质、水分、遗留物等缺陷；推拉杆表面无严重划痕、锈蚀、高点等缺陷；密封圈光滑完好，活塞环张力良好，密封外观检查无破损，密封性能良好；前、后端盖螺栓紧固牢固，并进行防松动处理	Ⓦ
45	导叶接力器耐压试验	耐压等级6.0MPa，耐压时间30min，排油孔处、耐压工具处漏油量为0，各组合面及堵头处漏油量为0。活塞窜油试验压力为1.5倍额定压力（6.0MPa），时间30min，渗漏量≤9L	Ⓦ
46	导叶接力器锁锭耐压试验	耐压等级6.0MPa，耐压时间30min，排油孔处漏油量≤0.01L/min，耐压工具处漏油量为0，各组合面及堵头处漏油量为0	Ⓦ

续表

序号	主要工序	检测项目及要求	质检点
47	调速系统分油器耐压试验	耐压等级 5.0MPa，耐压时间 30min，排油孔处、耐压工具处漏油量为 0，各组合面及堵头处漏油量为 0	Ⓦ
48	上导瓦间隙测量调整	上导瓦间隙设计值为单边 0.15～0.25mm	Ⓗ
49	上导轴承中心测量调整	多人测量误差小于 0.02mm	Ⓗ
50	上机架中心测量调整	根据盘车后上端轴轴领的中心调整上机架的中心，机组修后盘车合格后、混凝土浇筑前，测量上端轴轴领与上机架中心体的同心度，确保同心度≤0.05mm；同位置重复测量的误差不超过 0.02mm	Ⓗ
51	上机架高程测量调整	根据上机架与上端轴设计高程，在上机架支臂与定子机座之间加垫调整，高程值为设计高程值±1mm	Ⓗ
52	上机架水平测量调整	上机架中心体油槽盖板安装面的水平≤0.05mm/m	Ⓗ
53	镜板检查	镜板面无划痕、高点、锈蚀、气孔、空蚀等缺陷；镜板面粗糙度不大于 0.4μm；镜板与转子下法兰面 PT 探伤合格；转子下法兰与镜板结合法兰面无严重锈蚀、高点、空蚀等缺陷；镜板外观检查无缺陷；镜板吊孔无异物	Ⓗ
54	推力油槽清扫	油槽内部清扫干净，无杂质、水分、遗留物等；推力油槽充油后检查无渗漏	Ⓗ
55	镜板高程测量调整	修后测量新镜板至推力油槽底部高程与设计值偏差不大于 0.50mm	Ⓗ
56	镜板水平测量调整	镜板水平≤0.02mm/m	Ⓗ
57	推力支架水平测量调整	在推力轴承支撑座上方进行测量，推力轴承座水平≤0.02mm/m，最大高差不超过 0.10mm。如不合格通过推力轴承座与推力支架之间加垫进行调整；注意所加垫片至少通过两颗螺栓把紧，所加垫片厚度大于 0.05mm 时，应考虑阶梯布置	Ⓗ
58	转子水平测量调整	转子中心体上法兰面水平度要求不大于 0.02mm/m	Ⓗ
59	转子圆度测量调整记录（磁极挂装后）	磁极半径基准值为磁极铁心外侧到转子支臂上焊接基准点的距离。转子圆度要求各半径与平均半径之差不大于设计空气间隙值（18mm）的±4%。磁极半径、圆柱度、圆度、转子整体偏心满足设计要求	Ⓗ
60	转子磁极中心线高程确定（磁极拆卸前）	测量时，将转子吊出后放置在支墩上，其水平已经调整合格	Ⓗ
61	转子磁极高程测量调整记录（磁极挂装后）	各磁极铁心的实际中心高程应在磁极挂装中心线高程±2mm 范围内	Ⓗ

续表

序号	主要工序	检测项目及要求	质检点
62	定子测圆架安装	测圆架的轴向行程应能满足定子铁心叠片要求；测量用的钢琴线直径为 0. 3~0. 4mm，测量过程中避免强气流；测圆架中心与发电机返点中心偏差≤0. 02mm；垂直度≤0. 02mm/m，且最大不应超过 0. 05mm。测圆架支臂上架设水平仪，要求水平仪的水泡处于任意回转位置时，均能保持在 0. 02mm/m 范围内。利用测圆架转臂重复测量，圆周上任意点的半径误差不得大于 0. 02mm，旋转一周跳动量不大于 0. 05mm，回零偏差不大于 0. 02mm；在内径千分尺使用之前，现场将内径千分尺挂在定子测圆架支臂上，调整内径千分尺水平，内径千分尺每米选 1 个测点，并用水平仪检查所有测点的水平值，保证所有测点的水平值中的最大值减去最小值≤0. 20mm	Ⓗ
63	制动器基础板基准到转子制动环距离测量	机组处于停机状态，制动器处于下落位置。镜板处于水平位置（要求镜板水平度≤0. 02mm/m）。对测量点（A、B 点）位置做好标记。要求多人测量偏差≤0. 02mm	Ⓗ
64	定子定位筋安装调整	半径 8790（0. 05 ~ 0. 15）mm；各半径相对基准筋偏差≤0. 05mm。径向扭斜＜0. 05mm。相邻跨距同一高度弦距偏差≤0. 10mm；同一跨距内上下弦距偏差≤0. 10mm；各弦距与平均值偏差≤0. 15mm。使用弦距检查样板和定子冲片检查应全部通过，同一横切面上的定位筋弦距偏差不大于 0. 20mm，相邻两定位筋各托块处的弦距偏差应不大于 0. 20mm，各处弦距与弦距平均值的绝对值偏差不大于±0. 25mm	Ⓗ
65	定子下压指安装调整	各定子下压指周向波浪度、相邻下压指高度偏差（包含内圆侧、外圆侧）、压指内径、安装高程值满足设计要求	Ⓗ
66	叠片最终压紧后定子测量	测量定子铁心中心线相对风闸底板基准的距离，定转子中心高程偏差不大于 2mm	Ⓗ
67	定子铁心高度最终检查记录（铁损试验后）	高度公差 0~+5mm（波浪度≤5mm），高度 2000（0~+5）mm，内外高差小于 3mm，定转子中心高程偏差不大于 2mm	Ⓗ
68	定子铁心整体检查	上部螺栓装制动螺母，并用锁固胶粘牢；下部螺栓点焊螺母，注意螺母点焊位置（螺母与定子机座点焊）。全面检查铁心压紧度，将拖块与定位筋之间的垫块全部拔出，通槽棒逐槽检查，应能顺利通过。检查槽内应无毛刺及冲片局部突出情况。清扫铁心，铁心内应无异物、灰尘等	Ⓗ
69	机组盘车（修后）	（1）机组动态水平不大于 0. 02mm/m。（2）上导轴领处摆度不大于 0. 05mm。（3）水发联轴处摆度不大于 0. 15mm。（4）水导轴领处摆度不大于 0. 15mm。（5）操作油管上、中、下部摆度不大于 0. 50mm。（6）集电环上、下环摆度不大于 0. 50mm。（7）转子与镜板处摆度不大于 0. 10mm。（8）镜板轴向跳动≤0. 20mm	Ⓗ
70	空气间隙测量调整	各平均间隙之差不应大于平均间隙值的±8%	Ⓗ
71	水导瓦间隙测量调整	轴瓦与轴领单边间隙为 0. 29~0. 34mm，根据盘车结果计算每块水导瓦间隙，水导瓦间隙调整后与计算调整值的偏差不得大于±0. 02mm	Ⓗ

续表

序号	主要工序	检测项目及要求	质检点
72	水导轴承中心测量调整	多人测量误差小于 0.02mm	Ⓗ
73	导水机构预装	活动导叶与底环间隙检查：钢琴线与顶盖下轴孔 4 个方向偏差不大于 0.05mm，导叶轴套同轴度≤0.50mm，导叶上轴颈与套筒间隙检查均匀，导叶动作检查转动灵活，无发卡现象。端面间隙检查：导叶大、小头的端面间隙应符合图纸设计要求（上、下间隙为 0.95~2.15mm），大、小头的端面间隙不应有规律性。底环与顶盖之间的开档测量：圆周面上内、外两圈各测量 16 点，其偏差应小于 0.30mm。顶盖及支持盖水平测量：不大于 0.10mm/m	Ⓗ
74	转轮高程、中心测量调整（修后）	转轮上法兰面标高符合设计要求。叶片与转轮室对称方向间隙均匀，在 7~12mm 以内	Ⓗ
75	叶片动作试验	利用油压装置对转轮接力器进行动作试验，记录接力器活塞开始动作开、关腔的初始油压值。接力器动作过程中应灵活无卡阻，同时通过底盖上放油阀安装孔检查转轮内部应无异响	Ⓗ
76	转轮室下环楔子板调整	斜楔板顶面高程与设计高程偏差≤3mm。设计高程为旧基础环高程减去整个新转轮室高度。32 对楔子板高程偏差≤0.50mm	Ⓗ
77	基础环与转轮室下环、中环中心测量	在机坑里衬上架设横梁用于放置钢琴线，施工人员利用防尘平台进行返点；测量面应光滑平整；同位置重复测量的误差不超过 0.02mm。要求中心偏差≤0.05mm	Ⓗ
78	基础环上平面与座环上平面高程差测量调整记录（组装后、焊接后、浇筑后）	基础环上法兰面到座环上法兰面的距离为 6220（0，+1）mm。 激光跟踪仪放置在转轮室施工专用平台上进行测量，要求在浇筑过程中进行监测。打磨座环上平面及基础环上平面，要求两平面平面度不大于 0.35mm，且两平面不平行度不大于 0.30mm	Ⓗ
79	旧水导中心相对于旧支持盖中心、旧支持盖相对于顶盖中心、旧顶盖相对于机坑里衬测量（修前）	在旧水导与旧支持盖、旧支持盖与顶盖、旧顶盖与座环上各均布 4 组位移监测点；测量面应光滑平整；同位置重复测量的误差不超过 0.02mm	Ⓗ
80	修前水导中心返点机坑里衬	测量面应光滑平整；同位置重复测量的误差不超过 0.02mm；要求中心偏差≤0.02mm	Ⓗ
81	机组升压试验	各部位渗流检查无渗漏	Ⓦ
		进行低油压操作试验，在蜗壳无水压时，测量导水机构及转轮叶片的最低操作油压，最低操作油压满足设计要求	
		测量导叶主配压阀紧急开关机时间、轮叶主配压阀紧急开关机时间、主油源事故电磁阀停机时间、事故油源事故停机时间、二段关闭装置投入及关闭时间、事故配压阀复归时间、锁锭投入及拔出时间、卸载时间、输油量、电流值（启动、空载、运行）、压紧行程，要求均满足标准范围	

续表

序号	主要工序	检测项目及要求	质检点
82	机组各部件清扫检查	机头罩、上机架、转子、定子、推力支架、顶盖、支持盖、风洞、水车室、过道等部位进行清扫，表面无油污、异物、清洗剂残留物等	Ⓗ
83	开机前机组油、水、气系统检查	检查所有管路、阀门及冷却器的渗漏情况，如无渗漏，逐步提高至规定压力进行检查，保压 30min 及以上，三部轴承、集油槽油冷却系统以及空气冷却系统、制动系统、高压油减载系统、主轴密封、调速系统、导水机构等各部位无渗漏	Ⓗ
84	开机前机组机电联合检查	水轮机、发电机、调速器设备检查，现场工器具及设备已转场，废弃物已清理，风洞进人门及水车室进人门已关闭	Ⓗ
85	机组整体试运行	进行在线监测，在空载无励磁、空载有励磁，甩负荷试验、稳定工况下监测上导、水导摆度值，上机架、推力支架、顶盖振动值，三部轴承瓦温及油温值满足要求	Ⓗ

注：W 点为现场见证；H 点为停工见证。

第二节 机组回装

本节以图文的形式详细介绍机组回装整体过程。按照施工回装流程逐步阐述各部件回装工艺、方法以及注意事项，对于回装过程中的重点节点、关键数据将详细描述。

一、活动导叶、底环、顶盖回装

（一）底环、活动导叶吊装

底环与基础环密封条为倒置，使用二硫化钼涂抹固定，法兰面即将贴合时检查密封条是否脱槽，防止导叶全关后漏水导致机组蠕动。导叶端面加工平整，上、中、下轴颈表面无严重划痕，无锈蚀、高点等，导叶表面应光洁，无磨蚀、划痕、裂纹等缺陷。现场拆开立面密封压板螺栓涂抹螺栓锁固剂，检查立面密封条、压板、压板螺栓，下端面密封条改为铜密封，上、下端面密封条安装合格，密封压板无严重划痕、变形，压板螺栓无松动、断裂，如图 4.6-1 所示。

底环在现场组装，组合面表面无划痕、锈蚀、高点等，组合面螺栓按设计力矩紧固，并进行点焊锁定，螺栓把紧后检查分瓣面的间隙合格。底环吊装后调整底环与基础环组合面的间隙合格，其中心偏差、方位、高程、水平满足质量标准，如图 4.6-2 所示。

（二）顶盖吊装

顶盖法兰面安装倒置密封条，同样采用二硫化钼固定，座环法兰面涂抹白厚漆，安装导向杆。顶盖法兰面落下时安装销钉，确保销钉安装的同步性，安装双头螺柱。用液压力矩扳手按照标准力矩紧固并画线。检查顶盖与座环法兰面之间白厚漆是否均匀挤出，待固化后进行渗漏试验，如图 4.6-3 所示。

图 4.6-1　活动导叶回装

图 4.6-2　底环组合面打胶

图 4.6-3　顶盖回装

二、转轮回装

（一）转轮吊装高程确定

转子与发电机轴连接法兰止口高度为 24mm，为保证转子吊装时与发电机轴止口不触碰，按照发电机轴止口比设计高程降低 30mm 来推算转轮吊装高程。转轮整体进行改造换型，转轮中心线至转轮上法兰面的高度变大，水轮机轴长度变小。新旧转轮高程测量都是按照座环上的修前高程后视点测量，按照活动导叶瓣体、顶盖、支持盖、推力支架、推力轴承高度以及活动导叶端面间隙下沉等，测算正式安装时镜板高程及转轮吊装高程。

（二）转轮吊装调整

转轮吊装后，利用悬挂等工具调整转轮水平、中心和高程符合要求，如图 4.6-4 所示。

三、操作油管及水轮机轴回装

（一）操作油管回装

操作油管与活塞导管法兰面连接。吊装时，注意保持操作油管与导管进油孔一致，检查操作油管止口与导管上凹槽部分的尺寸。安装后，预紧连接螺栓，检查法兰面间隙，要求 0.05mm 塞尺整圈不能通过，螺栓做止动处理，清理间隙内杂质，防止杂质进入油系统刮伤铜瓦、密封，如图 4.6–5 所示。

图 4.6–4 转轮吊装

图 4.6–5 操作油管密封安装

（二）主轴回装

主轴吊装前，主轴与缸盖安装法兰面均要清理干净，无高点、毛刺；联轴螺栓销钉段清理干净，涂抹透平油。主轴下落过程中注意防止密封条脱槽。待主轴完全到位后，检查组合缝整圈间隙，防止局部未落实。主轴落实后，安装联轴螺栓螺母，采用液压拉伸器将联轴螺栓对称预紧至设计值。检查组合缝间隙合格。焊接联轴螺栓止动挡块，联轴螺栓段安装尼龙保护套，最后安装主轴护罩，如图 4.6–6 所示。

图 4.6–6 主轴回装

四、支持盖回装

支持盖法兰面安装密封条，涂抹白厚漆，安装导向杆。打入销钉，同步安装销钉到位。然后用液压力矩扳手按照标准力矩紧固并画线。检查白厚漆是否均匀挤出，48h 后做渗漏试验，如图 4.6–7 所示。

五、主轴密封及水导轴承各部件回装

支持盖吊装时，工作密封支架、转环、下油盆放入导流锥内分瓣放置，检修密封座、检修密封盖无法分瓣，支持盖吊装时要注意检修密封与联轴螺栓护罩之间的间隙。支持盖安装完成后吊装水导瓦架，安装锥销、螺栓。水导轴承托环先分瓣吊入，在瓦架上方组装完成后整圈吊入，检查托环与主轴间隙是否均匀。水导瓦背部支撑块安装时，内六角紧固螺栓涂抹螺纹锁固剂，按照标准力矩打紧，油槽内清扫。检查水导瓦和水导轴领表面无杂质，吊入水导瓦，因为盘车时水导不抱瓦，其余部件暂不安装，如图 4.6–8 所示。

图 4.6–7 支持盖回装

图 4.6–8 水导轴领表面检查

六、导水机构回装

导水机构拐臂、端盖板、连杆销、分半键部件均返厂修复，套筒为新改造部件。旧部件按照修前标记回装，新部件按照厂家编号安装。导叶套筒安装时，如顶盖上部分中轴套孔内径出现贯穿划痕，对应套筒编号的外侧 O 形密封圈涂抹密封胶再安装，内圈安装组合密封。安装销钉与双头螺栓，螺栓紧固完成后检查与顶盖之间的间隙。通过导叶上轴颈和套筒之间的间隙注水，检查中轴套组合密封是否渗漏。拐臂吊装时在桥机上悬挂 3 个手拉导链调平。端盖板与分半键安装后，分半键暂不打紧，如图 4.6–9 所示。

控制环吊装前，拐臂连接板按照编号与控制环组装，用铁丝捆绑固定。控制环吊入时，抗磨板需要涂抹二硫化钼，在各方向检查防跳板端面与控制环间隙，调整控制环中心，如图 4.6–10 所示。

图 4.6–9 拐臂回装

图 4.6–10 控制环回装

七、接力器、分油器及外围环管回装

接力器底座为销钉螺栓，安装前试装较长螺栓检查长度、间隙是否标准。定位螺栓按照标准力矩打紧。4 个接力器推拉杆和后端盖处销钉、销孔间隙需测量内外径、计算间隙值。偏心销组装时，将接力器推拉杆按照全行程缩短一定间隙，预留导水机构压紧行程。分油器到货后使用制动器打压装置进行打压试验。水车室外围环管现场配焊完成后进行水压试验。环管内壁清扫合格，如图 4. 6–11 所示。

八、推力轴承回装

推力轴承在机坑外提前进行组装，包括推力轴承座、托瓦、推力瓦、镜板、高压油系统、推力油槽。且高压油系统在机坑外进行喷油试验，检查出油是否均匀、管路无渗漏。由于镜板换新，盘车后需分解推力油槽，在推力头和镜板间钻销，盘车前推力油冷却器暂不安装。油槽清扫完成，满足盘车时高压油系统运行条件。

在推力支架回装之前，将推力内挡油筒放置在推力支架内部支架上，机组盘车前进行安装，安装完成后进行渗漏试验，确保该位置推力油槽注油后不会漏油。

推力支架法兰面以及支持盖上安装法兰面均清扫干净，用刀口尺检查，确保无高点、毛刺。推力支架与推力轴承装配整体吊装后，预紧螺栓及销子。推力支架吊装完成后吊装推力支架盖板，如图 4. 6–12 所示。

图 4. 6–11　接力器及分油器回装

图 4. 6–12　推力支架吊装

九、制动器回装

制动器基础板提前刨除，按照受力转换后转子制动环板与风闸闸板高差在 15mm 左右控制制动器高度，将新制动器基础板送机加工车削后焊接。每个基础板取 5 个点测量与修前高程基准点高差。制动器安装后，每个制动器闸板上取 5 个测点测量高差，按照受力转换前转子吊装高程，旋转制动器锁锭调整至同一高度。制动器粉尘吸收装置加装如图 4. 6–13 所示。

十、转子回装

转轮和制动器吊装时已经考虑转子受力转换前转子吊装高程，保证转子和发电机轴止口不会碰到。利用旧的转子联轴螺栓加工成单边间隙 0.5mm 的导向销，调整导向销与转子法兰销钉孔四周间隙均匀，转子吊装时推力头和镜板距离剩余 20mm 时，用塞尺检查导向销与发电机轴法兰销钉孔同轴度，确保单边间隙不小于 0.3mm。转子落下后，借用桥机将联轴螺栓拉起，从下往上装入销钉孔，如图 4.6-14 所示。

图 4.6-13　制动器粉尘吸收装置加装

图 4.6-14　转子吊装

十一、上端轴、上机架、上导轴承回装

（一）上端轴安装

上端轴回装前，仔细测量并计算其与转子组合面密封槽尺寸，选择合适的密封条，以免造成上端轴法兰面漏油。上端轴螺栓为双头螺杆，上端轴吊入后预紧螺栓，并做点焊止动处理，如图 4.6-15 所示。

（二）上机架安装

上机架在机坑外提前安装转子上挡风板，吊入后，粗调上机架与上端轴同心，同心度 0.1mm 以内。安装并预紧上机架地脚螺栓。待修后盘车完成后微调上机架中心与上端轴同心，浇筑上机架支臂弹性支撑部位二期混凝土，安装外围消防水管、冷却水管。上机架回装完成后，安装受油器操作油管，组合缝用 0.05mm 的塞尺检查间隙，如图 4.6-16 所示。

（三）上导轴承安装

安装调整上导瓦的绝缘板，使其与上端轴滑转子间隙满足相关要求。吊装 12 块上导瓦吊入上导油槽，通过顶丝将±X、±Y 方向的 4 块瓦紧贴上端轴滑转子，防止盘车过程中上导瓦移动，使上导轴承具备盘车条件。在抱瓦的过程中，在 4 个方向架设百分表监视上导中心位移，如图 4.6-17 所示。

图 4.6-15　上端轴

图 4.6-16　上机架挡风板安装

十二、受力转换

预留 4 个螺栓孔检查拉伸过程中是否合缝，剩余转子联轴螺栓全部装入后，在 4 个方向同时使用拉伸器进行受力转换。受力转换的过程中，为避免拉伸器超行程，按照 1 次拉伸螺母旋转 1 圈控制拉伸长度，直至转子和发电机轴法兰面贴合。确保转轮悬挂斜垫片脱开，完成初步受力转换。落下制动器将机组转动部分的重量由制动器转移至推力轴承上，安装推力头镜板把合螺栓，完成最终受力转换，如图 4.6-18 所示。

图 4.6-17　上导抱瓦

图 4.6-18　合缝间隙检查

十三、机组修后盘车

（一）修后盘车

机组修后盘车的目的是将镜板的水平度调整合格，使轴线摆度、定转子空气间隙、检修围带间隙及叶片间隙等参数满足要求。盘车主要测量转轮室间隙、空气围带间隙、水导摆度、镜板水平、上导摆度、操作油管摆度、空气间隙，要求各参数合格，找到机组最优轴线位置。

序号	技术参数	盘车数据				标准值
1	操作油管摆度/mm	上部	0.14			不大于0.50
		中部	0.10			不大于0.50
		下部	0.08			不大于0.30
2	上导摆度/mm	0.01				不大于0.05
3	水导摆度/mm	0.02				不大于0.05
4	镜板水平/(mm/m)	0.0176				不大于0.02
5	集电环摆度/mm	上部	0.04			不大于0.50
		下部	0.02			不大于0.50
6	空气间隙/mm	平均值	18.61			设计间隙：18；偏差比例不大于8%
		最大值	19.50	最大偏差比例	4.78%	
		最小值	17.78	最小偏差比例	4.46%	
7	围带间隙/mm	最大值	2.30			单边间隙设计值为2~2.5
		最小值	1.95			
8	转轮室间隙/mm	平均值	10.43			单边间隙设计值8.5~11；偏差比例不大于20%
		最大值	11.46	最大偏差比例	9.87%	
		最小值	9.44	最小偏差比例	9.49%	

（二）主轴密封回装

机组盘车完成后，回装主轴密封部件。根据盘车数据判断检修密封座和检修密封盖的中心是否还要继续优化，优化完成后重新进行销钉配钻。依次回装检修密封座、空气围带、检修密封盖、工作密封支架、工作密封、转换等部件。空气围带和工作密封圈安装时组合面用密封胶粘接。主轴密封供排水管路安装完成后进行主轴密封充水试验，对密封圈充水加压进行工作密封的顶起试验检查。测量并记录密封环在充水前后的上抬量，密封环的四周上抬量应基本均匀一致，记录相应的充水水压及其流量，如图4.6-19所示。

（三）三部轴承回装

盘车完成后测量水导中心，打紧楔子板复测水导中心不变，根据设计间隙调整楔子板高度，用套管和螺母锁定楔子板，将螺栓进行止动处理，安装油槽盖及油位计，水导轴承回装完成，如图4.6-20所示。

盘车完成后测量上导中心，打紧楔子板复测上导中心不变，根据设计间隙调整楔子板高度使间隙满足质量要求。间隙调整前注意预紧瓦背面槽型绝缘两颗螺栓，防止该部分存在间隙影响运行后上导摆度。间隙调整合格后，拆除顶丝，回装分油板、油槽盖板及密封盖，上导轴承回装完成。

图 4.6-19　检修密封回装

图 4.6-20　水导油槽清扫

清扫推力油槽，打压试验合格后安装推力油冷却器，注意安装过程中推力油冷却器密封不能脱离密封槽，回装推力油槽盖板、密封盖。

三部轴承回装完毕后，分别注油至设计油位，检查管路及各部件是否漏油。

十四、受油器回装

受油器部件安装顺序如下：固定油盆→甩油环→下浮动瓦回装→受油器体翻身→受油器体吊装→上、中浮动瓦回装→瓦套吊装→回复轴承安装→机头小罩吊装→受油器操作油管回装→机头大罩吊装。受油器操作油管表面无缺陷，圆度满足质量标准；转筒套筒与浮动瓦配合间隙符合要求；上、下浮动瓦端面间隙满足标准要求；受油器体水平满足质量要求，如图 4.6-21 所示。

十五、上机架盖板回装

盘车结束后，调整隔振器使高程相对均匀，满足质量标准。吊装上机架盖板，安装时注意盖板的方位，焊接盖板外围支撑定位。上机架外径支撑牢固，内径支撑预留 10mm 间隙。浇筑混凝土，待混凝土凝固后安装盖板密封，上机架盖板密封无破损，密封完好，无脱落，如图 4.6-22 所示。

图 4.6-21　受油器底座清扫

图 4.6-22　隔振器

十六、进人门关闭

真空破坏阀安装完毕后，关闭蜗壳门、尾水门。关闭时注意密封条或橡皮垫，防止出现脱落和侧移引起漏水，所有螺栓预紧并做止动处理。待机组上、下游门充水后，检查安装质量。

第五篇

水轮发电机组更新改造试验及评价

第一章　水轮发电机组启动试验

第一节　机组空转阶段试验

一、三部轴承瓦温温升试验

（一）试验目的

通过瓦温温升试验过程中对上导、推力、水导三部轴承瓦温及油温温升的监视和记录，判断机组上导、推力、水导三部轴承的安装质量及运行情况。

（二）试验原理及方法

机组开机，以100%额定转速空转运行，在初期运行30min内，每隔5min记录一次各部瓦温的温度。随后每隔30min测量记录一次各部轴承瓦温及油槽油温，绘制各部轴瓦的温升曲线。瓦温达到稳定值（瓦温温升小于0.5℃/h）时，记录稳定的温度值，此值不能超过设计规定值。

当出现以下情况时，应立刻停机检查：

（1）瓦温连续三次每10min温升超过5℃或油温连续三次每10min温升超过3℃时，应停机检查。

（2）各部轴承瓦温温差超过5℃，且不属于传感器问题时，应停机检查。

（3）三部轴承中某油槽油位突然升高或降低时，应停机检查。

（三）试验结果与分析

以葛洲坝电站某170MW机组为例，机组开机后连续运行4h，三部轴承瓦温温升值及温度稳定后的瓦温值均满足标准要求，试验通过。

二、机组过速试验

（一）试验目的

通过人为操作使机组转速达到纯机械过速保护装置动作值，以检验过速保护动作设定值，记录机组过速振动摆度，动态校核接力器关闭规律及蜗壳水压上升值。

（二）试验原理及方法

（1）机组开机空转运行正常。

（2）停用水机过速 115%n_e、153%n_e 保护，在测速回路接上万用表、频率表。

（3）将调速器导叶切至手动运行，手动增加导叶开度，使机组转速上升到 115%n_e，观察机组运行情况，校核转速接点整定值。

（4）手动减小导叶开度，机组返回额定转速运行，调速器应动作正常，额定转速下机组振动、摆度比过速前应无明显增大，各部轴承瓦温无异常。

（5）如机组运行无异常，继续将转速升至纯机械过速保护设定值（151%～155%）n_e，观察纯机械过速保护装置的动作情况，机组升速最大不得超过 156%n_e。如果纯机械过速保护装置动作关机，则顺其关机，并迅速启动高压油减载装置；如果纯机械过速保护装置在 156%n_e 时未动作，则关闭导叶或按紧停按钮停机，重新调整动作值，并在试验台进行校核。

（6）过速试验过程中专人监视并记录各部轴瓦温度、主轴密封水压，连续监视轴承摆度及各部件振动情况。

（7）停机后，做好安全措施，对机组重要部位进行检查。

（三）试验结果与分析

以葛洲坝电站某 170MW 机组为例，机组过速过程转速曲线如图 5.1-1 所示，机组过速过程压力趋势如图 5.1-2 所示，机组过速前、过速时振摆对比如图 5.1-3 所示。

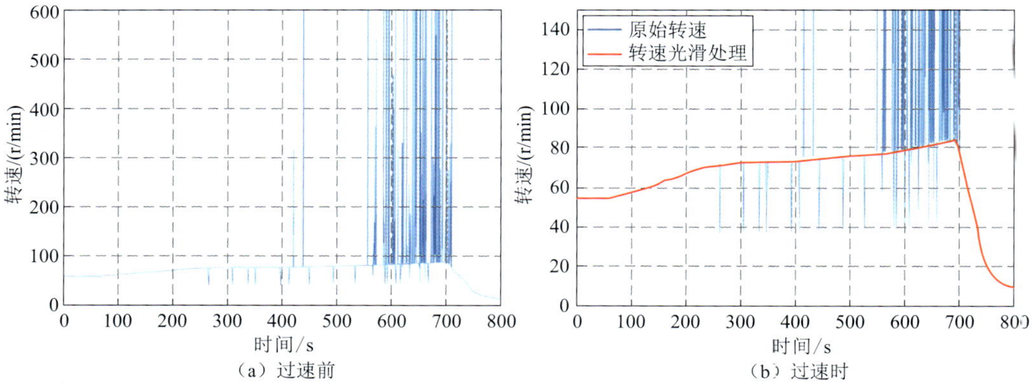

图 5.1-1 葛洲坝电站某 170MW 机组过速过程转速曲线

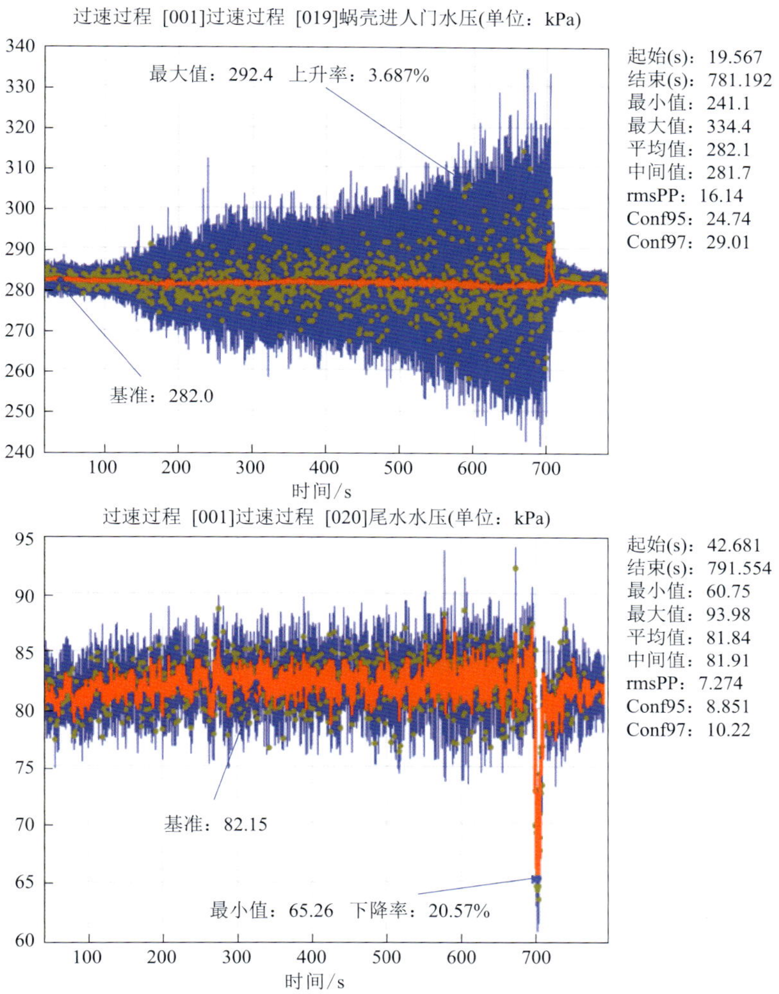

图 5.1-2　葛洲坝电站某 170MW 机组过速过程压力趋势

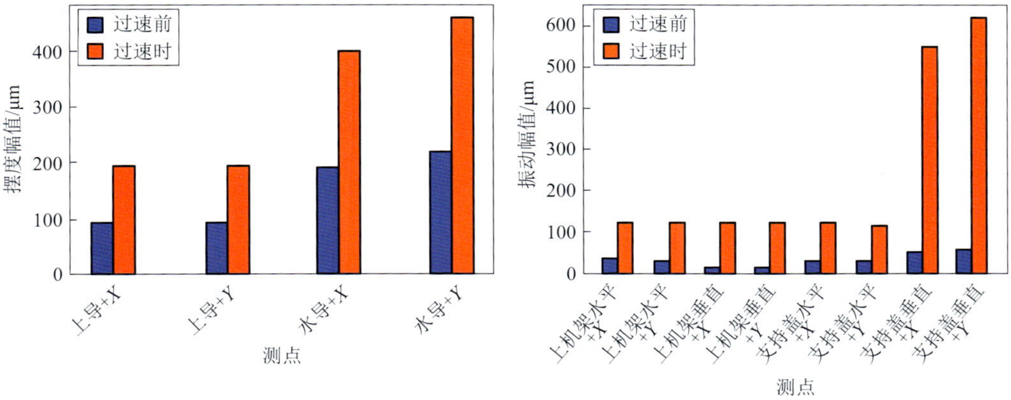

（a）摆度对比　　（b）振动对比

图 5.1-3　葛洲坝电站某 170MW 机组过速前、过速时振摆对比

本次机组过速试验，机械过速飞摆动作最大转速 83.95r/min，最大转速上升率为 53.8%，满足纯机械过速装置动作值在额定转速的 153%±2%的要求，试验通过。

第二节 机组空载阶段试验

一、空载扰动试验

（一）试验目的

实测调速器调节系统的动态特性，记录机组调节过程中机组转速的超调量、波动次数，以确认空载工况下的调速器 PID 参数是否满足调速器的动态稳定性和速动性。

（二）试验原理及方法

机组空载调速器自动运行正常；解除频率跟踪；电子开限放开；频率设定为 50Hz。

启动 TG2000 调速器试验仪及计算机记录试验过程。设给定频率为 52Hz，记录机组最高转速，计算上扰超调量和调节时间；机组频率稳定后设给定频率为 48Hz，记录机组最低转速，计算下扰超调量和调节时间；机组频率稳定后设给定频率为 50Hz；选择最佳的 K_P、K_I、K_D 参数作为空载运行参数。

（三）试验结果分析

以葛洲坝电站某 170MW 机组调速器的空载扰动试验为例，试验参数设定见表 5.1-1，空载扰动上扰试验结果曲线如图 5.1-4 所示，空载扰动下扰试验结果曲线如图 5.1-5 所示。

表 5.1-1 葛洲坝电站某 170MW 机组调速器空载扰动试验参数设定值

序号	试验参数		设定值
1	比例增益 K_P		4.00
2	机组惯性时间常数 T_a/s		10.00
3	积分增益 K_I/s^{-1}		0.501
4	水流惯性时间常数 T_w/s		0.50
5	微分增益 K_D/s		0.50
6	水击相长 T_r/s		0.50
7	永态转差系数 b_p/%		4.00
8	上扰试验	扰前给定频率 F_g/Hz	48.00
9		扰后给定频率 F_g/Hz	50.00
10	下扰试验	扰前给定频率 F_g/Hz	50.00
11		扰后给定频率 F_g/Hz	48.00

上扰试验结果：超调量=0.00%，衰减度=0.00%，调整时间=11.26s（误差带±Δ=±0.200Hz），振荡次数=0 次。

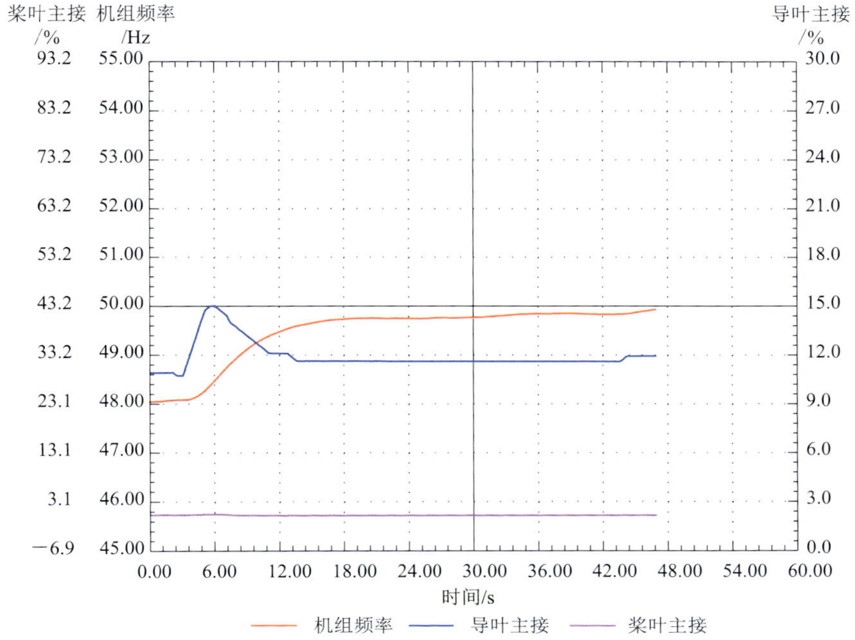

图 5.1–4　葛洲坝电站某 170MW 机组调速器空载扰动上扰试验曲线

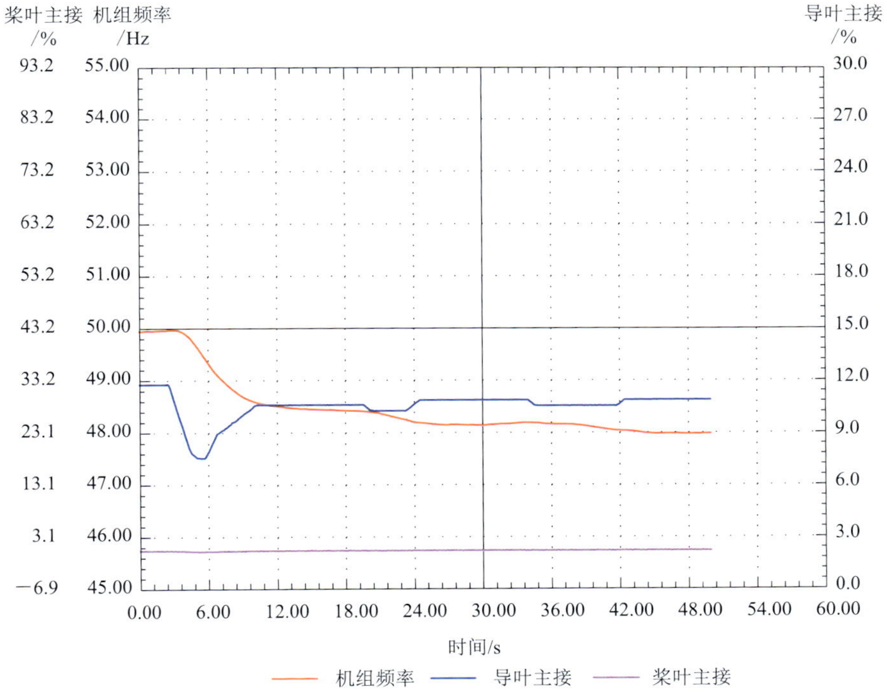

图 5.1–5　葛洲坝电站某 170MW 机组调速器空载扰动下扰试验曲线

下扰试验结果：超调量 = 1.49%，衰减度 = 0.00%，调整时间 = 20.82s（误差带 ±Δ =

±0. 200Hz)，振荡次数=0. 5 次。

GB/T 9652. 1—2019 规定：频率变化衰减度 ψ 不大于 30%；频率最大超调量不大于 40%；调整时间不大于 35s（误差带±0. 4Hz）；频差超过±0. 5Hz 的波动次数不大于 2。本次调速器空载扰动试验结果表明，调速器空载扰动各项数据满足要求，试验通过。

二、空载转速摆动试验

（一）试验目的

检验调速器在空载运行工况下的调节品质。

（二）试验原理及方法

手动方式的空载工况下，设置合适的 K_P、K_I、K_D 参数（或直接取停机检修前的参数)，启动 TG2000 调速器试验仪及计算机，测定机组在 3min 内的转速摆动值（重复 3 次，取最小值)。

自动方式的空载工况下，选取空载频率扰动试验获得的最优参数作为调速器的空载调节参数，并在该组调节参数下测定机组在 3min 内的转速摆动值。

（三）试验结果与分析

以葛洲坝电站某 170MW 机组调速器的空载转速摆动试验为例，试验参数设定见表 5. 1-2，调速器手动 3min 转速摆动试验示波如图 5. 1-6 所示，调速器自动 3min 转速摆动试验示波如图 5. 1-7 所示。

表 5. 1-2　葛洲坝电站某 170MW 机组调速器空载转速摆动试验参数设定值

序号	试验参数	设定值
1	比例增益 K_P	4. 00
2	机组惯性时间常数 T_a/s	10. 00
3	积分增益 K_I/s^{-1}	0. 501
4	水流惯性时间常数 T_w/s	0. 50
5	微分增益 K_D/s	0. 50
6	水击相长 T_r/s	0. 50
7	永态转差系数 b_p/%	4. 00

手动转速摆动试验结果：最高转速 f_{max}=50. 36Hz，最低转速 f_{min}=50. 06Hz，最大转速摆动=0. 30Hz。

自动转速摆动试验结果：最高转速 f_{max}=50. 10Hz，最低转速 f_{min}=49. 90Hz，最大转速摆动=0. 20Hz。

GB/T 9652. 1—2019 规定：最大转速摆动对大型机组不大于 0. 18Hz，对中小型机组不大于 0. 33Hz，对微型机组不大于 0. 38Hz。本次调速器手动、自动转速摆动试验结果表明，调速器空载转速摆动试验各项数据满足要求，试验通过。

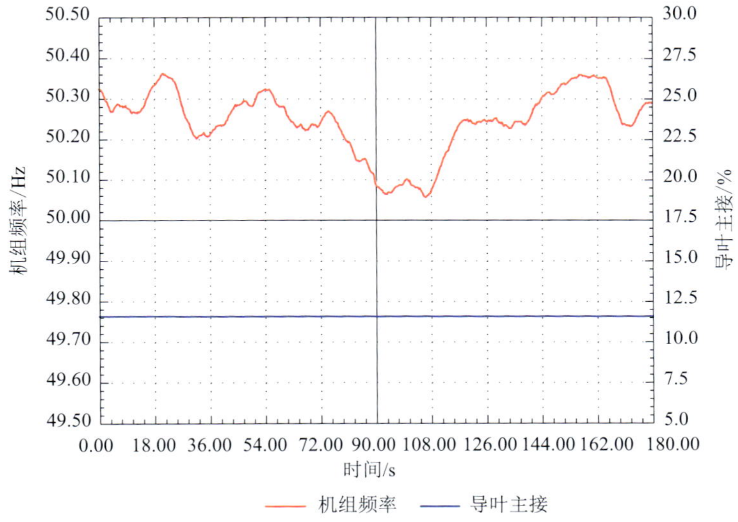

图 5.1-6　葛洲坝电站某 170MW 机组调速器手动转速摆动试验示波图

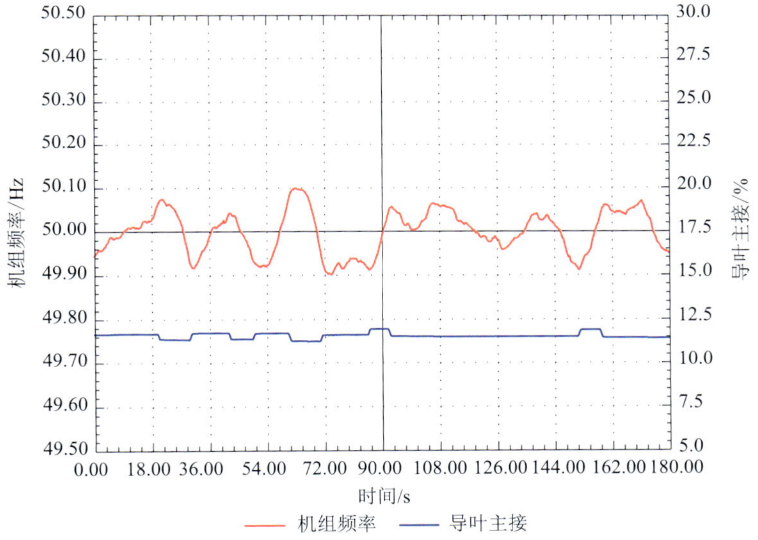

图 5.1-7　葛洲坝电站某 170MW 机组调速器自动转速摆动试验示波图

三、发电机空载特性试验

（一）试验目的

发电机空载特性试验可以检查定子三相电压的对称性及定子绕组联结的正确性，了解发电机磁路的饱和程度，观察励磁系统的工作情况，可以作为分析定转子是否有层间短路的参考，检查最后可以结合空载试验进行定子绕组层间耐压试验，同时将测得的空载特性曲线结合短路特性曲线，还能计算发电机的同步电抗不饱和值及短路比等重要参数。

（二）试验原理及方法

试验接线如图 5.1-8 所示。

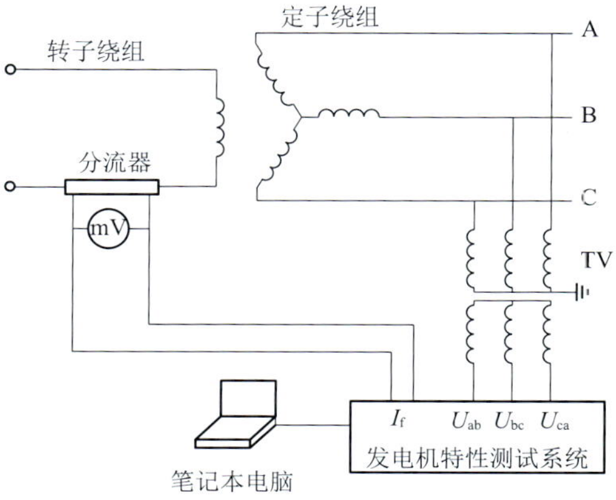

图 5.1-8　发电机空载特性试验接线图

试验前需要检查发电机出口断路器及接地刀闸处于正确状态，检查励磁系统及对应保护，试验开始时确保启动机组达到额定转速，或在额定转速附近转速不变，从零起升压，每经过额定电压的 10%～15%，记录各点励磁电压、电流和定子三相电压、频率值，将定子电压升至额定值，然后继续升压至最高电压，最后逐渐降压至零，分别录制上升、下降的空载特性曲线。

在定子电压从零升至 1/2 额定电压时，检查三相电压是否平衡，并巡视发电机及母线设备，同时注意观察机组的振动情况、轴承温度、碳刷的工作情况以及有无不正常的杂音等，然后升到额定电压。

如果空载试验与层间耐压试验一起进行，则可以升到 1.3 倍额定电压，并在此电压下停留 5min，再逐渐降低电压。电压降至近于零时再切断励磁电流，并记录残余电压值。

在额定定子电压和 1.1 倍的额定定子电压下用高内阻交流电压表（不小于 100kΩ/V）测量轴电压。测量的连接线与转轴的接触必须用专用碳刷，碳刷上应具有 300mm 以上的绝缘手柄，并注意使碳刷和旋转的轴接触良好。轴电压测量不能为零，且与初次测量值相比不应有显著变化。

试验期间应注意所用的表计和分流器的准确级最好在 0.5 级以上。维持发电机在额定转速或某一稳定转速下运行。在升压（或降压）过程中，磁场变阻器只可以向一个方向调节，不能随意变动方向，否则将影响试验准确度。

（三）试验结果与分析

根据空载试验数据得到空载特性曲线（见图 5.1-9）。

根据空载特性曲线可知，本次试验中，发电机定子三相电压较为平衡，测得的空载特性上升曲线与下降曲线都很平滑且重合度较高，此次空载特性曲线可以作为初始值与今后的试验结果对比，作为分析转子是否有层间短路的参考，试验通过。

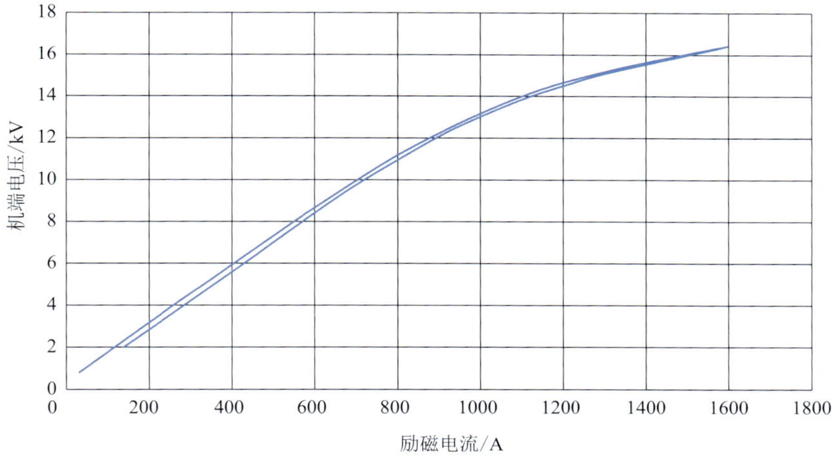

图 5.1-9 葛洲坝电站 170MW 更新改造机组空载特性曲线

四、发电机稳态三相短路试验

（一）试验目的

发电机短路试验是在发电机转子额定转速或一定的稳定转速下，定子三相出线短路，测量定子电流与转子电流关系的试验。目的是检查定子三相电流的对称性，并结合空载特性试验求取电机的参数，本试验可以检查发电机转子回路是否正常，判断线圈有无匝间短路。

（二）试验原理及方法

试验接线如图 5.1-10 所示，试验时三相临时短接线应装在发电机引出口。机组启动后可以先记录特性，然后用一次电流检查继电保护和复式励磁装置，必要时再进行发电机干燥。

做短路试验时，需测量定子绕组各相电流，转子电流以及励磁机的电压和励磁电流，最好用 0.5 级仪表。

做特性试验时，为了保证所得曲线的准确性，应记录配电盘仪表以及接在回路中的标准仪表的读数，借此可以校对盘表的准确度。

试验时先启动发动机到额定转速，投入灭磁开关，慢慢地增加励磁，同时记录全部仪表的读数。如制造厂没有特殊规定，一般升到定子额定电流即可。试验时应记录 5~7 个点，然后根据记录绘制短路特性曲线。

GB 50150—2016《电气装置安装工程 电气设备交接试验标准》第 4.0.16 条规定，测量三相短路特性曲线应符合两点：第一，测量数值与产品出厂试验数值比较，应在测量误差范围内；第二，对于发电机变压器组，当有发电机本身的短路特性出厂试验报告时，可只录取发电机变压器组的短路特性，其短路点应设在变压器高压侧。

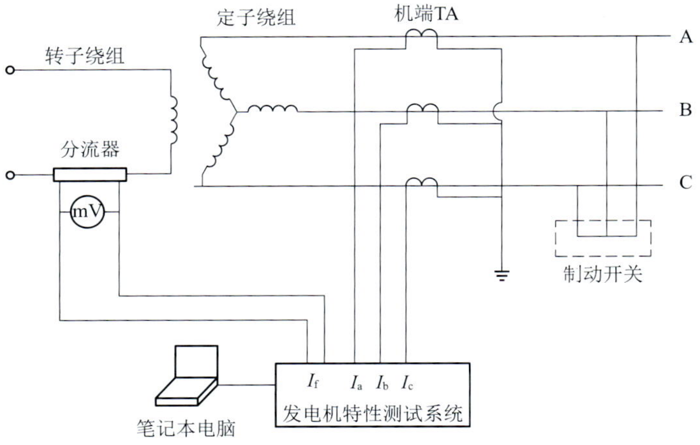

图 5.1-10　发电机短路特性试验接线图

发电机三相短路试验时，定子绕组必须对称短接，且接触良好，防止由于连接不良造成发热而损坏设备。试验时，为校核试验的正确性，在调节励磁电流下降过程中，可按上升各点进行读数记录。

在试验过程中，当励磁电流升至 15%～20% 额定值，应检查三相电流的对称性。如不平衡，应立即断开励磁开关，查明原因并处理后重新试验。

（三）试验结果与分析

根据短路试验数据可以得到短路特性曲线，如图 5.1-11 所示。

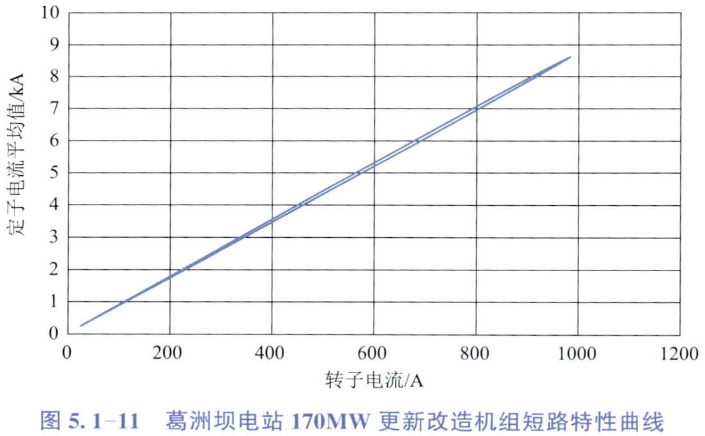

图 5.1-11　葛洲坝电站 170MW 更新改造机组短路特性曲线

本次试验中，发电机定子三相电流较为平衡，测得的短路特性曲线作为初始值与今后的试验结果对比，以检查发电机转子回路是否正常。

五、发电机单相接地试验

（一）试验目的

发电机定子单相接地试验的核心目的在于检验消弧线圈在发电机发生单相接地故障时

的补偿能力。通过这一试验，我们可以验证在消弧线圈的补偿下，接地时产生的电弧能否迅速熄灭，从而避免弧光间歇接地引发的过电压。这样的验证过程对于预防事故进一步恶化至匝间短路或相间短路至关重要。

因为一旦发电机定子发生单相接地，非故障相的对地电压会升高至线电压水平，这有可能导致绝缘性能较弱的区域也发生接地，从而形成两点接地短路，使事故范围扩大。更严重的是，接地点会流经 3 倍于正常相对地电容的电流，过大的电流可能导致接地点拉出电弧，电弧的高温足以损坏设备。而间歇性的电弧还会产生相应的过电压，对电力系统的稳定运行构成威胁。

为配合发电机更新改造，葛洲坝电站发电机中性点系统也随之进行改变。机组并网前需进行单相接地试验，以确定中性点消弧线圈的挡位。

（二）试验原理及方法

该试验在发电机升压试验完成后进行，发电机处于停机状态并跳开发电机灭磁开关。试验接线如图 5. 1–12 所示。

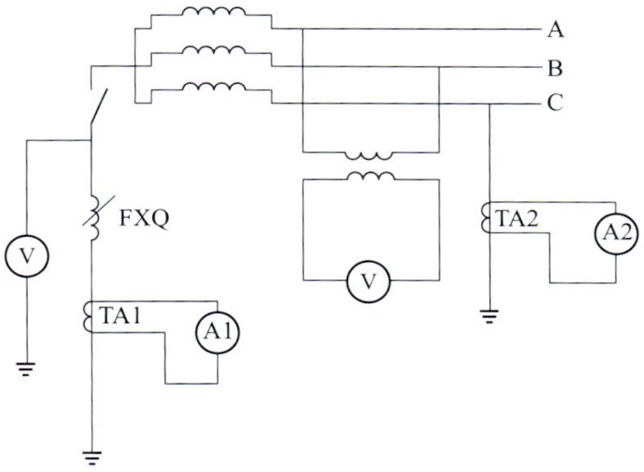

图 5. 1–12　发电机单相接地试验接线图

在发电机出口机端电压互感器柜内取下 C 相高压熔断器，在其下端设单相接地线，并串入接地电流表 A2 后恢复熔断器。在消弧线圈与接地线之间串入补偿电流表 A1。

接线完毕后断开发电机中性点消弧线圈隔离开关，手动操作励磁调节器，逐步将机端电压分别升至 50% U_N、100% U_N，读取发电机单相接地电容电流。将电容电流折算到额定电压对应值后，按欠补偿的原则选择消弧线圈的挡位整定好。

然后合上消弧线圈隔离开关后，操作励磁调节器将机端电压再升至 50% U_N、100% U_N。分别记录经消弧线圈补偿后的接地电流及流经消弧线圈的电流，然后降压灭磁。

（三）试验结果与分析

由于改造时对中性点更换了消弧线圈，因此需要根据单相接地试验结果确定消弧线圈挡位。

单相接地试验数据见表 5. 1–3。

表 5.1-3　单相接地试验数据汇总表

试验方式	实际试验电压/kV	机端零序电压/kV	实测消弧线圈补偿电流/A	实测接地电流基波值/A	U_N 下的消弧线圈补偿电流/A	U_N 下的消弧线圈电流铭牌值/A	U_N 下的接地电流基波值/A
无消弧线圈中性点不接地	6.89	0.07	—	—	—	—	—
无消弧线圈出口 A 相接地	6.90	6.87	—	9.67	—	—	19.34
无消弧线圈出口 B 相接地	6.88	6.84	—	10.09	—	—	20.24
无消弧线圈出口 C 相接地	6.87	6.83	—	9.98	—	—	20.05
消弧线圈 7 挡出口单相接地	6.88	6.85	9.00	1.15	18.00	18.00	2.31
消弧线圈 8 挡出口单相接地	6.88	6.83	9.26	0.95	18.52	18.50	1.91
消弧线圈 9 挡出口单相接地	6.87	6.82	9.50	0.68	19	19.00	1.37
消弧线圈 10 挡出口单相接地	6.87	6.84	9.87	0.46	19.74	19.50	0.92
消弧线圈 11 挡出口单相接地	6.88	6.83	10.06	0.21	20.12	20.00	0.42
消弧线圈 12 挡出口单相接地	6.92	6.89	10.42	0.06	20.84	20.50	0.12
消弧线圈 13 挡出口单相接地	6.89	6.86	10.64	0.26	21.28	21.00	0.52
中性点经消弧线圈接地	13.81	2.91	—	—	—	—	—
接地相	C 相						
运行挡位	9 挡						

第三节　机组并列及负荷阶段试验

一、机组假同期与同期试验

（一）试验目的

假同期试验的目的是检查同期回路接线的正确性，防止二次接线错误而造成非同期并列。通过假同期试验，可以核对同期参数是否正确，同期装置是否正确动作，发变组出口断路器操作回路是否正确动作，同期装置合闸脉冲导前时间是否满足断路器动作要求。基于假同期试验的结果，可以根据录波情况及主开关实际合闸时间，调整同期装置的导前时间参数满足真正的同期并网需要。

（二）试验原理及方法

进行假同期试验时，应将发变组出口刀闸断开，人为地将其辅助触点放在其合闸后的状态（辅助触点接通），并投入系统二次电压、待并发电机电压。这两个电压进行同期并列条件的比较，若采用手动准同期并列方式，运行人员可通过对发电机电压、频率的调整，待满足同期并列的条件时，手动将待并列发变组出口断路器合上，完成假同期并列操作；若采用自动准同期并列方式，则自动准同期装置就会自动对发电机进行调速、调压，待满足同期并列条件后，自动发出合闸脉冲，将其出口断路器合上。

试验时应将调速器机组频率、系统频率、同期装置合闸信号、断路器辅助接点接入TG-2000试验记录仪，然后将TG-2000试验记录仪接入笔记本计算机，通过试验记录仪所录波形选定同期点合闸导前时间。

在假同期试验中，还需要注意以下几点：

（1）假同期试验应在机组空载运行正常后进行。

（2）试验时应解开调速器电气柜发变组出口断路器位置接点信号。

（3）试验时断开变压器高压侧隔离开关，并断开其动力电源。

（4）LCU同期试验时将同期试验压板投入。

（三）试验结果与分析

同期试验结果为：合闸时间=0.00ms，越前时间=0.00ms，越前相角=0.00°，示波如图5.1-13～图5.1-15所示。

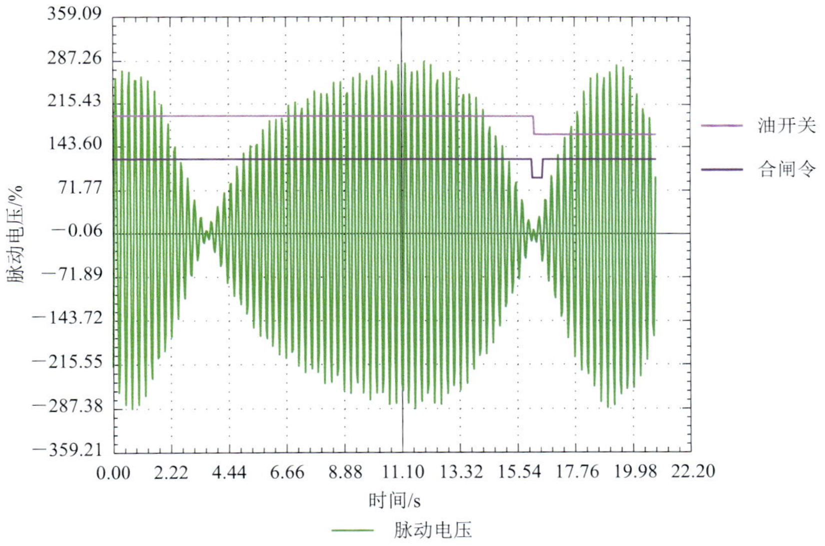

图5.1-13 常规假同期试验

二、机组变负荷及甩负荷试验

（一）试验目的

机组变负荷及甩负荷试验是机组改造后重要的试验项目之一，用于分析机组运行的稳定性，以确保机组安全可靠运行。变负荷试验主要测量空载和多种负荷下机组运行时的摆度、振动、水压脉动等多项参数，以提供分析机组运行稳定性的依据；甩负荷试验是测量机组在甩多种负荷时的机组转速上升率、水压上升率等多项参数，检验机组甩负荷时调速系统的速动性、机组转速上升率、蜗壳水压上升率是否在调节保证计算要求范围内。

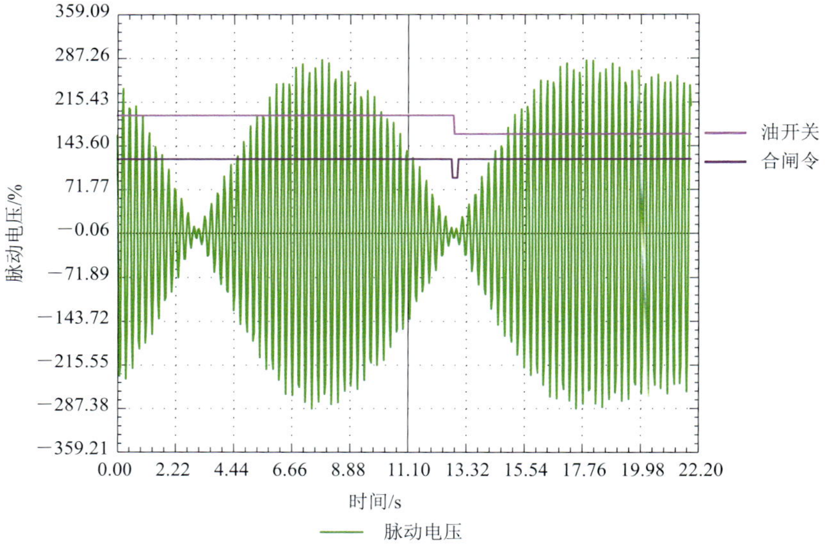

图 5.1-14　自动假同期试验

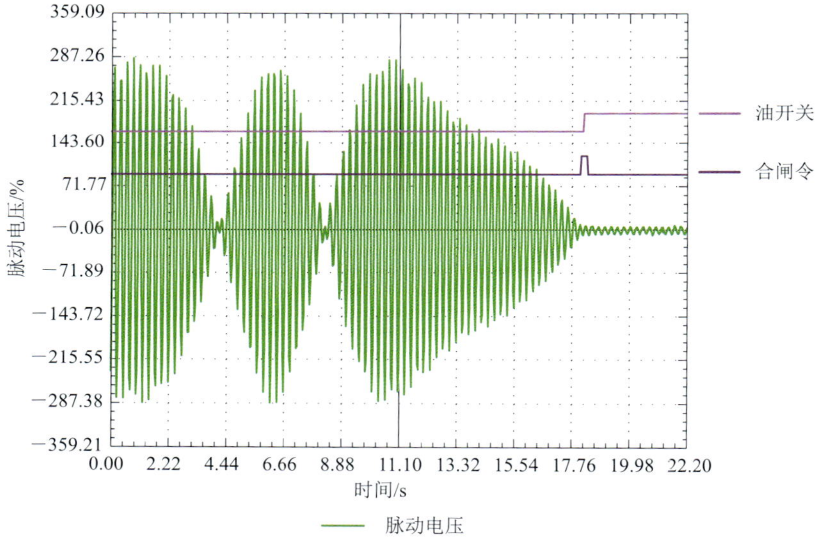

图 5.1-15　自动真同期试验

（二）试验原理及方法

（1）机组变负荷试验：按机组空载和有功功率 30MW、50MW、70MW、90MW、110MW、120MW、130MW、140MW、150MW、160MW、170MW（或当时水头下最大出力限制负荷）进行，要求每次工况调整后稳定 3~5min，记录相关稳定性数据，录波 2min。

（2）机组甩负荷试验：按调速器 A 套控制器带 40MW+40Mvar、调速器 B 套控制器带 40MW+40Mvar、调速器 B 套控制器带 85MW+40Mvar、调速器 A 套控制器带 130MW+

40Mvar、调速器 A 套控制器带 170MW+60Mvar、调速器 B 套控制器带 170MW+60Mvar 甩负荷至空载进行，并记录过程的各种参数变化曲线，记录各部瓦温的变化情况，测量机组最高转速和蜗壳最大压力、尾水最低压力。由机组解列开始至不超过机组转速摆动规定值（±0. 15%的额定转速）为止的调节时间不超过 $30T_W=30\times3.06s=92s$。待指挥人员发出预备甩负荷命令后，投 TG-2000 调速器试验仪。当发电机出口断路器跳闸后，注意观察导叶步进电机动作情况。

（3）甩负荷试验通过拉开试验机组出口断路器进行，由运行人员按试验指挥长命令在中控室操作。

（4）机组甩 25% P_e 额定负荷时，记录接力器不动时间，应不大于 0. 2s，该时间按转速开始上升起计算；甩 50% P_e 额定负荷时，检查机组转速上升趋势；甩 75% P_e 额定负荷时，检查两段关闭趋势。

（5）甩当前最大负荷或 100% P_e 时，检验水轮机调速器系统的动态调节性能，校核导叶接力器分段关闭规律、转速上升率、蜗壳水压上升率等，均应符合设计要求，导叶从第一次开启至转速稳定的时间符合规程要求。甩 100%额定负荷时，超过额定转速 3%以上的波峰不得超过两次；机组解列后，机组转速上升值最高不得超过额定转速的 150%（即 75Hz）。

（6）恢复试验接线至正常运行接线，检查调速器运行状态正常，检查参数及备份。

（7）停机后，做好安全措施，对发电机组重要部位进行详细检查。

（三）试验结果与分析

以葛洲坝电站某 170MW 机组甩负荷试验为例，机组甩负荷试验中甩负荷前、甩负荷时摆度对比如图 5. 1-16 所示，机组甩负荷试验中甩负荷前、甩负荷时振动对比如图 5. 1-17 所示，机组甩 25%负荷时转速、抬机量、水压趋势如图 5. 1-18 所示，接力器不动时间如图 5. 1-19 所示，机组甩 50%负荷时转速、抬机量、水压趋势如图 5. 1-20 所示，机组甩

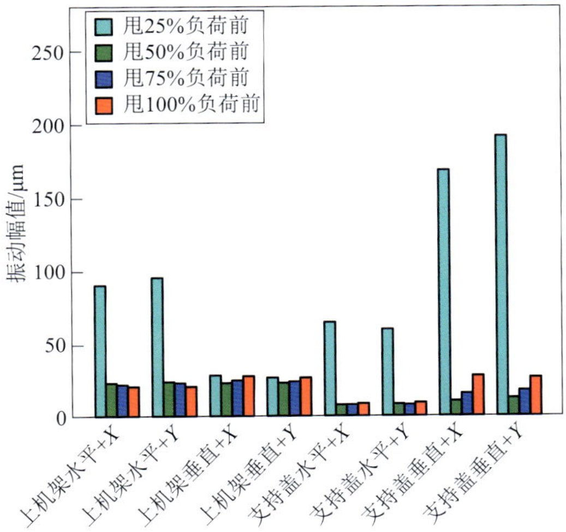

（a）甩负荷前

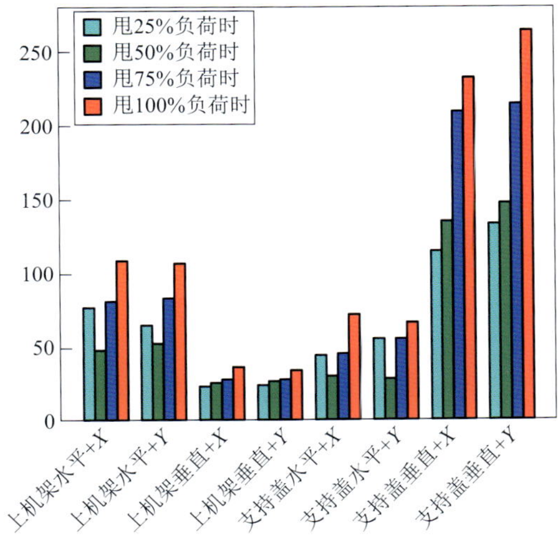

（b）甩负荷时

图 5. 1-16 甩负荷前、甩负荷时振动对比

75%负荷时转速、抬机量、水压趋势如图 5.1-21 所示，机组甩 100%负荷时转速、抬机量、水压趋势如图 5.1-22 所示，机组甩 100%负荷时分段关闭规律如图 5.1-23 所示。

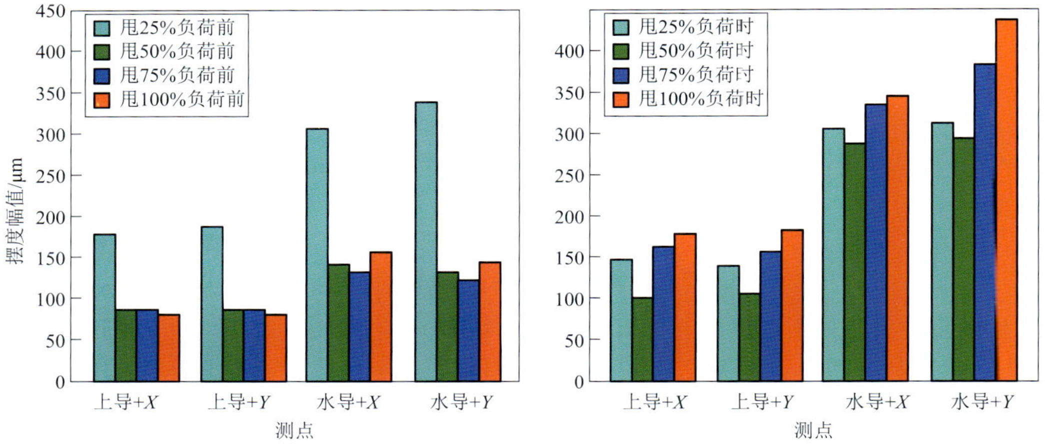

（a）甩负荷前　　（b）甩负荷时

图 5.1-17　1 号机组甩负荷试验中甩负荷前、甩负荷时摆度对比

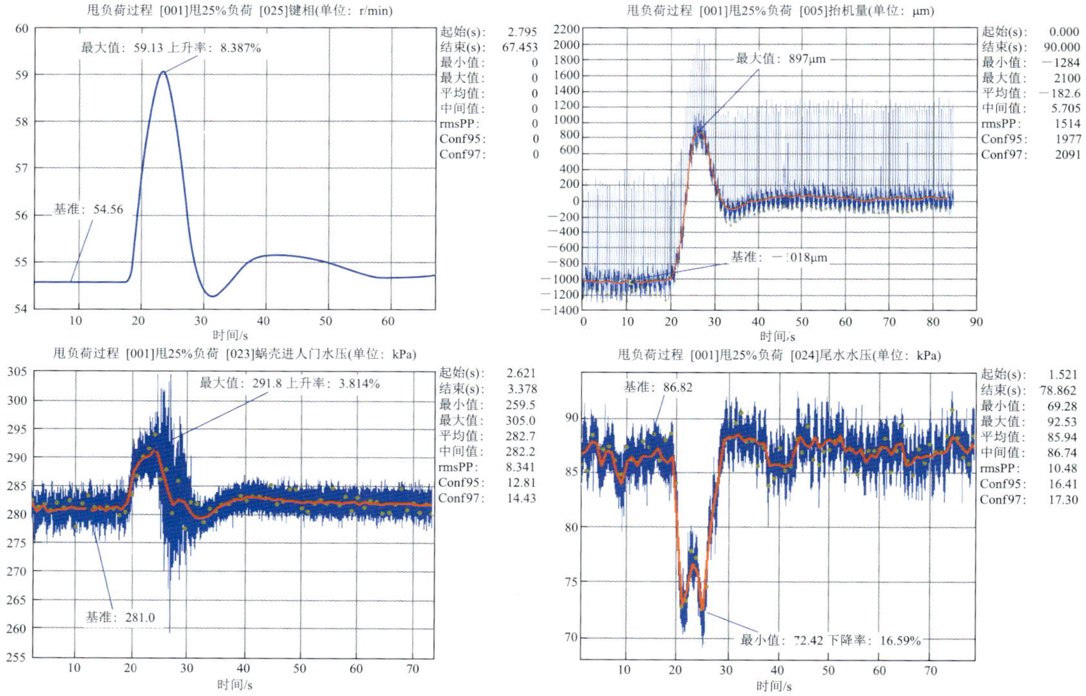

图 5.1-18　机组甩 25%负荷时转速、抬机量、水压趋势

甩负荷试验结果：接力器不动时间大约为 0.16s，满足规范要求（DL/T 507—2014 要求不大于 0.2s）；甩最大负荷时，最大转速 73.56r/min，转速上升率为 34.77%，抬机量最大为 2045μm，甩负荷试验通过。

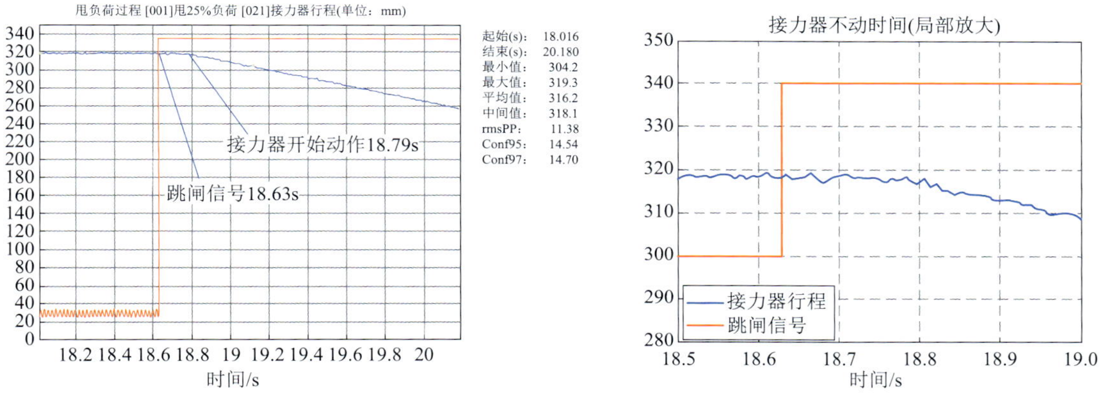

图 5.1-19　接力器不动时间

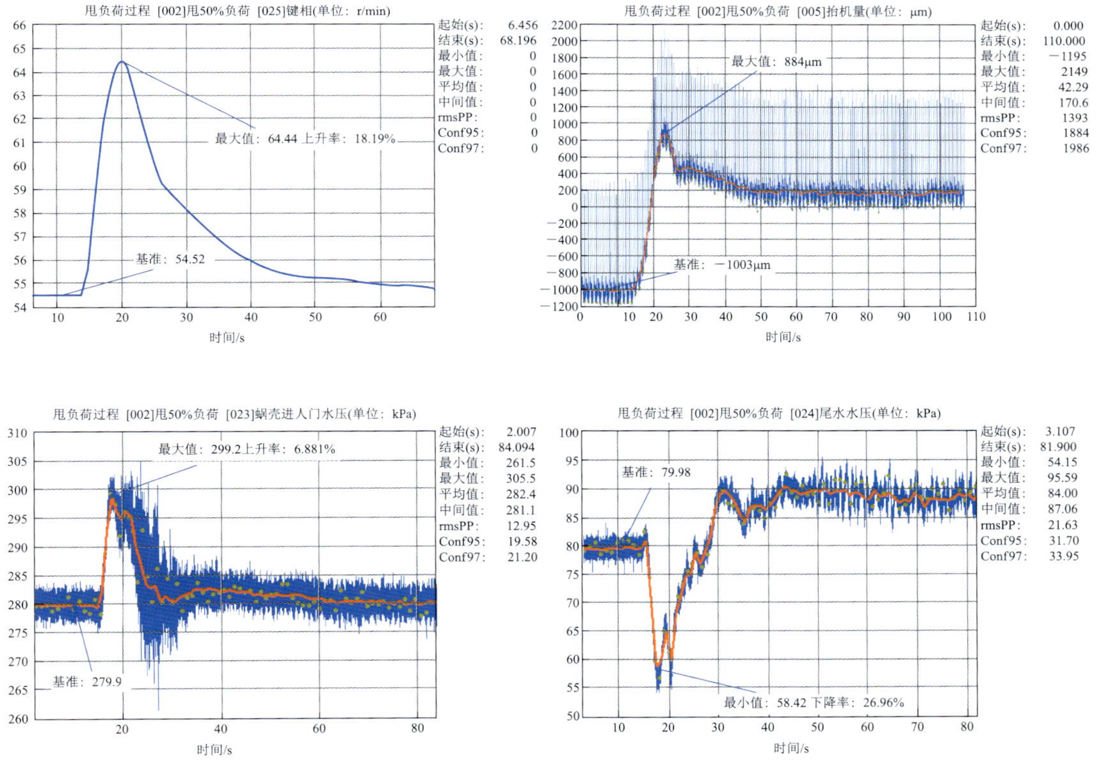

图 5.1-20　机组甩 50% 负荷时转速、抬机量、水压趋势

以葛洲坝电站某 170MW 机组变负荷试验为例，机组变负荷时轴承摆度趋势如图 5.1-24 所示，变负荷时上机架振动趋势如图 5.1-25 所示，变负荷时定子铁心水平振动趋势如图 5.1-26 所示，变负荷时支持盖振动趋势如图 5.1-27 所示，变负荷时蜗壳进人门压力脉动趋势如图 5.1-28 所示，变负荷时尾水管压力脉动趋势如图 5.1-29 所示。

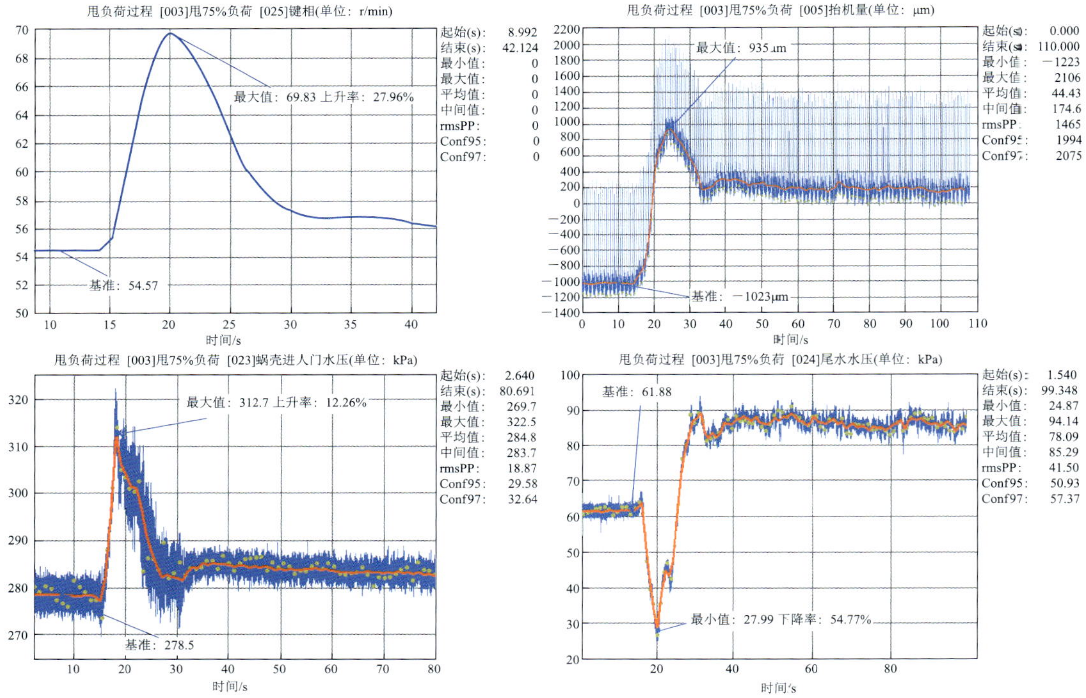

图 5.1-21　机组甩 75% 负荷时转速、抬机量、水压趋势图

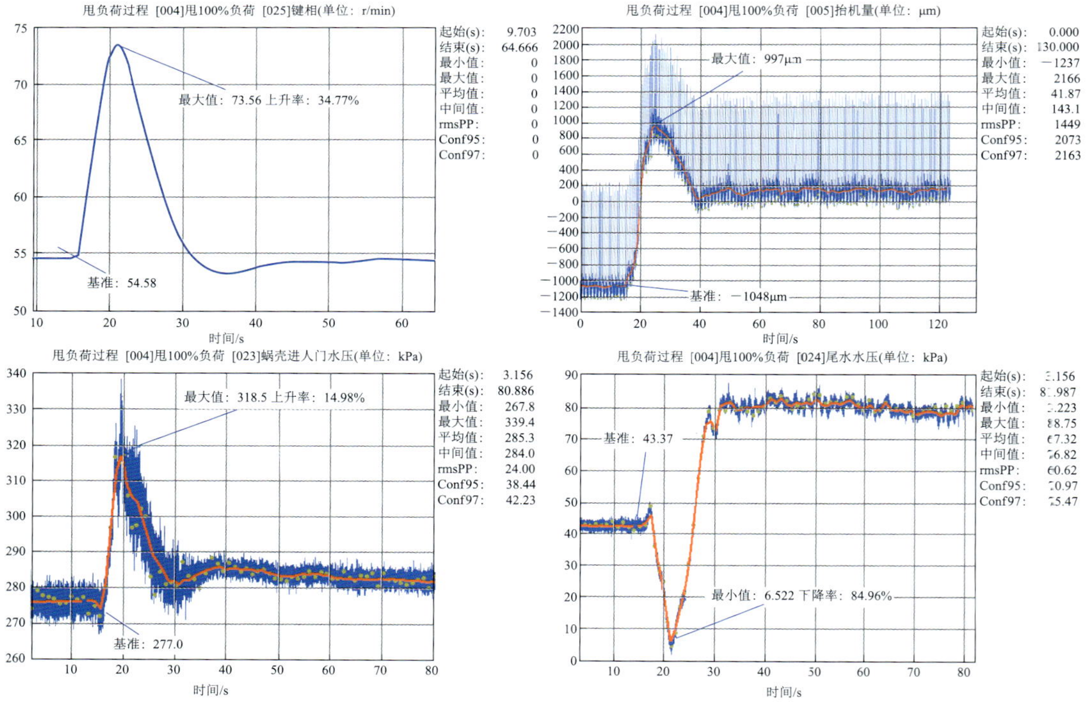

图 5.1-22　机组甩 100% 负荷时转速、抬机量、水压趋势图

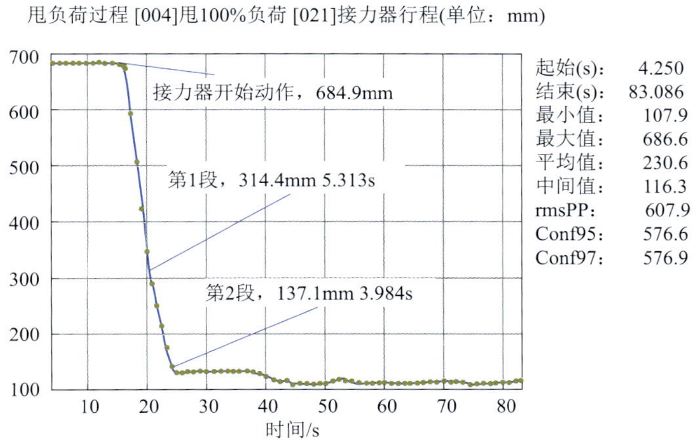

图 5.1-23　机组甩 100% 负荷时分段关闭规律

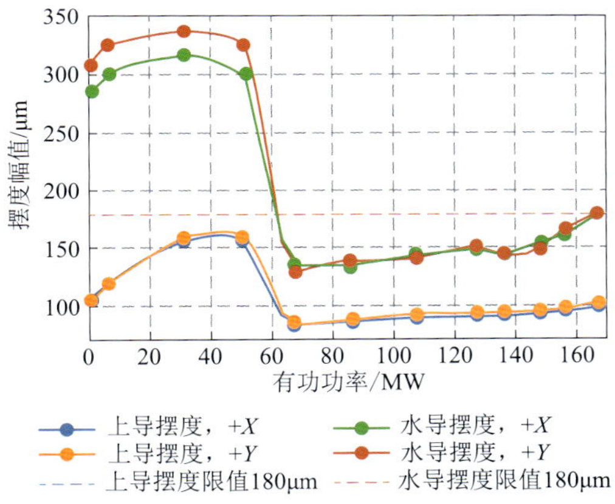

图 5.1-24　机组变负荷时轴承摆度趋势

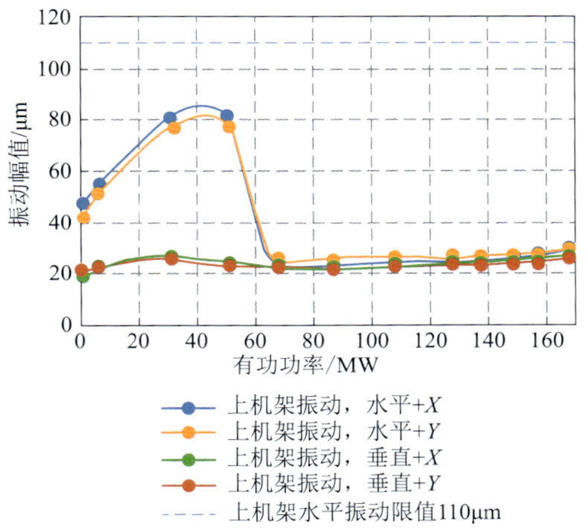

图 5.1-25　机组变负荷时上机架振动趋势

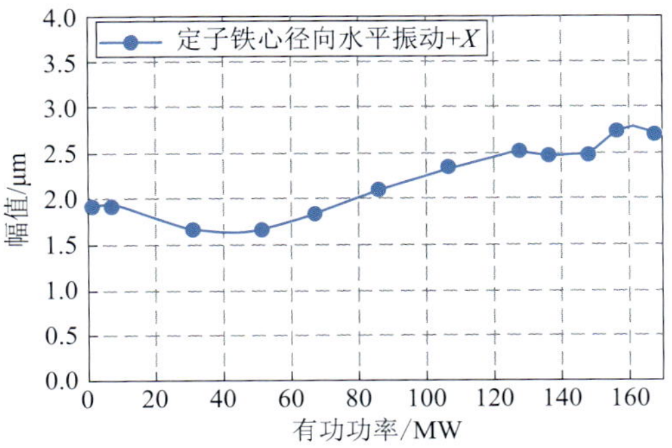

图 5.1-26　机组变负荷时定子铁心水平振动趋势

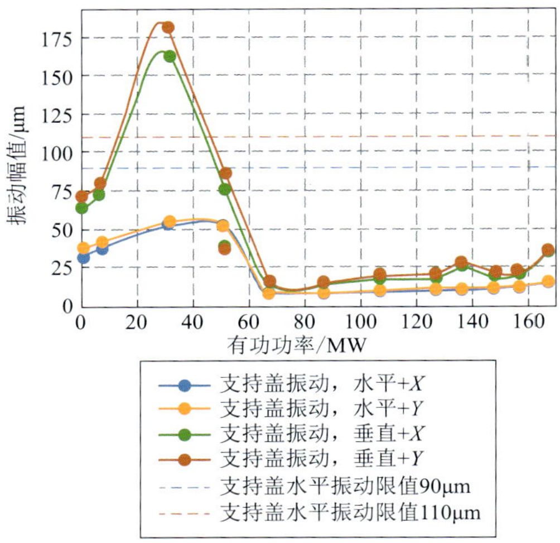

图 5.1–27　机组变负荷时支持盖振动趋势

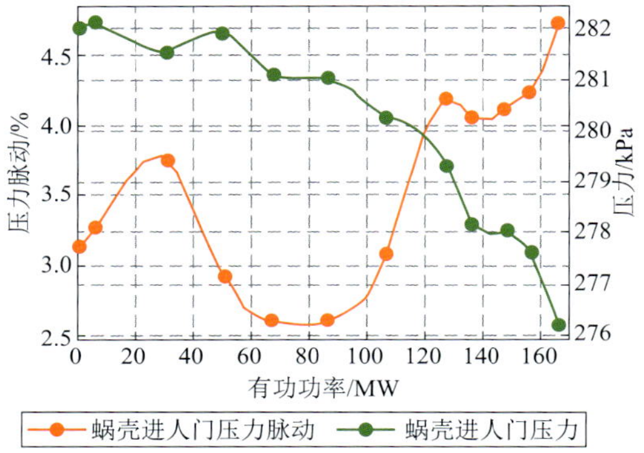

图 5.1–28　机组变负荷时蜗壳进人门压力脉动趋势

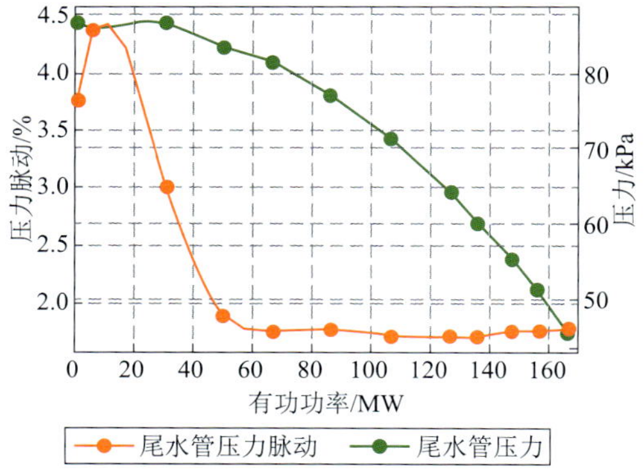

图 5.1–29　机组变负荷时尾水管压力脉动趋势

变负荷试验结果：

（1）上导摆度幅值满足国家标准限值要求，水导摆度在 $P>60$MW 后满足国家标准限值要求（上导限值 180μm，水导限值 180μm）。导轴承摆度最大值出现在 $P=20\sim60$MW 负荷范围内。当 $P>60$MW 后，上导摆度幅值维持在 100μm 以内，水导摆度幅值逐渐从 130μm 增加至 180μm。水导轴承间隙优化调整后，在 $P=120$MW 工况下，上导摆度幅值略有增加（从 93μm 增加至 118μm），水导摆度幅值明显下降（从 150μm 下降至 90μm）。

（2）上机架水平振动幅值均在国家标准限值（110μm）要求范围内，上机架垂直振动幅值均维持在 25μm 左右。上机架水平振动幅值在 $P=0\sim60$MW 负荷范围内呈现单驼峰趋势，最大值约为 85μm；当 $P>60$MW 后，上机架水平振动幅值维持在 28μm 左右。

（3）定子铁心水平振动幅值呈现先减小后增大的趋势。定子铁心水平振动幅值在 $P=0\sim50$MW 负荷范围内呈现缓慢下降趋势，最小值约为 1.66g；当 $P>50$MW 后，定子铁心水平振动幅值整体随着负荷增大而逐渐增大，最大值为 2.75g。

（4）支持盖水平振动幅值均满足国家标准限值（90μm）要求，支持盖垂直振动幅值在 $P>50$MW 后满足国家标准限值（110μm）要求。当 $P=0\sim50$MW 时，支持盖水平和垂直振动幅值存在单驼峰上凸的现象，水平振动幅值在 $P=40$MW 工况下达到最大值 55μm，垂直振动幅值在 $P=30$MW 工况下达到最大值 181μm。

（5）蜗壳进人门处压力脉动幅值在 $P=0\sim60$MW 负荷范围内呈现单驼峰趋势，在 $P=30$MW 工况下达到最大值 3.75%。当 $P>60$MW 后，压力脉动整体呈现随负荷增加而逐渐增大的趋势，当 $P=167$MW 时达到最大值 4.73%。

（6）尾水管处压力脉动幅值在 $P=0\sim60$MW 负荷范围内呈现单驼峰趋势，在 $P=10$MW 工况下达到最大值 4.40%。当 $P>60$MW 后，压力脉动幅值整体趋于平稳，约为 1.74%。

试验各项数据满足国家标准要求，试验通过。

第二章　水轮发电机投运后试验

第一节　水轮发电机组性能试验

根据 GB/T 7894—2009《水轮发电机基本技术条件》规定，水轮发电机组性能试验是对新安装的发电机的电气性能和机械性能进行全面试验，以确定其是否符合基本技术条件和文件相关要求。

葛洲坝电站 170MW 机组发电机改造后，在合同保证期内进行了性能试验。主要进行的性能试验项目有：发电机参数测定、发电机温升试验、发电机损耗及效率试验。

一、发电机参数测量试验

（一）试验目的

为了验证发电机设计、制造、安装质量、提供发电机保护设定的实测参数以及检验是否满足国家电网要求，发电机在增容改造投运后需要对发电机参数进行测量。

（二）试验原理及方法

水轮发电机主要参数名称及试验方法见表 5. 2-1。

表 5. 2-1　发电机参数试验方法

试验方法	可测量参数的名称及符号
电压恢复法	直轴瞬变电抗 X'_d、直轴瞬变开路时间常数 T'_{do}
任意位置静测法	直轴超瞬变电抗 X''_d、交轴超瞬变电抗 X''_q
负载试验测定功角法	交轴同步电抗 X_q
三相突然短路试验	直轴瞬变电抗 X'_d、直轴超瞬变电抗 X''_d、电枢短路时间常数 T_a、直轴瞬变短路时间常数 T'_d、直轴超瞬变短路时间常数 T''_d
两相对中性点稳态短路法	零序电抗 X_0
两相稳态短路试验	负序电抗 X_2
空载试验	全谐波畸变量 THD
突然甩负荷法	飞轮力矩 GD^2

1. 电压恢复试验测定 X'_d 和 T'_{do}

超瞬变电抗 X''_d、X''_q 是发电机突然短路瞬间由短路电流起始值所决定的定子电抗；瞬变电抗 X'_d、X'_q 是减掉超瞬变分量的短路电流分量的起始值所决定的定子电抗。

T'_{do} 为定子绕组开路时直轴瞬变时间常数，是指发电机在额定转速和额定电压下运行，但运行条件突然变化时，由直轴磁通所产生的开路定子电压中暂态分量衰减快慢的时间参数。

试验时将三相定子绕组短路，再将被试电机拖动到额定转速，然后增加励磁电流，使其相当于空载特性曲线直线部分的某一电压（通常不高于 0.7 倍额定电压）时的励磁电流。

试验接线如图 5.2–1 所示，发电机励磁变压器采用外接电源。用短路排在试验用真空断路器的外侧将出线三相稳态短路。短路排截面积应能保证足够的载流量。

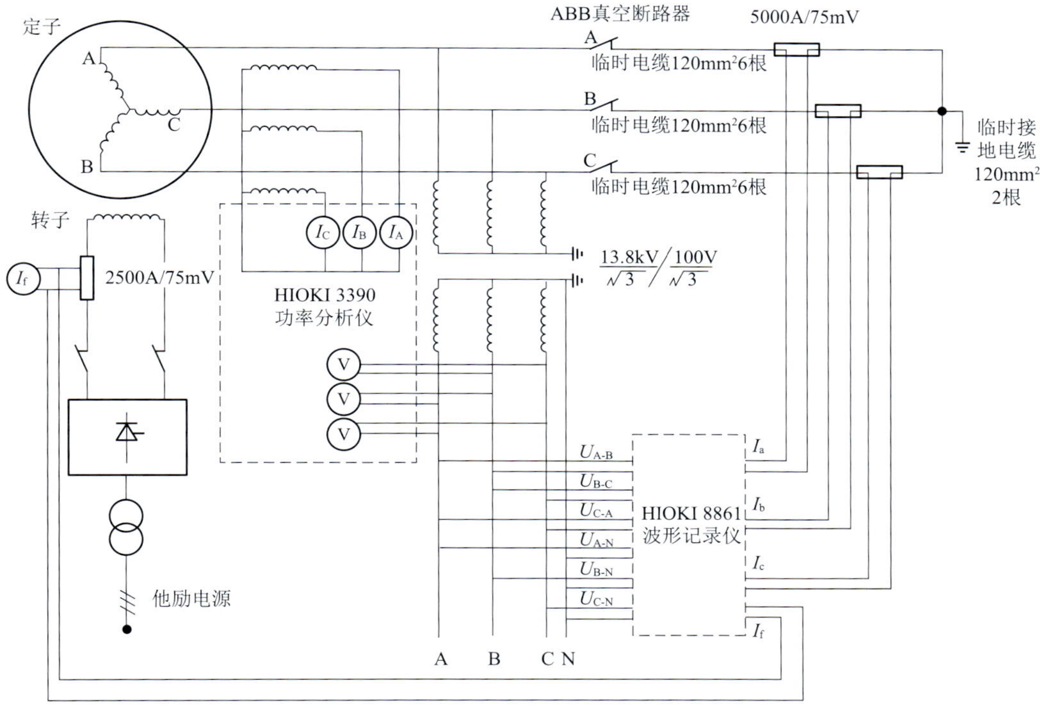

图 5.2–1　电压恢复试验接线图

退出发电机过负荷保护、差动保护、匝间保护、过压保护、零序保护、负序保护、失磁保护、失步保护、过励保护，发电机其他保护正常投入。

使试验用真空断路器处于闭合位置。发电机励磁调节器放在手动控制位置。

启动机组，使发电机达到额定转速。手动调节励磁电流，使励磁电流为发电机定子空载电压 $0.2U_N$、$0.3U_N$ 对应的值，量取定子短路电流 I_k。

断开真空断路器，记录此时刻直至定子电流稳定后这一期间任一定子电压及定子电流的变化波形。电流稳定后，读取三相定子电压和励磁电流的稳定值。

在半对数坐标纸上作出瞬态电压与稳态电压的差值电压曲线，并求出 $\Delta U'_0$。直轴瞬变电抗 X'_d 可用下式求得：

$$X'_d=\frac{U_{(\infty)}-\Delta U'_{(0)}}{\sqrt{3}I_k} \tag{5.2-1}$$

式中：$\Delta U'_{(0)}$——瞬变电压分量初始值；

$U_{(\infty)}$——稳态电压；

I_k——电枢断开前的电枢电流；

Z_n——额定阻抗。

电枢绕组开路时的直轴瞬变时间常数 T'_{do}是瞬变电压分量自初始值 $\Delta U'_{(0)}$ 衰减到 $0.368\Delta U'_{(0)}$ 时所需要的时间。

2. 任意位置静测法测定 X''_d和 X''_q

按图 5.2-2 所示接线图接好线，发电机转子保持静止，磁场绕组接交流电流表。通过调压器在发电机任意两相定子绕组上加一交流电压，使电流达到 50A、100A、150A…接近调压器能达到的极限电流值或最大值等测试点，升压过程中，同时测量定子电压 U、电流 I、功率 P 及转子电流 I_z。然后依次更换另外两相绕组重复上述过程。

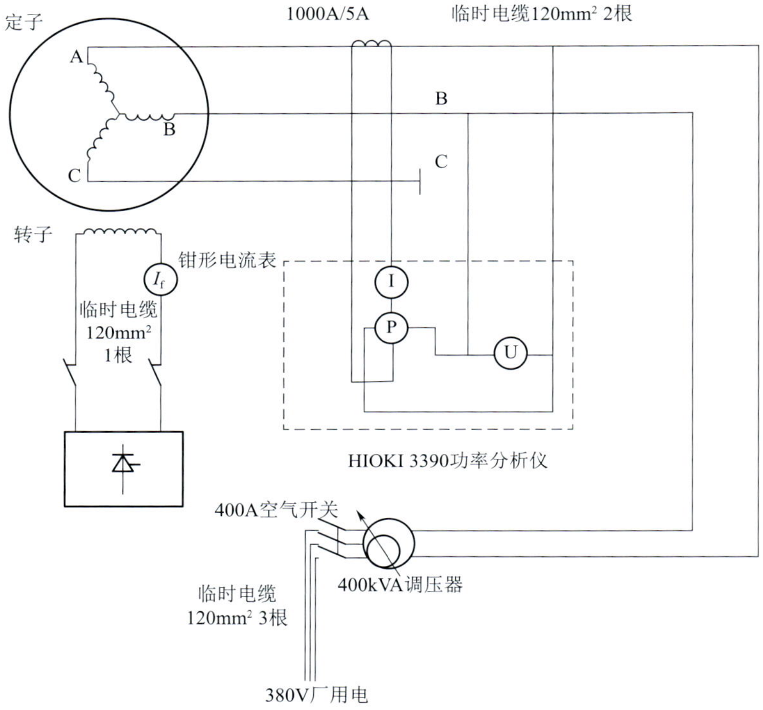

图 5.2-2 转子任意位置静测法接线图

根据测量结果用下面的公式计算出次暂态电抗值：

$$X=\sqrt{Z^2-R^2} \tag{5.2-2}$$

$$Z=\frac{U}{2I} \tag{5.2-3}$$

$$R=\frac{P}{2I^2} \tag{5.2-4}$$

$$X_{med}=\frac{X_{AB}+X_{BC}+X_{CA}}{3} \tag{5.2-5}$$

$$X''_d = X_{med} \pm \Delta X \tag{5.2-6}$$

$$\Delta X = \frac{2}{3}\sqrt{X_{AB}(X_{AB}-X_{BC})+X_{BC}(X_{BC}-X_{CA})+X_{CA}(X_{CA}-X_{AB})} \tag{5.2-7}$$

$$X''_q = X_{med} \pm \Delta X \tag{5.2-8}$$

ΔX 前的±号由下述方法确定：如测得的三次励磁回路电流中最大值与测得的最大电抗值相对应时取“+”号，与最小电抗值相对应时取“-”号；如测得的三次励磁回路电流中最小值与测得的最大电抗值相对应时取“+”号，与最小电抗值相对应时取“-”号。

3. 负载试验测定功角法测定 X_q

该试验可合并在发电机温升试验中同步完成，试验接线如图 5.2-3 所示，记录发电机在 100% P_N 温升工况下的视在功率、有功功率、功率因数、电枢电压、电枢电流和负载功角。按照下式可计算出交轴同步电抗 X_q 的饱和值。

$$X_q = \frac{U\tan\delta}{\sqrt{3}I(\cos\varphi - \sin\varphi\tan\delta)} \tag{5.2-9}$$

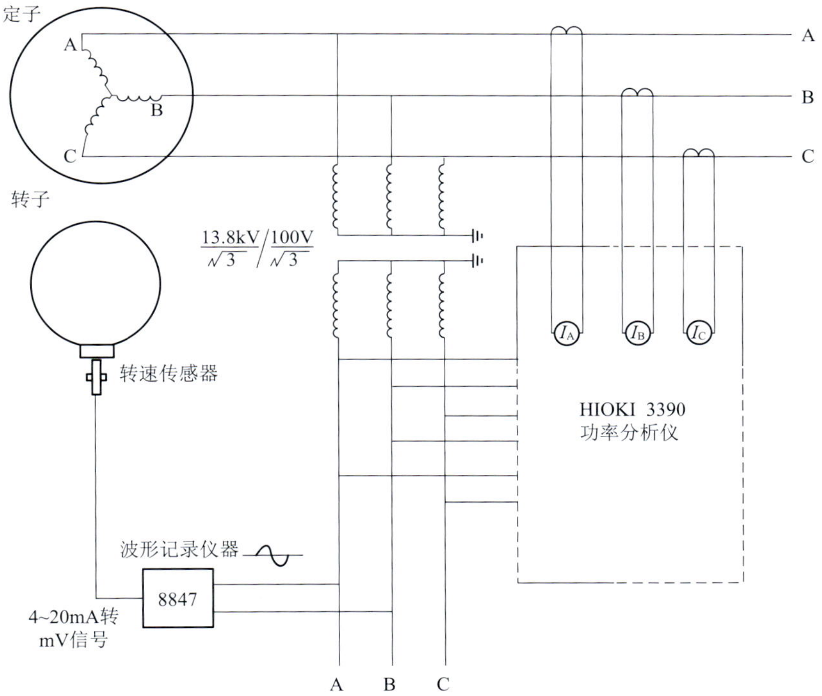

图 5.2-3　功角法测饱和交轴同步电抗接线图

4. 三相突然短路试验测定 X'_d、X''_d、T_a、T'_d、T''_d

电枢短路时间常数 T_a 是定子电流直流分量衰减时间常数，是表征发电机在额定转速和一定电压下运行中，定子绕组突然短路时，短路电流中直流分量衰减快慢的时间参数。

直轴瞬变时间常数 T'_d是定子绕组短路时纵轴暂态时间常数，是表征发电机在额定转速和一定电压下运行，定子绕组突然短路、阻尼绕组开路（或无阻尼作用）时，定子电流中纵轴暂态分量衰减快慢的时间参数。

直轴超瞬变时间常数 T''_d是定子绕组短路时纵轴次暂态时间常数，是表征发电机在额定转速和一定电压下运行，转子阻尼绕组和励磁绕组闭路，当定子绕组突然短路，在阻尼作用下，定子电流中纵轴次暂态分量衰减快慢的时间参数。三相突然短路试验接线图如图 5.2-4 所示。

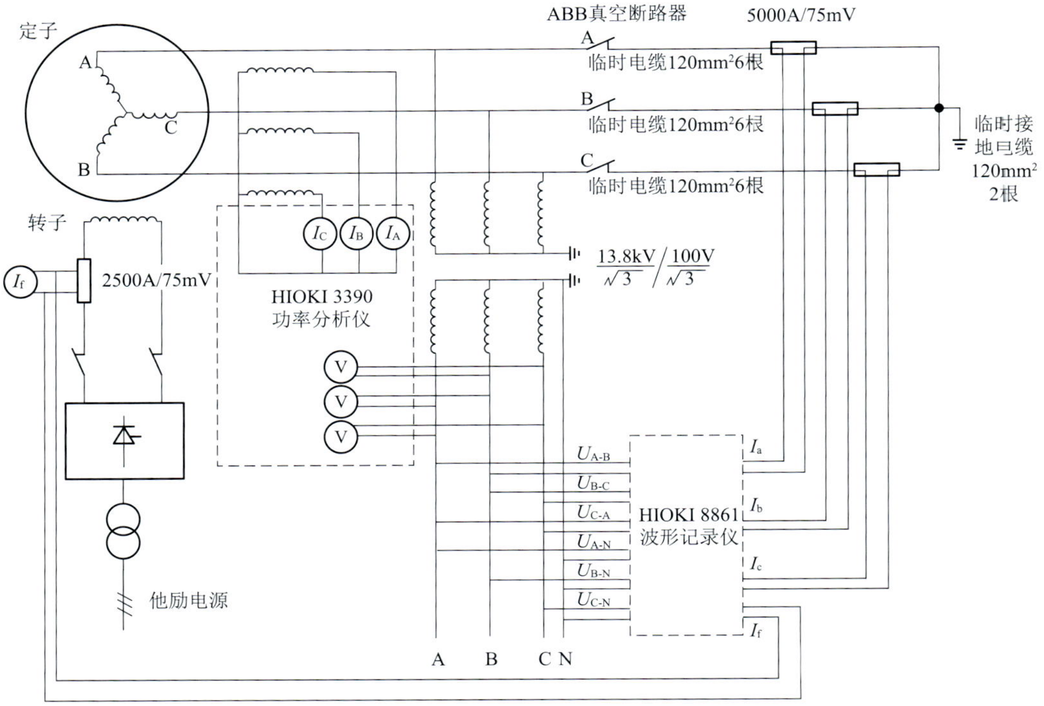

图 5.2-4　三相突然短路试验接线原理图

用短路排在试验用真空断路器外侧将出线三相稳态短路，短路排截面积应能保证载流量。发电机所有电气保护退出。

使试验用真空断路器处于断开位置。发电机励磁调节器放在手动控制位置。

启动机组，使发电机达到额定转速。再逐渐增大励磁电流，使发电机定子电压分别为剩磁对应的电压、0. 2U_N、0. 3U_N（这些电压值的选择应根据试验情况加以调整，以防止试验事故），为了计算试验参数，励磁电流大小以固定晶闸管的导通角控制，以满足试验过程中恒定的励磁电压，记录此时的励磁电流和定子电压。

突然合上试验用真空断路器，发电机保持额定转速。记录此时刻直至定子电压稳定后这一期间定子电压、定子电流和励磁电流的变化波形。电压稳定后，读取三相定子电流和励磁电流的稳定值。

该试验中，在额定转速和空载电压为 0. 2U_N 或 0. 3U_N 下进行的三相突然短路试验测量的是发电机参数的不饱和值。若要测量参数的饱和值，则应在额定电压下进行三相突然短路试验，由于该试验将产生很大的电动力而危害设备安全，所以不宜在现场进行，只能作为考核发电机机械强度的型式试验项目。进行该试验时，被试发电机应由配套的励磁机供给励磁且励磁机必须是他励的。记录短路电流波形时宜采用无感分流器，分流器的额定电流应大于被试发电机定子额定电流值。突然短路时，应使三相尽可能同时合闸。

5. 两相对中性点稳态短路法测定 X_0

在正向同步旋转、励磁绕组短接、定子绕组上加一组对称的零序电压时，同步发电机所表现的电抗称为零序电抗 X_0。

由于三相零序电流所产生的脉振磁势幅值相同，时间上同相位，空间相差 120°电角度，所以三相零序基波合成磁势为零。也就是说，零序电流将不形成基波旋转磁势，零序磁场只是漏磁场，因此零序电抗属于漏抗的性质。

零序电抗的大小与绕组的节距有关。整距时，零序电抗和定子漏抗基本相当；当节距为 T 时，零序槽漏磁接近于零，此时零序电抗将接近于定子绕组的端部漏抗值。

由于零序电流基本不产生旋转磁场，所以零序阻抗的大小与转子结构基本无关，零序电阻近似等于定子电阻。

测量零序电抗 X_0 常用两相对中性点稳态短路法，试验接线如图 5.2-5 所示。将发电机任意两相出线用短路排短路，再用电缆将短路排和中性点相连。发电机采用他励方式，除发电机定转子一点接地保护正常投入外，退出发电机其他保护。转子以额定转速旋转，调节励磁电流使流至中性点的短路电流为（0.05～0.2）I_N，测量试验中对应的 U_0、I_0 和 P_0。

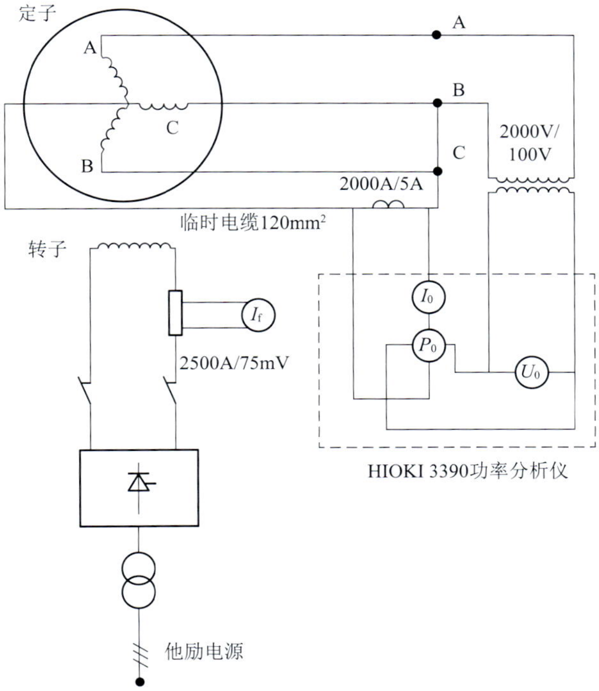

图 5.2-5　两相对中性点短路法试验接线图

忽略谐波影响时用下式计算出 X_0 值：

$$X_0 = \frac{U_0}{I_0} \tag{5.2-10}$$

考虑谐波影响时用下式计算出 X_0 值：

$$X_0 = \frac{U_0^2}{Q}\left(\frac{Q^2}{P^2 + Q^2}\right) \tag{5.2-11}$$

测量零序电抗试验中，由于负序磁场的存在，可能产生转子局部过热现象，所以应尽量缩短试验时间。由于试验时功率因数较小，试验中应采用低功率因数功率表。试验时需加的励磁电流很小，为调节稳定，试验前应在励磁绕组回路中串联附加电阻。

6. 两相稳态短路法测定 X_2

同步发电机正向同步旋转，励磁绕组短接，在定子绕组端部加上一组对称的负序电压，使定子绕组中流过负序电流时，同步发电机所表现的电抗称为负序电抗 X_2。

装有阻尼绕组的水轮发电机负序电抗标幺值的平均值为 0.24，没有阻尼绕组的水轮发电机负序电抗标幺值的平均值为 0.42。

通常采用两相稳态短路法测定负序电抗 X_2，试验接线如图 5.2-6 所示。

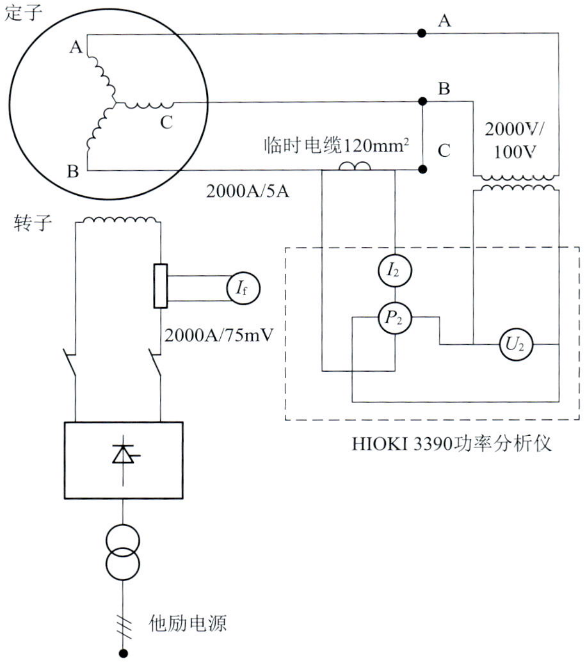

图 5.2-6 两相稳态短路法试验接线图

将发电机出线任意两相短路，使机组在额定空载电压下运行，发电机采用他励方式，手动调节励磁电流，使定子短路电流为（0.05~0.2）I_N，同时读取短路相与开路相之间的电压 U_k、短路电流 I_k 及有功功率 P_k，试验时间不超过 5min。

忽略谐波影响时用下式计算出负序电抗 X_2 值：

$$X_2 = \frac{P}{\sqrt{3}I^2} \tag{5.2-12}$$

两相稳态短路法测得的负序电抗 X_2 为不饱和值。采用两相稳态短路法测量无须外接电源，故简单方便，并且具有足够的精确度。由于负序电流导致转子发热，试验时短路电流应限制在 $0.15I_N$ 以内，试验时间不宜超过 5min。如试验未完成，应降低励磁电流待发电机冷却一段时间后再重新进行试验。

7. 全谐波畸变量 THD 测定

发电机全谐波畸变量是发电机重要性能指标，它直接反映电压波形的谐波情况。该试验与效率试验中空载温升试验同时进行，接线如图 5.2-7 所示。

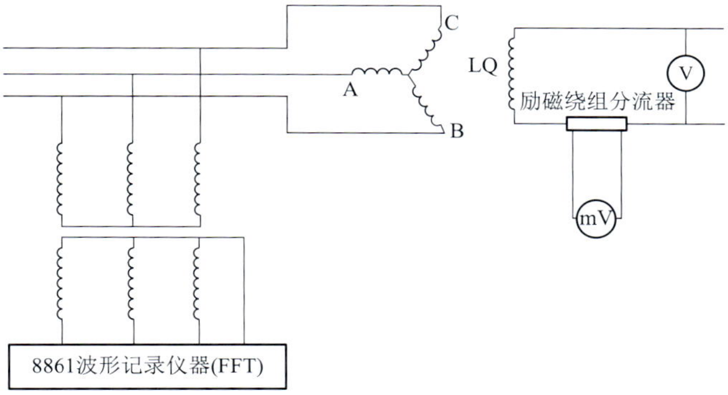

图 5.2-7　定子电压波形测量接线图

发电机以额定电压、额定转速空载运行，记录发电机定子线电压 U_{AB}、U_{BC}、U_{AC} 波形，并分别进行 FFT 分析。

全谐波畸变量

$$THD = \frac{\sqrt{U_2^2 + U_3^2 + U_4^2 + \cdots + U_n^2}}{U_1} \times 100\% \tag{5.2-13}$$

8. 突然甩负荷法测定发电机飞轮力矩 GD^2

水轮发电机飞轮力矩是发电机转动部分的重量与其惯性直径平方的乘积，它对电力系统的暂态过程和动态稳定影响很大，直接影响到各种工况下突然甩负荷时机组的速率上升及输水系统的压力上升。现场采用突然甩负荷法确定发电机飞轮力矩 GD^2，试验接线图如图 5.2-8 所示。

机组并网运行，调节试验工况至（0.2~0.3）P_N；记录甩负荷前有功功率、无功功率、转速；机组甩负荷，发电机调速器退出运行；记录甩负荷转速上升曲线。

（三）试验结果与分析

葛洲坝电站 170MW 机组发电机改造后额定电压为 13.8kV，额定电流为 8128.3A，额定功率为 170MW，额定励磁电流为 2002.09A，投运后进行参数测量试验。现场试验时，使用不同的试验方法测量同一参数，尽管得到的结果有一定差异，测量结果与设计值也有

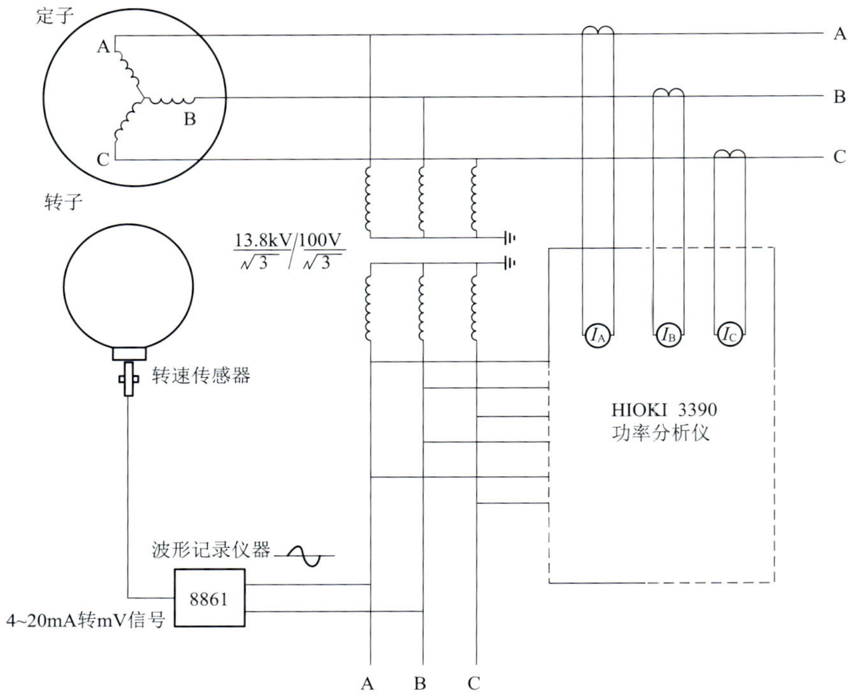

图 5.2-8　飞轮力矩试验接线图

偏差，但也验证了发电机的设计、制造、安装质量，提供了发电机保护设定的实测参数以及检验了是否满足国家电网要求。

1. 测定 X'_d 和 T'_{do} 试验结果

试验结果为：

$$U_N = 13\ 800V = 1.0p.u.$$
$$I_N = 8128.3A = 1.0p.u.$$

断开前后试验数据见表 5.2-2。

表 5.2-2　断开前后试验数据

	U_g		I_g	
	/V	/p.u.	/A	/p.u.
断开前	—	—	2503.9	0.3080
断开后	3442.0	0.2494	—	—

断开稳定前：

$$I_g(A) = 2489.1A,\quad I_g(B) = 2565.5A,\quad I_g(C) = 2457.0A$$

断开稳定后：

$$U_g(A-B) = 3442.6V,\quad U_g(B-C) = 3441.6V,\quad U_g(C-A) = 3441.9V$$

电压恢复试验参数计算曲线如图 5.2-9 所示。

$$\Delta U'(0) = 2078.0871V,\quad U(\infty) = 3442.0V$$

$$X'_d = \frac{U(\infty) - \Delta U'(0)}{\sqrt{3} I_g Z_n}$$

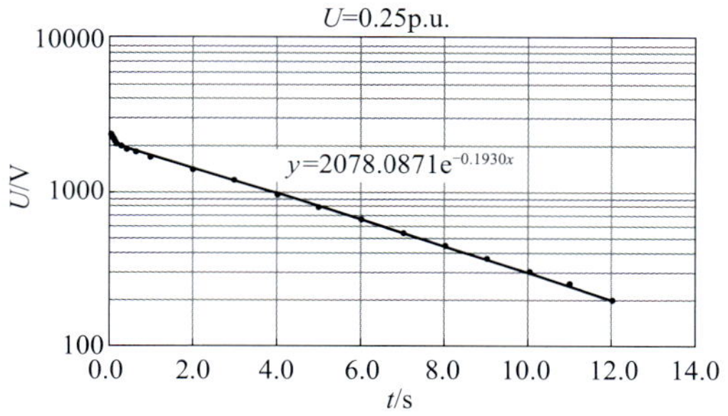

图 5.2-9　电压恢复试验参数计算曲线

$$X'_d=\frac{3442.0\text{V}-2078.0871\text{V}}{\sqrt{3}\times 2503.9\text{A}\times 0.98021\Omega}=0.3208\text{p. u.}$$

$$T'_{do}=\frac{-\ln 0.368}{0.1930}\text{s}=5.181\text{s}$$

2. 测定 X''_d 和 X''_q 试验结果

试验结果为：

额定电压：$U_N=13\ 800\text{V}$

额定电流：$I_N=8128.3\text{A}$

额定阻抗：$Z_N=\frac{U_N}{\sqrt{3}I_N}=0.98021\Omega$

阻抗：$Z''=\frac{U}{2I}$

电抗：$R''=\frac{P}{2I^2}$　或　$X''=\sqrt{Z''^2-R''^2}$

标幺值：$x''=\frac{X''}{Z_N}\text{p. u.}$

$$X_{med}=(X_{AB}+X_{BC}+X_{AC})/3$$

$$\Delta X=(2/3)\sqrt{X_{AB}(X_{AB}-X_{BC})+X_{BC}(X_{BC}-X_{AC})+X_{AC}(X_{AC}-X_{AB})}$$

$$X''_d=X_{med}\mp\Delta X$$

$$X''_q=X_{med}\pm\Delta X$$

超瞬变电抗计算值见表 5.2-3。

表 5.2-3　各工况下的超瞬变电抗计算值

	U/V	I/A	P/W	I_f/A	X''/p. u.	平均值/p. u.
AB	49.46	99.70	0.365	2.8	0.2523	0.2532
	75.65	152.22	0.849	4.6	0.2528	
	102.54	205.83	1.552	6.5	0.2534	
	126.86	254.32	2.366	8.2	0.2537	
	150.28	300.89	3.308	9.8	0.2540	

续表

	U/V	I/A	P/W	I_f/A	X''/p. u.	平均值/p. u.
BC	47. 86	100. 28	0. 389	1. 1	0. 2426	0. 2441
	71. 77	149. 88	0. 869	1. 8	0. 2434	
	96. 13	200. 10	1. 551	2. 3	0. 2442	
	120. 44	250. 23	2. 422	2. 9	0. 2447	
	144. 97	300. 30	3. 490	3. 5	0. 2455	
AC	48. 00	99. 04	0. 370	1. 7	0. 2465	0. 2479
	72. 45	148. 95	0. 838	2. 8	0. 2474	
	96. 60	198. 09	1. 484	3. 9	0. 2480	
	122. 61	251. 08	2. 383	5. 1	0. 2484	
	146. 79	299. 68	3. 399	6. 3	0. 2491	

$$X_{med}=\frac{X_{AB}+X_{BC}+X_{AC}}{3}=0.2484\text{p. u.}$$

$$\Delta X=(2/3)\sqrt{X_{AB}(X_{AB}-X_{BC})+X_{BC}(X_{BC}-X_{AC})+X_{AC}(X_{AC}-X_{AB})}=0.00528\text{p. u.}$$

$$X''_d=X_{med}+\Delta X=0.2537\text{p. u.}$$

$$X''_q=X_{med}-\Delta X=0.2431\text{p. u.}$$

$$\frac{X''_q}{X''_d}=0.9582$$

保证值：$X''_d \geqslant 0.21$p. u.，$X''_q \geqslant 0.204$p. u.（不饱和值）；$X''_d=0.2537$p. u.，$X''_q=0.2431$p. u.。

3. 测定 X_q 试验结果

试验结果为：

额定工况参数：

$$U_N=13\ 800\text{V},\quad I_N=8128.3\text{A},\quad P_N=170\text{MW},$$

$$S_N=194.3\text{MV}\cdot\text{A},\quad Z_N=0.98021\Omega$$

各工况下的测试数据及计算结果见表 5. 2-4。

表 5. 2-4 各工况下的测试数据

P/MW	U/kV	I/kA	S/(MV·A)	φ/(°)	Δ/(°)	X_q/p. u.
170. 77	13. 770	7. 522	179. 41	17. 85	24. 51	0. 605

计算得到试验结果：$x_q=0.605$p. u.

4. 测定 X'_d、X''_d、T_a、T'_d、T''_d 试验结果

试验结果为：

$U_N=13\ 800\text{V}=1.0$p. u.

$I_N=8128.3\text{A}=1.0$p. u.

短路前后试验数据见表 5. 2-5。

表 5.2-5　短路前后试验数据

工况 1	U_g（平均值）		I_g（平均值）	
	/V	/p. u.	/A	/p. u.
短路前	3439.2	0.2492	—	—
短路后	—	—	2502.1	0.3078

短路前：

$U_g(A-B)=3437.1V$，　$U_g(B-C)=3440.2V$，　$U_g(C-A)=3440.2V$

短路后：

$I_g(A)=2488.1A$，　$I_g(B)=2563.9A$，　$I_g(C)=2454.4A$

a）当用突然短路试验确定直轴瞬态电抗时，它是短路前瞬间测得的空载电压 U（0）与忽略超瞬态分量后短路电流周期性分量初始值之比。

b）当用三相突然短路试验确定直轴瞬态短路时间常数时，它是瞬态电枢电流分量自初始值衰减到 $1/\varepsilon$ 等于 0.368 倍初始值所需的时间。

c）当用三相突然短路试验确定直轴超瞬态短路时间常数时，它是超瞬态电枢电流分量自初始值衰减到 $1/\varepsilon$ 等于 0.368 倍初始值所需的时间。

d）电枢短路时间常数是按照励磁电流周期性分量自初始值衰减到 $1/\varepsilon$ 等于 0.368 倍初始值所需的时间来确定。

根据曲线，突然电流瞬变分量 $\Delta I'_k(t)$ 的衰减函数为 $y_1=3410.1436e^{-0.4990x}$，突然电流超瞬变分量 $\Delta I''_k(t)$ 的衰减函数为 $y_2=2503.0866e^{-16.4927x}$，励磁电流 $I_f(t)$ 的衰减函数为 $y_3=332.13e^{-4.714x}$。

$$U(0)=3439.2V,\quad I(\infty)=3538.5038A,$$

$$\Delta I'_k(0)=3410.1436A,\quad \Delta I''_k(0)=2503.0866A$$

$$X'_d=\frac{U(0)}{\sqrt{3}[I(\infty)+\Delta I'_k(0)]Z_n}=\frac{3439.2V}{\sqrt{3}(3538.5038+3410.1436)A\times 0.98021\Omega}=0.2915p.u.$$

$$X''_d=\frac{U(0)}{\sqrt{3}[I(\infty)+\Delta I'_k(0)+\Delta I''_k(0)]Z_n}=\frac{3439.2V}{\sqrt{3}(3538.5038+3410.1436+2503.0866A)\times 0.98021}$$

$=0.2143p.u.$

$$T'_d=\frac{\ln 0.368}{-0.4990}s=2.00335s,\quad T''_d=\frac{\ln 0.368}{-16.4927}s=0.06061s,\quad T_a=\frac{\ln 0.368}{-4.714}s=0.2121s$$

设计值：$X'_d=0.30718p.u.$，$X''_d=0.20255p.u.$，$T'_d=2.03486s$，$T''_d=0.03594s$，$T_a=0.158s$（不饱和值）

三相突然短路试验参数计算曲线如图 5.2-10 所示。

5. 测定 X_0 试验结果

试验结果为：

额定电压：$U_N=13800V$

额定电流：$I_N=8128.3A$

额定阻抗：$Z_N=\frac{U_N}{\sqrt{3}I_N}=0.98021\Omega$

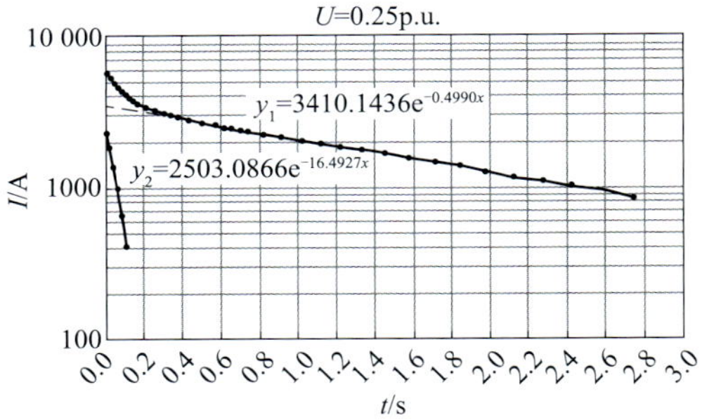

图 5.2-10　三相突然短路试验参数计算曲线

零序电抗：$X_0=\frac{U^2}{Q}\left(\frac{Q^2}{P^2+Q^2}\right)$

零序电抗标幺值：$x_0=\frac{X_0}{Z_N}$p. u.

计算结果见表 5.2-6。

表 5.2-6　零序电抗标幺值计算结果

U_0/V	I_0/A	P_0/kW	Q_0/kW	I_f/A	x_0/p. u.
104. 53	426. 05	5. 04	44. 25	24. 57	0. 2487
214. 50	970. 40	16. 70	207. 50	68. 93	0. 2248
278. 50	1293. 80	27. 10	359. 30	94. 60	0. 2190
341. 47	1619. 10	40. 40	551. 40	119. 47	0. 2146
				平均值	0. 2268

两相对中性点短路特性曲线如图 5.2-11 所示。

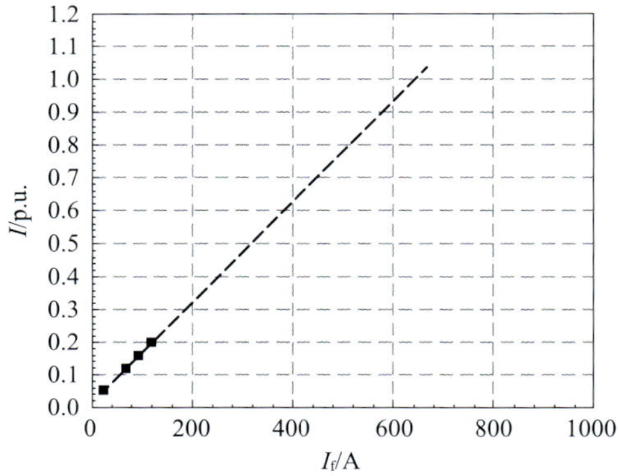

图 5.2-11　两相对中性点短路特性曲线

6. 测定 X_2 试验结果

试验结果为：

额定电压：$U_N=13\ 800$V

额定电流：$I_N = 8128.3\text{A}$

额定阻抗：$Z_N = \dfrac{U_N}{\sqrt{3}I_N} = 0.980\ 21\Omega$

负序阻抗：$Z_2 = \dfrac{U_2}{\sqrt{3}I_2}$

负序电抗：$X_2 = \dfrac{P_2}{\sqrt{3}I_2^2}$

负序电抗标幺值：$x_2 = \dfrac{X_2}{Z_N}\text{p. u.}$

负序电阻标幺值：$r_2 = \sqrt{z_2^2 - x_2^2}$

负序电抗标幺值计算结果见表 5. 2–7。

表 5. 2–7　负序电抗标幺值计算结果

U_2/V	I_2/A	P_2/kW	I_f/A	z_2/p. u.	r_2/p. u.	x_2/p. u.
179. 1	430. 5	76. 9	24. 57	0. 2450	0. 0140	0. 2446
353. 5	842. 7	297. 3	68. 93	0. 2471	0. 0172	0. 2465
538. 2	1280. 7	687. 8	94. 60	0. 2475	0. 0157	0. 2470
629. 2	1500. 7	942. 3	119. 47	0. 2470	0. 0172	0. 2464
					平均值	0. 2461

计算得到：$x_2 = 0.2461\text{p. u.}$

两相稳态短路特性曲线如图 5. 2–12 所示。

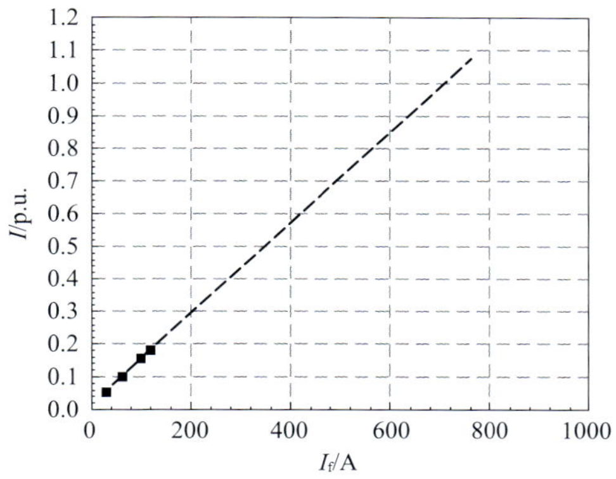

图 5. 2–12　两相稳态短路特性曲线

7. 测定全谐波畸变量 THD 试验结果

试验结果见表 5. 2–8。

表 5. 2–8　测定全谐波畸变量 THD 试验结果

	U_{AB}	U_{BC}	U_{CA}
THD	0. 615%	0. 679%	0. 827%

保证值：THD≤5%。

定子电压波形畸变量测定如图 5. 2–13 所示。

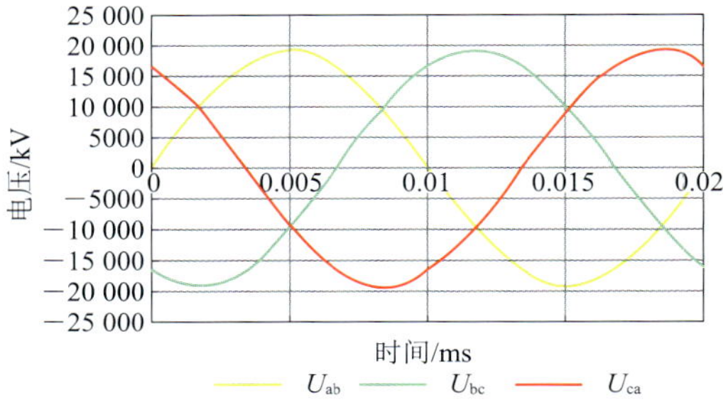

图 5. 2–13 定子电压波形畸变量测定

8. 测定飞轮力矩 GD^2 试验结果

试验结果为：

$$S_N = 194.3\text{MV}\cdot\text{A},\qquad P_N = 170\text{MW}$$

甩负荷前参数见表 5. 2–9。

表 5. 2–9 甩负荷前参数

S/(MV · A)	P/MW	n/(r/min)	n (1/s)
41. 63	41. 61	54. 67	1. 0022

$$\Delta t = 12.3\text{s},\qquad \Delta n = 14.26923\text{r/min}$$

飞轮力矩：

$$GD^2 = 4\times\left(\frac{P}{w_N\cdot\dfrac{\Delta w}{\Delta t}}\right) = 239\ 834\text{t}\cdot\text{m}^2 \tag{5. 2–14}$$

发电机甩负荷试验过程曲线如图 5. 2–14 所示。

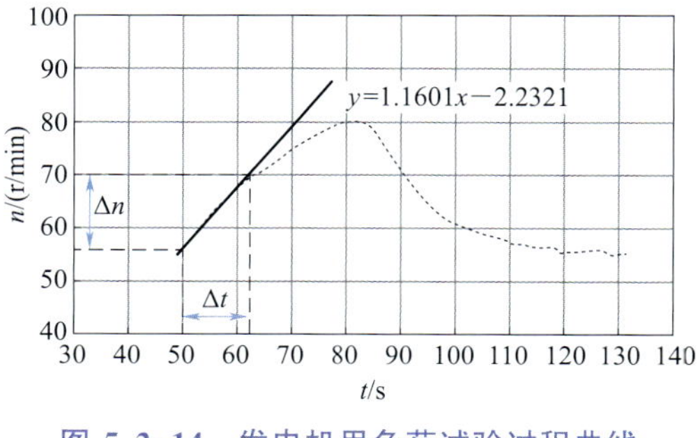

图 5. 2–14 发电机甩负荷试验过程曲线

二、发电机温升试验

（一）试验目的

通过发电机温升试验，了解发电机的额定负荷能力和过载能力，实测发电机试验中各部分的发热情况，通过测得的数据核对其是否符合制造厂技术条件或有关国家标准要求，绘制发电机在可调电压范围内的工作能力曲线，为发电机安全可靠运行提供依据。

发电机的温升可以表示发电机负载能力的大小，为提高产品的技术经济指标，发电机的温升裕度一般不宜取得过大，同时发电机的热稳定性也限制了温升的设计裕度，发电机的电磁参数、材料性能、通风结构的制造质量等都会直接或间接影响其损耗和散热冷却，可以通过温升试验检查热稳定性是否满足规范及设计要求。

（二）试验原理及方法

1. 试验原理

在 GB/T 1029—2021《三相同步电机试验方法》中推荐用空载短路法和直接负载法进行发电机温升试验。空载短路法是指发电机在定子开路及短路等状态下分别进行温升试验；直接负载法是指发电机额定运行至热稳定状态。以下采用直接负载法进行温升试验。

试验时，发电机保持在特定负荷下稳定运行 1h 后，每隔 15min 或 20min 测试一次发电机定转子电气参数与温度参数，直至发电机热稳定（在 1h 内发电机各部位温度变化不超过 2K）为止，每个负荷点发电机的运行时间（含试验时间）约为 4~5h。试验过程中，任何工况下定转子电流都不得超过额定值，定子任一点温度不应超过 120℃，转子平均温度不得超过 110℃。

如现场具备满负荷（100% P_N，$\cos\varphi=0.875$）温升条件时，只做满负荷试验工况；若达不到满负荷，需做以下 3 个工况推算出额定满负荷工况的温升，即：

工况一：平均有功功率 136MW，无功功率 40Mvar；

工况二：平均有功功率 153MW，无功功率 40Mvar；

工况三：平均有功功率为 170MW 或当时最大出力，无功功率为 60Mvar，以定转子电流都不得超过额定值为限（可能受当时电网电压限制）。

现场实际试验时采用 100% 负载温升（接近 100%，$\cos\varphi=0.8876$）的试验方法进行。

2. 测量参数和计算方法

（1）将发电机出口电流、电压互感器二次回路的三相电压和电流分别接入电量分析记录仪的电压和电流端子。将励磁回路分流器的输出接入电量分析记录仪的励磁电流端子，测量发电机定子电流、定子电压、有功功率、无功功率、功率因数等参数。

（2）转子测温：转子绕组的测温采用电阻法进行测量。

$$R_2=\frac{U_f}{I_f} \tag{5.2-15}$$

$$\theta_2=\frac{R_2-R_1}{R_1}(235+t_1)+t_1+t_2 \tag{5.2-16}$$

式中：R_1——转子绕组冷态直流电阻，Ω；

R_2——转子绕组热态直流电阻，Ω；

t_1——测量 R_1 时的绕组温度，℃；

t_2——对应于 R_1 时的冷却器出风温度平均值，℃。

（3）定子测温：发电机定子线圈和铁心在槽部的温度是利用发电机内原埋设的 RTD

测温元件，直接读取温度巡检仪的数据进行测量。

定子绕组端部绝缘外表面另加装 36 个热电偶或 PT100 的测温元件，分别加装在三相绕组每个分支的中性点的第一根线棒（运行电位处于最低，出于安全考虑）的上、下端部表面，每根线棒表面上下各装 2 个元件。

在发电机中性点连接的定子三相绕组汇流排上，每分支汇流排加装 3 个热电偶测温元件，共计 27 个。

（4）冷、热风温度测量：为测量定子冷风进风温度，试验前用铜电阻线做 4 个与空气冷却器出风口一样大小的电阻网，分别加在空气冷却器出风口处，试验中通过测电阻网电阻变化来测量平均冷风温度，计算方法与测转子温度相同。同时也记录空气冷却器上 RTD 的温度值。定子膛内热风温度直接用原装在空气冷却器上的温度传感器测量，通过读盘表来测量。

（5）滑环测温：用非接触式红外测温仪测量运行中转子滑环温度。

试验时，应尽可能冷却介质进口温度，保证发电机功率因数、定转子电压、定转子电流等参数的稳定性，在不能完全稳定的情况下，试验结果使用各参数的平均值。

（三）试验结果与分析

各部位温升要求见表 5.2-10。

表 5.2-10　各部位温升要求　（单位：K）

部位	温升
定子绕组	≤70
励磁绕组	≤70
定子铁心	≤70
集电环	≤75
水导瓦	≤75
推力瓦	≤75

由于系统无功调节限制，试验发电机无功功率未能达到额定值，额定温升根据电流损耗关系进行推算。各工况电气参数见表 5.2-11。

表 5.2-11　温升试验工况参数

试验工况	100% 负载试验	额定参数
S/(MV·A)	191.32	194.3
P/MW	169.81	170
Q/Mvar	88.31	94.06
$\cos\varphi$	0.8876	0.875
U/kV	14.051	13.8
I/kA	7.861	8.1283
U_f/V	396.77	465
I_f/A	2002.33	1990

注：当发电机各部分温度变化在最后 1h 内不超过 2K 时，则认为发电机发热已达稳定状态。

温升试验结果见表 5.2-12。

表 5.2-12　温升试验结果

温度/温升		100%负载试验	推算到额定负载工况
定子线棒温度	最高温度/℃	63.2	—
	最高温升/K	35.4	37.8
定子铁心温度	最高温度/℃	51.3	—
	最高温升/K	23.5	22.7
转子温度	平均温度/℃	59.7	—
	冷风平均温度/℃	17.48	—
	平均温升/K	42.1	42.2
空气冷却器 RTD 温度	冷风平均温度/℃	27.78	—
	热风平均温度/℃	41.07	—
空气冷却器进水温度	平均温度/℃	23.70	—
空气冷却器出水温度	平均温度/℃	26.20	—
集电环温度	最高温度/℃	81.4	—
	最高温升/K	55.2	—
滑环腔环温	最高温度/℃	29.8	—
上导瓦温	最高温度/℃	44.6	—
上导油槽油温	最高温度/℃	31.6	—
推力瓦温	最高温度/℃	62.2	—
推力油槽油温	最高温度/℃	36.8	—
水导瓦温	最高温度/℃	44.3	—
水导油温	最高温度/℃	40.7	—

额定负载工况下（推算到额定负载工况），定子线棒最高温升为 37.8K；定子铁心最高温升为 22.7K；集电环最高温升为 55.2K。定子线棒层间、铁心测点温度曲线如图 5.2-15 所示。

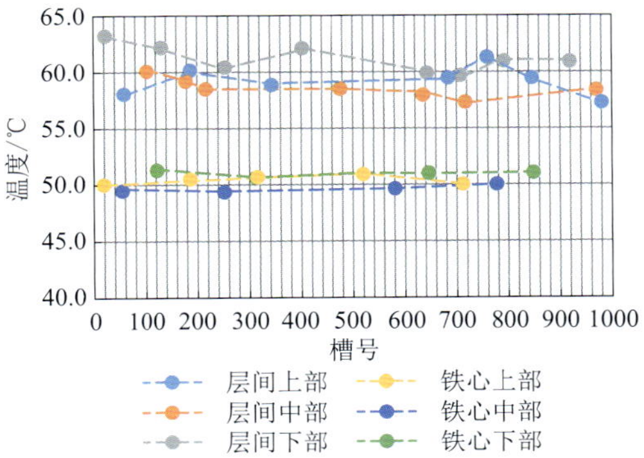

图 5.2-15　定子线棒层间、铁心测点温度曲线

其中转子温升采用电阻法进行测量，前期测得的转子直流电阻为 $R_1=0.162\ 15\Omega$，

$t_1=21.0℃$。

额定负载温升试验稳定后，测得的励磁电压为373.01V，励磁电流1999.0A，冷却器出风温度平均值为17.48℃。

$$R=\frac{373.01\text{V}}{1999.0\text{A}}=0.18660\Omega$$

$$\theta_2=\frac{0.18660\Omega-0.16215\Omega}{0.16215\Omega}(235+21.0)\text{K}+(21.0-17.48)\text{K}=42.1\text{K}$$

计算得到温升试验状态下转子绕组的平均温升为42.1K。

测得的数据符合制造厂技术条件和有关国家标准要求，为发电机安全可靠运行提供了数据依据。

三、发电机效率试验

（一）试验目的

为了确定发电机效率是否能达到设计要求，检验发电机性能，需要通过试验测定发电机在更新改造后的额定出力工况下各部分损耗和效率。

（二）试验原理及方法

发电机的效率计算公式为：

$$\eta=\left(1-\frac{\sum P}{P_{\text{out}}+\sum P}\right)\times 100\% \tag{5.2-17}$$

式中：$\sum P$——发电机的总损耗，kW；

P_{out}——发电机的输出功率，kW。

损耗可通过量热法测量，即测量冷却水和发电机外表面带走的损耗。发电机冷却水系统包括发电机冷却器、上导轴承冷却器两部分，每部分冷却水的流量和温差都分别测量。发电机外表面带走的损耗，即发电机辐射和对流散热、发电机机坑散热，可以通过热电偶等测温元件测出的温度和外表面面积求出。

在发电机各部分温升达到稳定后，冷却水带走的损耗为：

$$P_1=C_p\rho Q\Delta t \tag{5.2-18}$$

式中：C_p——冷却水的比热，kJ/(kg·K)；

ρ——冷却水的密度，kg/m^3；

Q——冷却水的流量，m^3/s；

Δt——冷却水的温升，K。

发电机外表面与周围空气对流和向厂房辐射的损耗：辐射损耗忽略不计，对流引起的损耗用下式计算。

$$P_2=hA\Delta t \tag{5.2-19}$$

式中：h——表面传热系数，$W/(m^2·K)$；

A——散热表面积，m^2；

Δt——发电机基准表面与外部环境的温度之差，K。

此外，在试验中还需要注意以下内容：

试验前，用超声波流量计测量发电机空气冷却器水管和上导轴承、下导轴承及推力轴承二次冷却水总管流量。超声波流量计安装和水路系统如图 5.2-16 和图 5.2-17 所示。

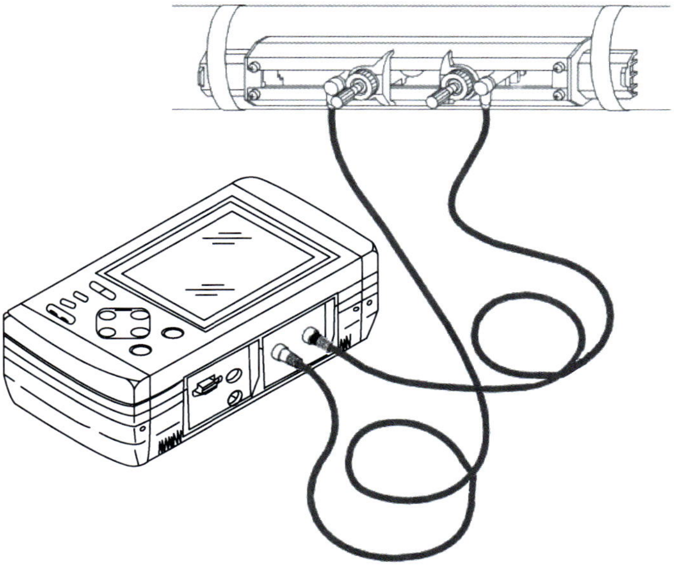

图 5.2-16　超声波流量计安装

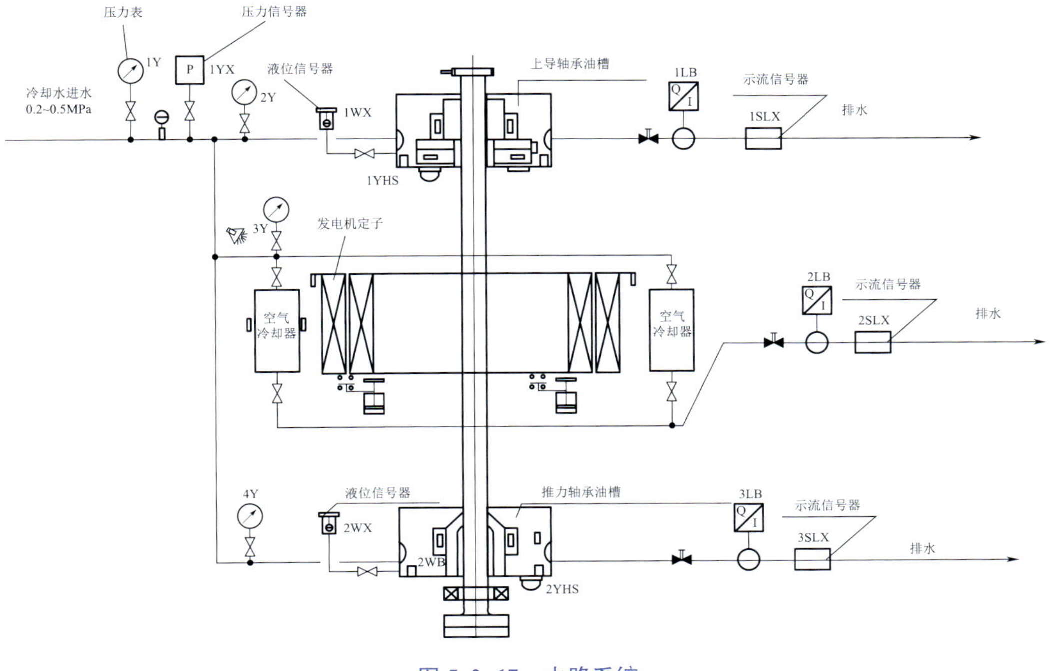

图 5.2-17　水路系统

拆下一组集电环碳刷，更换为同规格的测量碳刷，用于测量励磁电压，将信号引出，接入仪表。将励磁绕组分流器的信号引出，接入仪表。

分别在上盖板、下盖板、风洞壁面、滑环腔等部位埋设测温元件（T 型热电偶）。热电偶安装位置及数量见表 5.2－13。发电机效率试验温度测点分布总图如图 5.2－18 所示。

表 5.2－13　热电偶安装位置及数量

表面编号	表面名称	测点数量/个		测点编号	
		表面	空气	表面	空气
1	发电机上盖板	4	4	1～4	5～8
2	滑环腔外壁	4	4	9～12	13～16
	滑环腔顶面	2	2	17～18	19～20
3	风洞外壁	2	2	21～22	23～24
4	发电机下盖板	2	2	25～26	27～28
5	推力轴承	1	1	29	30

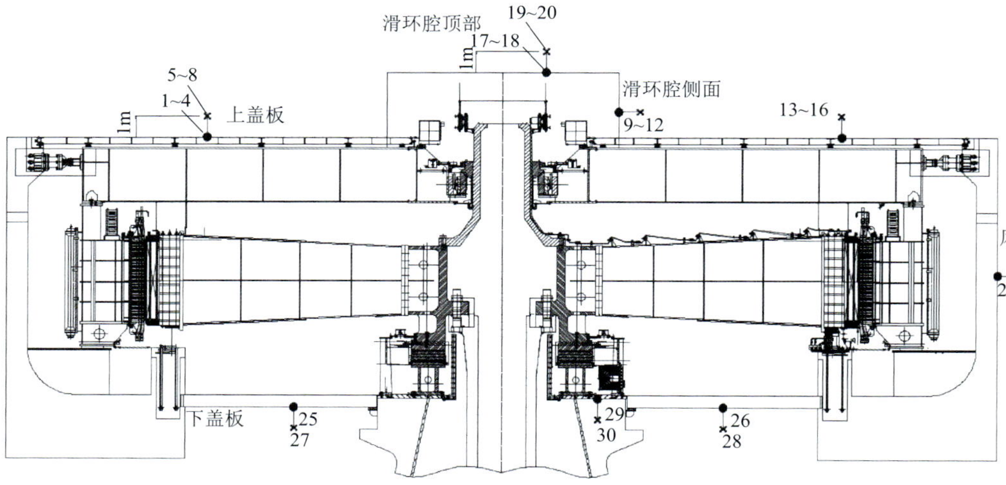

图 5.2－18　发电机效率试验温度测点分布总图

将发电机电压互感器、电流互感器二次侧信号接入功率计，用功率分析仪 3P3W 接线法测量电压互感器和电流互感器二次侧的电压、电流。效率试验接线图如图 5.2－19 所示。

试验工况包含 4 种：①发电机额定转速空转热稳定试验；②发电机额定转速、1.0U_N 空载热稳定试验；③发电机定子绕组出口短路，额定转速、1.0I_N 短路热稳定试验；④全部空气冷却器正常投入，额定电压、额定功率因数、额定频率，负荷 1.0P_N 下进行负载励磁电流试验，该试验可合并在发电机温升试验中同步完成。

（三）试验结果与分析

各工况下电气参数见表 5.2－14。

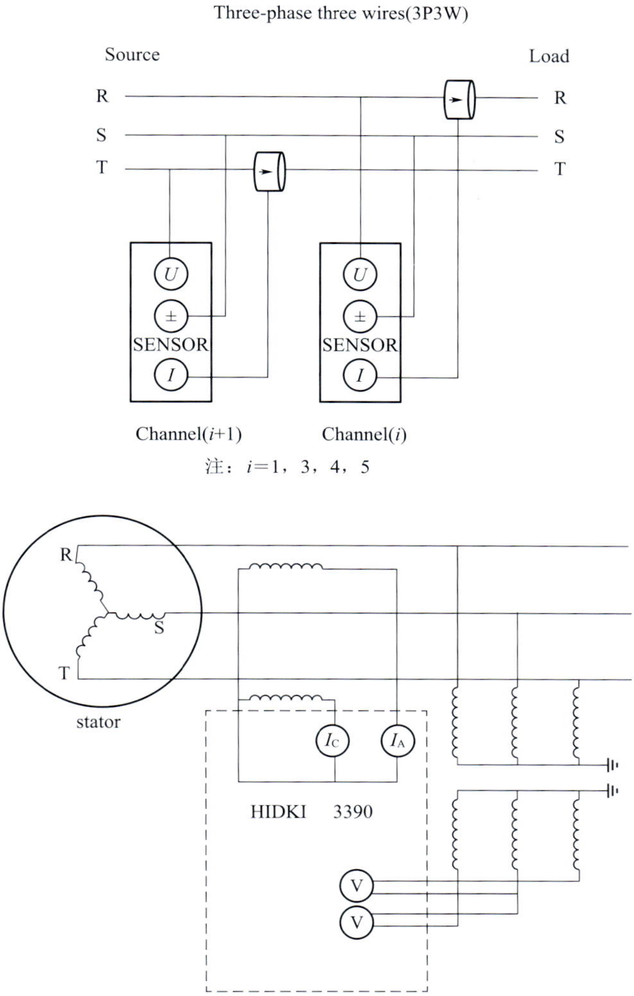

图 5.2-19 效率试验接线图

表 5.2-14 各工况下电气参数

参数	空转	空载	短路	100% 负载
$S/(MV\cdot A)$	0	0	—	190.42
P/MW	0	0	—	168.34
Q/Mvar	0	0	—	89.02
$\cos\varphi$	—	—	—	0.8840
U/kV	0	13.871	0	14.059
I/kA	0	0	7.9844	7.820
U_f/kV	0	190.89	148.33	374.01
I_f/kA	0	1145.03	898.13	1999.0

以下是发电机各分项损耗的计算说明：

1. 额定负载转子铜耗计算

转子铜耗由下式计算：

$$P_{f(75)} = I_f^2 R_{f(75)} \tag{5.2-20}$$

励磁绕组电阻 $R_{f(75)}$ = 162.15mΩ，温度：21℃（测量值）。

测量电阻值折算到 75℃时为：$R_{f(75)}$ = 196.42mΩ

$$P_{f(75)} = (2002.09\text{A})^2 \times 0.196\,42\Omega/1000 = 787.32\text{kW}$$

2. 额定负载集电环损耗计算

集电环机械摩擦损耗计算：

$$P_{B\_MECH} = \upsilon A\mu\rho \tag{5.2-21}$$

$$\mu = 0.2, \qquad \rho = 1.8\text{kN/m}^2$$

碳刷总接触面积：$A = 827\text{cm}^2$

集电环线速度：$\upsilon = \dfrac{54.6\times3.14\times1.87\text{m}}{60\text{s}} = 5.35\text{m/s}$

$$P_{B\_MECH} = 5.35\text{m/s}\times827\text{cm}^2\times0.2\times1.8\text{kN/m}^2/1000 = 0.159\text{kW}$$

集电环电损耗按下式计算：

$$P_{B\_EL} = 2UI_f \tag{5.2-22}$$

碳刷压降：$U = 1\text{V}$

$$P_{B\_EL} = 2\times1\text{V}\times2002.09\text{A}/1000 = 4.00\text{kW}$$

3. 通风损耗计算（空转）

空转工况参数及损耗见表 5.2-15～表 5.2-17。

表 5.2-15 工况参数（空转）

有功功率/MW	定子电压/kV	定子电流/A	励磁电压/V	励磁电流/A
0	0	0	0	0

表 5.2-16 空气冷却器带走的损耗（空转）

冷水温度/℃	热水温度/℃	密度/(kg/m³)	比热/(kJ/kg·K⁻¹)	流量/(m³/h)
12.87	13.87	999.54	4.1882	382.00

$$P_1 = C_p\rho Q\Delta t$$

$$P_1 = 4.1882\text{kJ/kg}\cdot\text{K}^{-1}\times999.54\text{kg/m}^3\times382.00\text{m}^3/\text{h}\times(13.87-12.87)\text{K}/3600 = 444.21\text{kW}$$

辐射及对流损耗按公式 $P_2 = hA\Delta t$ 计算（见后面的对流散热计算）。

表 5.2-17 辐射及对流损耗（空转）

上盖板损耗/kW	滑环腔损耗/kW	下盖板损耗/kW	风洞壁损耗/kW	总损耗/kW
16.88	0.93	3.45	2.55	23.81

$$P_2 = 23.81\text{kW}$$

通风损耗为：

$$P_v = P_1 + P_2 = 444.21\text{kW} + 23.81\text{kW} = 468.02\text{kW}$$

4. 铁耗计算（空载）

空载工况参数及损耗见表 5. 2-18～表 5. 2-20。

表 5. 2-18　工况参数（空载）

有功功率/MW	定子电压/kV	定子电流/A	励磁电压/V	励磁电流/A
0	1. 38707	0	190. 89	1145. 03

表 5. 2-19　空气冷却器带走损耗（空载）

冷水温度/℃	热水温度/℃	密度/(kg/m³)	比热/(kJ/kg·K⁻¹)	流量/(m³/h)
13. 09	15. 52	999. 27	4. 1870	352. 90

$$P_1 = C_p\rho Q\Delta t$$

$$P_1 = 4.187(\mathrm{kJ/kg\cdot K^{-1}})\times 999.27\mathrm{kg/m^3}\times 352.90\mathrm{m^3/h}\times(15.52-13.09)\mathrm{K}/3600 = 996.65\mathrm{kW}$$

表 5. 2-20　辐射及对流损耗（空载）

上盖板损耗/kW	滑环腔损耗/kW	下盖板损耗/kW	风洞壁损耗/kW	总损耗/kW
10. 01	0. 39	5. 65	-2. 27（风洞壁吸热，不参与计算）	16. 05

$$P_2 = 16.05\mathrm{kW}$$

励磁绕组电阻 $R_f = 162.15\mathrm{m\Omega}$，温度：21℃（测量值）。

空载工况热稳定时转子温度为 28. 2℃。

测量电阻值折算到 28. 2℃时为 $R_{f(28.2)} = 166.71\mathrm{m\Omega}$。

转子铜耗由下式计算：

$$P_{f\_OC} = I_f^2 R_f = (1145.03\mathrm{A})^2\times 0.16671\Omega = 218.57\mathrm{kW}$$

$$P_1 + P_2 = P_{FE} + P_{f\_oc} + P_v \tag{5. 2-23}$$

则铁耗可由下式计算：

$$P_{FE} = P_1 + P_2 - P_{f\_oc} - P_v = 996.65\mathrm{kW} + 16.05\mathrm{kW} - 218.57\mathrm{kW} - 468.02\mathrm{kW} = 326.11\mathrm{kW}$$

由下式

$$\frac{P_{FE\_OC}}{P_{FE\_N}} = \left(\frac{U_{OC}}{U_N}\right)^2 \tag{5. 2-24}$$

得额定工况下的铁耗为：

$$P_{FE\_N} = 326.11\mathrm{kW}\times\left(\frac{13\,800.0}{13\,870.7}\right)^2 = 322.79\mathrm{kW}$$

5. 铁耗计算（短路）

短路工况参数及损耗见表 5. 2-21～表 5. 2-23。

表 5. 2-21　工况参数（短路）

有功功率/MW	定子电压/kV	定子电流/A	励磁电压/V	励磁电流/A
0	0	7984. 4	148. 33	898. 13

表 5. 2-22　空气冷却器带走的损耗（短路）

冷水温度/℃	热水温度/℃	密度/(kg/m³)	比热/(kJ/kg·K⁻¹)	流量/(m³/h)
12. 99	15. 72	999. 26	4. 187	409. 20

$$P_1 = C_p \rho Q \Delta t$$

$$P_1 = 4.1870(\text{kJ/kg} \cdot \text{K}^{-1}) \times 999.26\text{kg/m}^3 \times 409.20\text{m}^3/\text{h} \times (15.72-12.99)\text{K}/3600 = 1298.31\text{kW}$$

表 5.2-23 辐射及对流损耗（短路）

上盖板/kW	滑环腔/kW	下盖板/kW	风洞壁/kW	总辐射损耗/kW
15.62	0.99	7.28	-2.16（风洞壁吸热，不参与计算）	23.89

$$P_2 = 23.89\text{kW}$$

三相电阻平均值 $R_s = 3.12\text{m}\Omega$，温度：13℃（测量值）。

测量电阻值折算到 39.3℃时为 $R_{s(39.3)} = 3.4515\text{m}\Omega$。

定子铜耗由下式计算

$$P_{CU\_SC} = 3I_1^2 R_1 = 3 \times (7984.4\text{A})^2 \times 0.003\,451\,5\Omega = 660.11\text{kW}$$

励磁绕组电阻 $R_f = 162.15\text{m}\Omega$，温度：21℃（测量值）。

空载工况热稳定时转子温度为 25.7℃。

测量电阻值折算到 25.7℃时为 $R_{f(25.7)} = 165.15\text{m}\Omega$。

短路工况下转子铜耗由下式计算：

$$P_{f\_SC} = I_f^2 R_f = (898.13\text{A})^2 \times 0.165\,15\Omega = 133.22\text{kW}$$

短路工况下：

$$P_1 + P_2 = P_{CU\_SC} + P_{f\_SC} + P_v + P_{SL} \tag{5.2-25}$$

则杂散损耗可由下式计算：

$$P_{SL} = P_1 + P_2 - P_{CU\_SC} - P_{f\_SC} - P_v$$

$$P_{SL} = 1298.31\text{kW} + 23.89\text{kW} - 660.11\text{kW} - 133.22\text{kW} - 468.02\text{kW} = 60.85\text{kW}$$

6. 额定工况下定子铜耗及杂散损耗计算

三相电阻平均值 $R_s = 3.12\text{m}\Omega$，温度：13℃（测量值）。

测量电阻值折算到 75℃时为 $R_{s(75)} = 3.9016\text{m}\Omega$。

定子铜耗由下式计算

$$P_{CU\_75} = 3I_1^2 R_{1\_75} = 3 \times (8128.3\text{A})^2 \times 0.003\,901\,6\Omega = 773.33\text{kW}$$

由下式

$$\frac{P_{SL}}{P_{SL\_N}} = \frac{I_1^2}{I_N^2} \tag{5.2-26}$$

得额定工况下的杂散损耗为：

$$P_{SL\_N} = 60.85\text{kW} \times \frac{8128.3^2}{7984.4^2} = 63.06\text{kW}$$

转子重：920t；总推力负荷：3950t。

电机侧推力轴承损耗为：

$$\frac{920}{3950} \times 625.68\text{kW} = 145.73\text{kW}$$

100% 负载工况下推力油槽下底面辐射到外部的损耗由下式计算：

$$P_3 = hA\Delta t, \quad h = 15\text{W/m}^2 \cdot \text{K}^{-1}$$

$$P_3 = 15\text{W/m}^2 \cdot \text{K}^{-1} \times 19.61\text{m}^2 \times 6.48\text{K}/1000 = 1.91\text{kW}$$

轴承损耗计算见表 5.2–24。

表 5.2–24　轴承损耗计算

项　　目	100% 负载温升试验	
	上导轴承损耗计算	推力轴承损耗计算
进水温度/℃	12.83	12.83
出水温度/℃	14.97	14.14
温差/K	2.14	1.31
水流量/(m^3/h)	21.18	409.5
密度/(kg/m^3)	999.39	999.51
比热/(kJ/kg · K^{-1})	4.1875	4.1881
上导轴承损耗/kW	52.69	—
损耗（水交换带走）/kW	—	623.77
损耗（油槽下地面辐射）/kW	—	1.91
总损耗/kW	—	625.68
电机侧推力轴承损耗/kW	—	145.73

7. 辐射及对流散热损耗计算（见表 5.2–25～表 5.2–28）

表 5.2–25　上盖板散热计算

项　　目	空转	空载	短路
上盖板温度/℃	12.84	16.97	16.68
空气温度/℃	9.62	15.06	13.70
温差/K	3.22	1.91	2.98
上盖板面积/m^2	349.49	349.49	349.49
传热系数/(kW/m^2 · K^{-1})	0.015	0.015	0.015
损耗/kW	16.88	10.01	15.62

表 5.2–26　滑环腔散热计算

项　　目	空转	空载	短路
腔壁温度/℃	11.22	15.71	15.44
空气温度/℃	9.61	15.04	13.72
温差/K	1.61	0.67	1.72
滑环腔面积/m^2	38.55	38.55	38.55
传热系数/(kW/m^2 · K^{-1})	0.015	0.015	0.015
损耗/kW	0.93	0.39	0.99

表 5.2-27 下盖板散热计算

项 目	空转	空载	短路
下盖板温度/℃	16.06	18.15	19.44
空气温度/℃	14.52	15.63	16.19
温差/K	1.54	2.52	3.25
下盖板面积/m^2	149.38	149.38	149.38
传热系数/(kW/m^2·K^{-1})	0.015	0.015	0.015
损耗/kW	3.45	5.65	7.28

表 5.2-28 风洞壁散热计算

项 目	空转	空载	短路
风洞壁温度/℃	14.34	14.59	14.71
空气温度/℃	13.88	15.00	15.10
温差/K	0.46	-0.41	-0.39
风洞壁面积/m^2	369.74	369.74	369.74
传热系数/(kW/m^2·K^{-1})	0.015	0.015	0.015
损耗/kW	2.55	-2.27	-2.16

8. 额定负载励磁电流推算（100%负载）

100%负载工况参数见表 5.2-29。

表 5.2-29 100%负载工况参数

S/(MV·A)	P/MW	Q/Mvar	$\cos\varphi$	U/V	I/A	I_f/A
190.42	168.34	89.02	0.8840	14059	7820	1999

根据负载试验可计算出：

$$I_{fg}=965.00\text{A}$$
$$I_{fk}=877.78\text{A}$$
$$I_{fs}=419.86\text{A}$$
$$E_p=16161.18\text{V}$$
$$e_p=1.1711\text{p. u.}$$

计算得保梯电抗为：$x_p=0.279$p. u.

额定工况参数见表 5.2-30。

表 5.2-30 额定工况参数

S/(MV·A)	P/MW	Q/Mvar	$\cos\varphi$	U/V	I/A	x_p/p. u.
194.29	170.0	94.06	0.875	13800	8128.3	0.268

$$I_{fg}=947.17\text{A}$$
$$I_{fk}=912.39\text{A}$$
$$I_{fs}=400.11\text{A}$$
$$E_p=16063.2\text{V}$$

$$e_p = 1.164\text{p.u.}$$

计算得额定励磁电流为：$I_{fn} = 2002.09\text{A}$

9. 额定负载工况发电机的损耗及效率计算

发电机的效率计算公式为：

$$\eta = \left(1 - \frac{\sum P}{P_{out} + \sum P}\right) \times 100\%$$

额定负载效率计算结果见表 5.2-31。

表 5.2-31　额定负载效率计算结果

项　　目	额定值
视在功率 S/(MV·A)	194.31
有功功率 P/MW	170
无功功率 Q/Mvar	94.06
$\cos\varphi$	0.875
定子电压 U/kV	13.8
定子电流 I/A	8128.3
励磁电流 I_f/A	2002.09
通风损耗/kW	468.02
上导轴承损耗/kW	52.69
推力轴承损耗/kW	145.73
集电环摩擦损耗/kW	1.59
集电环电损耗/kW	4.00
定子铜耗/kW	773.33
铁耗/kW	322.79
转子铜耗/kW	787.32
励磁损耗/kW	60
杂散损耗/kW	63.06
总损耗/kW	2678.53
效率/%	98.45

本次效率试验最后测得的发电机效率略高于设计值，满足要求。在采用“量热法”测量效率时，这些误差是存在的，但对于大容量发电机目前这种方法也是唯一在现场可行的办法，因此，可参考本试验结果对现场情况进行分析。

第二节　水轮发电机对电网电压的调节试验

（一）试验目的

发电机进相运行试验是为了考察发电机组进相运行时对电网电压的调节作用。确定机组合适的进相运行范围，在此范围内发电机励磁系统低励限制值以及相关的各种保护定值，作为将来运行调度的依据，同时核查发电机在进相运行时各部分的温升、振动和摆度情况。

（二）试验原理及方法

1. 进相运行限制条件

发电机进相运行时，影响发电机进相运行能力的主要因素是机组与电网并列运行的稳定性、定子铁心端部结构件温度以及厂用电电压。试验时应严格控制发电机在制造厂提供的 $P-Q$ 曲线范围内运行，不进行发电机进相深度极限试验，因此，本次进相运行的限制条件为：

（1）发电机有功功率不超过额定值 170MW。

（2）发电机出口电压不得低于额定值的 95%（12.42kV）。

（3）发电机进相运行试验时，其定子电流不得超过额定值 8128.6A。

（4）发电机进相运行时，网络电压不得低于调度局给定的运行电压下限值。

（5）定子温升不得超过标准规定值。

（6）机组各部位振动、摆度值不得超过标准规定值。

（7）发电机进相试验时不得失去稳定。

进相深度依据调度中心的要求，计划的限制值见表 5.2-32。

表 5.2-32 进相限制值

P/MW	Q/Mvar
170	按主变压器实际运行挡位控制
127.5	按主变压器实际运行挡位控制
85	按主变压器实际运行挡位控制
0	按主变压器实际运行挡位控制

发电机各部位的温度不得高于表 5.2-33 中的限制值。

表 5.2-33 发电机各部位温度限制值

定子铁心齿部及轭部温度/℃	120
铁心压指压圈及磁屏蔽温度/℃	120
转子平均温度/℃	110

考虑厂用电电压的限制，在上述各条件中，试验时如任一限制条件达到限制值，则停止继续进相。

2. 进相运行试验接线

（1）定子回路。在励磁调节柜内的定子绕组电压互感器和电流互感器二次回路中接入便携式电量记录分析仪，分别测量发电机定子三相电流、电压、有功功率、无功功率、功率因数等参数。定子电压接线端子若为试验端子，则可以直接通过试验接线插入；若为普通接线端子，则需要通过引出线后再接入电量分析仪，需注意三相定子电压的相序与试验接线颜色相匹配。定子电流通过钳形电流夹在柜内的定子电流接线上感应产生，需注意定子电流实际流向与电流夹上标明的方向一致。

（2）转子回路。在励磁柜的转子回路中接入便携式电量记录分析仪测量发电机转子电流、转子电压。

（3）系统电压和厂用母线电压。在系统母线电压互感器低压侧接入标准交流电压表 1 只，在发电机所带厂用电压互感器低压侧接入标准电压表 1 只，测量系统电压和厂用电压。上述接入定子、转子回路的表计均不得低于 0.5 级的准确级。

（4）温度监测。采用电机装设的埋入式检温计，经现场 LCU 控制屏柜及温控数显仪表读取定子绕组、定子铁心温度。

3. 试验要点

（1）发电机并网前在额定空载电压下测量此时发电机的初始功角 δ_0。如果此前机组已经在运行，则应先将其解列，然后在并网前在额定空载电压下测量初始功角 δ_0。

（2）将发电机负荷调至 $P=170\text{MW}$、$\cos\varphi=1.0$ 左右，测量和记录此时发电机的功角、各电气量、220kV 母线电压，以及发电机各部位温度、振动和摆度值。

（3）保持发电机有功功率输出不变，逐渐增大励磁电流使发电机进入迟相运行，直到定子电流达到额定值，或者达到额定功率因数（$\cos\varphi=0.90$）即停止。调节过程中监视和测量发电机各电气量、功角。然后逐渐缓慢减小其励磁电流，直至该发电机进入进相运行，进相深度不超过进相限制的对应值。调节过程中监视和测量发电机各电气量、功角、220kV 母线电压，进相深度以上述任一限制条件为准。

（4）达到最大进相深度后，发电机稳定运行直至发电机各部位温升稳定，测量发电机各部位温度、振动和摆度值。

（5）增加发电机励磁电流使其进入迟相运行方式并将负荷调至 $P=127.5\text{MW}$、$\cos\varphi=1.0$ 左右，测量发电机各电气量和 220kV 母线电压，以及发电机各部位温度、振动和摆度值。

（6）保持发电机有功功率输出不变，逐渐增大励磁电流使发电机进入迟相运行，直到发电机转子电流达到额定值。调节过程中监视和测量发电机各电气量、功角。然后逐渐缓慢减小其励磁电流，直至该发电机进入进相运行，进相深度不超过进相限制的对应值。调节过程中监视和测量发电机各电气量、功角、220kV 母线电压，进相深度以上述任一限制条件为准。

（7）增加发电机励磁电流使其进入迟相运行方式并将负荷调至 $P=100\text{MW}$、$\cos\varphi=1.0$ 左右，测量发电机各电气量和 220kV 母线电压，以及发电机各部位温度、振动和摆度值，然后重复步骤（6）。

（8）增加发电机励磁电流使其进入迟相运行方式并将负荷调至 $P=85\text{MW}$、$\cos\varphi=1.0$ 左右，测量发电机各电气量和 220kV 母线电压，以及发电机各部位温度、振动和摆度值，然后重复步骤（6）。

（9）增加发电机励磁电流使其进入迟相运行方式并将负荷调至 $P=0\text{MW}$、$\cos\varphi=1.0$ 左右。保持发电机有功输出不变，逐渐增大励磁电流使发电机进入迟相运行，直到发电机转子电流达到额定值。调节过程中监视和测量发电机各电气量、功角。

（10）试验完成，将发电机负荷调至调度要求的运行工况。

（三）试验结果与分析

进相试验先从额定有功功率工况做起，共进行了4个工况的试验。试验时应严格控制发电机在制造厂提供的 $P-Q$ 曲线范围内运行。发电机试验进相深度见表5.2-34。

表5.2-34　发电机试验进相深度

P/MW	试验最大进相深度/Mvar	限制因素
170	-60.494	发电机机端电压较低、定子电流超过额定值
127.5	-72.005	发电机机端电压较低
85	-80.391	发电机机端电压较低
0	-95.248	发电机机端电压较低

在进相运行试验过程中，通过对发电机监控系统及加装的温度测点进行测量显示，发电机空气冷却器冷风平均温度为25.0℃，热风平均温度为34.55℃，定子绕组最高温度为56.3℃，定子铁心最高温度为44.2℃，齿压板最高温度为44.6℃，各部位温度均在规定范围内，发电机功角最大值为36.86°，均有一定裕度，不作为进相运行试验受限条件。故此得到发电机进相运行深度建议值，见表5.2-35。

表5.2-35　发电机进相运行深度建议值

项目	100% P_N	75% P_N	50% P_N	0% P_N
P/MW	170	127.5	85	0
Q/Mvar	-50	-60	-70	-80

该更新改造机组为单元接线方式，不自带厂用电运行。当发电机带0~170MW有功负荷时，220kV母线降压百分数为0.18%~0.33%，降压效果较为明显，见表5.2-36。

表5.2-36　220kV母线电压的降压效果

输出有功功率/MW	吸收无功功率/kvar	220kV母线电压的降压效果		
		降低值/kV	降低百分数/%	降低1kV电压需吸收的无功功率/kvar
170	-735~50 124	0.40	0.18	123 472
127.5	258~61 069	0.48	0.21	127 765
85	165~70 813	0.68	0.30	104 379
4	615~80 591	0.74	0.33	109 738

进相试验完成后，根据试验数据，对励磁调节器的低励限制曲线设置值进行了重新整定，得到发电机低励磁限制设定情况，该机组励磁调节器内部程序固定为7个点，以有功功率、无功功率实际值方式设置，见表5.2-37。

表 5.2-37 发电机低励限制设定值

设置点位	有功功率/MW	无功功率/Mvar	无功功率（以 S_N 为基准值）/p. u.
7	194.3	0	0
6	170	-35	-18%
5、4、3、2、1	0	-60	-31%

根据试验数据，结合发电机说明书及励磁系统低励限制建议值情况，可绘制出该发电机 P-Q 运行曲线，如图 5.2-20 所示。

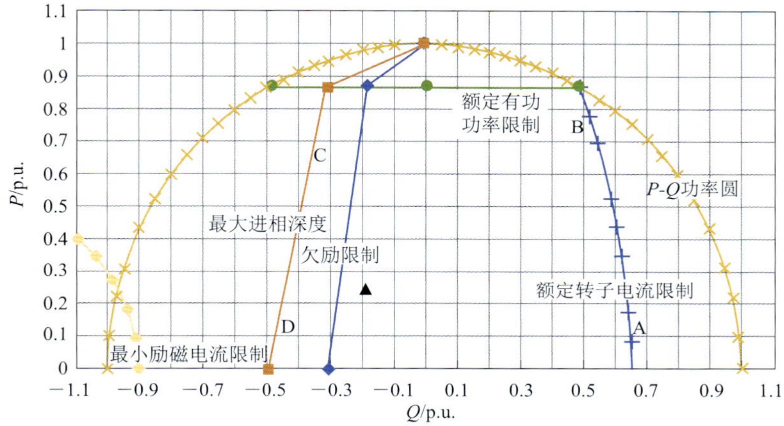

图 5.2-20 发电机 P-Q 运行曲线

试验时，被试发电机的自动励磁调节器及所有继电保护装置都工作正常且都能投入运行，发电机最大进相运行深度时，机组失磁保护均未动作，经校核发电机失磁保护定值可以满足发电机进相运行的需要，满足励磁系统低励限制优于失磁保护动作的基本条件。

第三章　水轮发电机组更新改造评价

第一节　改造效果评价

一、机组性能分析

为了获得机组更新改造后水轮发电机组各项性能参数，评估机组改造效果，并对后续改造机组提出指导意见，对更新改造后的机组进行了一系列性能试验，为改造评估工作提供了充实的依据。

（一）水轮机压力脉动试验

1. 实验目的

在现场进行水轮机压力脉动试验，以验证机组水力稳定性能；同时，通过压力脉动试验测定当前试验水头下在不同负荷时的稳定性情况，为机组选择运行区、避开振动区提供依据，提高机组运行的可靠性。

2. 试验原理及方法

水轮机流道内各测点的压力脉动采用压力传感器进行测量，压力传感器采用高精度高频响扩散硅压力传感器，压力传感器布置在蜗壳进人门、尾水管和尾水管出口位置。

发电机并网后，调节导叶开度使机组有功功率分别稳定在不同负荷，间隔 10% 负荷进行变负荷试验，从空载到 10% 负荷、20% 负荷……100% 负荷，100% 负荷（满负荷）后完成试验。每个工况稳定运行后，测取此时各通道的压力脉动信号，并记录发电机有功功率、导叶开度、接力器行程和上下游水位等辅助量。

压力信号经 NI 现场 A/D 采集系统送入计算机，采用压力脉动专用程序完成数据采集和分析，并分析确定出每一工况点的压力脉动幅值和频域特性，软件调用 FFT 分析处理模块对信号进行频谱分析，确定波形的第一主频及主频对应的幅值。每个工况的采样频率为 200Hz，采样时间为 5s。

压力脉动混频双振幅幅值 ΔH 根据合同的规定采用时域范围内按 97% 的置信概率确定的压力脉动最大峰峰值。压力脉动混频比值 A 定义为压力脉动混频双振幅幅值与试验水头的比值：

$$A = \frac{\Delta H}{H} \times 100\%$$

式中：H——试验水头，m；

ΔH——压力脉动混频双振幅幅值（按 97% 的置信概率确定，算法示意图如图 5.3-1 所示），m。

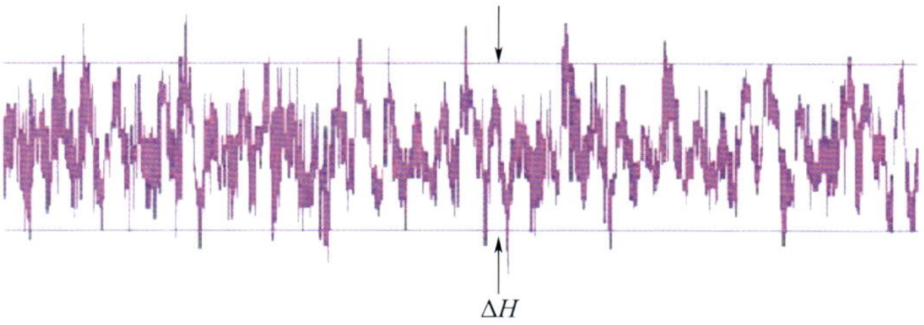

图 5.3–1　压力脉动混频双振幅幅值算法示意图

压力脉动试验分两次进行，毛水头分别为 18.6m 和 24.34m。

3. 试验结果与分析

试验结果如图 5.3–2 和图 5.3–3 所示。

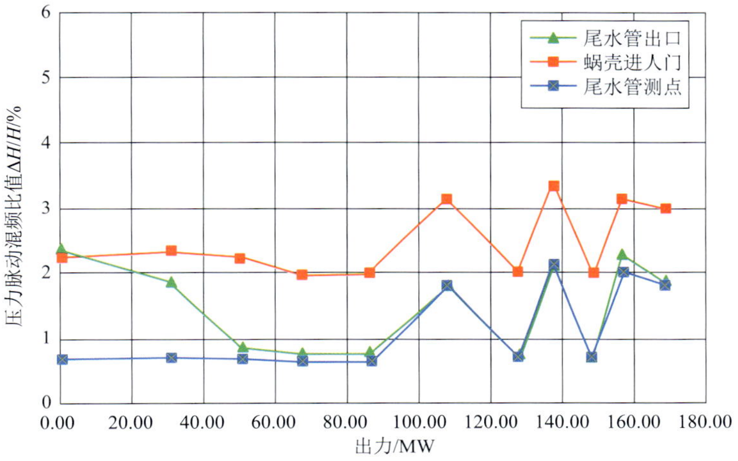

图 5.3–2　葛洲坝电站 1 号机组水轮机压力脉动试验结果（毛水头 18.6m）

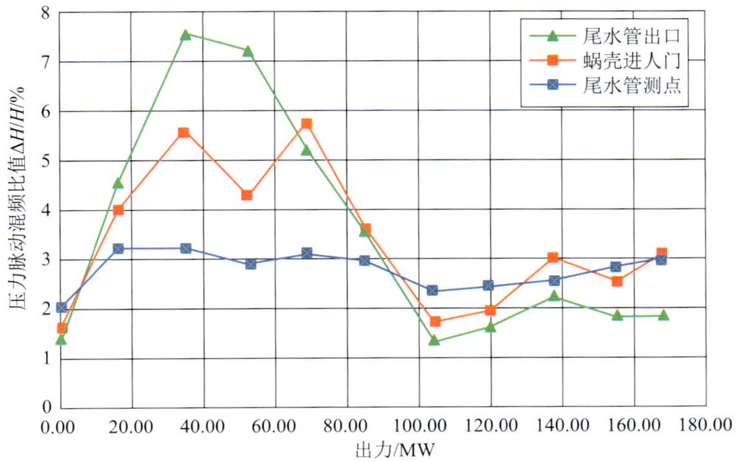

图 5.3–3　葛洲坝电站 1 号机组水轮机压力脉动试验结果（毛水头 24.34m）

（二）水轮机相对效率试验

1. 试验目的

在水轮机原型的现场效率试验中常用相对效率试验来确定机器相对效率及变化走势的指数试验方法，这种辅助方法可验证原型效率曲线是否具有模型试验的曲线形状，也可以依此指导水力机组的经济运行，对于转桨式水轮机，通过测定相对效率的方法，可以验证制造厂家提供的协联关系是否正确并求取原型的最优协联关系。在现场进行水轮机相对效率试验（或称为指数试验），试验按国际标准 IEC 60041《水轮机、蓄能泵和水泵水轮机水力性能现场验收试验规程》的有关规定进行。

2. 试验原理及方法

1）水轮机输出功率

水轮机输出功率由发电机输出功率的电气测量和已知发电机功率损失来确定。发电机输出功率应由有经验的电气工程师利用由电厂供给的校正过的测量仪器来测定，本次试验使用电厂测量仪器的数据。

从电压互感器引出 U_{AB}、U_{CB}，从电流互感器引出 I_A、I_C，用三相数字功率表测量发电机的有功功率（考虑发电机效率），再根据技术协议上保证的发电机效率，计算得到水轮机的输出功率：

$$P_t = \frac{P_g}{\eta_g}$$

2）水头测量

这里的水头是指水轮机的工作水头，也称净水头。定义为水轮机蜗壳进口断面与尾水管出口断面的总能量的差值，通常采用差压传感器测量水轮机进口与出口的压差。

净水头用公式表示为：

$$H = \left(Z_1 + \frac{P_1}{\gamma} + \frac{v_1^2}{2g}\right) - \left(Z_2 + \frac{P_2}{\gamma} + \frac{v_2^2}{2g}\right)$$

式中：Z_1，Z_2——蜗壳进口和尾水管出口的高程；

P_1，P_2——蜗壳进口和尾水管出口的压力；

v_1，v_2——蜗壳进口和尾水管出口测量断面的平均速度。

上式经变换就有：

$$H = \left(Z_1 - Z_2 + \frac{P_1 - P_2}{\gamma}\right) + \frac{Q^2}{2g}\left(\frac{1}{A_1^2} - \frac{1}{A_2^2}\right)$$

式中：$\left(Z_1 - Z_2 + \frac{P_1 - P_2}{\gamma}\right)$——静压水头，由差压传感器测量；

$\frac{Q^2}{2g}\left(\frac{1}{A_1^2} - \frac{1}{A_2^2}\right)$——动压水头，由计算获得。

由于本次相对效率试验没有测量绝对流量，使用差压法得到的是相对流量 Q'，所以在水头计算中动压水头采用模型试验数据换算到原型流量进行迭代计算。最后测量的静压水头和计算的动压水头相加得到工作水头。

3）流量测量

对于贯流式水轮机，流道内不同粗细的进口管的压力差与流量成固定关系，可以用作相对流量的测量装置，称作差压流量计。差压流量测量示意图如图 5.3-4 所示。

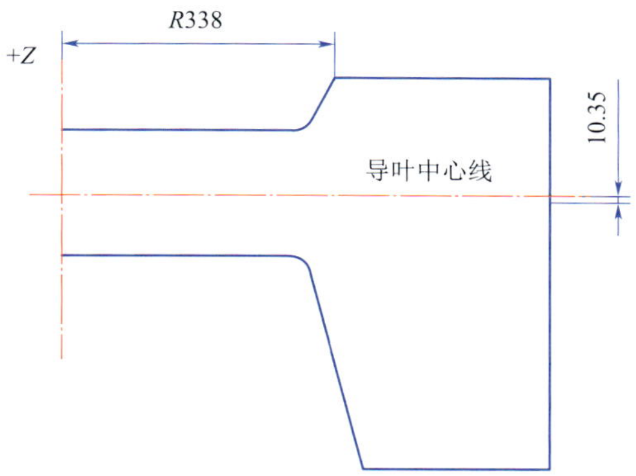

图 5.3-4　差压流量测量示意图

这种固定关系可以用下式表示：

$$Q^* = kh^n$$

式中：Q^*——指数流量；

k——流量系数；

h——压力差；

n——指数。

差压流量计通过的流量 Q 与压差值 h 之间成固定关系，但未经率定，k、n 为未知数，这里的流量为指数流量 Q^*。

指数流量：未经率定的差压流量计可用作指数流量的测量，对于每个工况点，都可以测出一个 h 值，对于差压流量计，$n=0.5$，取 $k=1$，就可以得到一个指数流量 $Q^* = \sqrt{h}$，用于下面的指数效率的计算。

相对流量：设试验工况中最大的指数流量为 Q_0^*，则每一工况下的相对流量 Q'定义为 Q^* 与 Q_0^* 的比值：

$$Q' = Q^* / Q_0^* = kc^n / kh_0{}^n = (h/h_0)^n$$

引进相对流量 Q'之后，便消去了一个未知数 k，$n=0.5$，这样便可得到相对流量 Q'的值。

4）试验计算

相对效率试验完成后，得到所有工况下的水头 H、水轮机功率 N_t 以及水轮机指数流量 Q^*，可进行指数效率的计算：

按下式计算得到各工况点上相应的水轮机指数效率 n_t^*

$$n_t^* = P_t / (\rho g Q^* H)$$

式中：n_t^*——水轮机指数效率，%；

P_t——水轮机出力，MW；

ρ——水的密度（998.2kg/m³，20℃）；

g——当地重力加速度；

Q——机组过机流量，m^3/s；

H——工作水头，m。

3. 试验结果与分析

葛洲坝电站 1 号机组水轮机相对效率试验结果（毛水头=24.34m）如图 5.3-5 所示。

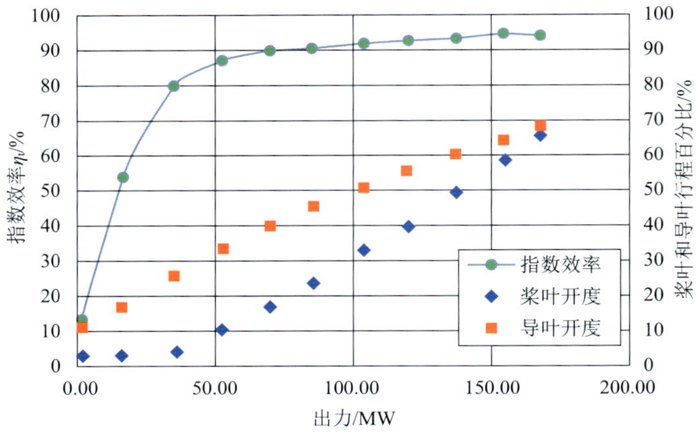

图 5.3-5 葛洲坝电站 1 号机组水轮机相对效率试验结果（毛水头=24.34m）

（1）葛洲坝电站 170MW 机组 1 号机安装完成后，分别在机组空载及带负荷情况下进行了上述各项稳定性试验，试验过程中机组各部位振摆、轴瓦温度等运行数据优良，并且改造后机组运行数据远优于改造前。

（2）尾水管压力脉动测压孔布置在蜗壳进人门和尾水测点位置，在试验水头下，水轮机全部运行范围内，压力脉动满足要求。

（3）由于是机组改造，水轮机流道内的测压管路有不通畅的情况，造成部分测压位置压力不正常，在后续机组安装时能够改善。

二、运行效果分析

以改造完成投产后的 1 号机组为例，对机组运行情况进行分析，运行各项数据见表 5.3-1。

表 5.3-1 葛洲坝电站 1 号机组运行数据对比

信号	部位	运行数据		
水头/m		21.55	24.18	23.37
负荷/MW		114.93	111.97	171.32
摆度值/μm	上导 *X* 向	98.5	88.2	93.06
	上导 *Y* 向	111.92	106.03	115.59
	水导 *X* 向	66.52	95.07	83.46
	水导 *Y* 向	86.62	93.95	90.86

续表

信号	部位	运行数据		
振动值/μm	上机架 X 向水平	4.2	8.8	27.55
	上机架 Y 向水平	10.26	16.24	21.44
	上机架 X 向垂直	17.61	18.22	37.28
	上机架 Y 向垂直	16.85	17.25	22.71
	支持盖 X 向水平	7.18	18.75	35.13
	支持盖 Y 向水平	5.16	13.91	32.00
	支持盖 X 向垂直	19.6	59.11	51.24
	支持盖 Y 向垂直	5.13	17.18	21.87
上导瓦温/℃	最高值	44.0	42.4	41.3
	最低值	42.4	40.7	39.7
	温差	1.6	1.7	1.6
推力瓦温/℃	最高值	62.1	60.4	58.7
	最低值	60.2	58.3	56.7
	温差	1.9	2.1	2.0
水导瓦温/℃	最高值	44.1	42.7	41.5
	最低值	42.6	40.7	39.4
	温差	1.5	2.0	2.1

1 号机组运行数据表明，机组在不同工况下均运行良好，各部位振动、摆度和轴承温度均在正常限值内。

第二节　改造效益评价

一、改造后的经济效益

葛洲坝电站 170MW 机组更新改造完成以后，消除了机组存在的各类隐患和缺陷，设备的机械、电气性能恢复和提高，一次投运成功率 100%，年运行小时数均在 6000h 以上，年均发电量可达 10 亿 kW·h，按照平均上网电价 0.217 元/(kW·h)（不含增值税）计算，年发电收入可达 21 700 万元，相当于每年节约标准煤 30.15 万 t，减排二氧化碳 82.8 万 t。

二、改造后的社会效益

葛洲坝电站的电能以供湖北省为主。湖北省目前经济社会发展进入工业化中期阶段，人均用电量低于全国平均水平。湖北省位于中部腹地，经济社会发展潜力巨大，今后相当长时期全省经济社会将呈现总体较快发展的趋势，电网作为支撑经济社会发展的基础设施，发展速度必须与经济社会发展相适应。

（一）提高电网调度灵活性

葛洲坝电站2台170MW机组更新改造完成以后，改善电网运行状况，提高供电质量和电网安全运行的保证程度。由于各省区电源结构、负荷特性及水文特性各异，联网后水火电互相配合，可取得补偿效益。根据分析，随着电力负荷需求的持续增长，化石能源日益匮乏及供应紧张，葛洲坝电站仍将在未来电力系统中发挥重要作用。

（二）促进转轮室改造施工技术的进步

此次改造对转轮、转轮室进行首次更新改造，涉及转轮室的钢板和土建部分、转轮结构的优化改进，给水轮机的开发带来了巨大挑战。

转轮室改造是国内首次进行最大直径的轴流转桨式机组的改造，通过国内多家水电站的调研，高压水射流技术首次成功运用于水轮发电机组转轮室混凝土拆除。创新研制了高精度执行机构，实现转轮室混凝土360°拆除全覆盖，混凝土拆除平整度好，其中侧面平整度在10mm以内，底面平整度在20mm左右，拆除效率受内置钢筋影响小，不伤害一期混凝土及钢筋等结构。经济效益方面，高压水射流技术一次性完成高强度标号混凝土拆除方量高达260m^3，相比传统人工拆除节省直线工期20d，效率高，实现发电机改造和转轮室改造同步进行，保证项目实施后机组正常投产发电。安全效益方面，最大限度降低了对作业人员职业健康的危害，施工全过程安全风险可控，是国内水电行业机组转轮室改造技术一次新的革新。

另外，首次成功应用等离子技术完成世界最大体量转轮室嵌入式不锈钢板切割：优化离子切割工法，采用超声波技术精确定位筋板位置，分层分区破拆转轮室嵌入式不锈钢板，化整为零，将转轮室嵌入式不锈钢板切割成数千小块，相比传统方式累计节省直线工期20d，成功切割完成世界最大体量转轮室嵌入式不锈钢板，为同类型机组的转轮室改造提供了宝贵经验，具备行业推广应用前景。

第三节 总结

一、水轮机部分

（1）相对效率试验和运行结果表明，改造后水轮机能量指标满足合同要求，有了显著提高，尤其是在大流量区域，这与加大流量，提高水轮机效率，从而增加水轮机出力的初衷是一致的，达到了预期的目标。

（2）更新改造后机组稳定性大幅提高，模型试验结果表明，在所有运行范围内压力脉动混频比值$\Delta H/H\leqslant 6\%$。根据现场试验结果，更新改造后各部位的振动、摆度较改造前有较大改善，远优于国家标准要求。

（3）根据长江委设计文件，改造后单机月平均可增发电量 0.028 亿 kW·h。根据 2014 年以来的运行结果及实际发电量统计，年增发电量逐年增加，单机月平均增发电量超过设计预期，更新改造达到了增加发电效益的目的。

（4）改造后水轮机全部运行范围内临界空化裕度 $\sigma_p/\sigma_1>1.15$，因此，在电站运行水头范围内水轮机空化性能能够满足机组安全稳定运行的要求。

（5）对水导轴承进行了改造，水导瓦支顶方式采用楔子板加抗压块支顶方式，新结构水导瓦间隙调整更简便、更安全、更精确。

（6）对主轴密封进行了改造，工作密封由原来的双平板式密封改为活塞式浮动密封，新水封运行更可靠，更换周期较以前大幅增加。

（7）对油压装置进行了改造，减少了油泵及电机的启停次数，提高油压装置的可靠性，降低了低油压事故停机的风险。

根据目前试验结果及长期运行效果，葛洲坝电站水轮机的改造是成功的。

二、发电机部分

（1）发电机更新改造后，其主要参数满足合同文件和相关规范的要求，达到了预期效果。

（2）发电机将定子的分瓣结构改为整圆结构，提高了定子机座的整体刚度；将原来的固定式定位筋改为浮动式双鸽尾筋，定位筋与托块之间的间隙能有效防止铁心由于温度应力产生变形。

（3）定子铁心在现场进行叠装，采用低损耗、高导磁、不老化的优质冷轧无取向硅钢片冲成扇形片叠压而成，两面采用 F 级绝缘漆。减少了铁心损耗，提高了发电机效率。

（4）发电机定转子绕组由 B 级绝缘均改为 F 级绝缘，使发电机的允许温升值提高。

（5）电磁振动试验中未出现 100Hz 振动。

（6）从测量情况来看，机组各部位的温升值满足规范和合同文件的要求。

（7）发电机定子绕组采用了不完全换位，能减小定子条形波绕组由于端部漏磁而引起的附加损耗。

（8）磁极绕组外表面设计成带散热翅的冷却面，增加了冷却面积，能有效降低转子绕组的温升。

从实际效果来看，转子的温升较低，达到了预期的效果。

葛洲坝电站 170MW 水轮发电机组更新改造在不改变已有流道和水库运行条件的情况下，通过新技术、新材料、新工艺的应用，成功实施机组大范围改造，优化设计，延长设备使用寿命，提升机组设备性能；提高机组全水头段运行稳定性及抗空化性能，保障机组低水头功率及高水头效率；采用先进设计理念，优化结构设计，提高发电机绝缘性能及冷却效率，提升安全可靠裕度；从设备评估、诊断的需求出发，利用先进监测技术，有效消除监测盲点，解决监测痛点，研发应用大型轴流转桨式水轮发电机组的全息监测系统；利用高精密全数控加工技术及三维激光检测技术等新加工工艺和新技术，实现老机组“再升级”；首创行业领先技术，成功实现世界上部件尺寸最大、改造范围最广、接口难度最大、施工质量最高的轴流转桨式机组更新改造；研制新型专用工装，大幅提高现场生产效率，解决前所未有的安全管控难题。

根据陆续投产机组的运行情况验证，机组的主要参数满足设计和规范要求，性能指标达到了预期目标，葛洲坝电站 170MW 机组更新改造是成功的。

参考文献

［1］ 马振波，陈国庆．三峡电站 700MW 水轮发电机组检修技术［M］．北京：中国水利水电出版社，2020.

［2］ 张诚．葛洲坝电站水轮发电机组改造增容技术［M］．北京：中国水利水电出版社，2017.

［3］ 黄源芳．水电机组修复与现代化改造［M］．武汉：长江出版社，2008.

［4］ 母线焊接技术规程：DL/T 754—2013［S］．北京：中国电力出版社，2013.

［5］ 金属封闭母线：GB/T 8349—2000［S］．北京：中国质检出版社，2000.

［6］ 电气装置安装工程　电气设备交接试验标准：GB 50150—2016［S］．北京：中国计划出版社，2016.

［7］ 电气装置安装工程　高压电器施工及验收规范：GB 50147—2010［S］．北京：中国计划出版社，2010.

［8］ 电气装置安装工程　母线装置施工及验收规范：GB 50149—2010［S］．北京：中国计划出版社，2010.

［9］ 电气装置安装工程　电缆线路施工及验收标准：GB 50168—2018［S］．北京：中国计划出版社，2018.

［10］ 电气装置安装工程　接地装置施工及验收规范：DL/T 5852—2022［S］．北京：中国电力出版社，2022.

［11］ 秦岩平，陶吉全，马明．葛洲坝电站水轮机主轴密封改造及运行情况分析［J］．水电与新能源，2015（1）：66-68.

［12］ 曹成高，陶吉全，谭鋆．葛洲坝电站机组新型主轴密封结构优化［J］．水电与新能源，2016（5）：37-38.

［13］ 李翠林，卢进玉，刘洁，等．葛洲坝水电站水轮机叶片抗磨蚀的研究与防护［J］．水力发电，2009，35（1）：30-33.

［14］ 孙毅．基于葛洲坝电站的水轮机结构设计研究［J］．水利与电力，2016，26（3）：117.

［15］ 胡奇，王春雷，邓自敏．浅谈巨大型轴流转桨式水轮机转轮结构设计的改进［J］．工业技术，2013（8）：71.

［16］ 黄海平，欧阳瑞宏．水轮机主轴密封结构的优化改造［J］．水力发电，2002（6）：21-23.

［17］ 石炯涛，刘友营，王亮．三门峡水电站机组改造转轮室回填浇筑技术［J］．人民黄河，2017，39（7）：43-47.

［18］ 郑源，刘惠文，潘勇，等．超大型轴流转桨式机组导水机构预安装工艺［J］．大电机技术，2016（1）：50-53.

［19］ 杨素媛，潘文方．国内等离子切割的现状及发展趋势［J］．焊接，2010（3）：24-27+68-69.

［20］ 文兴全，李芳志．CH 电厂 1 号水轮发电机组转轮室改造实践［J］．广东水利水电，2014（11）：80-83.

［21］ 杨显乾．西津水电厂转轮室下环的更换改造［J］．红水河，2009，28（3）：83-84+90.

［22］ 陆蓉．西津电厂 3 号水轮机转轮室下环不锈钢板脱落原因分析及修复［J］．红水河，2017，36（5）：96-98.

［23］ 姜立武，王树民．三门峡水电站水轮机转轮室结构改造［J］．水利水电工程设计，1998（1）：34-35.

[24] 夏峰．青铜峡 $3^{\#}$ 机水轮机转轮室改造的混凝土施工［J］．陕西水力发电，1993（1）：52－55+64.
[25] 初宝怀．青铜峡 $3^{\#}$ 机组水轮机转轮室的更新改造［J］．陕西水力发电，1993（1）：56-59+64.
[26] 陈化钢．电力设备预防性试验方法及诊断技术［M］．北京：中国水利水电出版社，2013.
[27] 李建明，朱康．高压电器设备试验方法［M］．2 版．北京：中国电力出版社，2009.
[28] 发电厂离相封闭母线技术要求：NB/T 25036—2014［S］．北京：中国电力出版社，2014.
[29] 水轮发电机组启动试验规程：DL/T 507—2014［S］．北京：中国电力出版社，2014.
[30] 水力机械振动和脉动现场测试规程：GB/T 17189—2007［S］．北京：中国标准出版社，2007.
[31] 水轮机控制系统技术条件：GB/T 9652.1—2007［S］．北京：中国标准出版社，2007.
[32] 水轮发电机组启动试验规程：DL/T 507—2014［S］．北京：中国电力出版社，2014.
[33] 水轮发电机组安装技术规范：GB/T 8564—2003［S］．北京：中国质检出版社，2003.
[34] 水轮发电机基本技术条件：GB/T 7894—2009［S］．北京：中国标准出版社，2019.
[35] 水轮机电液调节系统及装置调整试验导则：DL/T 496—2016［S］．北京：中国电力出版社，2016.
[36] 水轮机电液调节系统及装置技术规程：DL/T 563—2016［S］．北京：中国电力出版社，2016.
[37] 梁维燕，邴凤山，饶芳权，等．中国电气工程大典：第 5 卷　水力发电工程［M］．北京：中国电力出版社，2009.
[38] 《中国水力发电工程》编审委员会．中国水力发电工程：机电卷［M］．北京：中国电力出版社，2000.
[39] 陈锡芳．水轮发电机电磁与计算［M］．北京：中国水利水电出版社，2011.
[40] 白延年．水轮发电机设计与计算［M］．北京：机械工业出版社，1982.
[41] 邢彩娟，杜学龙．电力中压系统中性点接地方式研究［J］．冶金设备管理与维修，2012（6）：67-70.
[42] 沈杰，龚明．发电机中性点接地方式选型分析及计算［J］．宝钢技术，2011（1）：34-43.
[43] 邹祖冰，陈铁．1000MW 水轮发电机中性点接地方式探讨［J］．水力发电，2017（8）：91-93.